航 空 气 象

（第二版）

黄仪方　主编

U0206558

西南交通大学出版社

·成 都·

内 容 简 介

本书结合飞行实际，全面且系统地介绍了航空气象和天气分析方面的基础理论、与飞行有关的大气环境、影响飞行的恶劣天气的形成以及对飞行的影响及应采取的措施等内容，并根据实际工作的需要，介绍了航空气象资料的识别、分析和应用方面的问题。本书对充分利用有利天气，避开不利天气，预防和减少危险天气的危害，增加民航效益有重要作用。

本书是为民航飞行、航行管制、签派和航行情报本科学员编写的，也可供民航气象人员和飞行保障人员阅读参考。

图书在版编目（CIP）数据

航空气象 / 黄仪方主编. —2 版. —成都：西南交通大学出版社，2011.8（2024.8 重印）
ISBN 978-7-5643-1251-0

Ⅰ. ①航… Ⅱ. ①黄… Ⅲ. ①航空学：气象学 Ⅳ. ①V321.2

中国版本图书馆 CIP 数据核字（2011）第 137378 号

航 空 气 象
（第二版）

黄仪方　主编

*

责任编辑　刘婷婷
封面设计　墨创文化
西南交通大学出版社出版发行
四川省成都市金牛区二环路北一段 111 号西南交通大学创新大厦 21 楼
邮政编码：610031　　营销部电话：028-87600564
http://www.xnjdcbs.com
四川森林印务有限责任公司印刷

*

成品尺寸：185 mm × 260 mm　　印张：21　　插页：11
字数：524 千字
2011 年 8 月第 2 版　　2024 年 8 月第 30 次印刷
ISBN 978-7-5643-1251-0
定价：49.80 元

再 版 前 言

《航空气象》教材结合飞行技术和空中交通管理专业的需要，全面、系统地讲述了航空气象学方面的基本知识，分析了大气环境和恶劣天气对飞行的影响，遭遇恶劣天气时的处置方法，以及航空气象资料的分析应用等方面的问题，适合民航飞行和空中交通管理专业使用和相关人员参考。

该教材自2002年10月正式出版以来，得到了各方面的好评，普遍认为该教材知识系统全面，符合民航的需要，结构严谨、启发性强、深入浅出、便于读者自学。每一章都附加了大量的复习思考题，便于学生复习和练习。教材中有我国重要天气系统介绍，我国航空气候要素分布、我国各区航空气候特点等中国特色的内容；采用国际民航规定的符号和单位，最新的电码标准，有国际航空气象服务等最新的内容，完全与国际接轨，在国内同类教材中起了示范作用。

该教材于2004年获得民航总局优秀教材一等奖，成为四川省教委专升本自学考试和民航飞行、签派和航行管制人员执照考试的主要参考教材，为民航培养飞行员和空中交通管理人员起了巨大的作用，产生了巨大的社会效益。

由于航空气象学的进步和民航的发展，原教材已经不能适应形势发展的需要，更有许多有待提高和完善之处。为此，在出版社和广大读者的支持下，从2008年开始，我们就着手该书的再版修订工作，尤为关注读者的反馈，从多方面的意见来看，教材存在的问题是：少数地方教材的描述不是很确切，有的航空气象资料的标准和格式由于国际民航组织的修改而需要改正；由于气象探测技术的不断进步，卫星云图、雷达图需要更新，教材中少数地方的文字和图形错误需要修正。

我们充分考虑了读者的建议，对教材从诸多方面进行了修订，修改了描述不确切的地方，如标准大气，对流的形成原因，降水强度的划分，雾的分类，飞机颠簸层的特征，山地背风波的形成条件等内容。增加了新的航空气象云图、卫星云图、雷达图、重要天气预告图等，删掉了以前的黑白雷达图，全部换成彩色雷达图。增加了做好地面停放飞机的除冰工作，影响雷达探测的主要因素等内容。对航空气象电报的格式及翻译根据最新的"国际民用航空公约附件三"进行了修改，并修改了例题和练习题。尽力改正第一版中的错误，包括作者疏忽、排版错误等。

这次参与修改的人员是：黄仪方（第五章、第六章、第十章、第十三章），段炼（第一章、第二章、第九章），邹波（第三章、第四章、第七章），陈会芝（第八章、第十一章、第十二章）。统稿工作则由黄仪方负责。

由于诸多原因，本书仍会存在一些不足，敬请广大读者批评指正。

编 者

2011年4月

初 版 前 言

　　《航空气象》是飞机驾驶、空中交通管制和航行情报、签派专业的一门专业基础课。它的任务在于使学生掌握系统的航空气象学基础理论，了解影响飞行的恶劣天气，能翻译和应用各种气象资料，在不同的气象条件下，有效地利用气象知识，为提高民航的效益和保障飞行安全服务。

　　飞行人员、空中交通管制人员和民航其他非气象专业人员对气象知识的要求主要有三个方面：一是气象学基本理论，即要掌握大气的运动状态，各种天气现象的发生、发展与变化规律；二是要了解影响飞行的恶劣天气对飞行的危害，以及在飞行活动中如何避免这些危害；三是常规天气图及飞行气象资料的分析和运用能力。在飞行活动中，只有及时获取气象情报，并正确分析所获得的航空气象资料，才能对飞行环境中的天气及其变化情况做到胸中有数，避害趋利，安全顺利地飞行。

　　本教材参考了国内外同类飞行院校的气象教材，贯彻理论联系实际的原则，在取材上尽量反映国内外最新成果，所选气象资料的格式采用民航最新实际资料，使之更加适合于民航各类专业人员的需要。改革开放和民航科技水平的提高，为飞行活动提供了大量现代化气象资料，如卫星云图、雷达图等，对它们的分析和应用在实际工作中越来越重要。我们结合飞行实际，对卫星云图和雷达图做了详细的介绍，并附了大量图片。根据民航教材的特殊要求，本书采用了符合国际民航通用标准的单位和符号，例如速度单位 kn（海里/小时）表示为 KT，以及表示高度的英尺等。

　　本书由中国民航飞行学院《航空气象》教材编写组编写。本书第一章、第二章、第三章由朱志愚编写，第四章由邹波编写，绪论及第五章、第六章和第十章由黄仪方编写，第七章和第八章由程小悰编写，第九章由段炼编写，第十一章、第十二章和第十三章由王永忠编写。黄仪方对全书结构和内容进行了统一、审定和修改。

　　由于我们水平有限，不妥之处在所难免，欢迎读者批评指正。

编　者
2002 年 9 月

目　录

绪　论

　　蔚蓝色的天空浩瀚而又深远，像大海一样充满着神秘和诱惑，天空中时而是风和日丽，时而又风起云涌，有时是朝霞满天，有时又雪花飘飘。形形色色的天气现象，使我们生活的这个世界变得绚丽多彩、气象万千。

　　气象学就是研究大气中的物理现象和物理过程的一门学科。

　　气象学古老而又年青，因为人类最早的科学实践就是对天气的观测，天气与人类的生产和生活关系极为密切。古代的人，哪怕他们还不会记数，没有文字，但已经会观测天气。我国是世界上文明发达最早的国家之一，在很早的时候，我国就对某些大气现象进行了观测和记载。从河南安阳出土的甲骨文表明，在公元前13世纪，我国就有关于风、云、雨、雪和龙卷、雷暴的记载。在周朝，就设立了进行天文和气象观测的官吏，并修建了专门进行观测的高台，如河南登丰的测景台。观测的内容有日月的运行、星星的移动、彩虹和台风的出现，有时还观测彗星和地震。以后，随着铁器的普遍使用，农业和畜牧业有了较大的发展，人们对天气的观测和记载也越来越细致了。在春秋战国时期，就已经确定了24个节气，这些节气对现在的农业生产仍然有极大的指导意义。1973年，我国考古工作者在发掘湖南长沙马王堆汉墓时发现了被称为《天文气象杂占》的帛书，距今已有两千一百多年，帛书中绘有许多云和大气光象的图画，这是世界上最早的气象图谱。

　　其他的文明古国，对天气现象的观察也很早，古希腊的哲学家泰勒斯就进行过天气观测和预报；以农业立国的埃及，由于尼罗河经常泛滥，很早就注意对暴雨的观察；印度是季风盛行的国家，因而十分重视对季风进退的观察；注重航海的希腊，最关心的是风、风暴和雷雨，甚至把这些现象的知识刻记在沿海城市的石碑上。

　　气象学的萌芽虽早，但很长时期以来一直没有形成一门独立的科学，而是依附于物理学。1592年，意大利物理学家伽利略发明了温度表；1643年，托里拆利进行了著名的托里拆利真空实验并发明了气压表；5年后，法国物理学家巴斯噶在法国多姆山的山麓和山顶进行了气压观测，证明气压是随高度而降低的。人们在航海中发现台风是猛烈旋转的风暴，1857年荷兰物理学家白贝罗发现了风压定理。这一段时间，风速表、湿度表等也相继发明，有了这些基本的气象仪器，人们开始了科学的气象观测。

　　在中国，古代气象观测和预报往往以农谚的形式表现出来，"天上鲤鱼斑，晒谷不用翻"，"七月秋风雨，八月秋风凉"等就是其中的代表，这些天气谚语都是非常有用的，而且有一定的科学根据。但是由于生产力落后，科学水平低下，这种简单的归纳法是很难奏效的，"天有不测风云"，就形象地说明了当时气象预报的现状。

　　气象学的真正发展是从19世纪中叶开始的。这时有线电报已普遍使用，1860年欧洲各国开始建立气象观测网，用天气图来预报天气；1915年，以V·皮叶克尼斯为首的挪威气象学者提出了锋面分析法和气旋波动学说，为短期天气预报奠定了理论基础；20世纪30年代，吉贝龙·劳德森建立了降雨学说，瑞典气象学家罗斯贝创立了大气长波理论。这个时期，气象学有了长足的进步，逐渐从收集资料过渡到理论分析的阶段。20 世纪 50 年代，在气象观测上开始使用雷达，60 年代起利用气象卫星进行观测，70 年代激光技术的应用和 80 年代开始在天气分析和预报中大量使用电子计算机，气象信息的传递也实现了网络化，所有这一切，使气象学已经发展成了一门新兴的尖端科学。

航空气象学是研究不同气象条件同飞行活动和航空技术之间的关系，研究航空气象保障的方式和方法，以及飞行器在地球大气层中飞行时的气象问题的一门学科。飞机在大气中飞行，大气状态的每一变化都会对飞行活动带来影响，严重时甚至可危及飞行安全。根据国际民航组织的统计，仅由于气象原因造成的严重空中事故，就占民航总事故的 10%～15%，与气象直接或间接有关的事故占民航总事故的三分之一左右。

大气对飞行活动的影响可大致分为以下几个方面：

1. 基本气象要素变化对飞行的影响

气温、气压、空气湿度等基本气象要素的变化都会对飞机性能、某些机载仪表的指示发生一定的影响。如气温升高时，飞机空速表示度会减小，飞行性能（如起飞、着陆滑跑距离，爬升率，最大平飞速度等）会变差。

2. 空气运动对飞行的影响

空气每时每刻都在运动着，给飞行活动带来直接的影响。如地面风会影响飞机起降；空中飞行时，在航程一定的情况下，顺风飞行会缩短飞行时间，逆风飞行会延长飞行时间，侧风飞行时如不加以修正，飞机会偏离预定航线；空气的垂直运动和乱流运动会引起飞机飞行高度的变化和飞机颠簸；低空风切变可严重危害飞行安全等。

3. 天气现象对飞行的影响

云、雾、降水、雷暴等天气现象都会对飞行活动产生不同程度的影响，如恶劣能见度、飞机积冰、飞机颠簸等都常与某些天气现象联系在一起。

这并不是说人们在天气面前无能为力，恰恰相反，这正好说明了学习和研究航空气象的重要。任何天气现象的出现，都有一定的发展过程，航空气象研究的目的，就是要认识大气运动的形式，研究各种天气现象的出现和演变规律，并应用这些规律来预测大气的运动变化，使气象条件充分为我所用。

大气运动和天气变化有时间和地区的显著差别。

就时间而言，大气无时无刻不在运动，天气随时都是发展变化的，而且在发展过程中的各个阶段，往往又互有区别。四季的天气不同，白天和夜间的天气也有区别，就是同一个天气系统，在不同发展阶段天气也不尽相同。如四川盆地一年的天气变化是：春多夜雨天气多变，夏日晴热暴雨频繁，秋季云低连绵阴雨，冬暖少晴雾霾弥漫。盆地不同季节的天气对飞行的影响也不一样。就地区而言，由于各个地域的纬度、地形、地表性质、水陆分布等具体情况各不相同，因而各个地区的大气运动、天气变化情况有明显的地域特点。例如高纬度和低纬度地区的天气不同，山地和平原的天气不同，海上和陆上的天气不同。因而，不同地区的大气运动、天气变化也有不同的特点，飞行气象条件也有很大差异。我国地域广大，环境差异明显，东北的大风、华南的雷暴、青藏高原的颠簸和四川盆地的大雾，形成了各有特色的影响飞行的天气。

随着航空事业的发展、飞机性能的提高、大型飞机的增多，气象对飞行的影响不仅依然存在，而且对航空气象保障提出了更高的要求。目前，飞行活动与气象条件之间的关系正在从气象条件决定能否飞行，变为在复杂气象条件下如何飞行的问题。气象条件是客观存在的，但它对飞行活动影响的好坏，却往往因人们主观处置是否得当而有不同的结果。航空气象保障就是为航空活动提供需要的气象情报及提出安全合理的综合措施，因此飞行人员、空中交通管制人员和民航其他工作人员都要具备相当的航空气象知识，才能做到充分利用有利天气，避开不利天气，预防和减少危险天气的危害，增加效益，顺利完成飞行任务。

第一章 大气的状态及其运动

包围着地球的整个空气圈称为地球大气，简称为大气。飞机的飞行活动是在大气中进行的，我们必须对大气本身有充分的了解。

第一节 大气的成分及结构

一、大气的成分

在讨论大气中的气象现象及天气过程时，可将大气看做一种混合物，它由三个部分组成：干洁空气、水汽和大气杂质。

1. 干洁空气

干洁空气是构成大气的最主要部分，一般意义上所说的空气，就是指这一部分。由图 1.1 可以看出，干洁空气主要由氮气和氧气构成，其体积分别占整个干洁空气的 78% 和 21%。余下的 1% 由其他几种气体构成，这些气体称为痕量气体，如二氧化碳、臭氧、氩气、氖气等。干洁空气的这一比例在 50 km 高度以下基本保持不变。

在构成干洁空气的多种成分中，对天气影响较大的是二氧化碳和臭氧。

除臭氧之外，大气中各种成分的气体几乎不能直接吸收太阳辐射，大量的太阳辐射可穿过大气层到达地面，使地面增温。二氧化碳对地球具有"温室效应"的作用，二氧化碳基本上不直接吸收太阳短波辐射，而地面受热后放出的长波辐射却能被二氧化碳吸收，

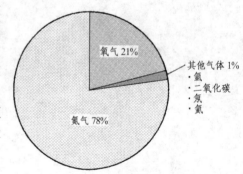

图 1.1 干洁空气的成分

这样热量就不能大量向外层空间散发，对地球起到了保温作用。二氧化碳主要来自于有机物的腐烂、工业生产排放的废气、动物的呼吸等。现代社会工业生产和人类生活污染的不断增加，使大气中的二氧化碳越来越多，对大气温度的影响已引起了人们的严重关注。气温变化会对天气、气候变化产生一系列重大影响，对飞行气象条件也会产生相应的影响。

臭氧能强烈吸收太阳紫外线，它是氧分子在太阳辐射作用下离解为氧原子，氧原子再和别的氧分子结合而形成的。在海拔 10～50 km 的高度上，是一个臭氧含量相对集中的层次，称为臭氧层。臭氧层通过吸收太阳紫外辐射而增温，改变了大气温度的垂直分布。同时，也使地球生物免受过多紫外线的照射。由于汽车、飞机及其他工业生产造成大量废气的排放，臭氧层已遭到一定程度的破坏，科学家已观测到南极上空的臭氧空洞，即臭氧层遭到破坏后出现的臭氧减少或消失。这对地球上的天气、气候、地球生物等都可能产生长久的影响。

2. 水　汽

地表和潮湿物体表面的水分蒸发进入大气就形成了大气中的水汽。大气中的水汽含量平均约占整个大气体积的 0~5%，并随着高度的增加而逐渐减少，在离地 1.5~2 km 高度上，水汽含量约为地面的一半，5 km 高度上仅为地面的十分之一。水汽的地理分布也不均匀，水汽含量（按体积比）平均为：从极区的 0.2% 到热带的 2.6%，干燥的内陆沙漠近于零，而在温暖的洋面或热带丛林地区可达 3%~4%。

水汽是成云致雨的物质基础，因此大多数复杂天气都出现在中低空，高空天气往往很晴朗。水汽随大气运动而运动，并可在一定条件下发生状态变化，即气态、液态和固态之间的相互转换。这一变化过程伴随着热量的释放或吸收，如水汽凝结成水滴时要放出热量，放出的热量称为凝结潜热。反之，液态的水蒸发成水汽时要吸收热量。水汽直接冻结成冰的过程叫凝华，而冰直接变成水汽的过程叫升华，水汽相变与循环关系如图 1.2 所示。

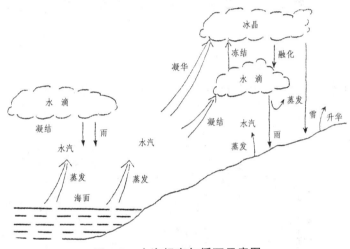

图 1.2　水汽相变与循环示意图

在大气中运动的水汽，通过状态变化传输热量，如甲地水汽移到乙地凝结，或低层水汽上升到高空凝结，就把热量从一个地方带到了另一个地方。热量传递是大气中的一个重要物理过程，与气温及天气变化密切相关。

3. 大气杂质

大气杂质又称为气溶胶粒子，是指悬浮于大气中的固体微粒或水汽凝结物。固体微粒包括烟粒、盐粒、尘粒等。烟粒主要来源于物质燃烧，盐粒主要是溅入空中的海水蒸发后留下的盐核，而尘粒则是被风吹起的土壤微粒和火山喷发后在空中留下的尘埃。水汽凝结物包括大气中的水滴和冰粒。在一定的天气条件下，大气杂质常聚集在一起，形成各种天气现象，如云、雾、雨、雪、风沙等，它们使大气透明度变差，并能吸收、散射和反射地面和太阳辐射，影响大气的温度。此外，固体杂质还可充当水汽的凝结核，在云、雾、降水等的形成过程中起重要的作用。

二、大气的结构

整个大气层具有相当大的厚度，从垂直方向看，不同高度上的空气性质是不同的，但在水平方向上空气的性质却相对一致，即大气表现出一定的层状结构。这一结构可通过对大气进行分层来加以描述。

（一）大气垂直分层的依据

大气分层的主要依据是气层气温的垂直分布特点，这一特点可用气温垂直递减率来描述。气温垂直递减率定义为：

$$\gamma = -\frac{\Delta T}{\Delta Z} \tag{1.1}$$

式中，ΔZ 为高度变化量，ΔT 为相应的温度变化量，因此 γ 表示的是气温随高度变化的快慢。

从上式中可看出，气温随高度上升而降低时 γ 值为正，气温随高度上升而增高时 γ 值为负。实际运用中，通常将 γ 的单位取为（°C/100 m），即每 100 m 摄氏度。

知道某高度 Z_1 的气温为 T_1，气层的气温垂直递减率为 γ，则另一高度 Z_2 的气温可用下式计算：

$$T_2 = T_1 - \frac{(Z_2 - Z_1)}{100} \cdot \gamma \tag{1.2}$$

通过大气探测发现，大气结构如图 1.3 所示。大气可分为对流层、平流层、中间层、暖层和散逸层五层。

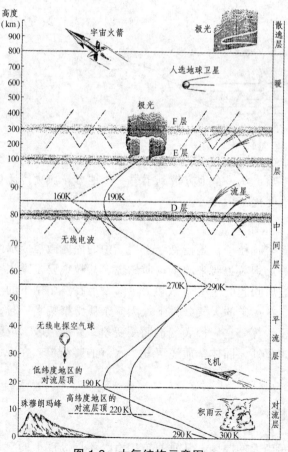

图 1.3　大气结构示意图

（二）重要气层的特征

1. 对流层

对流层因为空气有强烈的对流运动而得名，它的底界为地面，上界高度随纬度、季节、天气等因素而变化。平均而言，低纬度地区（南北纬 30° 之间）上界高度为 17～18 km，中纬度地区（纬度 30°～60°）为 10～12 km，高纬度地区（纬度在 60° 以上）为 8～9 km。同一地区对流层上界高度是夏季大于冬季，此外，天气变化对对流层的厚度也有一定影响。

相对于整个大气层来说，对流层是很薄的一层，但由于大气是下密上疏的，因此对流层集中了约 75% 的大气质量和 90% 以上的水汽，云、雾、降水等天气基本上都出现在这一层，飞机也主要在这一层中飞行。

对流层有以下三个主要特征：

（1）气温随高度升高而降低。对流层大气热量的直接来源主要是空气吸收地面发出的长波辐射，靠近地面的空气受热后热量再向高处传递，因此在对流层，气温普遍随高度升高而降低（$\gamma > 0$），高山常年积雪就是这个道理。根据实际探测，对流层中的平均气温垂直递减率 $\bar{\gamma} = 0.65\,℃/100\,m$。利用这一数值，如果已知某地地面气温为 T_0，可以大致推算出该地 Z 高度上的气温 T_Z：

$$T_Z = T_0 - \bar{\gamma}Z \tag{1.3}$$

但 γ 的实际值是随时间、地点、高度而变化的，按上述方法计算有时会出现误差。

在对流层中虽然气温的普遍分布是随高度升高而降低，但有时也会出现 $\gamma = 0$ 或 $\gamma < 0$ 的气层：在 $\gamma = 0$ 时，气层气温随高度没有变化，我们称之为等温层；在 $\gamma < 0$ 时，气层气温随高度增加而升高，我们称之为逆温层（见图 1.4），它们对大气运动或某些天气现象的形成具有特殊的作用，这将在后面讨论。

（2）气温、湿度的水平分布很不均匀。对流层与地面相接，其温、湿特性主要受地表性质的影响，故在水平方向上分布很不均匀。如南北地区空气之间明显的温差，海陆之间空气的湿度差异等。

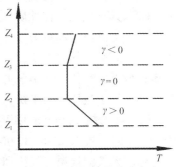

图 1.4　气温垂直递减方式

（3）空气具有强烈的垂直混合。由于对流层低层的暖空气总是具有上升的趋势，上层冷空气总是具有下沉的趋势，加之温度水平分布不均匀，因此对流层中空气多垂直运动，具有强烈的垂直混合。

对流层中，按气流和天气现象分布的特点，可分为下、中、上三个层次：对流层下层（离地 1 500 m 高度以下）的空气运动受地形扰动和地表摩擦作用最大，气流混乱。中层（摩擦层顶到 6 000 m 高度）空气运动受地表影响较小，气流相对平稳，可代表对流层气流的基本趋势，云和降水大多生成于这一层；上层（从 6 000 m 高度到对流层顶）受地表影响更小，水汽含量很少，气温通常在 0 ℃ 以下，各种云多由冰晶或过冷水滴组成。

在离地 1 500 m 高度的对流层下层又称为摩擦层，在 1 500 m 高度以上，大气几乎不受地表摩擦作用的影响，故称为自由大气。

2. 平流层

对流层之上是平流层。平流层范围从对流层顶到大约 55 km 的高度上，现代大型喷气式运输机的高度可达到平流层低层。平流层中空气热量的主要来源是臭氧吸收太阳紫外辐射，因此平流层中气温随高度增高而升高，整层空气几乎没有垂直运动，气流平稳，故称之为平流层。平流层中空气稀薄，水汽和杂质含量极少，只有极少数垂直发展相当旺盛的云才能伸展到这一层来，故天气晴朗，飞行气象条件良好。平流层大气受地表影响极小，空气运动几乎不受地形阻碍及扰动，因此气流运动及温、湿分布也比对流层有规律得多。

对流层与平流层之间的过渡气层叫对流层顶，它的作用就像一个盖子，阻挡了下层水汽、杂质的向上扩散，使得对流层顶上、下的飞行气象条件常有较大差异。

平流层以上各层与航空活动关系不大，故不再讨论。

三、标准大气

实际大气状态是在不断变化着的，而飞机的性能和某些仪表（高度表、空速表等）的示度，都与大气状态有关。为了便于比较飞机性能和设计仪表，必须以一定的大气状态为标准。为制定一个大气的标准状态，人们根据全球各地各季多年探空资料的气压、气温、湿度及高度等数值加以平均，得出从海平面起的各高度层的平均气压、平均气温及平均密度等数值，作为世界各国公认的"标准大气"。

目前由国际民航组织统一采用的标准大气，与我国 45°N 地区的大气十分接近，低纬度地区则有较大偏差。我国规定，在建立自己的标准大气之前，取其 30 km 以下部分作为国家标准，其特性规定如下：

（1）干洁大气，且成分不随高度改变，平均分子量 $m = 28.9644$；

（2）具有理想气体性质；

（3）标准海平面重力加速度 $g_0 = 9.80665 \ \text{m/s}^2$；

（4）海平面气温 $T_0 = 288.16 \ \text{K} = 15\text{°C}$；海平面气压 $P_0 = 1013.25 \ \text{hPa} = 760 \ \text{mmHg} = 1$ 个大气压；海平面空气密度 $\rho_0 = 1.225 \ \text{kg/m}^3$。

（5）处于流体静力平衡状态。

（6）在海拔 11 000 m 以下，气温直减率为 0.65 °C/100 m；11 000 ~ 20 000 m，气温不变，为 – 56.5°C；从 20 000 ~ 30 000 m，气温直减率为 – 0.1°C/100 m。

标准大气的气温、气压和相对密度（某高度的空气密度与海平面空气密度之比）随高度的分布情况见表 1.1 所列。

表 1.1　标准大气

高度/km	温度/°C	气压/hPa	相对密度/%
20.0	− 56.5	54.7	7.2
17.5	− 56.5	81.2	10.7
15.0	− 56.5	120.5	15.8
12.5	− 56.5	178.7	23.5
10.0	− 50.0	264.4	33.7

高度/km	温度/°C	气压/hPa	相对密度/%
7.5	−33.7	382.5	45.4
5.0	−17.5	540.2	60.1
2.5	−1.3	746.8	78.1
1.0	8.5	898.7	90.7
0.5	11.7	954.6	95.3
0.0	15.0	1013.25	100.0

第二节　基本气象要素

表示大气状态的物理量和物理现象通称为气象要素。气温、气压、湿度等物理量是气象要素，风、云、降水等天气现象也是气象要素，它们都能在一定程度上反映当时的大气状况。本节讨论三种最基本的气象要素——气温、气压和空气湿度，它们也称为三大气象要素。

一、气　温

（一）气温的概念

气温是表示空气冷热程度的物理量，它实质上是空气分子平均动能大小的宏观表现。一般情况下我们可将空气看做理想气体，这样空气分子的平均动能就是空气内能，因此气温的升高或降低，也就是空气内能的增加或减少。

气温通常用三种温标来度量，即摄氏温标（°C）、华氏温标（°F）和绝对温标（K）。摄氏温标将标准状况下纯水的冰点定为 0 °C，沸点定为 100 °C，其间分为 100 等分，每一等分为 1 °C。华氏温标是将纯水的冰点定为 32 °F，沸点定为 212 °F，其间分为 180 等分，每一等分为 1 °F，可见 1 °C 与 1 °F 是不相等的。将摄氏度换算为华氏度的关系式为：

$$F = \frac{9}{5}C + 32 \qquad (1.4)$$

在绝对温标下，以冰、水和水汽平衡共存的三相点为此温标的 273.16K，水的沸点为 373.16K。此温标多用于热力学理论研究。

（二）气温变化的基本方式

实际大气中，气温变化的基本方式有以下两种。

1. 气温的非绝热变化

非绝热变化是指空气块通过与外界的热量交换而产生的温度变化。气块与外界交换热量的方式主要有以下几种。

（1）辐射。辐射是指物体以电磁波的形式向外放射能量的方式。所有温度不低于绝对零度的物体，都要向周围放出辐射能，同时也吸收周围的辐射能。物体温度越高，辐射能力越强，辐射的波长越短。如物体吸收的辐射能大于其放出的辐射能，温度就要升高，反之则温度降低。

地球—大气系统热量的主要来源是吸收太阳辐射（短波）。当太阳辐射通过大气层时，有24%被大气直接吸收，31%被大气反射和散射到宇宙空间，余下的45%到达地表。地面吸收其大部分后，又以反射和辐射（长波）的形式回到大气中，大部分被大气吸收。同时，大气也在不断地放出长波辐射，有一部分又被地表吸收。这种辐射能的交换情况极为复杂，但对大气层而言，对流层热量主要直接来自地面长波辐射，平流层热量主要来自臭氧对太阳紫外线的吸收。因此这两层大气的气温分布有很大差异。总的来说，大气层白天由于太阳辐射而增温，夜间由于向外放出辐射而降温。

（2）乱流。乱流是空气无规则的小范围涡旋运动，乱流使空气微团产生混合，气块间热量也随之得到交换。摩擦层下层由于地表的摩擦阻碍而产生扰动，以及地表增热不均而引起空气乱流，是乱流活动最强烈的层次，乱流是这一层中热量交换的重要方式之一。

（3）水相变化。水相变化是指水的状态变化，水通过相变释放热量或吸收热量，引起气温变化。

（4）传导。传导是依靠分子的热运动，将热量从高温物体直接传递给低温物体的现象。由于空气分子间隙大，通过传导交换的热量很少，仅在贴地层中较为明显。

2. 气温的绝热变化

绝热变化是指空气块与外界没有热量交换，仅由于其自身内能增减而引起的温度变化。例如当空气块被压缩时，外界对它做的功转化成内能，空气块温度会升高；反之空气块在膨胀时温度会降低。飞机在飞行中，其机翼前缘空气被压缩而增温，后缘涡流区空气因膨胀而降温，对现代高速飞机来说是非常明显的。实际大气中，当气块作升降运动时，可近似地看做绝热过程。气块上升时，因外界气压降低而膨胀，对外做功耗去一部分内能，温度降低，气块下降时则相反，温度升高。

气块在升降过程中温度绝热变化的快慢用绝热直减率来表示。绝热直减率表示在绝热过程中，气块上升单位高度时其温度的降低值（或下降单位高度时其温度的升高值）。气块在升降过程中温度的绝热变化过程有两种情况，即伴随水相变化的绝热过程和不伴随水相变化的绝热过程，下面分别讨论。

（1）干绝热过程。在绝热过程中，如果气块内部没有水相的变化，叫干绝热过程（即干空气或未饱和湿空气的绝热过程）。在干绝热过程中，气块温度的直减率叫干绝热直减率，用 γ_d 表示。根据实际计算，$\gamma_d = 1\ ℃/100\ m$，如图 1.5 所示。

（2）湿绝热过程。在绝热过程中，如果气块内部存在水相变化，叫湿绝热过程。饱和空气块在上升时，内部的水汽会因温度降低而凝结，并放出潜热补偿一部分减少的内能。相反，在下降时，则会有水汽凝结物蒸发而消耗热量，减少一部分内能。因而在湿绝热过程中，气块温度的直减率（称湿绝热直减率，用 γ_m 表示）比 γ_d 要小，且随温度和气压而变化，其大小通常为 0.4～0.7 ℃/100 m（见表 1.2）。

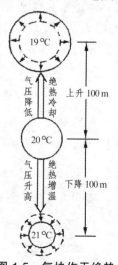

图 1.5　气块作干绝热运动时温度的变化

表 1.2　不同温度、气压下的 γ_m 值（°C/100 m）

γ_m　　　　t/°C　 P/hPa	− 20	− 10	0	10	20
1 000	0.86	0.76	0.63	0.54	0.44
700	0.81	0.69	0.56	0.47	0.38
500	0.76	0.62	0.48	0.41	0.33

　　引起空气温度变化的绝热因素与非绝热因素常常是同时存在的，但因条件不同而有主次之分，当气块作水平运动或静止不动时，非绝热变化是主要的；当气块作垂直运动时，绝热变化是主要的。

（三）局地气温的变化

　　以上的讨论主要是针对某一块空气而言的，而对某一地点的气温（又称局地气温）来说，其变化除了与那里的气块温度的绝热和非绝热变化有关外，还与不同温度气块的移动有关。近地面局地气温的变化，主要决定于气块的非绝热变化和气块的水平运动。前者的变化比较有规律，具有周期性（年变化和日变化），而后者的变化无一定规律。

1. 局地气温的周期变化

　　由于太阳辐射强度的年变化和日变化特点，使得局地气温具有日变化和年变化。气温在一日之中具有周期性的变化，有一个最低值和最高值，最低值一般出现在早晨日出时，最高值在当地正午（太阳高度角最大）后 2 h 左右。一日中气温最高值与最低值之差，叫气温的日较差。日较差的大小与纬度、季节、地表性质和天气状况等因素有关。一般低纬大于高纬，夏季大于冬季，陆地大于海洋，晴天大于阴天。图 1.6 为北京十月份气温平均日变化情况。

　　气温在一年之中也具有周期性变化，一般也有一个最低值和最高值。最低值在大寒前后，最高值在大暑前后。一年中气温的变化也可用气温的年较差来表示，气温的年较差是指最热月的平均温度与最冷月的平均温度之差，由于是平均温度之差，所以年较差并不一定比日较差大，年较差的大小与纬度和海陆分布有关，一般高纬大于低纬，陆地大于海洋。图 1.7 为北京和广州气温年变化情况。

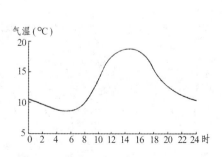

图 1.6　北京十月份气温平均日变化

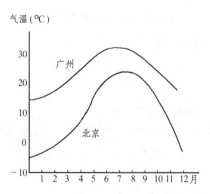

图 1.7　北京、广州气温的年变化

2. 局地气温的非周期变化

除了周期性的变化之外，局地气温还有非周期性的变化，主要是由于大规模冷暖空气运动和阴雨天气的影响。例如，白天产生了较大降雨（雪）时，可使气温日较差大大减小，甚至可能使最高气温出现在晚上。我国江南春季气温不断变暖时，北方冷空气南下可产生倒春寒天气；秋季气温也可突然回暖，形成"秋老虎"天气。

二、气 压

气压即大气压强，是指与大气相接触的面上，空气分子作用在每单位面积上的力。这个力是由空气分子对接触面的碰撞而引起的，也是空气分子运动所产生的压力。常用的量度气压的单位有百帕（hPa）和毫米汞柱（mmHg），它们的关系如下式所示：

$$1 \text{ hPa} = 100 \text{ N/m}^2 = 0.75 \text{ mmHg}$$

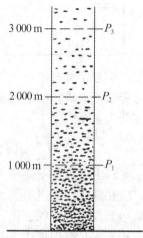

图 1.8　气压随高度的变化

（一）气压随高度的变化

在大气处于静止状态时，某一高度上的气压值等于其单位水平面积上所承受的上部大气柱的重量。随着高度增加，其上部大气柱越来越短，且气柱中空气密度越来越小，气柱重量也就越来越小（见图 1.8）。

因此，气压总是随高度而降低的，z_1、z_2 高度上的气压差，应等于这两个高度间空气柱的重量，即：

$$p_2 - p_1 = -\rho g(z_2 - z_1) \times 1$$

即
$$\Delta p = -\rho g \Delta z \tag{1.5}$$

取极限可得：

$$\mathrm{d}p = -\rho g \mathrm{d}z \tag{1.6}$$

（1.5）式叫作静力学方程，反映了静止大气中气压随高度的变化特点。由（1.5）式可见，在 Δz 不变的情况下，随高度增加，空气密度 ρ 要减小，ΔP 也随之减小，即高度越高，气压随高度降低得越慢。在同一高度上，气温高的地区气压降低得比气温低的地区慢，也是这个道理。

（二）航空上常用的几种气压

1. 本站气压

本站气压是指气象台气压表直接测得的气压。由于各测站所处地理位置及海拔高度不同，本站气压常有较大差异。

2. 修正海平面气压

修正海平面气压是由本站气压推算到同一地点海平面高度上的气压值。运用修正海平面气压便于分析和研究气压水平分布情况。海拔高度大于 1 500 m 的测站不推算修正海平面气压，因为推算出的海平面气压误差可能过大，失去意义。

3. 场面气压

场面气压指着陆区（跑道入口端）最高点的气压。场面气压也是由本站气压推算出来的。

飞机起降时为了准确掌握其相对于跑道的高度，就需要知道场面气压。场面气压也可由机场标高点处的气压代替。

4. 标准海平面气压

大气处于标准状态下的海平面气压称为标准海平面气压，其值为 1 013.25 hPa 或 760 mmHg。海平面气压是经常变化的，而标准海平面气压是一个常数。

（三）气压与高度

飞机飞行时，测量高度多采用无线电高度表和气压式高度表。无线电高度表所测量的是飞机相对于所飞越地区地表的垂直距离。无线电高度表能不断地指示飞机相对于所飞越地表的高度，并对地形的任何变化都很"敏感"，这既是很大的优点，又是严重的缺点。如果在地形多变的地区上空飞行，飞行员试图按无线电高度表保持规定飞行高度，飞机航迹将随地形起伏。而且，如果在云上或有限能见度条件下飞行，将无法判定飞行高度的这种变化是由于飞行条件受破坏造成的，还是由于地形影响引起的。这样就使无线电高度表的使用受到限制，因而它主要用于校正仪表和在复杂气象条件下着陆使用。

气压式高度表是主要的航行仪表，它是一个高度灵敏的空盒气压表，但刻度盘上标出的是高度，另外有一个辅助刻度盘可显示气压，高度和气压都可通过旋钮调定。高度表刻度盘是在标准大气条件下按气压随高度的变化规律而确定的，即气压式高度表所测量的是气压。根据标准大气中气压与高度的关系，就可以表示高度的高低。

飞行中常用的气压高度有以下几种。

1. 场面气压高度（QFE）

它即是飞机相对于起飞或着陆机场跑道的高度。为使气压式高度表指示场面气压高度，飞行员需按场压来拨正气压式高度表，将气压式高度表的气压刻度拨正到场压值上。

2. 标准海平面气压高度（QNE）

标准海平面气压高度，指相对于标准海平面（气压为 760 mmHg 或 1013.25 hPa）的高度。飞机在航线上飞行时，都要按标准海平面气压调整高度表，目的是使所有在航线上飞行的飞机都有相同的"零点"高度，并按此保持规定的航线仪表高度飞行，以避免飞机在空中相撞。

3. 修正海平面气压高度（QNH）

如果按修正海平面气压拨正气压式高度表，则高度表将显示出修正海平面气压高度。在飞机着陆时，将高度表指示高度减去机场标高就等于飞机距机场跑道面的高度，如图 1.9 所示。

（四）气压的水平分布特点——水平气压场

水平气压场指某一水平面上的气压分布，这一水平面通常取为海平面。将海拔高度在 1500m 以下的各气象观测站推算出的海平面气压填在一张图上，绘出等压线，则可显示海平面上的气压分布。通常每隔 2.5 hPa 或 5 hPa 画一条等压线，在其两端或闭合等压线的北方标注气压数值。

常见的水平气压分布的基本形式，如图 1.10 所示。

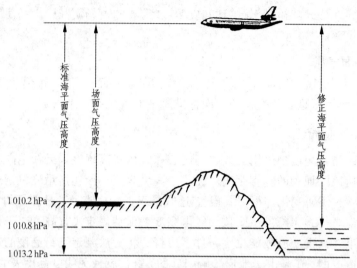

图 1.9　各种气压高度示意图

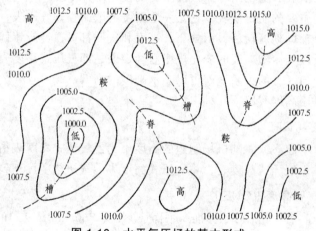

图 1.10　水平气压场的基本形式

1. 低　压

由闭合等压线构成的中心气压比四周气压低的区域叫低气压，简称低压。

2. 低压槽

由低压延伸出来的狭长区域叫低压槽，低压槽中各条等压线弯曲最大处的连线叫槽线。

3. 高　压

由闭合等压线构成的中心气压比四周高的区域叫高气压，简称高压。

4. 高压脊

由高压伸展出来的狭长区域叫高压脊，高压脊中各条等压线弯曲最大处的连线叫脊线。

5. 鞍型气压区

两高压和两低压相对组成的中间区域叫鞍型气压区，简称鞍。

以上几种气压水平分布的基本形式统称气压系统，气压场就是由气压系统组合而成的。

通过分析等压线，我们既可直观地了解到气压系统的分布情况，也能看出气压在水平方向上变化的快慢。由于相邻两条等压线间的气压差值是一定的（一般为 2.5 hPa），因此等压线的疏密程度就代表了气压在水平方向上变化快慢的程度。等压线越密的地方，气压沿垂直于等压线的方向变化就越快（沿平行于等压线的方向气压没有变化）。这一变化特点可用水平气压梯度的概念来表示。水平气压梯度是一个向量，它的方向垂直于等压线，从高压指向低压，它的大小等于沿这个方向上单位距离内的气压差，可表示为

$$G_n = -\frac{\Delta P}{\Delta N} \tag{1.7}$$

式中，ΔN 为沿气压梯度方向上两点间的距离；ΔP 为这两点间的气压差。

由于 ΔN 的方向是从高压指向低压，沿 ΔN 的方向气压总是降低的，故气压差 ΔP 恒为负值。规定气压梯度与 ΔN 方向一致时取正值，故在 $\Delta P / \Delta N$ 前加一负号（见图 1.11）。水平气压梯度的单位通常用百帕/赤道度来表示。一赤道度是指赤道上经度相差一度的纬圈长度，其值约为 111 km。

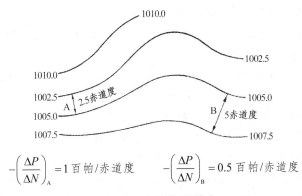

$$-\left(\frac{\Delta P}{\Delta N}\right)_A = 1\,百帕/赤道度 \qquad -\left(\frac{\Delta P}{\Delta N}\right)_B = 0.5\,百帕/赤道度$$

图 1.11　水平气压梯度

三、空气湿度

从前面的讨论中我们已经知道，大气中含有水汽，大气中的水汽含量是随时间、地点、高度、天气条件在不断变化的。空气湿度就是用来量度空气中水汽含量多少或空气干燥潮湿程度的物理量。

（一）常用的湿度表示方法

1. 相对湿度

相对湿度定义为空气中的实际水汽压与同温度下的饱和水汽压的百分比，即

$$f = \frac{e}{E} \times 100\% \tag{1.8}$$

水汽压（e）是空气中的水汽所产生的那部分压力，是气压的一部分。在其他条件相同时，水汽含量越多，水汽压越大。在温度一定的情况下，单位体积空气所能容纳的水汽含量有一定的限度，如果水汽含量达到了这个限度，空气就呈饱和状态，称为饱和空气。饱和空气的水汽压叫饱和水汽压（E）。理论和实践都证明，饱和水汽压的大小仅与气温有关，气温

越高，饱和水汽压越大。因此气温升高时，空气的饱和水汽压增大，容纳水汽的能力就增大，表 1.3 列出了不同温度下的饱和水汽压。

表 1.3　不同温度下的饱和水汽压

温度（℃）	−30	−25	−20	−15	−10	−5	0	5	10	15	20	25	30
E（hPa）	0.5	0.8	1.3	1.9	2.9	4.2	6.1	8.7	12.3	17.0	23.4	31.7	42.4

可见，相对湿度的大小直接反映了空气距离饱和状态的程度（空气的潮湿程度）。相对湿度越大，说明空气愈接近饱和，饱和空气的相对湿度为 100%。从式（1.8）还可看出，相对湿度的大小取决于两个因素：一是空气中的水汽含量。水汽含量越多，水汽压愈大，相对湿度越大；另一个因素是温度。在空气中水汽含量不变时，温度升高，饱和水汽压增大，相对湿度减小。通常情况下，气温变化大于水汽含量变化，一个地方的空气相对湿度的变化主要受温度的影响，晚上和清晨相对湿度大，中午、下午相对湿度减小。

2. 露点（t_d）和温度露点差（$t−t_d$）

当空气中水汽含量不变且气压一定时，气温降低到使空气达到饱和时的温度，称为露点温度，简称露点（t_d）。

气压一定时，露点的高低只与空气中水汽含量的多少有关，水汽含量越多，露点温度越高。露点温度的高低反映了空气中水汽含量的多少。

当空气处于未饱和状态时，其露点温度低于气温，只有在空气达到饱和时，露点才和气温相等。所以可用气温露点差来判断空气的饱和程度，气温露点差越小，空气越潮湿。

露点温度的高低还和气压大小有关。在水汽含量不变的情况下，气压降低时，露点温度也会随之降低。实际大气中作上升运动的空气块，一方面由于体积膨胀而绝热降温，另一方面由于气压的减小其露点温度也有所降低。但气温的降低速度远远大于露点温度的降低速度，因而空气块只要能上升到足够的高度就能达到饱和（气温和露点趋于一致）。一般而言，未饱和空气每上升 100 m，温度下降约 1 ℃，而露点温度下降约 0.2 ℃，因此气温露点差的减小速度约为 0.8 ℃/100 m。

（二）空气湿度的变化

如前所述，空气湿度有两方面的含意，即水汽含量和饱和程度。二者既不相同，又有联系，空气湿度的变化就是从这两方面来考虑的。

1. 空气中水汽含量的变化

空气中的水汽含量与地表有关，地面潮湿的地方空气中的水汽含量较高；在同一地区，水汽含量与气温的关系很大，在温度升高时饱和水汽压增大，空气中的含水量也相应增大。对一定地区来说，水汽含量与气温的变化规律基本相同，即白天大于晚上，最高值出现在午后。但在大陆上当乱流特别强时，由于水汽迅速扩散到高空，近地面空气水汽含量反而有迅速减少的现象。水汽含量的年变化则与气温相当吻合，最高在 7~8 月，最低在 1~2 月。

2. 空气饱和程度的变化

空气的饱和程度与气温高低和空气水汽含量的多少有关。但由于气温变化比露点温度的变化要快，空气饱和程度一般是早晨大午后小，冬季大夏季小。露珠一般出现在夏季的早晨，而冬季的夜间容易形成霜。夜间停放在地面的飞机冬季表面结霜、夏季油箱积水等现象，都和空气饱和程度的变化有关。

此外，由于大气运动及天气变化等因素的影响，空气湿度还有非周期性的变化，此处不再讨论。

四、基本气象要素与飞行

（一）气体状态方程

在研究大气状态变化时，可将常规条件下的大气近似地看做理想气体，其气温、气压和体积三个状态参量之间的关系，可用理想气体的状态方程来表示：

$$PV = \frac{M}{\mu}RT \tag{1.9}$$

式中，M 为气体质量；μ 为摩尔气体质量；R 为普适气体常数（其值为 8.31 J/mol·K）。

（1.9）式在分析实际大气状态时不好使用，因为体积 V 和质量 M 两个参数无法测量。为了便于分析，设 $R_比 = R/\mu$（称为比气体常数），再由 $\rho = M/V$ 代入式（1.9），则得

$$P = \rho R_比 T \tag{1.10}$$

这是研究实际大气常用的状态方程。其中 ρ 为空气密度，$R_比$ 与空气的组成有关，对干洁空气和水汽含量不同的湿空气，其值略有差异，但变化不大，一般情况下可视为常数。

（二）基本气象要素变化对空气密度的影响

气温、气压和空气湿度的变化都会对飞机性能和仪表指示造成一定的影响，这种影响主要是通过它们对空气密度的影响而实现的。

由（1.10）式可得

$$\rho = \frac{P}{R_比 T} \tag{1.11}$$

可见，空气密度与气压成正比，与气温成反比。对局地空气而言，气温变化幅度比气压变化幅度要大得多，因此空气密度变化主要由气温变化引起。

实际大气中通常含有水汽，由于水的分子量（18）比空气平均分子量（约为29）要小得多，因此水汽含量不同的空气，密度也不一样，水汽含量越大，空气密度越小。暖湿空气的密度比干冷空气的密度要小得多，如图 1.12 所示。

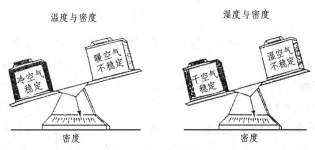

图 1.12　气温、湿度与空气密度的关系

（三）密度高度

飞行中常常用到密度高度的概念。密度高度是指飞行高度上的实际空气密度在标准大气中所对应的高度。在标准大气条件下，空气密度与高度的关系是确定的，但在实际大气中，某高度上的空气密度大小还要受到气温、湿度、气压等因素的影响。密度高度可用来描述这种密度随高度变化的差异。

如果在热天，空气受热变得暖而轻，飞机所在高度的密度值较小，相当于标准大气中较高高度的密度值，称飞机所处的密度高度为高密度高度。反之，在冷天，飞机飞行时所处位置的密度高度，一般为低密度高度。低密度高度能增加飞机操纵的效率，而高密度高度则降低飞机操纵的效率，且容易带来危险。

（四）基本气象要素变化对飞行的影响

飞机性能及某些仪表示度是按标准大气制定的。当实际大气状态与标准大气状态有差异时，飞机性能及某些仪表指示就会发生变化。下面对基本气象要素变化对飞行产生的主要影响进行讨论。

1. 对高度表指示的影响

实际大气状态与标准大气状态通常存在一定差异，因此实际飞行时高度表指示高度与当时气象条件有关。在飞行中，即使高度表示度相同，实际高度并不都一样，尤其在高空飞行时更是如此。航线飞行时通常采用标准海平面气压高度（QNE），在标准大气中"零点"高度上的气压为 760 mmHg，但实际上"零点"高度处的气压并不总是 760 mmHg，因而高度表示度会出现误差。当实际"零点"高度的气压低于 760 mmHg 时，高度表示度会大于实际高度；反之，高度表示度就会小于实际高度。图 1.13 为气压误差示意图。

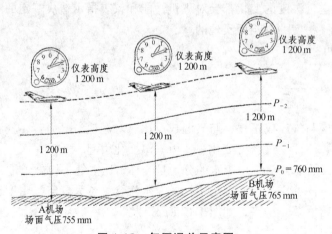

图 1.13　气压误差示意图

此外，当实际大气的温度与标准大气温度不同时，高度表示度也会出现偏差。由于在较暖的空气中气压随高度降低得较慢，而在较冷的空气中气压随高度降低得较快，因而在比标准大气暖的空气中飞行时，高度表所示高度将低于实际飞行高度；在比标准大气冷的空气中飞行时，高度表示度将高于实际飞行高度（见图 1.14）。据资料统计，仪表示度因温度原因而产生的误差，随高度、纬度和季节而不同。冬季在我国北方地区飞行时，仪表示度值偏高约 10% 左右；夏季在南方地区中高空飞行时，仪表示度偏低通常不到 10%。

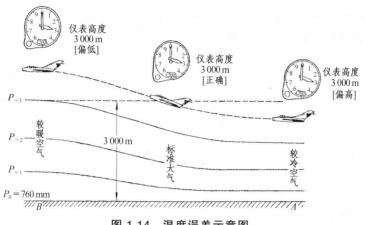

图 1.14　温度误差示意图

在山区或强对流区飞行时，由于空气有较大的垂直运动，不满足静力平衡条件，高度表示度会出现较大误差，通常在下降气流区指示偏高，在上升气流区指示偏低，误差可达几百米甚至上千米。因而在这些地区飞行时，要将气压式高度表和无线电高度表配合使用，确保飞行安全。

2. 对空速表指示的影响

空速表是根据空气作用于空速表上的动压来指示空速的。空速表示度不仅取决于飞机的空速，也与空气密度有关。如果实际大气密度与标准大气密度不符，表速与真空速也就不相等。实际大气密度大于标准大气密度时，表速会大于真空速，反之则小于真空速。

从前面的讨论我们知道，空气密度受气温、气压和湿度的影响。在暖湿空气中（如中午）飞行的飞机，空速表示度容易偏低；而在干、冷空气中飞行的飞机，空速表示度容易偏高。

3. 对飞机飞行性能的影响

飞机的飞行性能主要受大气密度的影响。如当实际大气密度大于标准大气密度时，一方面空气作用于飞机上的力要加大，另一方面发动机功率增加，推力增大。这两方面作用的结果，就会使飞机飞行性能变好，即最大平飞速度、最大爬升率和起飞载重量会增大，而飞机起飞、着陆滑跑距离会缩短。当实际大气密度小于标准大气密度时，情况相反。

由于气温对空气密度影响最大，而且地面气温变化也很明显，国际民航组织建议在起飞前 2 h 对飞机发动机进气口高度处气温预报要精确到 ±2℃。长距离飞行时，要用预报温度计算燃料与货物的搭载量，在起飞前 30 min 用实况值进行最后校准。

第三节　空气的水平运动

空气是处于运动之中的。由于空气的运动，使得各地区和各高度之间的热量、水汽、杂质等得以输送和交换，使大气始终保持一种平衡状态。由于空气的运动，不同性质的气团得以相互作用，产生各种各样的天气和气候。同时，空气运动对航空活动也有直接影响。

空气的运动形态是多种多样的，但大范围的比较有规律的空气运动，可分为水平运动和垂直运动两大类。

空气相对于地面的水平运动，就是我们通常所说的风。风是一种重要的天气现象和气象要素。

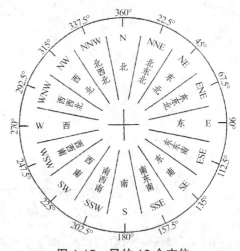

图 1.15　风的 16 个方位

一、风的表示和测量

1. 风的表示

风是矢量，有大小和方向。气象上的风向是指风的来向，常用 360°或 16 个方位来表示，如图 1.15 所示。

风速是指单位时间内空气微团的水平位移，常用的表示风速的单位是米/秒（m/s），千米/小时（km/h），海里/小时（n mile/h），也称为节（KT）。它们之间的换算关系为：1 m/s = 3.6 km/h；1 KT = 1.852 km/h。此外，风速大小也可用风力等级来表示，见表 1.4 所列。

表 1.4　风力等级表

风力等级	陆地地物象征	相当风速		
		m/s		km/h
		范围	中数	
0	静，烟直上	0.0～0.2	0.1	小于 1
1	烟能表示风向	0.3～1.5	0.9	1～5
2	人面感觉有风，树叶有微响	1.6～3.3	2.5	6～11
3	树叶及微枝摇动不息，旌旗展开	3.4～5.4	4.4	12～19
4	能吹起地面灰尘及纸张，小树枝摇动	5.5～7.9	6.7	20～28
5	有叶的小树摇摆，内陆的水面有小波	8.0～10.7	9.4	29～38
6	大树枝摇动，电线呼呼有声，张伞困难	10.8～13.8	12.3	39～49
7	全树摇动，大树枝下弯，迎风步行感觉不便	13.9～17.1	15.5	50～61
8	可折坏树枝，迎风步行感觉阻力甚大	17.2～20.7	19.0	62～74
9	烟囱及平屋房顶受到破坏，小屋受破坏	20.8～24.4	22.6	75～88
10	陆上少见，可使树木拔起，将建筑物吹坏	24.5～28.4	26.5	89～102
11	陆上很少，有则必有重大损毁	28.5～32.6	30.6	103～117
12	陆上绝少，其摧毁极大	32.7～36.9	34.8	118～133

2. 风的测量

风的测量方法主要有仪器探测和目视估计两大类。常用仪器有风向风速仪、测风气球、风袋、多普勒测风雷达等。风向风速仪是测量近地面风常用的仪器。为了便于飞行员观测跑道区的风向风速，可在跑道旁设置风袋，风袋飘动的方向可指示风向，风袋飘起的角度可指示风速。高空风可用测风气球进行探测，现在一些大型机场装有多普勒测风雷达，用来探测机场区域内一定高度风的分布情况，对飞机起降有很大帮助。

风的目视估计主要是按风力等级表进行的。

二、风的形成

（一）形成风的力

要形成风，必须有水平方向的力作用在空气上，使空气产生水平运动。当作用在空气上的各水平力达到平衡，使空气水平运动能持续、稳定地进行时，就形成了稳定的风。

实际大气中作用于空气上的水平力有以下几种。

1. 水平气压梯度力（$\vec{G}$）

使空气产生水平运动的直接动力是气压在水平方向上分布不均匀而形成的水平气压梯度力。前面我们介绍了水平气压梯度的概念，水平气压梯度的大小反映了气压在水平方向上分布不均匀的程度。在气压水平分布图上，等压线越密的地方，水平气压梯度越大。

由水平气压梯度引起的作用在单位质量空气上的压力差就是水平气压梯度力。很明显，水平气压梯度大的地方，水平气压梯度力也大，引起的风也越强。

可对上述结论加以简单证明。在 G_n 方向上选一面积为 S 的横截面，则由式（1.7）可得：

$$G_n = -\frac{\Delta P}{\Delta N} = -\frac{\Delta P \cdot S}{\Delta N \cdot S} = -\frac{\Delta F}{\Delta V}$$

式中，ΔF 为压力差，即静压力；ΔV 为气块的体积。

可见水平气压梯度也可表示单位体积空气受到的水平静压力。将单位体积空气块换算成单位质量空气块，则得到水平气压梯度力的表达式：

$$\bar{G} = -\frac{1}{\rho}\frac{\Delta P}{\Delta N} \tag{1.12}$$

由上式可见，水平气压梯度力的方向与水平气压梯度方向一致，垂直于等压线由高压指向低压，大小与水平气压梯度成正比，与空气密度成反比。但同一水平面上空气密度通常变化不大，因此一般水平气压梯度越大的地方，水平气压梯度力也越大。

2. 地转偏向力（$\vec{A}$）

如果风的产生仅是由水平气压梯度力引起的，则风应是横穿等压线从高压吹向低压，但实际观测表明，自由大气中风是平行于等压线吹的，摩擦层中风是斜穿等压线吹的。这说明形成风的力不止水平气压梯度力一种。

另一个形成风的很重要的力是地球自转偏向力，也称科氏力。科氏力是由地球自转引起的使相对于地球运动的物体偏离原来运动方向的力。

我们可用一旋转的圆盘来演示科氏力的作用。将逆时针旋转的圆盘（从上向下看）中心看做极地，将圆盘边缘想象成地球上的赤道。在圆盘旋转着的时候从中心向边缘画一条直线，停下圆盘我们会发现圆盘上留下的是一条向右偏转的弧线。产生这一现象的原因，是圆盘中心旋转时的线速度小于边缘旋转时的线速度，使圆盘上形成一条向右弯曲的弧线（见图 1.16）。

相对于地球运动的物体也会出现类似的情形。地球表面旋转的线速度，在赤道地区最大，随着纬度增高而逐渐减小，在极地为零。因此，当空气由极地流向赤道时，其所经地表的线速度会越来越快，在北半球使空气相对地面的移动路径向右偏转，在南半球偏转方向相反。当空气由赤道流向极地时，其所经地表旋转速度会越来越慢，同样在北半球使空气相对于地面的移动路径向右偏转，在南半球向左偏转（见图1.17）。

图 1.16 用转动的圆盘显示地球自转效应　　图 1.17 地球旋转对空气运动的作用

下面我们再更详细地来讨论这个问题。如图1.18所示，在地球表面任选一点 A，地球自转角速度 ω 在该点可分解为垂直于地面的角速度 ω_1 和平行于地面的角速度 ω_2。$\omega_1 = \omega\sin\varphi$，$\varphi$ 为 A 点所在纬度。可见，由于地球自转，地平面也绕其垂直轴做旋转运动。这种旋转运动在赤道为零（$\varphi = 0$，$\omega_1 = 0$），而在极地等于地球自转角速度（$\omega_1 = \omega$）。

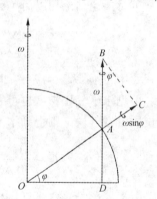

图 1.18 纬度 φ 处地平面绕其垂直轴的转动角速度

由以上讨论可知，科氏力是一种惯性力，它不改变运动物体速度的大小，而只改变其方向。科氏力是由地球自转引起的一种效应，它是虚力而不是实力，但具有实力的作用。如北半球河流的右岸往往比左岸冲刷得厉害一些，就是科氏力的作用。

由地球自转引起的偏转效应随纬度的增高而增强。理论分析可证明，科氏力的大小为：

$$A = 2V\omega\sin\varphi \qquad (1.13)$$

即 $\vec{A}$ 的大小与风速及纬度的正弦成正比。科氏力的方向垂直于物体运动的方向，在北半球指向右，在南半球指向左（见图1.19）。

3. 摩擦力（$\vec{R}$）

当空气在近地面运动时，地表对空气运动要产生阻碍作用，即产生摩擦力。摩擦力可表示如下：

$$\vec{R} = -K\vec{V} \qquad (1.14)$$

式中，K 为摩擦系数，它取决于地表的粗糙程度，一般山区最大，海洋最小；$\vec{V}$ 为空气运动速度。$\vec{R}$ 的方向与 $\vec{V}$ 相

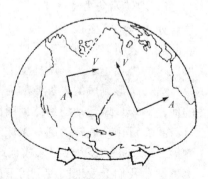

图 1.19 北半球风与科氏力的关系

反，其大小决定于风速和摩擦系数。

　　摩擦力的作用可通过空气分子、微团的运动向上传递，一直到摩擦层顶部。在自由大气中不再考虑摩擦力。

4.惯性离心力（$\vec{C}$）

　　空气在水平方向上相对于地球表面作圆周运动时，还要受到惯性离心力的作用。惯性离心力的方向与速度$\vec{V}$垂直，由曲率中心指向外缘，其大小为

$$C = m\frac{V^2}{r} \qquad (1.15)$$

　　式中，V为空气运动的线速度；r为曲率半径；m为空气块质量。

　　对单位质量空气块而言，$C = V^2/r$（见图1.20）。

（二）风的形成及风压定理

　　实际大气中，当某地水平方向上气压出现差异时，就会形成水平气压梯度力，促使空气从高压向低压方向运动。空气一旦开始运动，就会受到其他水平力的作用，如在赤道以外的地方会受到科氏力的作用，在摩擦层中会受到摩擦力的作用，做曲线运动时还会受到惯性离心力的作用。当作用在空气上的各水平力达到平衡时，就形成了相对稳定的风。

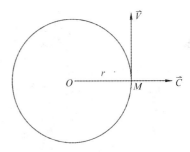

图1.20　惯性离心力

1.自由大气中风的形成及风压定理

　　先讨论自由大气中平直等压线气压场的简单情况。如图1.21所示，空气块在气压梯度力的作用下产生了沿气压梯度力方向的运动。一旦空气开始运动，就要受到科氏力的作用，在北半球，科氏力使空气向右偏转，随着空气块运动速度的加大，作用于其上的科氏力也随之增大，且方向始终与空气块运动方向垂直。最后，当气压梯度力与科氏力大小相等，方向相反时，二力达到平衡，空气块就沿着等压线作稳定的水平运动。气压梯度力越大的地方，需要与之平衡的地

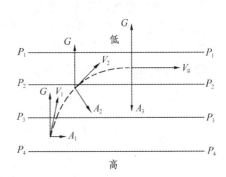

图1.21　地转风的形成

转偏向力也越大，因而风速越大。这种由气压梯度力与地转偏向力相平衡而形成的风，称为地转风。

　　当自由大气中的空气做曲线运动时，则需考虑惯性离心力的作用。现以等压线为圆形的高压和低压为例来进行讨论（见图1.22）。由图中可以看出，空气做曲线运动时，要受到水平气压梯度力、地转偏向力和惯性离心力的作用。当这三力达到平衡时，在北半球，低压区空气是沿逆时针方向旋转的，高压区空气是沿顺时针方向旋转的。在南半球则相反。

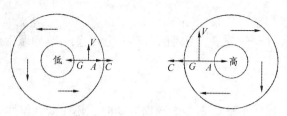

图 1.22 自由大气中低压区和高压区中的风

综上所述，可得到自由大气中空气水平运动与气压分布的关系规律，即自由大气中的风压定理：风沿着等压线吹，在北半球背风而立，高压在右，低压在左，等压线越密，风速越大（见图 1.23）。南半球风的运动方向与北半球相反。

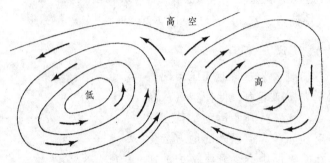

图 1.23 自由大气中风与气压场的关系

2. 摩擦层中风的形成及风压定理

在摩擦层中，空气的水平运动还要受到摩擦力的作用。与自由大气中的情况相比，摩擦力使风速减小，地转偏向力也相应减小，同时在北半球使风向向左偏转一定的角度。仍以平直等压线气压场为例，当气压梯度力、地转偏向力和摩擦力三力达到平衡时的风，即为摩擦层中的风（见图 1.24），我们看到，在摩擦层，风是斜穿等压线的。这样，摩擦层中的风压定理可表述为：风斜穿等压线吹，在北半球背风而立，高压在右后方，低压在左前方，等压线越密，风速越大（见图 1.25）。南半球风的运动方向与北半球相反。

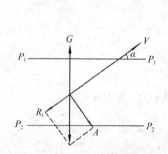

图 1.24 摩擦层中风的形成

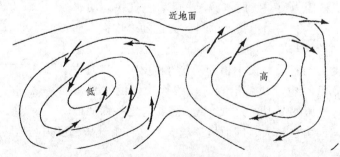

图 1.25 摩擦层中风场与气压场的关系

风斜穿等压线的角度取决于摩擦力的大小。在风速相等的情况下，地表越粗糙，风与等压线的交角越大。风与等压线的交角在陆地上约为 30°～45°，水面上约为 15°～20°。

风压定理反映了气压场与风的分布之间的关系。利用这种关系，已知气压场，可以判断风场（风的水平分布）；反过来，已知风场，也可以判定气压场。航空上，多是利用天气图上的气压场来判断有关航路或飞行空域内风的情况。在图 1.26 中，根据摩擦层中的风压定理，可以判断图中任一地方的风向和风速的相对大小，如 A 点处吹 SSW 风，与 B 点相比，风速相对较小。在图 1.27 中，根据自由大气中的风压定理，可判断航线上风的情况，如 AB 航段上基本为顺风飞行。同样，根据飞行时遇到的风的情况，可判断高、低压位置（见图 1.28）。

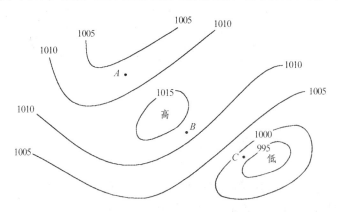

图 1.26　地面气压形式图

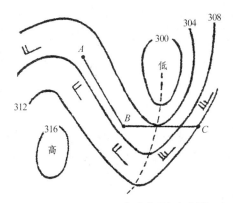

图 1.27　3 000 m 空中气压形式图

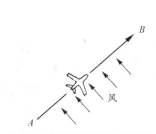

图 1.28　由风压定理可判断飞机正飞向高压区

三、风的变化

实际大气中，风是随时随地变化着的。变化越显著，对飞行的影响就越大。

（一）摩擦层中风的变化

1. 摩擦层中风随高度的变化

在摩擦层中，由于摩擦力随高度减小，在气压场随高度变化不大的情况下，随高度增加，风速会逐渐增大，而风向将逐渐趋于与等压线平行。因此，在北半球随高度增加，风速增大，风向右偏（见图 1.29）。南半球风向变化相反。

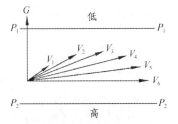

图 1.29　北半球摩擦层中风随高度变化示意图

2. 摩擦层中风的日变化

由于摩擦层中上、下层风向风速不一致，当上、下层空气混合强烈时，其相互影响就大、上、下层风有趋于一致的趋势。当空气混合作用减弱时，上、下层风就显示出较大差异。因而在白天，特别是天气晴朗的午后，近地层气温升高，地面增热不均，空气垂直混合作用增强，使上、下层风向、风速趋于一致，即近地面白天风速增大，风向向右偏转，上层风的变化则相反。晚上，空气垂直混合作用减弱，上、下层风又出现较大差异，下层风速减小，风向左转，上层风速增大，风向右偏。上、下层风的过渡层高度，平均为 50 ~ 100 m，夏季最高，可达 300 m 左右，冬季最低可达 20 m 左右。当某地受其他天气条件影响而产生较大的风时，摩擦层中这种风随着高度的变化特点以及风的日变化特点将被掩盖而表现不出来。

3. 摩擦层中风的阵性

摩擦层中由于地表对空气运动的影响，如地面增热不均而产生的空气垂直运动，地表对空气运动的摩擦阻碍及扰动等，常使气流中挟带着空气的乱流运动，这种乱流运动通常以不规则的涡旋形式存在。乱流涡旋随大范围基本气流一起运动，引起局地风向不断改变，风速时大时小，形成风的阵性（见图 1.30）。近地面风速越大，地表越粗糙，地表性质差异越大， 地表受热越强烈，空气扰动也就越强烈，风的阵性就越强。风的阵性在近地面出现最频繁，也最显著，随高度增加，阵性逐渐减弱，到自由大气中一般就不明显了。一日之中，风的阵性午后最明显，一年之中，夏季最明显。

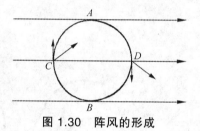

图 1.30　阵风的形成

（二）自由大气中风的变化

1. 自由大气中风随高度变化的原因

自由大气中风随高度有明显的变化。由于自由大气中空气运动不再受摩擦力的影响，因此风的变化主要取决于气压场的变化。而自由大气中气压随高度的变化主要是由气温水平差异引起的。如图 1.31 所示，若低层（H_1 高度上）A、B 两地之间的气压相等，由于没有气压梯度力，因此没有风。但由于存在气温差异，使气压随高度降低的速度不同，A 地气压随高度降低慢，B 地气压随高度降低快，随着高度升高，将逐渐形成由 A 指向 B 的水平气压梯度，且高度上升得越多，气压梯度越大。在 H_2 高度上，空气将由 A 向 B 运动，在地转偏向力的作用下形成由外向里吹的风。这样，由于水平方向上温度分布不均，在自由大气中的不同的高度上风就发生了变化。

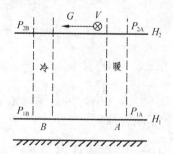

图 1.31　气温水平差异产生的风

2. 热成风

由气温的水平差异而形成的风称为热成风。由热成风的形成过程可以得出热成风与温度场之间的关系：即风沿着等温线吹，在北半球背热成风而立，高温在右手，低温在左手，等温线越密，风速越大。实际大气中，无论地面附近气压场分布情况如何，气温的一般分布情况是低纬度地区气温高，高纬度地区气温低。根据热成风原理，在北半球上空应吹偏西风，高度越高，风速越大。上升到一定高度后，就可能形成西风急流。

（三）地方性风

一些特殊的地理条件也会对局地空气运动产生影响，形成与地方性特点有关的局部地区的风，称为地方性风。

1. 海陆风

天气晴朗时，白天涌向岸边的海浪会越来越强烈，这就是海风造成的现象。白天，由于陆地增热比水面快，陆地气温高于海面，陆地上空气产生上升运动，海面上空气产生下沉运动。由于空气运动的连续性，低层空气将从海上吹向陆地，形成海风，而上层空气将从陆地流向海洋，形成一个完整的热力环流。晚上的情形与此相反，形成陆风，如图1.32所示。

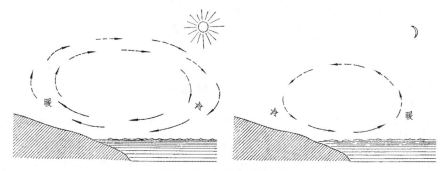

图1.32　海陆风的形成

2. 山谷风

山谷风是由山区的特殊地理条件造成的，形成原因与海陆风相似。白天，山坡气温高于山谷上同高度气温，形成如图1.33所示的热力环流，低层风从谷地吹向山坡，形成谷风。晚上则形成山风，如图1.34所示。

图1.33　谷风的形成　　　　　　　图1.34　山风的形成

3. 峡谷风

在山口、河谷地区常产生风速较大的风，称峡谷风。由于空气的连续性，当其进入狭窄的地方时，流速要加大，如图1.35所示。在山区和丘陵地区常出现这种风，使风速变化增大，对山地飞行带来影响。

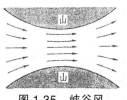

图1.35　峡谷风

4. 焚风

气流过山后沿着背风坡向下吹的热而干的风，叫做焚风。焚风吹来时，气温迅速升高，湿度急剧减小。

当气流越过山脉时，在迎风坡上空气上升冷却，由于水汽凝结放出潜热，使气温按湿绝热直减率降低，并有大量水分降落。过山后沿背风坡下降，通常按干绝热直减率增温，所以到达背风坡山脚时，空气温度比在山前时高，湿度比在山前时小，如图 1.36 所示。强的焚风出现时，几小时内气温可增高 10 ℃ 以上。

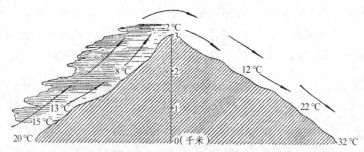

图 1.36 焚风示意图

在我国，天山南北、秦岭脚下、川南丘陵、金沙江河谷等到处可见到焚风的踪迹。海拔仅 1 000 m 的大兴安岭和太行山，由于冬季来自西伯利亚的冷空气南下时，沿着斜坡倾斜下来，形成焚风，从而使东坡的气候发生重大变化。例如：太行山麓燕山脚下的北京 1 月份平均气温为 – 4.7 ℃，比同纬度的秦皇岛高出 1.2 ℃，比辽宁复县、丹东等地分别高出 3.7 ℃ 和 4.1 ℃ 之多，因而北京成为我国同纬度上冬季最暖和的地方。

地方性风的影响与摩擦层风的变化一样，只有在没有强烈系统影响的情况下才明显，而一旦有其他强烈系统影响时，其作用就被掩盖而显示不出来。

四、风对飞行的影响

1. 风对飞机起飞着陆的影响

飞机起降时所能承受的最大风速，取决于机型和风与跑道的夹角（见表 1.5）。逆风起降时所能承受的风速最大，正侧风起降时所能承受的风速最小。这是因为近地面风由于受地表的影响，变化复杂，具有明显的阵性，风速越大，阵性越强，使飞机受到无规律的影响，难以操纵。特别是在侧风条件下起降的飞机，要保持正常的下滑道或滑跑非常困难，为克服侧风的影响而采取大坡度接地可能使飞机打地转或发生滚转，加上阵风的影响，就会使飞机更加难以操纵。

表 1.5 几种机型起落时容许的最大风速

最大风速/(km/h) 机型　　侧风角	运-五	TB-20	运-七	波音 707-747SP
0°	15	20	30	25
45°	8	17	17	18
90°	6	12	12	12

2. 风对飞机航行的影响

飞机在航线飞行时，也不可避免地要受到风的影响。如顺风飞行会增大地速、缩短飞行时间、减少燃油消耗、增加航程；逆风飞行会减小地速、增加飞行时间、缩短航程；侧风会产生偏流，需进行适当修正以保持正确航向。

第四节　空气的垂直运动

空气在垂直方向上具有升降运动，这种运动对天气的形成及飞机的飞行都有很大的影响。

一、空气垂直运动的形成原因

空气的垂直运动及其变化是由作用在空气上的垂直方向的力造成的。这种力有两个（见图 1.37），即向下的重力和向上的垂直气压梯度力。重力是由地球对空气的吸引而产生的，垂直气压梯度力是由作用在空气块上的垂直方向的气压差而产生的，也即是空气块受到的浮力，大小应等于与空气块体积相同的周围大气的重量。

图 1.37　单位体积空气块所受的重力和垂直气压梯度力

对于原来静止的空气块，当作用在其上的垂直方向的力不平衡时，就会产生垂直运动。垂直气压梯度力大于重力时，空气块向上运动，重力大于垂直气压梯度力时，空气块向下运动。

二、空气垂直运动的种类及特点

引起作用在空气上的垂直力不平衡的原因不同，形成的空气垂直运动的特点就不同。下面分别讨论大气中各种垂直运动的特点。

（一）对　流

1. 对流的概念和特征

对流是指大气中的一团空气在热力或动力作用下的强烈而比较有规则的升降运动。局地空气的热升冷降运动，就是空气的对流运动。对流的垂直运动速度是空气各种垂直运动中最大的，一般为 1～10 m/s，有时可达几十米/秒；对流的水平范围不大，一般是几千米到几十千米；对流的持续时间较短，一般只有几十分钟到几小时。

通过大气对流一方面可以产生大气低层与高层之间的热量、动量和水汽的交换，另一方面对流引起的水汽凝结可以形成云和降水。

2. 对流产生的原因

对流是空气块在热力或动力作用下产生的垂直运动，下面讨论一下热力原因产生的对流。由前面空气块垂直受力情况分析可知，对单位体积空气块，其垂直方向上所受的合力为（取向上为正）：

$$F = \rho g - \rho' g \qquad\qquad (1.16)$$

式中，ρ 为空气块周围的大气密度；ρ' 为空气块的密度，若空气块密度与周围大气密度相等，则垂直方向上合力为零，空气块将保持静止或原来的运动状态不变。只有当空气块密度与周围大气密度不相等时，空气块才会获得垂直加速度，产生垂直运动状态的变化。而空气块密度的变化可由其温度的变化引起。由大气状态方程 $P = \rho R_{比} T$ 可得 $\rho = P/(R_{比} T)$，代入式（1.16）得：

$$F = \left(\frac{P}{R_{比} T} - \frac{P'}{R_{比} T'}\right)g = \frac{g}{R_{比}}\left(\frac{P}{T} - \frac{P'}{T'}\right)$$

由于空气块内的气压 P' 与周围大气压 P 能通过气块体积变化而始终保持平衡，因此可以认为 $P = P'$，则有

$$F = \frac{gP}{R_{比}}\left(\frac{T' - T}{TT'}\right)$$

设空气块获得的垂直加速度为 dw/dt，则

$$F = \rho'\frac{dw}{dt} = \frac{P'}{R_{比} T'}\frac{dw}{dt} = \frac{P}{R_{比} T'}\frac{dw}{dt}，$$

代入上式，有

$$\frac{P}{R_{比} T'}\frac{dw}{dt} = \frac{gP}{R_{比}}\left(\frac{T' - T}{TT'}\right)$$

化简可得

$$\frac{dw}{dt} = \left(\frac{T' - T}{T}\right)g \tag{1.17}$$

由式（1.17）可知，当空气块温度高于周围大气温度时，$dw/dt > 0$，它将获得向上的加速度；反之，则获得向下的加速度。

热力作用下的大气对流主要是指在层结不稳定的大气中，一团空气的密度小于环境空气的密度，因而它所受的浮力大于重力，则在浮力作用下形成的上升运动。在夏季经常见到的小范围的、短时的、突发性的和由积雨云形成的降水，常是热力作用下的大气对流所致。

动力作用下大气对流主要是指在气流水平辐合或存在地形的条件下所形成的上升运动。在大气中大范围的降水常是锋面及相伴的气流水平辐合抬升作用形成的，而在山脉附近的固定区域产生的降水常是地形强迫抬升所致。一些特殊的地形（如喇叭口状的地形）所形成的大气对流既有地形抬升的作用，也有地形使气流水平辐合的作用。

3. 对流冲击力

使原来静止的空气产生垂直运动的作用力，称为对流冲击力。实际大气中，对流冲击力的形成有热力和动力两种原因，它们产生的对流分别称为热力对流和动力对流。

热力对流冲击力是由地面热力性质差异引起的。白天，在太阳辐射作用下，山岩地、沙地、城市地区比水面、草地、林区、农村升温快，其上空气受热后温度高于周围空气，因而体积膨胀，密度减小，使浮力大于重力而产生上升运动。天气愈晴朗，太阳辐射愈强，这种作用愈明显。夜晚情形正好相反，山岩地、沙地等地面辐射降温快，其上空气冷却收缩，产生下沉运动，天气愈晴朗，这种作用愈明显，如图 1.38 所示。

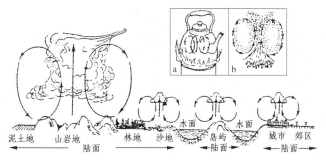

图1.38 热力对流冲击力的形成

动力对流冲击力是由于空气运动时受到机械抬升作用而引起的，如山坡迎风面对空气的抬升，气流辐合辐散时造成的空气升降运动等，都属于动力对流冲击力。图1.39所示为地形动力对流冲击力的形成示意。

4. 大气稳定度

由于对流冲击力的作用，使空气产生了垂直运动，但这种垂直运动能否继续发展和加强，并最终形成强烈的对流运动，则取决于大气本身的性质，即大气稳定度。

图1.39 地形动力对流冲击力的形成

大气稳定度是指大气对垂直运动的阻碍程度。设想一空气块由于受到对流冲击力而产生上升运动。如果该空气块在上升过程中，温度变得比周围空气温度高，则它将始终获得一个向上的加速度，上升运动会变得越来越强烈。反之，如果该空气块在上升过程中，温度变得比周围空气温度低，则它将获得一个向下的加速度，使上升运动逐渐减弱，最后消失。可见，空气块的升、降运动能否维持和加强，取决于它和周围大气的温度差异如何变化。

下面具体讨论大气稳定度的判断方法。如图1.40所示，甲、乙、丙三地上空200 m处分别有 A、B、C 三个气块，大气温度和气块温度相同，但三地大气气温递减率不同，甲地为0.8 ℃/100 m，乙地为1℃/100 m，丙地为1.2 ℃/100 m。假设三处气块都处于未饱和状态，则在垂直运动中，气块温度按 $\gamma_d = 1$℃/100 m变化。下面分析各气块在受到冲击力后，其运动情况的区别。

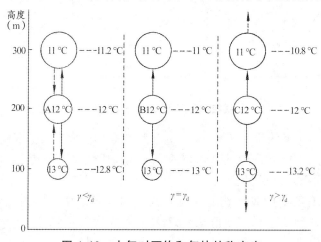

图1.40 大气对不饱和气块的稳定度

A 气块：如果上升到 300 m 高度，其本身温度（11 ℃）低于周围大气温度（11.2 ℃），气块受到向下的加速度，上升运动减速，并有返回原处的趋势。如果下降到 100 m 处，本身温度（13 ℃）高于周围大气温度（12.8 ℃），空气块获得向上的加速度，下降运动减速，并有返回原处的趋势。因此，对气块 *A* 而言，甲地大气是稳定的。

　　B 气块：不论上升或下降，气块温度始终与大气温度相等，不会获得向上或向下的加速度，乙地大气对 *B* 气块而言是中性的。

　　C 气块：不论上升或下降，都会使气块运动加速进行，对 *C* 气块而言，丙地大气是不稳定的。

　　由上面的分析可见，某地大气是否稳定，取决于该地作垂直运动的空气块的气温直减率与周围大气气温直减率的差异。对未饱和空气块而言，甲地 $\gamma < \gamma_d$，大气稳定；乙地 $\gamma = \gamma_d$，大气为中性；丙地 $\gamma > \gamma_d$，大气不稳定。对饱和空气块而言，道理相同，$\gamma < \gamma_m$ 时，大气稳定；$\gamma = \gamma_m$ 时，大气为中性；$\gamma > \gamma_m$ 时，大气不稳定。可见，某一具体空气块受到冲击力后的垂直运动状况，完全取决于气块外部的大气特性。大气层具有的这种影响对流运动的特性，就是用大气稳定度来表示的。

　　综上所述，可将大气稳定度分成三种情形：

$$\gamma < \gamma_m (< \gamma_d) \qquad 绝对稳定$$

$$\gamma > \gamma_d (> \gamma_m) \qquad 绝对不稳定$$

$$\gamma_m < \gamma < \gamma_d \qquad 条件性不稳定$$

　　从上面的结论可知，γ 值越小大气越稳定。当 $\gamma < \gamma_m$ 时，则不论对饱和空气块还是未饱和空气块，大气都处于稳定状态，我们称之为绝对稳定。γ 值越大，大气越不稳定，当 $\gamma > \gamma_d$ 时，不论对未饱和空气块还是饱和空气块，大气都处于不稳定状态，这时我们称之为绝对不稳定。当 $\gamma_m < \gamma < \gamma_d$ 时，大气对未饱和空气块是稳定的，对饱和空气块是不稳定的，这种情况称为条件性不稳定。上述结论也可用气层气温随高度变化的曲线（层结曲线）与气块温度随高度变化的曲线（状态曲线）的关系来表示，如图 1.41 所示。

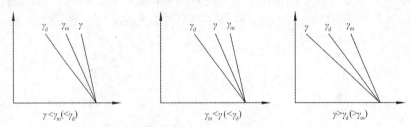

图 1.41　用层结曲线和状态曲线表示的大气稳定度

　　在逆温层（$\gamma < 0$）和等温层（$\gamma = 0$）中，大气是非常稳定的，因此又将它们称为稳定层或阻挡层。它们能阻碍空气垂直运动的发展，在稳定层下面常聚集大量杂质和水汽，使稳定层上、下飞行气象条件出现明显差异。

　　大气稳定度具有明显的日变化和年变化规律。一日之中，白天太阳辐射使近地层空气增温，γ 值增大，到了午后，γ 值达到最大，大气变得不稳定。夜晚，地面辐射使近地层空气降温，γ 值减小，到后半夜和清晨，γ 值达到最小，大气变得很稳定，甚至可在近地面附近形成等温层或逆温层。天气越晴朗，大气稳定度的这种日变化越明显。同理，一年之中夏季大气最不稳定，冬季大气最稳定。因此，一些与对流相关的天气，如雷暴，往往出现在夏季午后。而与稳定层有关的天气，如某些云、雾等，常常出现在冬季的早晨。

（二）系统性垂直运动

大范围空气有规则的升降运动称为系统性垂直运动。系统性垂直运动范围广阔（一般为几百千米到几千千米），升降速度小（一般只有 1 ~ 10 cm/s），但持续时间长（可达几天），空气一昼夜也可上升几百米到几千米。

系统性垂直运动一般产生于大范围空气的水平气流辐合、辐散区，以及冷、暖空气交锋区。辐合指水平气流向某一区域的汇聚，辐散指水平气流背离某一区域散开。在辐合区，空气质量增加，垂直气压梯度力增大，其上空气产生上升运动；辐散区相反，空气产生下沉运动（见图 1.42）。冷暖空气交锋区，暖空气被抬升也可产生系统性上升运动。

实际大气中，摩擦层内低压区中风是斜穿等压线吹向低压中心，水平气流是辐合的，越靠近地面，气流与等压线交角越大，辐合作用越强，因此低压区盛行上升运动。高压区内相反，盛行下沉运动，如图 1.43 所示。

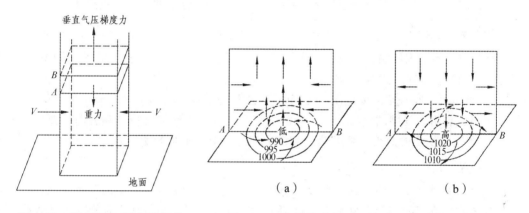

图 1.42 低层气流辐合引起其上空气产生上升运动

图 1.43 摩擦层中低压区和高压区的水平气流和垂直运动

当风吹向山的迎风面时，其水平速度越接近山坡越小，形成空气辐合，在山的迎风面出现系统性上升运动，如图 1.44 所示。

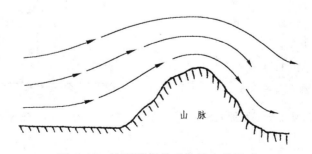

图 1.44 地形引起的系统性上升运动

（三）大气波动

大气和其他流体一样，可产生各种波动。其中和某些天气现象有直接关系的，是一种在重力作用下产生的波动，叫重力波。天空中有时出现的呈波浪状起伏的云层，就是由大气中的重力波引起的。空气在波峰处作上升运动，在波谷处作下沉运动。

重力波的形成有两种原因：一是两层密度不同的空气发生相对运动时，在其交界面上会出现波动，与风吹过水面时引起波动的道理相同。大气中等温层或逆温层中，由于上下空气密度和风向、风速存在较大差异，常会引起波动（见图 1.45）。另一种情况是在有较强的风吹过山脉时，由于山脉对气流的扰动作用，在一定条件下，可在山的背风面形成重力波，我们称这种波为山地背风波或山岳波，如图 1.46 所示。

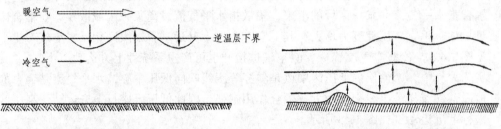

图 1.45　逆温层下形成的重力波　　　　图 1.46　山地背风波

（四）大气乱流

乱流是空气不规则的涡旋运动，又称湍流或扰动气流，其范围一般在几百米以内。乱流涡旋可绕水平轴、垂直轴或其他方向的轴旋转，因而乱流涡旋中存在尺度和速度都不等的垂直运动。在一定条件下，在一定高度范围内可同时存在很多乱流涡旋，使垂直运动扩展到较高高度。

乱流涡旋是由大气中的气流切变引起的，气流切变是指气流间速度和方向的差异（见图1.47）。造成气流切变的原因主要有热力和动力两种，分别形成热力乱流和动力乱流。

1. 热力乱流

当各地气温不一致，即气温水平分布不均匀时，就会产生大大小小的升降气流，由于它们之间有速度和方向的差异，就会形成乱流涡旋（见图 1.48）。各乱流涡旋间相互碰撞、影响，使其变形，就形成一定范围内的乱流，即热力乱流。

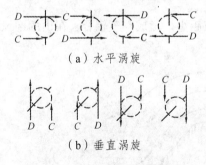

（a）水平涡旋

（b）垂直涡旋

图 1.47　气流切变形成乱流涡旋

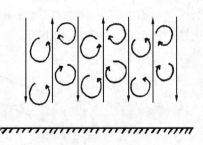

图 1.48　热力乱流的形成

2. 动力乱流

当气流流过粗糙地表、丘陵和山区时，由于地表摩擦和地形扰动，会引起气流切变而形成乱流涡旋（见图 1.49）。当高空风向、风速的空间分布有明显差异时，也会形成乱流，这一类乱流统称为动力乱流。

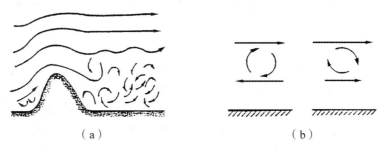

（a）　　　　　　　　　　　　　　　（b）

图 1.49　近地面动力乱流

乱流的强度既与热力、动力因素有关，也与大气稳定度有关。如太阳辐射强，地表性质差异大的地区，热力乱流一般较强。大气越不稳定，热力乱流发展越强，影响的高度范围也越大。地表粗糙、起伏大的地区，风速越大，动力乱流越强，大气愈不稳定，乱流越容易发展，影响范围也越大。空中风的分布差异越大的区域，乱流也越强。一般而言，在对流层低层，乱流的发展是陆地强于海面，山地强于平原，白天强于夜间，夏季强于冬季。对流层中层以上，乱流的发展则多与某些天气系统引起的气流切变有关。

乱流不仅可使大气中的热量、水汽、杂质等得到混合、交换和输送，对天气变化产生重要作用，还可使飞机产生颠簸，影响飞行安全。从上面的讨论可以看出，大多数乱流的产生是有征兆可循的，只要充分了解乱流的成因，就可正确判断乱流的存在情况，从而避开乱流较大的区域。

大气中各种形式的垂直运动往往并不是孤立存在的，而是相互联系和转换的。如对流区域中通常有乱流存在，系统性垂直运动和大气波动在大气不稳定时可触发对流，山岳波中某些部位常有很强的乱流等。

本章小结

1. 大气由干洁空气、水汽、大气杂质三部分组成。在干洁空气中，对大气温度影响较大的是二氧化碳和臭氧，而水汽和大气杂质在天气变化中起了重要作用。以气层气温的垂直分布特征为主要依据，可将大气分为五层，航空活动主要在对流层和平流层中进行。因此，对于对流层和平流层的基本特征，我们应有充分认识。

2. 绝热变化是指空气在被压缩或膨胀时其自身温度的变化，在实际大气中，绝热变化主要表现在作垂直运动的空气块中。气压是一个十分重要的物理量，气压在水平方向上分布不均形成了水平气压场，不同方法测量的气压调定的高度表指示出不同的高度，而气压的变化往往会对气压式高度表的指示造成误差。常用的量度空气湿度的物理量有相对湿度、露点温度、温度露点差。露点温度反映了空气中含有水汽的多少，温度露点差反映的是空气的饱和程度。气温、气压和空气湿度三大气象要素决定了空气的状态，它们的变化引起空气密度的变化，进而对飞机性能及飞机上某些仪表的指示发生影响，其中以气温变化产生的影响尤为明显。

3. 空气的水平运动叫做风，气象上的风向指风的来向。风是由作用在空气上的水平方向的力形成的，这类力有水平气压梯度力、地转偏向力、惯性离心力和摩擦力。当作用在空气上的水平力达到平衡时，就形成了稳定的风。风压定理揭示了风场与气压场之间的关系。根据这一关系，我们可由气压分布来判断飞行区域内风的分布情况，或由飞行时遇到的风来判断气压分布情况。

4. 由于摩擦层中摩擦力随高度的变化和乱流混合作用的影响，使得摩擦层中风随高度有变化，且具有日变化和阵性。而自由大气中风随高度的变化是由气温水平分布不均匀引起的。在北半球中纬度地区，由于南暖北冷的温度分布，使其上空盛行偏西风，风速随高度增大，在对流层顶附近常出现西风急流。地方性风是由一些特殊的地理条件对局地空气运动产生影响而形成的与地方性特点有关的局部地区的风，主要有海陆风、山谷风、峡谷风和焚风等。

5. 风对飞行的影响可分为风对飞机起落的影响和风对航行的影响两个方面。近地面风具有阵性，风速越大，阵性越强。阵风对飞机的影响具有无规律性，使飞机操纵困难甚至无法操纵。因此，各种飞机都有允许起降的最大风速限制。风对飞机航行的影响在其他课程中有专门介绍。

6. 空气的垂直运动是由作用在空气上的垂直方向的力产生的，对流是各种垂直运动中最剧烈的一种，对天气变化和对飞行的影响也最大。形成对流的基本条件是大气不稳定和存在对流冲击力。当大气中存在水平气流的辐合或辐散，存在乱流或大气波动时，也会伴随有垂直运动的出现。

思 考 题

1. 构成大气的基本成分有哪些？二氧化碳和臭氧有什么作用？

2. 什么叫气温垂直递减率，什么是等温层和逆温层？

3. 大气分层的主要依据是什么，大气可分为哪几层？

4. 对流层和平流层有哪些基本特征，它们对飞行有什么影响？

5. 什么是标准大气？标准大气有什么作用？

6. 引起大气温度变化的原因是什么，什么叫气温的绝热变化？

7. 什么是本站气压、场面气压、标准海平面气压和修正海平面气压？各有什么用处？

8. 气压水平分布的基本形式有哪些？如何根据等压线的分布来判断水平气压梯度的大小？

9. 空气湿度指什么？常用的表示空气湿度的物理量有哪些？

10. 基本气象要素如何影响飞机性能和仪表指示？

11. 在其他条件相同时，含水汽量多的气块与含水汽量少的气块哪个重些？

12. 解释"下雪不冷化雪寒"这句谚语。

13. 说明 γ、$\bar{\gamma}$、γ_d、γ_m 的物理含意。

14. 地面气温为 18 ℃，一空气块干绝热上升到 2 000 m 高度时，其温度是多少？再下降到 800 m 高度，其温度又是多少？

15. 地面气温为 t_0，一架飞机上升到离地 Zm 高，同时地面一未饱和空气块也上升到此高度，求：飞机温度表示度和气块温度的差值。

16. 飞机按气压式高度表指示的一定高度飞行,在飞向高压区时,其实际高度如何变化? 飞向低压区时情况又如何?

17. 试比较下面两块体积相同的空气块,哪块水汽含量多,哪块饱和程度大?

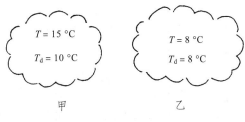

习题 17 图

18. 地面一空气块温度为 25 ℃,露点 17 ℃,该空气块需上升多少高度才会饱和?

19. 解释:冬季夜间停放在地面的飞机,有时机体表面会结霜;停放在地面过夜的飞机,如油箱未加满油,可能会引起油箱积水。

20. 什么叫风,气象风的风向、风速是如何表示的?

21. 形成风的力有哪些,北半球地转偏向力的方向如何?

22. 自由大气和摩擦层中的风压定理是如何表述的,区别在哪里?

23. 摩擦层中风的变化方式有哪些,变化原因是什么?

24. 自由大气中风的变化原因是什么?什么是热成风?

25. 山谷风和海陆风是如何形成的?

26. 什么是焚风?它会带来什么样的天气?

27. 风是如何影响飞行的?

28. 空气垂直运动的形式有哪些?

29. 什么是对流,对流的发展需要什么条件?

30. 什么是对流冲击力,可分为哪两类?

31. 什么是大气稳定度,如何判断大气稳定度?

32. 画图说明在北半球自由大气中,航线通过低压槽和高压脊时的风向变化情况。

33. 根据下面平面图中温压场的配置情况,说明风随高度是如何变化的 (图中虚线为等温线,实线为等压线,北半球自由大气中)。

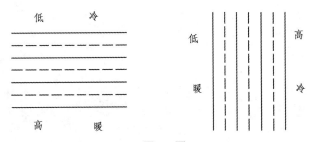

习题 33 图

34. 解释:夏季晴天午后,在机场经常见到地面风由草地吹向跑道的现象。

35. 为什么等温层、逆温层又叫稳定层和阻挡层,它们对飞行有何影响?

36. 试分析下图中各种情况下的大气稳定度。

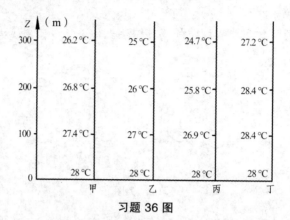

习题 36 图

37. 大气中的乱流和波动是如何产生的？

第二章　云和降水

云是水汽凝结物在空中聚集而成的现象，降水是水汽凝结物从云中降落到地面的现象。云和降水不仅能反映当时的大气运动状态、大气稳定度和水汽条件，还能在一定程度上预示未来天气变化的趋势。

云和降水对航空活动影响很大，如低云可严重妨碍飞机起降，云中飞行可产生飞机积冰，在云中或云外都会碰到飞机颠簸，降水可影响能见度，影响飞机气动性能等。作为一名飞行或空管人员，应能从云的外貌和降水性质判断出其对飞行的影响，并估计出其变化趋势。

第一节　云的分类和外貌特征

一、云的分类

云有各种各样的外貌，它们千姿百态，变幻无穷，各自既有不同的成因，又有不同的特征，对飞行的影响也不尽相同。要了解云的演变规律，需要把云进行分类。

1. 根据云底高度分类

云的分类方法有好几种，但一般是将云按云底高度分成三族：

（1）低云族。云底高度在 2 000 m 以下；

（2）中云族。云底高度在 2 000～6 000 m 之间；

（3）高云族。云底高度在 6 000 m 以上。

2. 根据云的外貌特征分类

根据云的外貌特征，每一族云都可分为好几种。按照国家气象局关于云的分类标准，结合航空上气象保障的需要，可将云分为十四种。其中高云三种，中云两种，低云最多，共有九种（见表 2.1）。

表 2.1　云的分类

云　族	云　种	简写符号	填图符号
高云 6 000 m 以上	卷　云	Ci	⌒
	卷层云	Cs	2
	卷积云	Cc	⌒⌒

云　族	云　种	简写符号	填图符号
中云 2 000～6 000 m	高积云	Ac	⌣
	高层云	As	∠
低云 低于 2 000 m	淡积云	Cu	⌒
	浓积云	TCu	⌓
	积雨云	Cb	⌂
	层积云	Sc	⌣
	层　云	St	—
	雨层云	Ns	⫽
	碎层云	Fs	- - -
	碎积云	Fc	—
	碎雨云	Fn	- - -

二、低云的外貌特征及对飞行的影响

低云通常是指云底高度在 2 000 m 以下的云，这类云包括的种类最多，对飞行的影响也最大，是飞行人员需要了解的重点。

1. 淡积云（Cu）

淡积云呈孤立分散的小云块，底部较平，顶部呈圆弧形凸起，像小土包（附图 1），云体的垂直厚度小于水平宽度。从云上观测淡积云，像飘浮在空中的白絮团。远处的云块，圆弧形云顶和较平的云底都很清楚。如果垂直向下看，则只见圆弧形的云顶，看不见较平的云底。

淡积云对飞行的影响较小：云上飞行比较平稳；若云量较多时，在云下或云中飞行有时有轻微颠簸；云中飞行时，连续穿过许多云块，由于光线忽明忽暗，容易引起疲劳。

2. 浓积云（TCu）

云块底部平坦而灰暗，顶部凸起而明亮，圆弧形轮廓一个个互相重叠，像花菜或鸡冠花顶。云体高大，像大山或高塔。厚度通常在 1 000～2 000 m 之间，厚的可达 6 000 m。从云上观测浓积云，云顶在阳光照耀下比淡积云光亮。成群的浓积云，就像地面上的群山异峰，伸展得很高的云柱犹如耸立的高塔（附图 2）。

浓积云对飞行的影响比淡积云大得多，在云下或云中飞行常有中度到强烈颠簸，云中飞行还常有积冰。此外，由于云内水滴浓密，能见度十分恶劣，通常不超过 20 m。因此，禁止在浓积云中飞行。

3. 积雨云（Cb）

积雨云的云体十分高大，像大山或高峰。云顶有白色的纤维结构，有时扩展成马鬃状或铁砧状，通常高于 6 000 m，最高可达 20 000 m（见附图 3、4）；云底阴暗混乱，有时呈悬球状、滚轴状或弧状（见附图 5），有时还偶尔出现伸向地面的漏斗状的云柱。常伴有雷电、狂风、暴雨等恶劣天气；有时还会下冰雹。

积雨云对飞行的影响最为严重。云中能见度极为恶劣，飞机积冰强烈；在云中或云区都会遇到强烈的颠簸、雷电的袭击和干扰，而暴雨、冰雹、狂风都可能危及飞行安全。因此，禁止在积雨云中或积雨云区飞行。

4. 碎积云（Fc）

云块破碎，中部稍厚，边缘较薄，随风漂移，形状多变，云块厚度通常只有几十米。碎积云对飞行的影响不大，但云量多时妨碍观测地标和影响着陆（见附图6）。

5. 层积云（Sc）

层积云是由大而松散的云块、云片或云条等组成的云层，通常呈灰色或灰白色，厚时呈暗灰色。有时云块较薄而明亮，云块间有缝隙，可见天空、日月位置或上面的云层，叫透光层积云（见附图7）；云块厚而密集，无缝隙，云底呈暗灰色的，叫蔽光层积云（见附图8）；由积云衰退而形成的叫积云性层积云（见附图9）；在有的云块上有云塔凸起的叫堡状层积云（见附图10）。层积云可降间歇性雨雪。

层积云中飞行一般平稳，有时有轻颠，可产生轻度到中度积冰。

6. 层云（St）

云底呈均匀幕状，模糊不清，像雾，但不与地面相接；云底高度很低，通常仅50～500 m，常笼罩山顶或高大建筑（见附图11）。

云中飞行平稳，冬季可有积冰；由于云底高度低，云下能见度也很恶劣，严重影响起飞着陆。

7. 碎层云（Fs）

通常由层云分裂而成，云体呈破碎片状，很薄；形状极不规则，变化明显；云高通常为50～500 m（见附图12），对飞行的影响与层云相同。

8. 雨层云（Ns）

幕状降水云层，云底因降水而模糊不清；云层很厚，云底灰暗，完全遮蔽日月；出现时常布满全天，能降连续性雨雪（见附图13）。

云中飞行平稳，但能见度恶劣，长时间云中飞行可产生中度到强度的积冰。暖季云中可能隐藏着积雨云，会给飞行安全带来严重危险。

9. 碎雨云（Fn）

在降水云层之下产生的破碎云块或云片，随风漂移而且形状极不规则，云量极不稳定；云高很低，通常几十米到300 m（见附图14）。

碎雨云主要影响起飞着陆，特别是有时碎雨云迅速掩盖机场，对安全威胁很大。

三、中云的外貌特征及对飞行的影响

中云的云底高度为2 000～6 000 m，中云根据其外貌特征可分为高层云和高积云。

1. 高层云（As）

高层云是浅灰色的云幕，水平范围很广，常布满全天。高层云分为透光的和蔽光的两种：① 透光高层云比较薄，而且厚度比较均匀，透过它可以辨别日月的位置，但其轮廓模糊不清（见附图15）。② 蔽光高层云比较厚，云底显得阴暗，能完全遮蔽日月，它的底部虽没有明

显的起伏，但由于云层的厚度不均匀，常出现明暗相间的条纹。

云中飞行平稳，有可能产生轻度到中度积冰。

2. 高积云（Ac）

高积云是由白色或灰白色的薄云片或扁平的云块组成的，这些云块或云片有时是孤立分散的，有时又聚合成层。成层的高积云中，云块常沿一个或两个方向有秩序地排列着。

① 高积云中，云块较薄、个体分离、从间隙处可见蓝天或高处云层的，称为透光高积云（见附图16）；② 云块厚大、排列密集、阳光难以透过的，称为蔽光高积云；③ 云块像豆荚、孤立分散于天空的，称为荚状高积云（见附图17）；④ 云块底部平坦而顶部突起成为几个小云塔、类似远处城堡的，称为堡状高积云；⑤ 云块个体破碎、像乱棉絮团的，称为絮状高积云（附图18）；⑥ 由积云顶部扩展而成的，称为积云性高积云。

高积云可以同时出现在不同的高度上，透过高积云看日月时，在它的薄而半透明的边缘，常出现内紫外红的彩色花环。

在高积云中飞行通常天气较好，冬季可有轻度积冰，夏季有轻度到中度颠簸。

四、高云的外貌特征及对飞行的影响

1. 卷云（Ci）

卷云是具有纤维状结构的云，常呈丝状或片状，分散地飘浮在空中。卷云通常为白色并带有丝一般的光泽；日出之前或日落之后，常带有黄色或红色。卷云的种类很多：① 云丝分散、纤维状结构清晰的，称为毛卷云；② 云丝密集、聚合成片的，称为密卷云（见附图19）；③ 云丝平行排列且上端有小钩或小云团，类似逗号的，称为钩卷云；④ 已脱离母体的积雨云顶的冰晶部分，称为伪卷云。

在卷云的云中或云上飞行时，冰晶耀眼，有时可产生轻度到中度颠簸。

2. 卷层云（Cs）

卷层云是乳白色的云幕，常布满全天。其中云幕薄而均匀、看不出明显结构的，称为薄幕卷层云；云幕的结构比较不均匀，云的丝缕结构明显的，称为毛卷层云。卷层云有一个很显著的特征：透过它能很清楚地看出日月的轮廓，而且在日月的外围，经常出现一个内红外紫的彩色晕圈（见附图20）。

在卷层云的云中或云上飞行时，冰晶耀眼，有时可产生轻度颠簸。

3. 卷积云（Cc）

卷积云是由白色鳞片状的小云块组成的，这些云块常成群地出现在天空，看起来很像微风拂过水面所引起的小波纹（见附图21）。卷积云常由卷云和卷层云蜕变而成，所以出现卷积云时，常伴有卷云或卷层云。

在卷积云的云中或云上飞行时，冰晶耀眼，有时可产生轻度颠簸。

总的说来，在云区飞行，一般常见的是低能见度和飞机颠簸，云状不同，影响的程度也不同。在低于 0 ℃的云中可遇到飞机积冰，在积雨云区可遇到天电干扰或雷击。此外，在云中或接近云层飞行时，还可能引起缺乏经验的飞行员的错觉。例如，接近云层时，好像飞得快一些，离开云层时又好像慢一些；在云中，由于看不见天地线，如果明暗不均，就会以为飞机有俯仰角或带坡度；在靠近阴暗的云底飞行时，下明上暗，会误认为在倒飞，等等。在这些情况下，切忌精神紧张和凭主观感觉操纵飞机，应少向外看，坚信仪表的指示。以上14种云中，对飞行影响最大的是积雨云和浓积云，无论在航线上或起落过程中都应避开。

为了便于复习，将主要云种的特征及对飞行的影响列于表2.2中。

表2.2　主要云种的特征及其对飞行的影响

云族	云类	云高/m	云厚/m	云滴物态	外貌特征	天气现象	湍流	积冰	其　他
高云	卷云（Ci）	7 000～10 000	500～2 500	冰晶	白色，纤维状结构，常显丝楼状或片状，有光泽		有弱湍流，出现在急流中时有强湍流		冰晶耀眼
	卷层云（Cs）	6 000～9 000	1 000～2 000	冰晶	乳白色，层状，透过云层看日月，轮廓分明，有晕		有时有弱湍流	偶有弱积冰	冰晶耀眼，云中能见度常为几百米
	卷积云（Cc）	6 000～8 000	几百	冰晶	白色，鳞片状的小云块，排列成群，单体视角小于1°		有弱湍流	偶有弱积冰	
中云	高积云（Ac）	2 500～6 000	200～1 000	水滴或冰晶	白色或灰白色的云片或云块，它们有时零散分布，有时整齐排列，单体视角1°～5°		常有弱至中湍流	有弱积冰，偶有中积冰	
	高层云（As）	2 500～5 000	1 000～3 500	水滴、冰晶和雪花	浅灰色，层状，从云层较薄处可模糊地看到日月，云层厚时则看不到日月	小雨或小雪	多弱湍流，在锋区时为中至强湍流	有弱至中积冰	云中能见度通常为几十米
低云	雨层云（Ns）	500～2 000	3 000～6 000	水滴、冰晶和雪花	低而阴暗的云幕，云底模糊不清，云下常有碎雨云	连续性雨或雪	有时有弱湍流，在锋区或山地上时有中至强湍流	有中至强积冰	云中能见度通常为15～20 m，云中有时隐藏着积状云
	层积云（Sc）	500～2 500	几百～2 000	水滴或冰晶	灰色或灰白色的云片、云块或云条单体视角大于5°	有时有小雨或小雪	有弱至中湍流	冬季有弱至中积冰	云中能见度通常为几十米
	层云（St）	50～500	几百	水滴	浅灰色底而均匀的云幕，像雾，但不及地	有时有毛毛雨，能见度低	有弱湍流	冬季有弱至强积冰	云中能见度通常小于50 m，下部约100 m
	积云（Cu）	500～2 000	几百～5 000	水滴	底部平坦，顶部呈圆弧形，浓积云垂直伸展很高	浓积云有阵雨	有弱、中或强湍流	9 ℃线高度以上有明冰	云中能见度恶劣，浓积云中飞行有危险，不要进入
	积雨云（Cb）	300～2 000	5 000～12 000	水滴、冰晶和雪花	垂直发展极高，云顶模糊或呈砧状，云底阴暗	雷暴、闪电、阵雨、大风，有时有冰雹	有强湍流，有时有下击暴流	云的中上部有非常强积冰	云中飞行非常危险，禁止进入

注：表中所列的云高、云厚，均为在我国常见的云高、云厚范围。

第二节 云的形成与天气

要形成云，大气必须满足三个条件，即充足的水汽、充分的冷却和足够的凝结核。实际大气中，满足这三个条件的方式主要是含有一定水汽的空气作上升运动，当上升到足够高度时，由于冷却使其中的水汽凝结在凝结核上而形成云。因此，充足的水汽和上升运动是形成云的基本条件。

由前面的讨论可知，大气中的上升运动有四种形式，根据上升运动的种类，可将云分为积状云、层状云和波状云三种基本类型和一些特殊的云。

一、积状云

在对流的上升运动中形成的云称为积状云，它包括：淡积云、浓积云、积雨云和碎积云。

（一）积状云的形成和发展

在对流中能否形成积状云，决定于对流运动所能达到的高度（对流高度）和上升气块开始发生水汽凝结的高度（凝结高度）。如图 2.1 所示，当对流高度低于凝结高度时，上升气块不能达到饱和，就不会形成云，见图（a）；如果对流高度高于凝结高度，积状云就形成于两高度之间，见图（b）。

图 2.1 对流高度和凝结高度与积状云的形成

在对流发展的不同阶段生成的积状云，也可分为三个阶段，如图 2.2 所示。

（1）淡积云是在对流发展的初始阶段形成的。这时对流比较微弱，对流高度仅稍高于凝结高度，只能形成一个厚度不大的云泡，如果这时空中有强风或较强乱流，就可能形成碎积云。

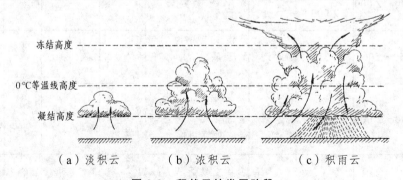

图 2.2 积状云的发展阶段

（2）如果对流继续加强，则一朵积状云可由数个云泡聚集而成，云块也变得高大臃肿，云顶圆弧形轮廓相互重叠，就形成了浓积云。

· 44 ·

（3）当对流发展得非常旺盛时，气流猛烈上升，使云顶发展到很高的高度，温度也降低到 –15℃ 以下，云滴完全成为冰晶，云顶的圆弧形轮廓开始模糊发毛，浓积云也就形成了积雨云。积雨云中强烈发展的对流可使云顶向上伸展到很高的高空，有时由于高空强风的作用，会使云顶向下风一侧扩展，有如随风飘扬的马鬃，这种积雨云称鬃积雨云。有时积雨云顶向上急剧伸展至对流层顶附近，受到阻挡而向周围平展开，形成砧状云顶，称砧状积雨云（见附图 4）。

（二）积状云的特征和天气

积状云大多具有孤立分散、底部平坦和顶部凸起的外貌特征以及明显的日变化。这些特征由热力对流产生的积状云表现尤为明显，这是由热力对流本身的特征而决定的。一日之中，随着对流强度的日变化，积状云的演变规律通常是：上午为淡积云，中午发展为浓积云，下午则成为积雨云，到傍晚逐渐消散，或演变成其他云。在暖季，可利用这一规律了解天气短期演变趋势。例如，如果上午相继出现淡积云和浓积云，则表示气层不稳定，下午有可能发展成积雨云；如果午后天空还是淡积云，表示气层稳定，对流不易发展，天气仍会很好；傍晚由积云平衍而形成的积云性层积云或积云性高积云（常伴有晚霞），往往预示明天天气仍然晴好，故有"晚霞行千里"之说。

二、层状云

在系统性垂直运动中形成的云称为层状云，包括：卷云、卷层云、高层云和雨层云。

（一）层状云的形成和特征

我们知道，系统性垂直运动主要产生于低压（或槽）中的水平气流辐合区和大范围冷暖空气的交锋区。在这些区域中大气比较稳定的情况下，可以形成大范围有规则的上升运动，在水汽充沛的条件下，能形成范围广阔的层状云。层状云的共同特征是：云体向水平方向发展、云层均匀、范围广阔。层状云常连绵几百千米，形成大面积的降水。图 2.3 是表示在大范围的冷暖空气的交锋区，由于暖空气在冷空气的上面缓慢爬升，形成了由高到低的卷云、卷层云、高层云和雨层云，这一系列云按一定的顺序出现，称为层状云系。

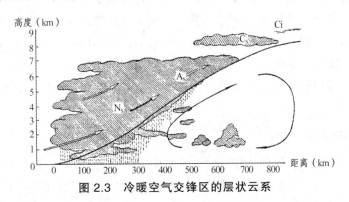

图 2.3　冷暖空气交锋区的层状云系

（二）层状云的演变和天气

由于层状云常和阴雨天气相联系，我们可以从层状云的演变规律判断未来的天气趋势。

对一个地区来说，如果出现的层状云由高向低转变，即由卷云（多为钩卷云）转为卷层云，再转为高层云，则以后就很有可能转变成雨层云而产生降水。谚语"天上钩钩云，地下雨淋淋"、"日晕三更雨，月晕午时风"，说的就是这种天气。如果层状云是由低向高转变，则天气将会转好。但要注意，如果卷云孤立分散，云量逐渐减少或少变，说明系统性垂直运动在减弱，天气常常会继续晴好。

三、波状云

波状云是指由大气波动或大气乱流形成的云。大气波动和大气乱流中都包含有上升运动，再加上足够的水汽，就能形成云。

（一）波状云的形成

1. 在波动中形成的波状云

在大气波动中形成的波状云有层积云、高积云和卷积云。大气波动可出现在不同的高度上，由于波动的特点，在波峰处空气上升形成云，在波谷处空气下沉，云很少或没有云，这样云层看起来就像起状的波浪。波状云由云块、云片或云条组成，当波动出现在低空时，形成的波状云由于距地面较近，在地面上的观测者看来，构成波状云的云条、云块显得大而松散，这就是层积云。中空出现波动时形成的云叫高积云，由于高度较高，空气中水汽含量一般较少，云体相对要薄一些。从地面上看，构成高积云的云块、云条或云片呈灰白色，显得光滑，体积较小。大气波动出现在高空时，形成的波状云从地面看是由白色鳞片状的小云块组成，这就是卷积云。

2. 乱流中形成的波状云

由大气乱流形成的云也属于波状云，这是因为这些云的顶部呈波浪起伏状。这些云包括层云、碎层云和碎雨云。

摩擦层中，当逆温层下有较强的乱流发展时，由于乱流混合作用，使混合层上部水汽增多，同时乱流上升运动引起空气温度下降，从而在逆温层下形成层云。层云高度很低，也可由乱流将雾抬升而形成，从云下看仍然像雾，外形呈幕状像层状云，但从其形成原因来看，属于波状云。层云消散时，分裂形成碎层云。碎层云云体薄而破碎，形状极不规则，从地面看移动较快。当有降水云层存在时，降水使云下空气湿度增加，如有乱流发展形成上升运动，则可在降水云层下形成破碎的云块、云片，这种云形状极不规则，随风飘移，云高很低，称为碎雨云。

（二）波状云和天气

大多数波状云出现时，气层比较稳定，天气少变。"天上鲤鱼斑，晒谷不用翻"就是指透光高积云或透光层积云，它们常预示晴天。但有时波状云与坏天气也有联系，"鱼鳞天，不雨也风颠"，是指出现卷积云时，天气将转坏，因为它往往是系统性层状云系的先导。波状云也出现在系统性上升运动中，如果波状云不断加厚，高度降低，向蔽光层积云演变，表示阴雨天气将要来临。

四、特殊状云

除上述三类比较规范的云状外，大气中还可见到一些特殊形状的云。特殊的云状指示着特殊的大气运动形式和大气状态，往往可以预兆未来的天气。下面讨论几种常见的特殊状云。

1. 堡状云

当波状云在逆温层下形成后，如果逆温层厚度不大，其下又有对流和乱流发展，较强的上升气流就可能穿过逆温层的某些薄弱部分，形成具有积云特征的云顶。这样，整个云层看起来就像远方的城堡，底部水平，顶部有些突起的小云塔。一般将堡状云归入波状云一类，出现于低空的堡状云称为堡状层积云，出现于中空的堡状云称为堡状高积云，如图 2.4 所示。

图 2.4　堡状云的形成

可见，堡状云是由大气波动和对流、乱流共同形成的，它的出现说明当时空中有逆温层，但不能完全阻止对流的发展，如对流进一步加强，就有可能形成强烈对流而产生恶劣天气。因此，如果飞行时发现某地早上有堡状云出现，就应估计到到了中午或下午，由于大气会变得更加不稳定，对流进一步发展，可能出现雷阵雨天气，给飞行活动带来很大影响。

2. 絮状云

絮状云也属波状云，常表现为絮状高积云。当中空有强烈乱流形成时，会使高积云个体变得破碎，状如棉絮团（见附图 18）。因此，在絮状云区飞行飞机颠簸较强烈。如果暖季早晨出现了絮状云，表示中空气层不稳定，到中午或下午，中低空不稳定层结合起来，就有可能形成雷阵雨天气。

3. 荚状云

在局部升降气流汇合处，上升气流区形成云，上部下沉气流使云的边缘变薄而形成豆荚状的云，称荚状云。低空形成的荚状云为荚状层积云，中空形成的为荚状高积云。荚状云多出现在晨昏，此时最易出现升降气流对峙的情形。此外，在山区由于地形影响也能产生荚状云。荚状云通常是晴天的预兆，但如在它之后出现高层云，也可向阴雨天气转变。

第三节　云 的 观 测

云的观测是指对云量、云状和云高的判定。

一、云状的判定

1. 地面观测

在地面判断云状的主要依据是云的外貌特征、出现高度、云的色彩、亮度以及与云相伴的天气现象。前面介绍的各种云的特征就是判断云状的主要依据。如层状云的共同特征是范围广阔，结构均匀，呈幕状。但雨层云由于高度低，厚度大，水汽含量充沛而颜色阴暗，常伴有降水；而高层云则高度较高，云层较薄而颜色较明亮。这样我们就可以将这两种云区别开。再如浓积云与积雨云都属积状云，有相似的外貌特征，但积雨云常伴有狂风暴雨，电闪雷鸣，且云顶、云底特征与浓积云有很大差异。

2. 空中观测

空中观测云时，会有云下、云中、云上等不同情况。云下观测大致与地面相同，但因观测者距云较近，云块看起来比地面观测的大，结构显得松散模糊，能看到的云底范围小。如果贴近云底飞行，只能见到云的细微结构，不易辨别云的外貌。云中飞行主要根据能见度、飞机颠簸、飞机积冰等情况进行间接判断。云上观测时，可根据《航空气象云图》上各种云的云顶特征来判断。此外，薄云反射阳光少，云顶常呈灰白色，厚云反射阳光强，云顶呈耀眼的白色，也可以此来推断云状。

二、云量的估计

1. 十分制云量和八分制云量

云量是指云遮盖天空视野的份数。地面观测时，全部天空呈半球形，如果把天空分为十等份，则云遮盖几份，云量就是几。如有 3/10 的天空被云层遮盖，云量就是 3，这就是十分制云量，是气象部门表示云量的方法。民航部门规定把天空分为八等份，其中被云遮盖的份数就是云量，如有 5/8 的天空被云层遮盖，云量就是 5，这就是八分制云量。

2. 总云量和分云量

由于天空可以同时存在几层高度不同的云，云量又分为总云量和分云量。总云量是指天空被云遮盖的总份数，分云量是指某一种云覆盖天空的份数。地面观测时，由于下层云有可能遮住上层云，故又将分云量分为可见分云量和累积分云量。可见分云量是观测者能看见的某一层云的云量，累积分云量则是某层云的可见分云量与其下各层云的总云量之和。如图 2.5 所示，当时天空总云量为 5，淡积云（Cu）的可见分云量和累积分云量都是 4，高积云（Ac）的可见分云量为 1，累积分云量为 5。

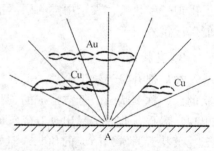

图 2.5 云量的估计

三、云高的判定

云高是指云底距地面的高度。地面观测云高一般是用目力估计，也可用气球、雷达、测云仪、云幕灯等实测。目测主要是根据各种云的一般高度范围、结构、色彩、移动速度、伴生天气等情况来判断，一般有以下规律：

（1）云体结构松散，可见细微部分，边缘不整齐，则云高较低。反之，云体结实，轮廓清晰，边缘整齐，则云较高。

（2）同一种云（云厚等条件相同）的颜色越深，地面光线越暗，则云越低。

（3）看起来云块较大，且移动较快的云，一般较低。

（4）发展中的云比消散中的云低。

（5）近地面湿度大或有降水时，低碎云云底高度较低。

海拔高度、季节、昼夜对云高有明显影响，此外，如果观测点附近有山峰或高大建筑，可用作判断高度较低的云的参照物。飞行中，可根据飞机高度来判断云的高度。云上飞行时，对于云顶高度大致相同的云层，颜色白亮者云层较厚，云高相应较低。层云云顶起伏较大时，说明其下乱流较强，云层较高；层云云顶起伏不大，或呈水平状时，云高较低。

气象工作者根据云的生成原理和长期的观测，得出了如下的计算云高的经验公式：

低空对流云云高：$H_1 = 124(t - t_d)$（m）

低空层状云云高：$H_2 = 208(t - t_d)$（m）

式中，$t - t_d$ 为气温露点差。

第四节　降　水

一、降水的基本概念

1. 降水和雨幡

水汽凝结物从云中降落到地面的现象称为降水。若有水汽凝结物从云中落下，但没有降落到地面在空中就蒸发掉了，这种现象叫做雨幡。由于有雨幡，有时飞机在空中碰到降水，但地面并没有观测到降水。

2. 降水的分类

（1）降水从形态上可分为固态降水和液态降水两种。

固态降水有雪、霰、冰粒、冰雹、米雪等。雪是天空中的水汽经凝华而来的固态降水，水的凝华是指水汽不经过水，直接变成冰晶的过程。冰针是飘浮于空中的很微小的片状或针状冰晶，在阳光照耀下，闪烁可辨，有时可形成日柱（在地面上观测到的太阳正上方或正下方的一种间断或连续的白色、橙色或红色的光柱）或其他晕的现象；霰又称雪丸或软雹，是白色不透明的圆锥形或球形的颗粒固态降水，直径约 2 ~ 5 mm，下降时常显阵性，着硬地常反弹，松脆易碎；米雪是白色不透明的比较扁的或比较长的小颗粒固态降水，直径常小于 1 mm，着硬地不反跳；冰粒是透明的丸状或不规则的固态降水，较硬，着硬地一般反跳，直径小于 5 mm，有时内部还有未冻结的水，如被碰碎，则仅剩下破碎的冰壳。米雪是白色不透明的比较扁的或比较长的小颗粒固态降水，直径常小于 1 mm，着硬地不反跳。

液态降水有雨、冻雨和毛毛雨等。毛毛雨是稠密、细小而十分均匀的液态降水，下降情况不易分辨，看上去似乎随着空气微弱的运动飘浮在空中，徐徐落下。迎面有潮湿感，落在水面无波纹，落在干地上只是均匀地润湿地面而无湿斑。冻雨是过冷水滴组成的，与温度低于0摄氏度的物体碰撞立即冻结的降水。冻雨是我国初冬或冬末春初时节见到的一种天气现象，是一种灾害性天气。当较强的冷空气南下遇到暖湿气流时，冷空气像楔子一样插在暖空气的下方，近地层气温骤降到零度以下，湿润的暖空气被抬升，并成云致雨。当雨滴从空中落下来时，由于近地面的气温很低，在电线杆、树木、植被及道路表面都会冻结上一层晶莹透亮的薄冰，气象上把这种天气现象称为"冻雨"。雨凇是过冷却液态降水碰到地面物体后直接冻结而成的坚硬冰层，呈透明或毛玻璃状，外表光滑或略有隆突。

除固态和液态降水外，还有液态固态混合型降水，如雨夹雪、雨凇等。雨夹雪是半融化的雪（湿雪），或雨和雪同时下降，多发生在近地面气温略高于0摄氏度时。

（2）降水按性质可分为连续性降水、间歇性降水和阵性降水。

连续性降水持续时间长，降水强度变化不大，通常由层状云产生，水平范围较大。卷层云一般不降水，在纬度较高地区有时可降小雪。雨层云、高层云可产生连续性降水。间歇性降水强度变化也不大，但时降时停，多由波状云产生。其中层云可降毛毛雨或米雪，层积云、高积云可降不大的雨或雪。阵性降水强度变化很大，持续时间短，影响范围小，多由积状云产生。其中淡积云一般不产生降水；浓积云有时产生降水，低纬度地区可降大雨；积雨云可降暴雨，有时会产生冰雹和阵雪。

（3）降水还可按强度进行划分。

降水强度常用降水量来表示，有时也根据降水时的能见度来估计（见表2.3）。降水量就是指从天空降落到地面上的液态和固态（经融化后）降水，没有经过蒸发、渗透和流失而在水平面上积聚的深度，它的单位是毫米（mm）。在气象上用降水量来区分降水的强度。按气象观测规范，气象站在有降水的情况下，每隔6小时观测一次。6小时中降下来的雨雪统统融化为水，称为6小时降水量；24小时降下来的雨雪统统融化为水，称为24小时降水量；一个旬降下来的雨雪统统融化为水，称为旬降水量；一年中，降下来的雨雪统统融化为水，称为年降水量。把一个地方多年的年降水量平均起来，就称为这个地方的平均年雨量。例如，北京的平均年雨量是644.2 mm，上海的平均年雨量是1 123.7 mm。

表 2.3　降雨强度等级

等　　级	降水强度/（mm/日）
小　雨	<10
中　雨	10 ~ 25
大　雨	25 ~ 50
暴　雨	50 ~ 100
大暴雨	100 ~ 200
特大暴雨	>200

固态降水如雪、雹等形式的降水，一般将其溶化成水再进行测量。小雪是指12小时内降雪量小于1.0 mm或24小时内降雪量小于2.5 mm的降雪过程。中雪是12小时内降雪量1.0 ~ 3.0 mm或24小时内降雪量2.5 ~ 5.0 mm或积雪深度达30 mm的降雪过程。大雪是指12小时

内降雪量 3.0～6.0 mm 或 24 小时内降雪量 5.0～10.0 mm 或积雪深度达 50 mm 的降雪过程。暴雪是指 12 小时内降雪量大于 6.0 mm 或 24 小时内降雪量大于 10.0 mm 或积雪深度达 80 mm 的降雪过程。

但应注意到，由于水汽凝结物在降落过程中因为增温等作用要发生蒸发，因此降水强度往往地面比空中小。

气象上常用符号来表示降水，现将几种基本的降水符号列于表 2.4 中。

表 2.4　常见的几种降水符号

间歇性			连续性			阵　性		
小雨	轻毛毛雨	小雪	小雨	轻毛毛雨	小雪	小雨	小雪	小冰雹或霰
●	ﾞ	✳	●●	ﾞﾞ	✳✳	▽̇	✳̽	△̽

二、降水的形成

降水是在云中形成的，但能产生降水的云并不多。因为云滴通常很小，不能克服空气阻力和上升气流的作用而飘浮在空中。只有当云滴增长到足够大时，才能从云中降落至地面而形成降水。如果云中水汽充分，上升运动能持续进行，水汽的凝结或凝华也就不断进行，云滴的密度就会越来越大，并不断增大为雨滴、雪花或其他降水物。因此，降水的形成过程，也就是云滴不断增大而变为降水物的过程。

（一）云滴的增长过程

云滴的增长主要有两种方式：一是云滴的凝结或凝华增长；二是云滴的碰并增长。

1. 云滴的凝结或凝华增长

在可能形成降水的云中，往往是大、小云滴，冷、暖云滴，冰、水云滴共存。由于暖云滴、水云滴、小云滴面上的空气饱和程度分别比冷云滴、冰云滴、大云滴表面上的空气饱和程度要小，使得暖云滴、水云滴、小云滴上的水份容易蒸发转移到冷云滴、冰云滴、大云滴上凝结或凝华，使其增长（见图 2.6）。云滴增长初期，主要是通过这一方式实现的，它能形成直径几十微米的大云滴。

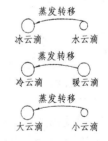

图 2.6　云滴的凝结、凝华增长

2. 云滴的碰并增长

当云中出现了体积差异较大的云滴后，由于气流的作用，使云滴之间发生碰撞，大云滴"吞并"小云滴，体积进一步增大而形成降水云滴。

如果以上凝结增长和碰并增长进行得比较充分，就有可能形成半径几百微米到几毫米的降水云滴。但能否形成降水，不仅与降水云滴的大小有关，还与空中气流情况，云下气层的温湿情况，以及云底高低等因素有关。只有当这些条件使降水云滴下降到地面以前不被完全蒸发，才能形成降水。

（二）不同形态降水的形成

降水有固态降水和液态降水之分，究竟形成什么样的降水，主要取决于云中和云下的气温。若云中和云下气温都高于 0 ℃，则形成液态降水；都低于 0 ℃，则形成固态降水或冻雨、冻毛毛雨；若云内气温低于 0 ℃，而云下气温高于 0 ℃，则降水可以是液态、固态，或二者的混合物（如雨夹雪）。有时，地面在降雨，而飞机在空中遇到的是降雪，就是因为地面与空中气温不同。

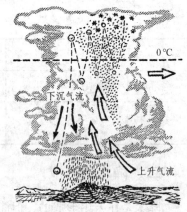

冰雹是积雨云强烈发展形成的一种球状、圆锥状或其他不规则形状的降水，大的直径可达十几厘米以上，可造成严重灾害，对飞行也有很大危害。强烈发展的积雨云中有很强的升降气流和乱流，云体可伸展到上万米的高空，云内成分复杂，可同时存在过冷水滴、雪花和冰晶。雪花、冰晶与过冷水滴碰撞时，会冻结在一起，形成不透明的小雪球——霰，即雹核。雹核在积雨云中随升降气流在 0 ℃ 等温线附近上下运动，反复冻结、溶化、再冻结，并继续与水滴、冰晶、过冷水滴合并，逐渐增大形成冰雹（见图 2.7）。冰雹在云中升降次数越多，体积越大，表示积雨云中气流越强烈，积雨云发展也越旺盛。

图 2.7　冰雹的形成

三、降水对飞行的影响

降水对飞行有多方面的影响，其影响程度主要与降水强度和降水种类有关。

1. 降水使能见度减小

降水对能见度的影响程度，主要与降水强度、种类及飞机的飞行速度有关。降水强度越大，能见度越差；降雪比降雨对能见度的影响更大（见表 2.5）。由于毛毛雨雨滴小、密度大，其中能见度也很差，一般与降雪时相当。有的小雨密度很大，也可能使能见度变得很差。

表 2.5　降水中的地面能见度

降水种类和强度	大雨	中雨	小雨	大雪	中雪	小雪
地面能见度/km	<4	4～10	>10	<0.5	0.5～1	>1

飞行员在降水中从空中观测的能见度，还受飞行速度的影响，飞行速度越大，能见度减小越多。原因是降水使座舱玻璃黏附水滴或雪花，折射光线使能见度变坏，以及机场目标与背景亮度对比减小。如降小雨或中雨时，地面能见度一般大于 4 km，在雨中飞行时，如速度不大，空中能见度将减小到 2～4 km；速度很大时，空中能见度会降到 1～2 km 以下。在大雨中飞行时，空中能见度只有几十米。

2. 含有过冷水滴的降水会造成飞机积冰

在有过冷水滴的降水（如冻雨、雨夹雪）中飞行，雨滴打在飞机上会立即冻结。因为雨滴比云滴大得多，所以积冰强度也比较大。冬季在长江以南地区飞行最容易出现这种情况。

3. 在积雨云区及其附近飞行的飞机可能遭雹击

飞机误入积雨云中或在积雨云附近几十千米范围内飞行时，有被雹击的危险。曾有过飞机远离云体在晴空中遭雹击的事例。

4. 大雨和暴雨能使发动机熄火

在雨中飞行时，喷气式飞机的飞行速度会增大一些。因为在发动机转速不变的情况下，雨滴进入涡轮压缩机后，由于雨滴蒸发吸收热量降低燃烧室温度，使增压比变大，增加了发动机推力，相应使飞机速度有所增大。但如果雨量过大，发动机吸入雨水过多，点火不及时也有可能造成发动机熄火，特别是在飞机处于着陆低速阶段，更要提高警惕。

5. 大雨恶化飞机气动性能

大雨对飞机气动性能的影响主要来自以下两方面：

（1）空气动力损失。雨滴打在飞机上使机体表面形成一层水膜，气流流过时，在水膜上引起波纹；同时雨滴打在水膜上，形成小水坑。这两种作用都使机体表面粗糙度增大，改变了机翼和机身周围气流的流型，使飞机阻力增大，升力减小。计算表明机身和机翼两者的阻力增加约 5% ~ 20%。

（2）飞机动量损耗。雨滴撞击飞机时，将动量传给飞机引起飞机速度变化。雨滴的垂直分速度施予飞机向下的动量，使飞机下沉；雨滴对飞机的迎面撞击则使之减速。飞机在大雨中着陆时，其放下的起落架、襟翼和飞行姿态使得水平动量损失更为严重，可能使飞机失速。

6. 降水影响跑道的使用

降水会引起跑道上积雪、结冰和积水，影响跑道的使用。

跑道有积雪时，一般应将积雪清除后再起飞、降落。不同的飞机对跑道积雪时起飞、着陆的限制条件有差异，如图-154飞机手册限定跑道上雪泥厚度不超过 12 mm，干雪厚度不超过 50 mm 时，飞机才可以起降。

跑道积冰有的是由冻雨或冻毛毛雨降落在道面上冻结而形成的，有的是由跑道上的雨水或融化的积雪再冻结而形成的。跑道上有积冰时，飞机轮胎与冰层摩擦力很小，滑跑的飞机不易保持方向，容易冲出跑道。

跑道积水是由于下大雨，而雨水来不及排出道面而形成的，或由道面排水不良引起的。飞机在积水的跑道上滑行时，可能产生滑水现象，使飞机方向操纵和刹车作用减弱，容易冲出或偏离跑道。各类飞机都可产生滑水现象，但以喷气运输机发生最多。如图 2.8 所示，飞机在积水跑道上滑行，水对机轮有相对运动，产生流体动力 R，R 的水平分力 $X_动$ 使飞机阻力增大，妨碍飞机滑跑增速。R 的垂直分力 $Y_动$ 产生一个向上托起飞机的力，使轮胎与道面间的摩擦力和接触面积急剧减小，甚至完全停转出现轮胎滑水现象。

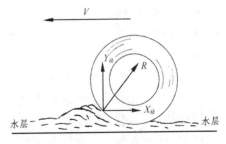

图 2.8 飞机滑水

此外，跑道被雨水淋湿变暗，还可能使着陆时目测偏高，影响飞机正常着陆。

本章小结

1. 在飞行活动中识别云是十分重要的，不同种类的云对飞行有不同的影响。其中浓积云、积雨云、雨层云和低碎云对飞行的影响最大，其他种类的云对飞行也有或多或少的影响。在飞行中一定要及早判断出前方的积雨云和浓积云，并避免在这两种云中飞行。

2. 不同形式的空气上升运动形成不同种类的云。对流中形成积状云，系统性上升运动中形成层状云，波动和乱流中形成波状云。一些特殊的大气运动形式和大气状态可形成特殊状云，如堡状云、絮状云、荚状云等，它们分别指示不同的天气。

3. 云的观测是指对云量、云状和云高的判定。这种观测主要在地面进行，遇有特殊情况时也可进行空中观测。在对云的情况进行报告时，云状通常用填图符号或简写符号表示，飞行人员一定要熟记这些符号。

4. 云的种类不同，形成的降水性质就不同。积状云产生阵性降水，层状云产生连续性降水，波状云产生间歇性降水。当云下和云内温度分布特点不同时，就会形成不同种类的降水，如雨、雪、冻雨、雨夹雪等。冰雹则是强烈发展的积雨云的产物。

5. 在飞行活动中一定要注意降水的影响，降水不仅影响能见度，还会造成飞机积冰、雹击、发动机熄火、跑道积水等，特别是要避免在积雨云下的强降水中飞行。

思 考 题

1. 什么是高云、中云和低云？它们各有哪几种云？

2. 浓积云的外貌特征如何？对飞行有什么影响？

3. 积雨云的外貌特征如何？对飞行有什么影响？

4. 雨层的外貌特征如何？对飞行有什么影响？

5. 形成云的基本条件是什么？

6. 根据云的形成原理解释：早晨江面上容易出现低云（常为碎积云或碎层云）。

7. 积状云有何共同特征？与天气演变有何关系？

8. 层状云有什么基本特征？其中对飞行影响较大的云有哪些？

9. 堡状云、絮状云的出现预示什么样的天气？

10. 什么是总云量、可见分云量和累积分云量？

11. 根据上升运动的不同可将云分为几类？各类云中有什么样的降水？

12. 不同形态的降水是怎样形成的？

13. 冰雹为什么产生在强烈发展的积雨云中？

14. 降水对飞行有哪些影响？

15. 什么叫云高，如何测量云高？

16. 某地上空有高度较低的层状云，当时该地气温为 25℃，露点 23℃，层状云云高大致为多少？

17. 某地上空有高度较低的积状云，当时该地气温为 35℃，露点 30℃，积状云云高大致为多少？

第三章　能见度与视程障碍

能见度与航空活动的关系极为密切，它是决定能否飞行、飞行气象条件简单或复杂的重要依据之一。低空飞行时，能目视看清地标对飞行安全尤为重要，所以掌握能见度的状况及其变化规律，对保障安全有重要意义。

第一节　能　见　度

一、能见度的概念

一般所说的能见度有两种含义：一是指视力正常的人能分辨出目标物的最大距离；二是指一定距离内观察目标物的清晰程度。

航空活动中，飞行人员需要观察地标、障碍物、其他飞行物和灯光等目标物，并分辨出它们的种类，判断出它们的位置。要分辨出目标物，最基本的条件是要看清目标物的轮廓。因此航空上使用的能见度定义为：视力正常的人在昼间能看清目标物轮廓的最大距离，在夜间则是能看清灯光发光点的最大距离。当在明亮的背景下观测时，能够看到和辨认出位于近地面一定范围内的黑色目标物的最大距离；在无光的背景下观测时，能够看到和辨认出光强为 1000cd 的灯光的最大距离。

二、影响能见度的主要因子

在白天，我们主要是观察不发光的目标物，而在夜间主要是观察灯光目标物（如跑道灯等）。因此能见度又有昼间能见度与夜间能见度之分，它们的影响因子也有差异。

（一）影响昼间能见度的因子

白天观察不发光的目标物时，能否分辨出目标物，就是能否把目标物与其背景区分开，这主要取决于以下因子：

1. 目标物与其背景间原有的亮度对比

目标物有一定的亮度，其背景也有一定的亮度，目标物与其背景间亮度对比越大，颜色差异越大，我们就越容易把目标物从其背景中识别出来，因此，有一定的亮度对比，是我们能看见东西的条件之一。所谓原有亮度对比，是指没有经过观察者与目标物之间大气层削弱的亮度对比，它由物体本身的性质和背景的情况而定，不随观察者距离目标物的远近而发生变化。要注意的是，由于大气分子对光线的散射作用，在一定距离以上观察目标物时，目标与背景的颜色差异已被冲淡，主要是亮度对比起作用。

2. 大气透明度

目标物与其背景间的亮度对比要被大气分子及大气中的杂质削弱。这是因为大气分子及杂质有吸收和散射来自目标物及其背景的光线的作用，同时它们本身在阳光照射下亦具有一定的亮度，这一亮度附加在目标物及其背景的亮度上，也会使观测者感觉到的亮度对比减弱。大气中杂质越多，大气透明度越差，对亮度对比的削弱作用越强。

3. 亮度对比视觉阈

从以上的讨论可知，一定的原有亮度对比，随着观察距离的增加和大气透明度的减小，观察者感觉到的亮度对比（视亮度对比）会越来越小，直至最后趋近于零。事实上，当视亮度对比减小至零以前的某个值时，观察者的视觉就已经不能把目标物从其背景中辨别出来了。我们把从"能见"到"不能见"这一临界视亮度对比值称为亮度对比视觉阈。

对于视力正常的人，亮度对比视觉阈的大小与目标物视角、视野亮度、观测者的精神状态等因素有关。例如，在昼间观察视角等于或大于 20′（约相当于在 1.5 km 的高度看"T"字布的视角）的目标时，亮度对比视觉阈约为 0.05，即这时只有当视亮度对比在 0.05 以上才能看见目标，且亮度对比视觉阈的大小基本不随目标物视角的变化而变化。但对于视角小于 20′ 的目标物，亮度对比视觉阈将随目标物视角的减小而急剧增大。如果视野亮度比正常情况过大或过小，例如白天向阳飞行（视野亮度过大），或黄昏、拂晓和夜间飞行（视野亮度过小），视觉阈都会显著增大。驾驶员的精神因素对视觉阈也有重要影响，如天气条件不好，驾驶员心情过于紧张时，视觉阈增大，本来能看清的目标也看不清了。

（二）影响夜间灯光能见度的因子

夜间飞行时主要是观察灯光目标，影响灯光能见度的因子主要有以下三个：

1. 灯光发光强度

在其他条件相同时，灯光越强，能见距离越大。

2. 大气透明度

在相同的灯光强度下，大气透明度越差，灯光被减弱得越多，能见距离就越小。

3. 灯光视觉阈

灯光视觉阈，是指观测者能感觉到的最小照度。对视力正常的人来说，灯光视觉阈主要随灯光背景的亮度和观测者对黑暗的适应程度而变化。灯光的背景越亮，对灯光的视觉阈就越大，发现灯光就越困难。所以，夜间灯光能见度，暗夜要比明夜（如有月光）好，夜间要比黄昏、拂晓好。当我们刚从亮处进入黑暗环境时，由于眼睛不能立即适应，对灯光的视觉阈还很大，一般要经过 10~15 min 才能减小。

三、能见度的种类及特点

航空上使用的能见度，有地面能见度、空中能见度和跑道视程。由于影响能见度的因子很多，这些因子又在不断变化，即使在同一时间、同一地点观测的不同能见度，也会有较大差别。因此，应充分了解不同种类能见度的特点及其相互关系，正确判断各种能见度的好坏。

（一）地面能见度

地面能见度又叫气象能见度，是指昼间以靠近地平线的天空为背景的、视角大于 20′的地面灰暗目标物的能见度。

由于观测地面能见度所选用的目标是视角大于 20′的地面灰暗目标物，目标和天空背景间原有的亮度对比值接近于 1；白天观测这些大目标时，亮度对比视觉阈也基本稳定。因此，气象能见度是在假定目标与背景原有的亮度对比和视觉阈都比较标准的条件下观测的能见度，基本上只受近地面水平方向大气透明度的影响。如大气混浊，有视程障碍现象出现时，大气透明度变差，地面能见度就变坏。为了便于比较和应用，航空气象报告中统一使用气象能见度。

观测地面能见度时，一般是在测站周围各个方向选定不同距离的符合要求的目标物，测出它们的距离，然后在观测时，找出能够被看清轮廓的最远目标，这个目标的距离就是能见度距离，如图 3.1 所示。

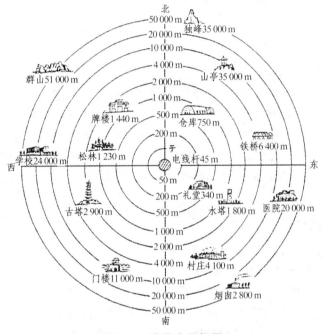

图 3.1　能见度目标图

为了更直接鲜明地从物理学上给出描述大气光学状况的能见度参数，采用了气象光学距离（MOR）来描述能见度的观测。气象光学距离（MOR）是指白炽灯发出色温为 2 700 K 的平行光束的光通量，在大气中削弱至初始值的 5% 所通过的路径长度。它用来表示大气透明度。显然气象光学距离是大气光学状态的函数，取参数 0.05 是假定眼睛在实际环境中恰好能辨认出目标物时的亮度对比阈值为 0.05。气象光学距离可以使用适当的仪器来测定，也可以用目测来近似估计。

由于观测点四周各方向上的大气透明度有时差异甚大，使各方向的能见度很不一致，为了反映这种差异，地面能见度又可分为下面几种：

1. 主导能见度

主导能见度，指观测到的达到或超过四周一半或机场地面一半的范围所具有的最大能见度的值。这些区域可以是连续的，也可以是不连续的。主导能见度的值可以由气象观测人员或观测设备估算获取。气象观测人员的判断方法是，将各方向能见度不同的区域划分成相应扇区，然后将各扇区按能见度由大到小逐一相加，直到范围刚好达到或超过一半的那个扇区的能见度即为主导能见度。如图 3.2 中，主导能见度为 3 km。当安装有观测设备时，则用观测设备获取主导能见度的最佳估计值。

2. 最小能见度

在测站各方向的能见度中最小的那个能见度，称为最小能见度。如图 3.2 中，最小能见度为 2.4 km。

图 3.2　主导能见度和最小能见度

3. 跑道能见度

跑道能见度，指沿跑道方向观测的地面能见度。当能见度接近机场最低天气标准时，应观测跑道能见度。

（二）空中能见度

航空活动中，从空中观测目标时的能见度，叫空中能见度。按观测方向的不同，空中能见度可分为空中水平能见度、空中垂直能见度和空中倾斜能见度。

由于飞行过程中所观察的目标物及其背景是在不断变化的，所经大气的透明度也在随时变化，影响空中能见度的因素多变，观测相对困难。因此对空中能见度一般不作观测，只大致估计其好坏。当空气混浊、大气透明度差时，可进行垂直能见度的观测，其数值等于飞机爬升到开始看不清地面较大目标物或飞机下降到刚好能看见地面较大目标物时的高度。

1. 空中能见度的特点

与地面能见度相比，空中能见度有以下特点：

（1）飞机与观测目标处于相对运动中，目标的轮廓在不断变化，加之座舱玻璃对光线的影响，增加了观测目标的困难，使能见距离减小。

（2）背景复杂多变，目标与背景的亮度对比通常比气象能见度规定的要小，也使能见距离减小。从空中往下看时，暗色目标物由于与地面亮度差异小，难以辨别，而反光较强的目标物（如河流、湖泊等）与地面亮度差异大，就容易辨别。

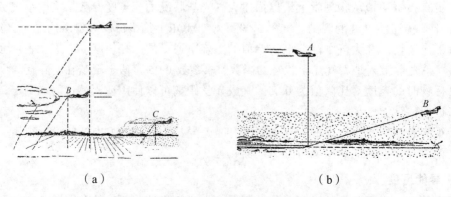

（a）　　　　　　　　　　　　　　（b）

图 3.3　空中能见度随观测位置不同而变化

（3）由于飞机位置的不断变化，其所经大气的透明度会有很大差异，观察的能见度会出现时好时坏的现象。如图3.3（a）所示，飞机在 A、B、C 各处观测的空中能见度就不同。在图3.3（b）中，机场被雾笼罩，飞机在雾层上垂直向下观察跑道时，由于视线通过雾层的距离短，跑道可能看得比较清楚，但当飞机开始下滑时，由于视线通过雾层的距离变长，就可能看不清跑道了。

2. 在地面估计空中能见度的方法

在飞行前，我们可根据某些与大气透明度有关的现象，大致判断空中能见度的好坏。

（1）看天空颜色。天空蓝色越深，空中能见度越好；天空呈黄色、白色或天空混浊不清，说明空中固体杂质多，有浮尘、烟层、霾层等，空中能见度不好。如果天空发红，表示水成物粒子多，空中能见度差。

（2）看日、月、星辰的颜色。早晨或傍晚太阳呈红色，说明空中水汽凝结物或尘埃多，能见度不好；白天太阳呈白色，不刺眼，说明空中尘埃多，能见度差。月亮皎洁星光明亮，说明空中能见度好；月亮呈红色或淡黄色，或星光暗淡，表示空中有浮尘或霾，能见度差。

（3）观察云块结构的清晰程度。云块结构越清晰，空中能见度越好。

（4）雨后天空如洗，空中能见度好，久晴不雨则差。

（三）着陆能见度与跑道视程

飞机着陆时，从飞机上观测跑道的能见度称为着陆能见度。着陆能见度也属于空中能见度，观测着陆能见度时，目标是跑道，背景是跑道两旁的草地，由于跑道与周围草地之间的亮度对比值通常小于观测地面能见度时选用的灰暗目标与天空的亮度对比，同时着陆能见度还具有空中能见度的其他特性，因而着陆能见度一般比地面能见度要小。

飞机着陆时，观察跑道的视线已接近水平方向（下滑角一般为 $2° \sim 3°$），通过的气层透明度接近于地面能见度反映的大气透明度。因此，我们可由地面能见度来估计着陆能见度。在白天，对两边是草地的干混凝土跑道来说，着陆能见度约为地面能见度的60%左右。当机场有积雪，有低于300 m的低云，正在降雨、雪或迎着太阳着陆时，这个比值可降至30%左右甚至更小。这种影响还与飞行速度有关，飞行速度越快，影响越大。

目力观测能见度时，所选目标物在颜色、形状、大小及分布等方面不一定都符合要求；夜间所选用的灯光目标物情况更复杂，其颜色、亮度、高度常常不符合标准，加之观测人员的视觉感应能力常有变化，所有这些都使目测的能见度不大精确，对飞机起飞、着陆来说（特别是在能见度比较差的情况下），有时不能满足飞行的需要。于是人们设计了一种探测跑道能见度的仪器——跑道视程（RVR）探测系统。当能见度降低到 2 000 m 时，就要向飞行员及其他有关人员提供跑道视程的资料。

所谓跑道视程，是指飞行员在位于跑道中线的飞机上观测起飞方向或着陆方向，能看到跑道面上的标志或能看到跑道边灯或中线灯的最大距离。对于某一机场来说，跑道标志和灯光设备是确定的，灯光强度、探测系统的基本数据也是一定的，而人眼的亮度对比视觉阈、灯光视觉阈可由经验给定，因而跑道视程的大小只与大气透明度有关，只要测出了大气透明度，就可通过一定的关系式计算出跑道视程。

RVR 一般使用部署于跑道边的自动化设备来测量，RVR 设备通常分为前向散射仪、后向散射仪和大气透射仪三种不同的方式来测量。计算时，一般使用阿基米德定律来计算 RVR，在跑道灯打开情况下要使用阿罗德定律来计算。值得注意的是跑道灯光及环境背景光强度会影响到 RVR 计算，因此会出现目视能见度小于 RVR 的情况。图 3.4 是一个自动化跑道视程探测系统示意图。这个系统是由透明度仪（由发射器和接收器组成，一条跑道可设 1~3 个透明度仪）、背景亮度仪、记录器、跑道视程计算机、显示器等组成。发射器、接收器、背景亮度仪设置在跑道接地地带的一侧，距跑道中心线的距离不超过 120 m，发射器和接收器之间的基线长度（发射器和接收器之间的距离）一般为 50~150 m，方向与跑道平行，高度 2.5~3.0 m，记录器和跑道视程计算机设置在气象中心观测室。显示器可分别设在塔台、观测室、天气预报室、机组休息室等处，从显示器上可直接读出各跑道上的跑道视程。

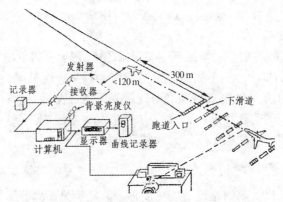

图 3.4　跑道视程探测系统示意图

由发射器发出的光线，经空气及悬浮在其中的尘埃、水滴等散射和吸收后，再为接收器接收，就可知道发出的光线被减弱了多少，从而测出大气透明度（或衰减系数）。透明度仪和背景亮度仪所测出的数据由记录器自动记录，并输入跑道视程计算机处理后，在显示器上显示出跑道视程，整个过程完全自动化。

跑道视程与地面观测的气象能见度是不同的，其主要区别是：

（1）跑道视程是在飞机着陆端用仪器测定的，其方向与跑道平行；气象能见度是在气象台目测的，观测方向为四周所有方向。

（2）跑道视程一般只测 1 500 m 以内的视程，气象能见度则是观测者目力所及的所有距离。

（3）跑道视程的目标物是跑道及道面上的标志，它们的形状、大小和颜色是固定的；而气象能见度的目标物的形状、颜色、大小则不尽相同。夜间，跑道视程的目标灯是跑道中线灯和边灯，光强可以调节；气象能见度则利用周围已有灯光，其颜色、光强有随意性，且光强不可调节。

（4）跑道视程的探测高度在 2~10 m 间，视透明度仪的安装高度而定；气象能见度的观测高度一般在 1.6 m 左右。

第二节　视　程　障　碍

大气透明度是引起能见度变化的最主要因素。大气中存在着固体和液体杂质，它们在一定条件下常聚积起来形成各种天气现象，影响大气透明度，使能见度减小，这类天气现象统称视程障碍。了解视程障碍的形成、演变规律和特点，对掌握能见度的变化极为重要。

形成视程障碍的天气现象有云、雾、降水和风沙等天气。云和降水除影响能见度外，还会对飞行活动造成其他重要影响，我们已在前面做过介绍。下面主要介绍雾和固体杂质造成的视程障碍。

一、雾

悬浮于近地面气层中的水滴或冰晶，使地面能见度小于 1 km 的现象叫雾，能见度在 1 ~ 5 km 之间时叫轻雾。雾是地上的云，云是天上的雾，雾被抬升后，就形成云。

影响雾中能见度的因子主要是雾滴的浓度和大小。雾滴越小，雾的浓度越大，雾中能见度越差。雾中看灯光时，光源波长越长，能见度越好。

形成雾的机制是近地面空气由于降温或水汽含量增加而达到饱和，水汽凝结或凝华而形成雾。我们可根据近地面气温露点差来判断是否能形成雾，当 $t - t_d \leq 2℃$ 时，就可能形成雾。

雾的厚度变化范围较大，一般为几十米到几百米，厚的可达 1 km 以上。厚度不到 2 m 的雾称为浅雾。根据雾的具体形成方式，又可将其分成辐射雾、平流雾、上坡雾、蒸发雾等几种类型。

（一）辐射雾

由地表辐射冷却而形成的雾叫辐射雾。在我国，辐射雾是引起低能见度的一种重要天气现象，常常严重影响飞机起降。

1. 辐射雾的形成条件

辐射雾的形成一般需要晴朗的夜空（无云或少云）、微风（一般 1 ~ 3 m/s）和近地面空气湿度大三个条件。在这些条件下，地表辐射冷却快，近地层空气降温多，容易形成低空逆温层，使水汽聚集其下而不易扩散，因而容易达到饱和而形成雾。

2. 辐射雾的特点

（1）季节性和日变化明显。我国辐射雾多出现于秋冬季，因为秋冬季夜间长，晴天多，辐射冷却量大。辐射雾一般多生成于下半夜到清晨，日出前后最浓。此后随着气温的升高或风速的增大，雾逐渐消散，地面能见度也随之好转。但有时如果雾比较浓，逆温层又被迅速破坏，也可能抬升成低云。

（2）地方性特点显著。辐射雾多产生于大陆上潮湿的谷地、洼地和盆地。如我国的四川盆地就是有名的辐射雾区，特别是重庆，年平均雾日达 150 多天。

（3）范围小、厚度不大、分布不均。辐射雾一般形成于陆地上潮湿的低洼地区，所以范围较小；其厚度可从数十米到数百米，且越接近地表越浓。在辐射雾上空飞行，往往可见地面高大目标，甚至可见跑道，但在下滑着陆时，就可能什么也看不见了。

（二）平流雾

暖湿空气流到冷的下垫面经冷却而形成的雾，叫平流雾。我国沿海地区的平流雾多为海面上的暖湿空气流到冷地表而形成的。南方暖海面上的暖湿空气流到北方冷海面上，也能形成平流雾（海雾）。

1. 平流雾的形成条件

要形成平流雾，需要具备以下条件：

（1）适宜的风向风速。风向应是由暖湿空气区吹向冷下垫面区，风速一般为 2 ~ 7 m/s。

（2）暖湿空气与冷下垫面温差显著。

（3）暖湿空气的相对湿度较大。

当暖湿空气流经冷的下垫面时，在温差较大的情况下，其下部空气便逐渐降温，并形成平流逆温，在逆温层下部，水汽首先凝结成雾，随着逆温层的发展，雾也向上发展，最后形成较厚的平流雾。

2. 平流雾的特点

（1）季节变化与辐射雾相反，呈现出春夏多、秋冬少的特点。日变化不明显，只要条件适合，一天中任何时候都能出现，条件变化后，也会迅速消散。但总体而言，以下半夜至日出前出现最多。

（2）来去突然。沿海地区，如果风向为由暖海面吹向冷陆地，则平流雾可很快形成，短时间内迅速覆盖整个机场；一旦风向转变，雾就会迅速消散。因此，春、夏季节在沿海地区飞行时，要注意海上天气的变化，特别是风向的变化。

（3）范围广、厚度大。水平范围可达数百公里以上，厚度最大可达 2 000 m。

总体而言，平流雾对飞行的影响比辐射雾大。平流雾来去突然，不好预测，在平流雾上空飞行，很难看见地标，平流雾遮盖机场时，着陆极为困难。

（三）蒸发雾

蒸发雾又称蒸气雾。由暖水面或暖雨水蒸发的水汽在空中凝结而成的雾。冷空气流经暖水面上，暖水面蒸发大量水汽，使得冷空气中的水汽增加，造成饱和而产生凝结形成雾。此外，当暖雨水下降到锋面以下的冷空气中，空气中的水汽过饱和时也常生成蒸气雾。

1. 蒸发雾形成的条件

冷空气流经温暖水面，如果气温与水温相差很大时可形成。这时雾层上往往有逆温层存在，否则对流会使雾消散。蒸发雾一般发生在下半年的水塘周围。蒸发雾又可分海洋雾和河湖上的秋季雾。冬季冷空气从大陆流向暖海洋上形成海洋雾。这类雾在极地区域特别强。在不冻的海湾以及冬季冰窟窿上亦常出现这种雾。当湖中及湖内水面比陆面暖得多时，如有较冷空气流到水面上，由于强烈的蒸发而形成河湖上的秋季雾。这种雾常见于秋天的早晨。我国横断山脉地区的河谷内，秋冬季节也经常出现这种河谷雾。

2. 蒸发雾的特征

蒸发雾范围小，强度弱，一般不太厚，通常约 50 ~ 100 米左右，大致与逆温层的下界高度一致。蒸发雾既不稳定也不均匀，随生随消，时浓时淡。

（四）上坡雾

空气沿山坡上升，由于绝热膨胀冷却而形成的雾，称为上坡雾。上坡雾形成时，气层必须是稳定的，雾出现在迎风坡上。

（五）锋面雾

在冷暖空气的交界处也常有雾产生，称为锋面雾，锋面雾一般以暖锋附近居多，锋前锋后都可能发生，锋前雾是由于锋面上面暖空气内云层中的较暖雨滴落入地面冷空气内，发生蒸发，和空气达到饱和而凝结而成的；锋后雾则是暖湿空气移至原来被暖锋前冷空气占据过的地区冷却达到饱和而形成的。

二、固体杂质形成的视程障碍

1. 烟 幕

大量烟粒聚集在空中，使水平能见度等于或小于 5 km 的现象叫烟幕。

要形成烟幕，需要有大的烟源、适宜的风向、风速和逆温层。烟粒主要来源于工业区和城市居民区。在适宜的风速和有逆温层的情况下，烟粒常常在逆温层聚集下而形成烟幕，如果风速过大，或逆温层被破坏，烟幕就会向空中扩散而消失，如图 3.5 所示。

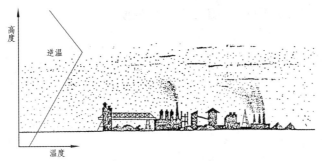

图 3.5　烟幕的形成

烟幕在一日中以早晨为多，常和辐射雾混合而成为烟雾，一年中则以冬季最常见。

许多靠近城市的机场都有这样的情况，早晨在气层稳定的情况下，如果风由城市吹来，则会很快形成烟幕，能见度迅速转坏，给飞行带来影响。因此，了解风向的变化，是判断烟幕能否影响机场的关键。

2. 霾

大量微小的固体杂质（包括尘埃、烟粒、盐粒等）浮游在空中，使水平能见度等于或小于 5 km 的现象，称为霾。

霾形成后会随风飘移，既可出现在近地层，也可出现在对流层中、高空，一般是出现在逆温层内，但如果同时在几个高度上存在逆温层，霾也可以有好几层，如图 3.6 所示。

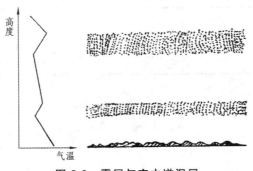

图 3.6　霾层与空中逆温层

有霾时，地面能见度往往不一定很差（单独的霾一般很难使地面能见度小于 1 km），但空中能见度却很差，这是因为霾粒对蓝光的散射能力强（高度越高，太阳辐射的蓝光成分越多）。因此，在霾层中飞行时，四周常常朦胧一片，远处目标好像蒙上一层淡蓝色的纱罩；在霾层之上飞行，一般气流平稳，水平能见度也较好；在霾层之上迎着太阳飞行时，霾层顶反射阳光十分刺眼，影响对前方目标的观察，有时还可能将远方霾层顶误认为是天地线。

3. 风 沙

被强风卷起的沙尘使能见度小于 5 km 的现象称为风沙。其中能见度小于 1 km 的，称沙（尘）暴；使水平能见度等于或小于 5 km 的，称扬沙。

形成风沙必须具备两个条件：强风（一般要 10 m/s 以上的风）和地面土质干松。春季，我国西北、华北地区，土地解冻，草木不盛，大风日数又多，最有利于风沙的形成。在风沙区，常常是天空发黄，不见日光，能见度可以变得很差。在风沙区飞行，不仅能见度差，而且沙粒进入发动机会造成机件磨损、油路堵塞等严重后果。沙粒对电磁波的衰减，以及沙粒与机体表面摩擦而产生的静电效应，还会严重影响通讯。

4. 浮 尘

细小的尘粒浮游在空中，使水平能见度等于或小于 5 km 的现象，称浮尘。浮尘是风沙的伴生现象。大风停息后，浮尘可以随空中风飘移到较远的地区。我国黄土高原一带的浮尘，有时可以飘到江淮平原和四川盆地。

浮尘对飞行的影响与霾相似，主要影响空中能见度。由于浮尘质点比霾大，主要散射长波光线，远处景物、日月常呈淡黄色。

5. 吹 雪

地面积雪被强风卷入空中，使水平能见度等于或小于 5 km 的现象叫吹雪。吹雪所及高度低于 2 m 的，叫低吹雪；在 2 m 以上的，叫高吹雪。有时在降雪同时也有吹雪，二者混为一体，雪花漫天飞舞，这种现象叫做雪暴。

形成吹雪的条件，除地面有大风外，地面积雪必须是干松的。如果雪面积冰或者是湿的，就难以形成吹雪。因此，吹雪多在冬季产生于我国北方，特别是东北地区最常见。

吹雪中能见度很差，雪暴可能使能见度减小到几十米，对飞行危害很大。吹雪一般只影响飞机起落，雪暴则对所有目视航空活动都有很大影响。

表 3.1 列出了形成视程障碍的天气现象的符号。

表 3.1 形成视程障碍的天气现象的符号

天气现象	雾	轻雾	烟幕	霾	扬沙	沙暴	浮尘	低吹雪	高吹雪
表示符号	☰	＝	⌒	∞	$	⊅	S	⟊	十

本 章 小 结

1. 对航空来说，能见度是一个十分重要的气象要素。航空上的能见度是指视力正常的人在昼间能看清目标物轮廓的最大距离，在夜间能看清灯光发灯点的最大距离。能见度的大小与目标物与其背景间原有的亮度对比、大气透明度和亮度对比视觉阈有关。

2. 能见度可分为地面能见度（气象能见度）、空中能见度和跑道视程三种。地面能见度反映了近地面水平方向大气透明度的好坏，气象台报告的能见度一般是主导能见度。当能见度小于 2 000 m 时，就要报告跑道视程。

3. 空中能见度通常小于地面能见度。空中能见度由于随时都在变化，不好测量，一般只作大致估计。跑道视程是由跑道视程仪测量出来的，客观性强，精确度高，使用方便，对飞机起飞、着陆非常有用。

4. 冬半年，我国大部分地区都会出现辐射雾，特别是四川盆地受辐射雾的影响最大。春夏之交，我国沿海地区往往易受平流雾的影响，由于平流雾来去突然、厚度大、范围广，因此对飞行的影响很大。

5. 航空活动中，大气透明度是引起能见度变化的最主要因素。影响大气透明度的天气现象统称视程障碍，造成视程障碍的天气现象除云和降水之外，还有雾、烟幕、霾、风沙、浮尘、吹雪等九种。

思 考 题

1. 能见度的定义是什么？
2. 影响能见度的因子有哪些？
3. 地面能见度分为哪几种？
4. 空中能见度有何特点，在地面如何估计空中能见度？
5. 什么是跑道视程？它有什么用处？
6. 什么是辐射雾？它的形成条件如何？
7. 什么是平流雾？它有什么特点？对飞行有什么影响？
8. 烟幕形成与逆温层有什么关系？
9. 霾是怎样形成的？它对飞行有什么影响？
10. 风沙天气是怎样形成的？
11. 默写形成视程障碍的九种天气现象的符号。

第四章　常规天气分析

航空活动需要气象保障。飞行前，必须对现在和即将出现的航站及航线上的飞行气象条件有全面的了解，所有这些都来自于天气分析。

作为飞行员和航行管制人员，有了基本的气象知识后，更进一步就是能分析所得到的气象资料，以便掌握飞行区域内的现在天气，并估计出天气变化的大概趋势。一般能得到的气象图表有地面天气图、空中等压面图、温度-对数压力图和卫星云图等。

第一节　常规天气图分析

天气图是填有各地同一时刻的气象观测记录的特种地图，它能描述某一时刻一定区域内的天气情况。世界各地的气象台站按规定的时间和技术要求对大气进行各气象要素和天气现象的观测，并将观测结果及时传送到各区域气象中心。各气象台站再从区域中心接收各地的气象资料并送到自动填图系统，通过计算机将天气资料填写在特制的地图上。对这种图经过分析就成为一张天气图。

天气图主要包括地面天气图和高空天气图，有关图例可参考《教学天气图例》。

一、地面天气图

地面天气图是用地面观测资料绘制的，是填写气象观测项目最多的一种天气图。

（一）单站填图格式及内容

地面天气图单站填图内容和格式如图 4.1 所示。

图中间的圆圈表示测站，它的位置就是气象台站的地理位置，所填的各气象要素与站圈的相对位置都是固定的。各项目的含意和表示方法说明如下。

（1）总云量为十分制云量，用表 4.1 中的符号表示。

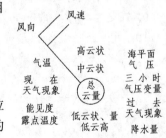

图 4.1　地面天气图单站填图格式

表 4.1　总云量的符号

符号	◯	◐	◔	◕	◑	◒	◓	◑	●	⊗
总云量	无云	1 或小于 1	2～3	4	5	6	7～8	9～10	10	不明

（2）高云状、中云状、低云状以表 4.2 的符号表示。

表 4.2　云状填图符号

符号	低云状	符号	中云状	符号	高云状
不填	没有低云	不填	没有中云	不填	没有高云
⌒	淡积云	∠	透光高层云	⌐	毛卷云
⌂	浓积云	⚟	蔽光高层云或雨层云	⌐)	密卷云
⌂	秃积雨云	ω	透光高积云	⌐	伪卷云
⊖	积云性层积云或向晚层积云	ʃ	荚状高积云	⌐	钩卷云，有系统侵盖天空
⌣	层积云（非积云性层积云或向晚层积云）	⟆	成带或成层的透光高积云，有系统侵入天空	⌐	卷层云（或伴有卷云）系统侵盖天空，高度角超过 45°
—	层云或碎层云	⅄	积云性高积云	⌐	卷层云（或伴有卷云）系统侵盖天空，高度角不到 45°
- - -	碎雨云	ϭ	复高积云或蔽光高积云，或高层云高积云同时存在	⌐	布满天空的卷层云
⌔	不同高度的积云和层积云	M	堡状或絮状高积云	⌐	未布满天空的卷层云
⌂	砧状积雨云	ʃ	混乱天空的高积云	⌐	卷积云

（3）低云量以十分制的实际云量数表示。
（4）低云高以数字表示，单位为百米（hm）。
（5）气温、露点以数字表示，单位为摄氏度（℃）。
（6）现在天气现象表示观测时或前一小时内出现的天气现象，以表 4.3 中的符号表示。
（7）地面能见度以千米（km）数表示。

表 4.3　现在天气现象的符号

符号	说明	符号	说明	符号	说明	符号	说明	符号	说明
不填	云的发展情况不明	≡	轻雾	⋅|	观测前一小时内有毛毛雨	S	轻或中度的沙（尘）暴，过去一小时内减弱	⊟	近处有雾，但过去一小时内测站没有雾
Q	云在消散，变薄	⧟	片状或带状的浅雾	⋅|	观测前一小时内有雨	S	轻或中度的沙（尘）暴，过去一小时内无变化	⩵	散片的雾（呈带状）
⊙⊢	天空状况大致无变化	⩵	层状的浅雾	⁕|	观测前一小时内有雪	S	轻或中度的沙（尘）暴，过去一小时内增强	⩶	雾，过去一小时内变薄，天空可辨
δ	云在发展，增厚	⟨	远电	⁕|	观测前一小时内有雨夹雪	S	强的沙（尘）暴，过去一小时内减弱	≡	雾，过去一小时内变薄，天空不可辨
⌜	烟幕	⊙	视区内有降水，但未到地面		观测前一小时内有毛毛雨或雨，并有雨凇	S	强的沙（尘）暴，过去一小时内无变化	⩶	雾，过去一小时内无变化，天空可辨

符号	说明	符号	说明	符号	说明	符号	说明	符号	说明
∞	霾	)C	视区内有了降水，但距测站较远（5千米以内）	▽·	观测前一小时内有阵雨	↭	强的沙（尘）暴，过去一小时内增强	☰	雾，过去一小时内无变化，天空不可辨
S	浮尘	(•)	视区内有了降水，在测站附近较远（5千米以内）	▽*	观测前一小时内有阵雪，或阵性雨夹雪	✛	轻或中度的低吹雪	☰	雾，过去一小时内变浓，天空可辨
\$	测站附近有扬沙	(R)	闻雷，但测站无降水	△	观测前一小时有冰雹或冰粒，或霰（或伴有雨）	✛	强的高吹雪	☰	雾，过去一小时内变浓，天空不可辨
(ξ)	观测时或观测前一小时内视区有尘卷风	Ɐ	观测时或观测前一小时内有飑	☰	观测前一小时内有雾	↟	轻或中度的高吹雪	Ɬ	雾，有雾凇，天空可辨
(S)	观测时视区内有沙（尘）暴，或观测前一小时内视区（或测站）有沙（尘）暴	)(	观测时或观测前一小时内有龙卷	R	观测前一小时内有雷暴（或伴有降水）	↟	强的高吹雪	Ɬ	雾，有雾凇，天空不可辨
,	间歇性轻毛毛雨	•	间歇性小雨	*	间歇性小雪	▽·	小阵雨	▽	中常量或大量的冰雹，或有雨，或有雨夹雪
,,	连续性轻毛毛雨	••	连续性小雨	**	连续性小雪	▽·	中常或大的阵雨	R•	观测前一小时内有雷暴，观测时有小雨
;	间歇性中常毛毛雨	•̣	间歇性中雨	*̣*	间歇性中雪	▽··	强的阵雨	R:	观测前一小时内有雷暴，观测时有中或大雨
;;	连续性中常毛毛雨	••̣	连续性中雨	*̣*̣	连续性中雪	▽*	小的阵雨夹雪	R⚌	观测前一小时内有雷暴观测时有小雪，或雨夹雪、或霰、或冰雹
;̣	间歇性浓毛毛雨	•̣•	间歇性大雨	***	间歇性大雪	▽*·	中常或大的阵雨夹雪	R⚌	观测前一小时内有雷暴观测时有中或大雪、或雨夹雪、或霰、或冰雹
;̣	连续性浓毛毛雨	•̣••	连续性大雨	*̣**	连续性大雪	▽	小阵雪	R	小或中的雷暴，并有雨或雨夹雪或雪
∿	轻毛毛雨并有雨凇	∿	小雨并有雨凇	⟷	冰针（或伴有雾）	▽	中常或大的阵雪	R	小或中的雷暴，并有冰雹、或霰、或小冰雹
∾	中常或浓毛毛雨并有雨凇	∾	中或大雨并有雨凇	△	米雪（或伴有雾）	▽	少量的阵性霰或小冰雹或有雨，或有雨夹雪	R	大雷暴，并有雨、或雪或雨夹雪
;̣	轻毛毛雨夹雨	•̣*	小雨夹雪或轻毛毛雨夹雪	—X—	孤立的星状雪晶（或伴有雾）	▽	中常量或大量的阵性霰或小冰雹，或有雨，或有雨夹雪	R	雷暴伴有沙（尘）暴
;̣	中常或浓毛毛雨夹雨	•̣*•	中常或大雨夹雪，或中常或浓毛毛雨夹雪	△	冰粒	▽	少量的冰雹，或有雨，或有雨夹雪	R	大雷暴，伴有冰雹、或霰、或小冰雹

（8）海平面气压以百帕（hPa）数表示，但只填十位、个位和十分位，不加小数点。如海平面气压为 1 015.2 hPa，图上只填 152；若海平面气压为 998.4 hPa，图上只填 984。

（9）三小时气压变量为观测时的气压值与三小时前的气压值之差，单位为 hPa，最后一位为小数。数字前若标有"＋"号，表示气压是上升的；数字前若标有"－"号，表示气压是下降的。

（10）过去天气现象表示观测前 6 小时内出现过的天气现象，以表 4.4 所列符号表示。

表 4.4　过去天气现象的符号

符号	不填	◐	●	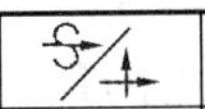 ⑤/	 ≡/∞	•	⋮	✳，或雨	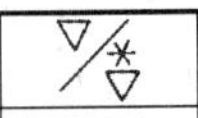 ▽/⋇	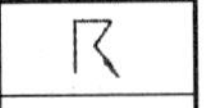 R
过去天气现象	云量不超过 5	云量变化不定	阴天或多云	沙暴或吹雪	雾或霾	毛毛雨	雨	雪，或雨夹雪	阵性的降水	雷暴

（11）降水量表示观测前 6 小时内的降水量，以毫米（mm）数表示，小于 0.1 mm 用"T"表示。

（12）风向风速。风向以矢杆表示，矢杆方向指向站圈，表示风的来向。风速以长短矢羽表示，如表 4.5 所列。

表 4.5　地面天气图上风的表示

符号	◎	 ⎸	 ⎸	 ⎸	 ⌐
速度（m/s）	0	1	2	3～4	19～20

根据以上说明，就可以阅读每个测站的天气资料了。如图 4.2 的实例，从中可以看出，该站的总云量为 9～10，即云量大于 9，但小于 10；高云状是毛卷云，中云状是高积云，低云是层积云，低云量为 5，云高 1 500 m；有东南风，风速 2 m/s；现在天气现象有烟幕，能见度 4 km；气温 21 ℃，露点 16 ℃；海平面气压 1 008.1 hPa，三小时气压变量为 – 2.1 hPa。

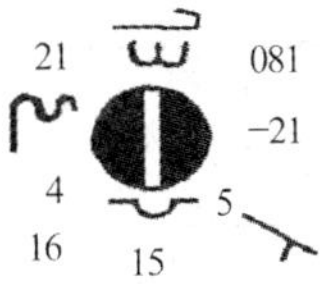

地面天气图单站气象资料既能直接反映近地面的天气情况，如气温、气压、风、能见度、天气现象等，又能反映一些空中天气情况，如云量、云状、云高等。地面图的时次，常见的有 02 时（北京时）、08 时、14 时和 20 时。

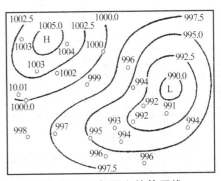

图 4.2　地面图上单站资料

（二）地面天气图的分析

1．等压线和气压系统

等压线是地面天气图上气压相等的点的连线，用黑色实线表示，在亚欧、东亚、中国区域图上，等压线每隔 2.5 hPa 画一条，其数值规定为：1 000.0 hPa、1 002.5 hPa、1 005.0 hPa 等，其余依此类推。

分析了等压线后，就能清楚地看出气压在海平面上的分布情况。由闭合等压线构成的高压中心标有蓝色"H"字，其下部注有最高中心气压值；低压中心标有醒目的红色"L"字，其下部注有最低中心气压值；台风中心标有红色"6"符号，如图 4.3 所示。

图 4.3　天气图上的等压线

2. 三小时变压中心

连接 3 小时气压变化相等的点的连线称为等三小时变压线，一般是将三小时正变压或负变压较大的地区用等变压线圈出，称为三小时变压中心。等三小时变压线用虚线绘制，以零为标准，每隔 1 hPa 绘制一条。但在某些很强烈的变压中心周围，等变压线很密集时，可每隔 2 hPa 绘一条。在气压变化不大（小于 1 hPa）时，可只分析零值变压线。每条线的两端要注明该线的百帕数和正负号。正变压中心标出蓝色"＋"号和中心值；负变压中心标出红色"－"号和中心值。中心标出该范围内的最大变压值的数值，包括第一位小数在内，如图 4.4 所示。

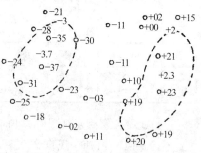

图 4.4　三小时变压中心

三小时内的气压变化ΔP₃，反映了气压场的最近变化状况，使人们能分析出天气系统的变化趋势。

3. 天气区

为了使某些主要天气现象分布状况更加醒目，可用不同色彩和符号将其标出。表 4.6 为几种主要天气区的标注方法。

表 4.6　主要天气区的表示

天气现象	成片的	零星的	说　明
连续性降水	绿色	绿色　＊＊	除雨以外，其他性质的降水均应标注符号
间歇性降水	绿色	绿色　＊	除雨以外，其他性质的降水均应标注符号
阵性降水	绿色	绿色	过去天气和现在天气中的阵性降水均应标注
雷暴	红色	红色	过去天气和现在天气中的雷暴均应标注
雾	黄色	黄色	
沙（尘）暴	棕色	棕色	
吹雪	绿色	绿色	
大风	棕色	棕色	凡地面图上填写的风速在 12m/s（即 6 级）以上，即应标注，其方向与实际风向相同

4. 锋　线

锋线常用彩色实线表示，单色图上用黑粗线加符号表示，表 4.7 是几种常见锋线的符号。

表 4.7　常见锋线的符号

锋的种类	地面天气图上的符号	单色印刷图符号
暖　锋	▭红	
冷　锋	▬蓝	
准静止锋	▬蓝红	
锢囚锋	▭紫	

地面天气图是用于分析大范围地区一定时刻的地面天气系统和天气状况的图。它既能直接反映各地天气情况，又能反映地面天气系统和天气现象的分布。连续几张天气图还可以看出天气演变过程，所以它是一种最基本的天气图。

二、空中等压面图

因为天气现象是发生在三度空间里的，所以单凭一张地面天气图来分析天气，显然是不够的。为了详细观察三度空间的天气情况，除分析地面天气图外，还要分析空中等压面图（简称高空图），即填有某一等压面上气象记录的空中天气图。

（一）等压面图的概念

空间气压相等的点组成的面称为等压面。由于同一高度上各地的气压不可能都相同，所以等压面不是一个水平面，而是一个像地形一样起伏不平的面。

1. 空中等压面的表示

等压面的起伏形势可采用绘制等高线的方法表示出来。具体地说，将各站上空某一等压面所在的高度值填在图上，然后连接高度相等的各点，这样连成的线称为等高线。从等高线的分布即可看出等压面的起伏形势。如图 4.5 中，P 为等压面，H_1，H_2，…，H_5 为厚度间隔相等的若干水平面，它们分别和等压面相截（截线以虚线表示）。因每条截线都在等压面 P 上，故所有截线上各点的气压均等于 P，将这些截线投影到水平面上，便得出 P 等压面上距海平面分别为 H_1，H_2，…，H_5 的许多等高线，其分布情况如图 4.5 的下半部分所示。从图中可以看出，

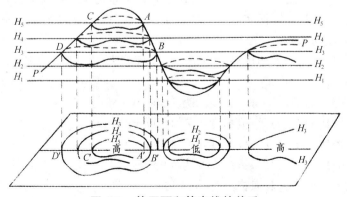

图 4.5　等压面和等高线的关系

和等压面凸起部位相应的是一组闭合等高线构成的高值区，高度值由中心向外递减；和等压面下凹部位相应的是一组闭合等高线构成的低值区，高度值由中心向外递增。从图中还可以看出，等高线的疏密同等压面的陡缓相应。等压面陡峭的地方，如图中 AB 处，相应的 A'B' 处等高线密集；等压面平缓的地方，如图 CD 处，相应的 C'D' 处等高线就比较稀疏。

2. 等压面附近水平面上的气压分布

分析等压面图的目的是为了了解空间气压场的情况。因为等压面的起伏不平现象实际上反映了等压面附近的水平面上气压分布的高低。例如在图 4.6 中，有一组气压值为 P_1、P_0、P_{-1} 的等压面和高度为 H 的水平面。因为气压总是随高度而降低的，所以气压值小的等压面总是在上面：P_{-1} 等压面在最上面，而 P_1 等压面在最下面。在高度为 H 的水平面上，A 点处的气压最高（为 P_1），B 点处的气压最低（为 P_{-1}），所以 P_0 等压面在 A 点上空是凸起的，而在 B 点处是下凹的。由此可知，同高度上气压比四周高的地方，其附近等压面的高度也较四周为高，表现为向上凸起，而气压高的越多，等压面凸起得也越厉害（如 A 点处）。同高度上气压比四周低的地方，等压面高度也较四周低，表现为向下凹陷，而且气压越低，等压面凹陷得也越厉害（如 B 点处）。因此，通过等压面图上的等高线的分布，就可以知道等压面附近空间气压场的情况。高度值高的地方气压高，高度值低的地方气压低，等高线密集的地方表示水平气压梯度大，由此可推出其附近水平面上气压的高低及风的情况。

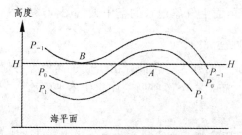

图 4.6　等压面的起伏与水平面上的气压分布

需要说明的是，这里用的高度不是几何高度，而是位势高度。位势高度是能量的单位，是指单位质量空气块在某高度上（离海平面）具有的重力位能（即位势），在米、千克、秒单位制中，位势的单位是 J/kg。为了计算方便，气象上取 9.8 J/kg 作为位势的一个新单位，叫位势米。如果用 H 表示位势米，在较小的垂直范围内，考虑重力加速度随高度变化不大，所以有 $H \approx Z$，即位势米在数值上与几何米相近，以位势米为单位的位势高度也与以几何米为单位的高度相近。等位势高度面实际上就是真正的水平面，而等几何高度面则不是，这就是气象上采用位势高度的原因。

等压面在空中呈起伏不平的形势，但每一等压面都大致对应一固定高度。日常分析的等压面图有以下几种：

（1）850 hPa 等压面图，其海拔高度约为 1 500 m。

（2）700 hPa 等压面图，其海拔高度约为 3 000 m。

（3）500 hPa 等压面图，其海拔高度约为 5 500 m。

（4）300 hPa 等压面图，其海拔高度约为 9 000 m。

（5）200 hPa 等压面图，其海拔高度约为 12 000 m。

通过对与飞行高度相对应的等压面图的分析，便可以了解到航线上的气压和空中风的分布情况。

（二）等压面图的填图格式及内容

等压面图上各测站填有气温、温度露点差、风向、风速以及等压面的高度，如图 4.7 所示。其中气温、风向、风速填法与地面图相同。气温露点差大于等于 6 ℃ 时，填整数，其余则要填整数和小数点后一位数。等压面高度以位势什米（10 位势米）为单位。

图 4.8 是两个实例，（a）是 700 hPa 图，气温 4 ℃，气温露点差 5.2 ℃，等压面高度是 3 040 位势米，风向约 300°，风速 5 ~ 6 m/s；（b）为 500 hPa 图，气温 – 18 ℃，气温露点差 3.5 ℃，等压面高度 5 800 位势米，风向 210°，风速 25 ~ 26 m/s。

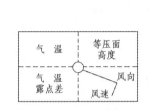

图 4.7　等压面图填图格式

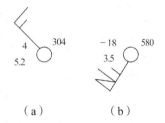

图 4.8　等压面图单站举例

（三）等压面图的分析项目

1. 等高线

等高线是等压面上位势高度相等的点的连线，用黑色实线表示。等高线一般间隔 4 位势什米分析一条。因为等压面的形势可以反映出等压面附近水平面上气压场的形势，而等高线的高（低）值区对应于水平面上的高（低）气压区。因此，等压面上风与等高线的关系，和地面天气图上风与等压线的关系一样适合地转风关系。由于高空空气受地面摩擦的影响很小，因此等高线基本和高空气流的流线一致。

等高线和地面天气图上等压线相似，它可以分析出高压、低压、槽、脊等气压系统的分布情况。高压、低压中心的标注方法与地面天气图相同，但不标注中心数值。

2. 等温线

等温线是等压面图上气温相等的各点的连线，用红色实线表示，每隔 4 度分析一条，例如 – 4℃、0℃、4℃ 等温线等。所有等温线两端须标明温度数值。气温比四周低的区域称冷中心，标有蓝色"C"字；气温比四周高的区域称暖中心，标有红色"W"字。

3. 槽线和切变线

槽线和切变线在空中等压面图上都用棕色实线表示。

4. 温度平流

由于冷暖空气的水平运动而引起的某些地区增暖或变冷的现象，称为温度的平流变化，简称温度平流。气流由冷区流向暖区，使暖区气温降低，叫冷平流；气流由暖区流向冷区，使冷区气温升高，叫暖平流。

由于等压面图上等高线的分布决定了空气的流向，所以根据等高线和等温线的配置情况就能判断温度平流的性质和大小。如图 4.9（a）所示，等高线与等温线成一交角，气流由低值等温线（冷区）吹向高值等温线（暖区），这时就有冷平流。显然在此情况下，空气所经之处温度将下降。图 4.9（b）的情况恰好与（a）相反，气流由高值等温线区（暖区）吹向低值等温线区（冷区），因而有暖平流。在此情况下，空气所经之处，温度将上升。图 4.9（c）中 AA'线所在区域等温线和等高线平行，此区内既无冷平流，又无暖平流，即温度平流为零。但 AA'线两侧的区域温度平流不等于零，其东侧为暖平流，西侧为冷平流。AA'正好是冷平流和暖平流的分界线，因此称为平流零线。

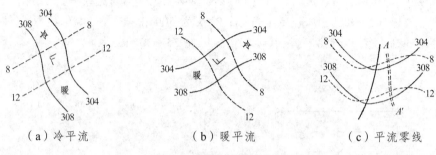

（a）冷平流　　　　　　　　（b）暖平流　　　　　　　　（c）平流零线

图 4.9　温度平流的分析

可见，只要等高线与等温线有交角，就有温度平流，如果二者平行，则平流为零。平流的强度显然与等高线和等温线的疏密程度以及二者交角的大小有关。如其他条件相同，等高线越密，则风速越大，平流强度也越大；其余条件相同，等温线越密，说明温度梯度越大，平流强度也越大；其他条件相同，等高线与等温线的交角越接近 90°，平流强度也越大。

掌握了判断温度平流的方法，不仅可以直接判断温度的变化，而且还可以进一步根据温度的变化来推断气压场的变化，这对掌握天气变化有重要意义。

5. 湿度场

等压面图上填的气温露点差，可以大概表示空气的饱和程度，由各地的温度露点差，即可了解湿度的分布。如果需要了解详细一些，也可以划些等值线，像判断温度平流一样判断湿度平流。

等压面图用于分析高空天气系统和大气状况。从图上可以了解各高度天气系统及其变化情况。再与地面图以及其他资料配合，可以全面了解掌握天气系统的发生、发展和天气演变。常用的等压面图，比例尺为二千万分之一，范围为亚欧地区。图次为每天两次，分别为 08时、20 时（北京时）。

除地面天气图和空中等压面图以外，天气图主要还有：小区域地面天气图、气象雷达回波图、卫星云图、物理量诊断分析图、辅助天气图、变压图、剖面图等。天气图能显示各种天气系统和天气现象的分布及其相互关系，是分析天气变化、制作天气预报的基本工具，也是为飞行活动提供所需气象要素值和天气情况的基本工具。

第二节　温度-对数压力图

温度-对数压力图是根据气块在绝热过程中温、压、湿的变化规律而制作的一种辅助图。

它能反映在某一探空站及附近各高度上各种气象要素的垂直分布情况，因此在天气分析和预报中有着非常广泛的应用。其设计原则是使用图中的面积代表功，气块在铅直方向受到力的作用，产生铅直位移就会做功或外界对气块做功。考虑制图及应用方便，纵坐标取气压的自然对数而不是用气压本身。

一、温度-对数压力图的结构

温度-对数压力图以横坐标表示温度（℃），自左向右增高；纵坐标表示气压的自然对数，自下向上减小。我国现行的温度-对数压力图，其纵轴顶部到 200 hPa 为止，200 hPa 以上根据对数原理重复使用。图上绘有等温线、等压线、等饱和比湿线、干绝热线和湿绝热线。

1. 等温线

等温线是平行于纵轴的黄色直线，每隔 1 ℃ 画一直线，每隔十度标出温度数值，其中较大字体的为摄氏温度，较小字体的为绝对温度。

2. 等压线

等压线是平行于横轴的黄色直线，1 050 hPa ~ 200 hPa 之间，每隔 10 hPa 作一条线，图的左右两旁每隔 100 hPa 标有气压数值。

3. 等饱和比湿线

等饱和比湿线在图中为自右下方向左上方向倾斜的绿色实线，它是饱和湿空气的比湿等值线，每条线上都标有饱和比湿值，单位是 k/kg。等饱和比湿线是气块上升时，其露点温度的变化曲线。

4. 干绝热线

干绝热线在图中是自右下方向左上方倾斜的黄色实线，就是干空气和未饱和湿空气在绝热过程中的状态变化曲线。

5.湿绝热线

湿绝热线在图中为绿色虚线。它是饱和湿空气在绝热升降过程中的状态变化曲线，自右下方向左上方倾斜。

日常分析时，把由探空得来的某站上空的气温、气压、风向、风速、露点温度等记录在相应位置上，然后再进行分析，参见附图。

二、温度-对数压力图的分析

1. 温度层结曲线

把各高度上的温度、气压数据，用钢笔一一点绘在图上，然后用黑色实线连接起来，即成为气温随高度分布的曲线，即温度层结曲线。层结曲线表示了测站上空气温垂直分布状况。

2. 露点层结曲线

将各层上的气压、露点数据用钢笔一一点绘在图上，然后用黑色实线依次连接起来，即成为露点随高度的分布曲线（称为露点曲线或露点层结曲线）。露点曲线表示了测站上空水汽垂直分布的状况。假如大气中某层大气的实际比湿等于饱和比湿，则露点层结曲线应当和温度层结曲线重合，但一般比湿总低于饱和比湿，因此露点层结曲线总是处于温度层结之左。

从露点曲线和层结曲线的比较，可以了解各高度的饱和程度，从而大致判断出云层的垂直分布。如图 4.10 所示，实线表示层结曲线，虚线表示露点曲线，在两条曲线接近或重合的区域（表示空气接近饱和），一般表示有云存在。图中下部为层积云，云底高约 600 m，云顶高 1 500 m（云厚 900 m）；上部为高层云，云底高约 3 000 m，云顶 5 000 m（云厚 2 000 m）。在一般情况下，当气温露点差为 0 ℃~4 ℃ 时，可视为有云；气温露点差大于 4 ℃，可视为无云。但这个温度界限要根据不同的地区、季节、云状的特点来统计计算。

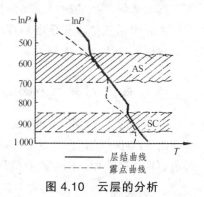

图 4.10　云层的分析

3. 状态曲线

表示气块在绝热上升过程中温度随高度而变化的曲线称为状态曲线。未饱和气块先作干绝热上升，达到饱和后，即达到凝结高度后，再作湿绝热上升。这是气块上升时的状态变化情况。空气块在上升过程中，由于气压下降，体积增大，露点温度也会降低。气块的露点温度随高度的变化情况是用等饱和比湿线来表示的，由于露点比温度降低得慢，升到一定高度后，温度就会与露点温度相等而达到饱和（干绝热线与等饱和比湿线相交），这一高度就是凝结高度。空气块到达凝结高度后，在湿绝热过程中，水汽会不断凝结而脱离气块，露点温度与气温保持相等，沿湿绝热线变化下去。

在温度-对数压力图上，先通过该气块的温压点平行于干绝热线而画线；同时通过该气块的露压点平行于饱和等比湿线而画线，两线相交于一点，交点对应的高度即为凝结高度，在交点以上再平行于湿绝热线画线，这样便绘出了状态曲线。

4. 不稳定能量

在前面章节已经学过，可以用 γ 与 γ_d（或 γ_m）相比较来判断大气稳定度。但这种方法只适用于很薄的气层（这时 γ、γ_d 和 γ_m 都可以看成常数），对较厚的气层来说，是不够准确的。因为层结曲线通常不是直线，状态曲线也不是直线。

在温度-对数压力图上，可以用不稳定能量来解决这个问题。所谓不稳定能量，就是不稳定大气中可供气块作垂直运动的潜在能量。实际上就是单位质量的空气在上升过程中，它所受的净升力（垂直气压梯度力与重力之差）对它所做的功。不稳定能量可用状态曲线和层结曲线之间所包围的面积形象地表示出来。

如图 4.11 所示，在 P_0-P 气层中，Te 是层结曲线，Ti 是状态曲线，二者在 O 点相交。在 O 点以下，上升气块温度低于环境温度，净升力为负，不稳定能量也为负。在 O 点以下由 Te 线和 Ti 线围成的面积则表示负不稳定能量的绝对值，O 点以上的情况相反，不稳定能量为正，其大小也等于两曲线间的面积。这样，我们就可以根据不稳定能量面积的正负和大小来判断 P_0-P 气层的稳定情况。总的来说，正面积越大，表示越不稳定；负面积越大，表示越稳定。如果 Ti 线全部在 Te 线的右方，即全部是正面积，叫

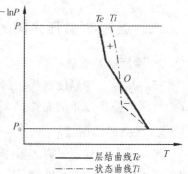

图 4.11　不稳定能量的分析

绝对不稳定型；如果 Ti 线全部在 Te 线的左方，即全部是负面积，叫绝对稳定型。图 4.11 中表示的情况（O 点以下是负面积，O 点以上是正面积）叫条件不稳定型。在条件不稳定型中，O 点以下气块上升运动受阻，在 P_0 高度上必须有较强的冲击力，才能使它上升到 O 点。气块到达 O 点后，就可以获得一个向上的加速度而自由上升了。因此，O 点称自由对流高度。在实际大气中，条件性不稳定型是一种最常见的情况，暖季强盛的对流往往就是在这种条件下发展起来的。

第三节　气团和锋

从天气图的分析中可看出，不同的天气现象与不同的大气运动形式相联系，这些运动形式表现为一个个独立的系统，这种显示天气变化及其分布的独立系统，称为天气系统。

天气图分析和气象卫星观测都表明，地球大气中存在各种大大小小的天气系统，它们都在不断地运动和演变着，并产生出各种各样的天气。它们的范围（尺度）相差很大。天气图上常见的水平范围在 500～5 000 km 的天气系统称为大尺度系统，如锋面、高压等；水平范围在 50～500 km，生命期约为几小时到十几小时的天气系统称为中尺度系统，如台风、海陆风等；水平范围在 50 km 以下，生命期只有几十分钟至二三小时的天气系统称小尺度系统，如积云、小雷暴等。5 000 km 以上的称行星尺度系统。一般说来，尺度越大生存时间越长；尺度越小生存时间越短。大气的运动是复杂的，不同尺度的天气系统之间既相互联系又相互影响，使天气系统的演变呈现出复杂的状态。掌握各种天气系统的特征就能大致掌握各种天气系统所造成的不同天气及其对飞行活动的影响。

飞行中经常遇到这样的情况，就是有时飞行了很长时间气象条件变化不大，而有时在很短时间内气象条件却有明显的改变，这就是气团和锋的现象。气团和锋是以温度场为主要特征而提出的两个概念。

一、气　团

在水平方向上物理性质（主要指温度和湿度）相对均匀的大范围空气称为气团。在同一气团中，各地气象要素的垂直分布（或它们的稳定度）也几乎相同，天气现象也大致一样。气团的水平尺度可达几千千米，垂直范围可达几千米到十几千米，常常从地面伸展到对流层顶。

（一）气团的形成条件

要形成气团必须具有两个条件：

1. 大范围性质比较均匀的地理区域

如海洋、大沙漠、南北两极等，这些区域称为气团的源地。对流层中空气的热量主要来自地面，空气中的水汽也是来自于地面的水分蒸发，所以地面的温度和湿度状况对气团的形成具有重要作用。大范围物理性质（冷暖、干湿、雪盖或土壤状况等）比较均匀的地球表面，是使空气属性变得比较均匀的重要条件。

2. 空气能够在气团源地长期停留或缓慢移动

在性质比较均匀的广阔地球表面上空停留或缓慢移动的空气，主要通过大气中各种尺度的湍流、系统性垂直运动、蒸发、凝结和辐射等物理过程与地球表面进行水汽和热量交换。经过足够长的时间，就能使其水汽和热量分布变得比较均匀。

事实上，气团源地常位于空气运动趋于停滞的地区。由大气环流造成的半永久性高压区是形成气团的最佳区域。这里稳定的环流使空气有足够长的时间取得与地面相似的温、湿特征。例如冬季的西伯利亚高压可形成干燥、寒冷的气团，常年存在的太平洋高压可形成温暖潮湿的气团。

（二）气团的分类

1. 气团的地理分类

根据气团源地的地理位置，可以把气团分为冰洋气团、中纬度气团和和热带气团，这种分类突出了气团的温度特征。还可将气团分为大陆和海洋气团，这种分类突出了气团的湿度特征。各类气团的主要源地及其特征见表 4.8 所示。

表 4.8　气团的地理分类

种　类		主要分布地区	主要特征
冰洋气团	冰洋大陆气团	南极大陆，北极冰雪覆盖区	气温低，水汽少，气层稳定
	冰洋海洋气团	北极洋面，南极周围洋面	与上相近，但暖季可从洋面获得水汽和热量
中纬度气团	中纬度大陆气团	西伯利亚，北美洲北部	低温，干燥，低层稳定，天气晴朗
	中纬度海洋气团	南北半球中纬度海洋	暖季与中纬度大陆气团相近，冷季气温、湿度都要高一些
热带气团	热带大陆气团	西南亚，北非，北美西南，澳洲	高温，干燥，少云，但低层不稳定
	热带海洋气团	副热带洋面上	低层暖湿而不稳定，中层常有逆温层
赤道气团		赤道附近洋面	湿热不稳定，多雷暴

2. 气团的热力分类

根据气团的热力性质可以把气团分为冷气团和暖气团。当两个气团相遇时，温度较高的气团称为暖气团，温度较低的气团称为冷气团。热力分类有时也根据气团的温度和它所经过的下垫面温度的对比来进行，当气团向着比它冷的下垫面移动时称为暖气团，当气团向着比它暖的下垫面移动时称为冷气团。冷气团所经之处气温将下降，相反，暖气团所经之处气温将升高。在北半球自北向南移动的气团一般多为冷气团，而自南向北移动的气团多为暖气团。在中高纬地区，冬季从海洋移到大陆的气团多为暖气团，从大陆移到海洋的气团多为冷气团，夏季则相反。由此可知，冷暖气团是相比较而存在，不是固定不变的，而且它们会依一定的条件，各自向着其相反的方面转化。

（三）气团的变性及天气

1. 气团的变性

大气总是处在不断的运动中，当气团在源地形成后，气团中的部分空气会离开源地移到与源地性质不同的地面，气团中的空气与新地表产生了热量与水分的交换，气团的物理性质就会逐渐发生变化，这种变化称为气团的变性。当气团在新的地表上缓慢移动，基本上取得了新源地的物理性质时，就形成了新气团。因此，老气团的变性过程亦是新气团的形成过程。例如，冷气团南下时通过对流、湍流、辐射、蒸发和凝结等物理过程会很快地把下垫面的热量和水汽传到上层去，逐渐变暖；同理，暖气团北上时通过一些物理过程会逐渐变冷。

2. 移经暖地表的冷气团的天气特征

当冷气团移到较暖的地表后，使所经地区变冷，而本身则下部被加热，由于低层增温，气温直减率增大，气层趋于不稳定，有利于对流的发展。所以冷气团通常具有不稳定的天气特征。例如夏季，冷气团移到高温的地面上会形成强烈的对流，如果冷气团中水汽含量较多时，常形成积状云，甚至出现阵性降水或雷暴，对飞行产生较大影响。冬季，冷气团也会带来不稳定的天气，有对流运动出现，但由于冷气团中水汽含量通常很少，多为少云或碧空天气。冷气团的天气有明显的日变化，中午及午后地面增温，对流和乱流容易发展，风速也较大；夜间和清晨地面降温，气层趋于稳定，风速减小。冬季近地面层辐射冷却，还可能形成烟幕或辐射雾。冷气团中对流活跃，能见度一般较好，但有雾或风沙时，能见度则较坏。

3. 移经冷地表的暖气团的天气特征

暖气团移经较冷地面后，使所经地区变暖，而本身则从下部开始逐渐冷却。由于冷却从低层开始，气温直减率变小，气层趋于稳定，有时会形成逆温或等温层，可引起长时间的低云幂和低能见度现象，具有稳定性天气特点。如果暖气团中水汽含量较多，能形成很低的层云、层积云，有时有毛毛雨或小雨雪，但云层较薄，一般只有几百米。如果低层空气迅速冷却（暖气团与下垫面温差显著），会形成平流雾。冬季从海洋移入我国大陆的暖气团常有这种天气。若暖气团比较干燥，则多为少云天气。夏季暖气团中产生的低云和雾，有较强的日变化：白天气温升高，云、雾减弱或消失；夜间和早晨气温降低又会加强。

（四）影响我国的气团

气团的形成需要气团源地和长时间停滞的大范围空气，所以中纬度地区不利于气团的形成，因为这一地区有很强的西风带，并且热带和极地形成的气团不断北移和南移在这一地区会合。我国地处北半球中纬度偏南地区，地形和地表性质复杂，很难形成气团，我国出现的气团多为从其他地区移来的变性气团。经常影响我国的气团主要有两个：一个是西伯利亚气团，属中纬度大陆气团，一个是热带太平洋气团，属热带海洋气团。

图4.12是我国冬季气团活动示意图。我国冬半年通常受中纬度大陆气团影响，它的源地在西伯利亚和蒙古，常称它为西伯利亚气团。冬季西伯利亚气团势力强盛，影响我国大部分地区，它所控制的地区，天气干冷，气团内部具有冷气团的天气特征。当它与热带海洋气团相遇时，在交界处则能构成阴沉多雨的天气，冬季华南常见到这种天气。冬季热带太平洋气团主要影响我国东南部，云南地区则常受南海气团（属热带海洋气团）的影响。

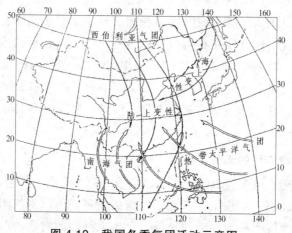

图 4.12　我国冬季气团活动示意图

图 4.13 是夏季我国气团活动示意图。夏半年，热带太平洋气团势力强盛，常影响我国大部分地区，只有西部和北方少数地区不受其影响。此时西伯利亚气团一般只在我国长城以北和西北地区活动，但有时也能南下至江淮流域一带。它与南方热带海洋气团交汇，是构成我国盛夏北方大范围降水的主要原因。另外，热带大陆气团常影响我国青藏高原和西北地区，被它持久控制的地区，就会出现和酷暑和严重干旱。来自印度洋的赤道气团，可造成长江流域以南地区大量降水。

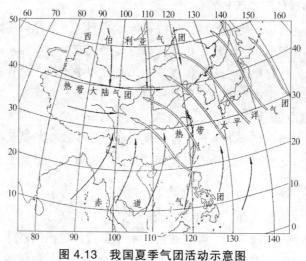

图 4.13　我国夏季气团活动示意图

春季，西伯利亚气团和热带海洋气团两者势力相当，互有进退，因此是天气系统活动最盛的时期，可带来多变天气。

秋季，变性的西伯利亚气团逐渐增强，热带海洋气团慢慢退居东南海上，我国东部地区在单一的气团控制之下，出现全年最宜人的秋高气爽的天气。

二、锋

气团移出源地后，会与其他气团相遇，这些气团具有不同的温度和湿度特性。冷、暖气团之间十分狭窄的过渡区域，称为锋。锋是一种重要的天气系统，它经常带来大风、阴雨、雷暴、风沙等恶劣天气，对飞行造成很大的影响。因此，飞行人员需要对锋有全面的了解。

（一）锋的空间结构

锋的空间形态如图 4.14 所示，冷暖气团相遇后，冷气团在下方，暖气团在上，其交界面即锋面呈向冷气团一侧倾斜的状态。两气团之间的过渡区即锋区，锋区的宽度一般在近地层为几十千米，高空为几百千米，上宽下窄，由于锋的水平范围比它的厚度要大得多，可以将锋看做一个面，即为锋面。锋面与地面的交线称为锋线。显然，锋线的长度一般与气团的水平范围相当，从几百到几千千米。

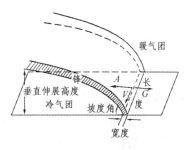

锋面向冷气团一侧倾斜，锋的倾斜程度称为锋面坡度，即锋面对地平面的倾斜角的正切值。锋面坡度一般只有 1/300 ~ 1/50，个别仅 1/500。锋面坡度越小，锋面掩盖的地区就越大，受锋面天气影响的地区也越大。以坡度为 1/100，长度为 1 000 km，垂直高度为 10 km 的锋为例，其掩盖面积就达 100 万 km^2。

图 4.14　锋的空间形态

（二）锋面附近气象要素的分布

穿越锋区时，是从一个气团进入另一个具有不同性质的气团。各种气象要素都会有明显的差异，在天气图上，正是根据这些差异来确定锋面的存在和位置的。

1. 温度场特征

锋区内温度水平梯度远比其两侧气团内部大，这是锋最重要的特征之一。在气团的内部，一般在 100 km 内气温只相差 1 ℃，但在锋面内，100 km 可相差 5 ℃ ~ 10 ℃。在地面天气图上，温差特别大的地区，一般就是地面锋线的位置。锋区在等压面图上表现为等温线相对密集区，其走向与地面锋线基本平行。所以等压面上等温线的分布很明显地指示锋区的特点。等温线越密集，则水平温度梯度越大，锋区越强。由于锋面在空间是向冷空气一侧倾斜，所以高空图上的锋区位置偏在地面锋线的冷空气一侧，等压面高度越高，向冷空气一侧偏移越多。

由上可知，温度变化是识别锋面经过的最简便方法之一。快速移动的锋，地面气温变化很显著，也很迅速；缓慢移动的锋，上述变化一般较弱。穿越锋面飞行时，可从大气温度表上观察到温度变化。但这种变化在中、高空可能没有地面上那样突然。

锋区内温度垂直梯度特别小。因锋的下面是冷气团，上面是暖气团，因此通过锋区时，可以观测到温度随高度增高而升高（即锋面逆温）或温度直减率很小的现象。如图 4.15 为垂直剖面图上锋区的温度场特征。图中 T_0 和 T_1 为通过锋区有逆温的等温线形式；T_2 和 T_3 为等温的形式；T_4 和 T_5 为气温直减率小的降温形式。

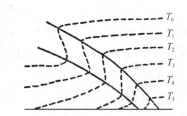

图 4.15　剖面图上锋区附近的等温线

2. 气压场特征

锋处于低压槽中，等压线最大曲率在锋线处，这是锋附近气压分布的基本特征。现以图 4.16 来说明。在暖气团中水平方向气压变化不大，当穿越锋面进入冷气团后，由于冷空气密度较大且冷空气柱逐渐增高，使锋两侧的等压线方向必须变成虚线所示的形状，在锋面处产生折角，而且折角指向高压，即锋区处于低压槽中。

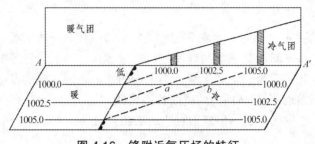

图 4.16　锋附近气压场的特征

锋面临近时，气压逐渐降低。最低气压区正好在锋上。锋面暖区一侧的气压变化通常比冷区一侧慢得多。在暖气团一侧靠近锋面时，气压缓慢降低，穿越锋面后气压迅速升高。在冷气团一侧穿过锋面时，过锋面前气压迅速降低，过锋面后气压缓慢升高。

3. 风的特征

由于锋处在低压槽中，所以在水平方向上从锋后到锋前，风呈气旋式转变（即逆时针旋转），这一特征在地面天气图上尤为明显。锋两侧风速的变化是：穿越锋到冷区，风速会增大，到暖区风速会减小。因受地面摩擦的影响，风和等压线成一交角而吹向低压，故地面锋线处，通常有气流的辐合，如图 4.17 所示。

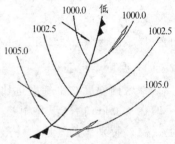

穿越锋面最可靠的征兆是风向的变化，有时也有风速的变化。风速变化的出现几率比风向变化小。虽然穿过锋面后会遇到什么风向很难说，但在北半球风向总是向右偏转。穿越锋面飞行时，为了保持原定的地面航迹，总是需要做向右的修正。

图 4.17　锋附近风的分布

（三）锋的分类

为了便于天气分析和预报，需对锋进行分类。根据在移动过程中冷暖气团所占的主次地位可将锋分为冷锋、暖锋、准静止锋和锢囚锋。

1. 冷锋

锋面在移动过程中，冷气团起主导作用，推动锋面向暖气团一侧移动，锋面过后温度降低，这种锋面称为冷锋。冷锋是我国常见的重要天气系统，一年四季都有，尤其在冬半年更为常见，全国各地都受其影响。我国绝大多数地区处于西风带，位于北方的冷空气通常是向东或向东南方向移动，因此我国境内冷锋移动方向也多为向东或向东南方向移动。

2. 暖锋

锋面在移动过程中，若暖气团起主导地位，推动锋面向冷气团一侧移动，这种锋面称为暖锋。暖锋过境后，暖气团就取代了原来冷气团的位置，使气温变暖。暖锋多在我国东北地区和长江中下游活动，大多与冷锋联系在一起。

3. 准静止锋

当冷暖气团势力相当，锋面移动很少时，称为准静止锋。事实上，绝对静止的锋是没有的，在这期间，冷暖气团同样是互相斗争着，有时冷气团占主导地位，有时暖气团占主导地位，使锋面来回摆动。在我国华南、天山和云贵高原等地区常见到冷锋由于受到高山阻挡而停滞转变成的静止锋。

4. 锢囚锋

锢囚锋是由冷锋追上暖锋或由两条冷锋迎面相遇而构成的复合锋。如图4.18图（a）中，前面有一个暖锋，后面有一个冷锋，冷锋移速比暖锋快。在图（b）中，冷锋已快要追上暖锋。图（c）中，冷锋追上暖锋，中间的暖气团被抬挤到空中，两边的冷气团相遇又构成新的锋面。由于左面冷气团比右面冷气团更冷，并继续推动新锋面向右侧移动，这种情形叫冷式锢囚锋。显然，如果移动方向相反，则叫暖式锢囚锋。

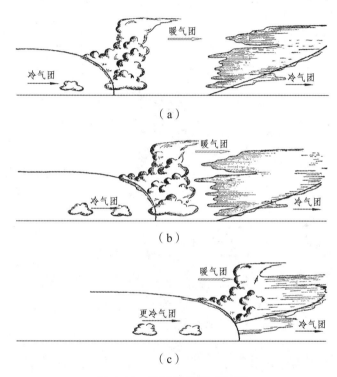

图 4.18 锢囚锋的形成过程

第四节 锋面天气及对飞行的影响

锋面天气主要是指锋附近的云、降水、风、能见度等的分布情况。近年来发现，锋面这个大尺度系统中还嵌有中小尺度系统的活动，对飞行造成多方面的影响。锋面天气多种多样，虽然有的锋面也产生相对平静的天气，但有的锋面天气非常强烈并且有巨大的危害。在穿越锋面飞行前，应当获取一份完整的天气报告，以便了解可能遇到的天气状况。下面介绍典型的锋面天气模式及其对飞行的影响。由于暖锋天气最具代表性，所以我们先介绍暖锋。

一、暖锋天气

暖锋移动速度较慢，锋面坡度非常小，一般为 1/150，暖空气可沿冷锋面爬升到锋前数百千米的地方。如果暖气团是稳定的，水汽又较充沛，在暖锋移来时会依次出现 Ci→Cs→As→Ns，锋线附近云层低而厚，如图 4.19 所示。飞机探测和探空资料表明，由于空气湿度和垂直运动分布不均匀，暖锋上的云系常常由几层云组成，云层之间夹有厚度不同的无云区。特别是当锋趋于消散时，云系常有分层。暖锋产生的连续性降水常出现在地面锋线前雨层云中，由于雨滴下降蒸发，使锋下冷气团中水汽增多，其中常有层积云、层云和碎层云出现。有时在锋前后 150～200 km 范围内形成锋面雾。若暖空气层结不稳定，地面锋线附近可能有积雨云和雷阵雨天气，如图 4.20 所示。

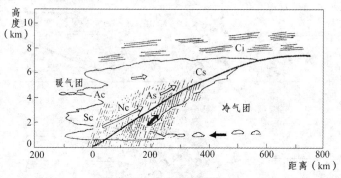

图 4.19　稳定的暖锋天气

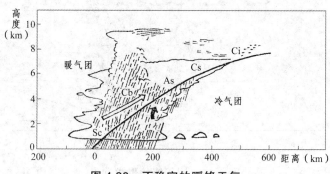

图 4.20　不稳定的暖锋天气

暖气团稳定时，云中气流比较平稳，多数不会影响飞行，但须对以下情况有充分了解：暖锋锋线附近和降水区内能见度很差，碎云高度很低，具有复杂气象条件；暖锋中如果暖空气潮湿而不稳定，形成的积雨云常隐藏在其他云层中，要注意判断；暖锋中容易产生严重积冰，由于锋两侧温差可达 5 ℃～10 ℃，故两侧积冰区的高度不同。当地面报告有冰丸时，在较高的高度上会碰到冻雨。

二、冷锋天气

冷锋产生的天气，通常取决于它的移动速度。冷锋根据其移动速度，可分为缓行冷锋和急行冷锋。

1. 缓行冷锋的天气

冷锋中，移动速度较慢的，叫缓行冷锋。缓行冷锋坡度比较平缓，暖空气沿锋面向上爬升，云和降水主要出现在地面锋线后，并沿锋面分布较广，但与其他锋面相比，云和降水区也稍窄。当缓行冷锋中冷气团较稳定时，通常在锋后沿锋面形成层状云系，如图 4.21，随着缓行冷锋的来临，层状云系出现的次序是 Ns→As→Cs→Ci。当缓行冷锋与不稳定空气相遇时，如图 4.22 所示，在锋线上和锋后不远处形成大量的层状云和对流云。积雨云和雨层云可能在地面锋线附近生成，产生积冰和乱流等恶劣天气。晴天积云常出现在锋后远离地面锋线的冷空气中。

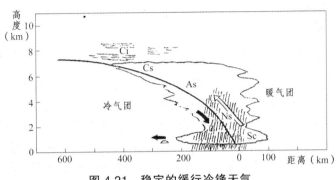

图 4.21　稳定的缓行冷锋天气

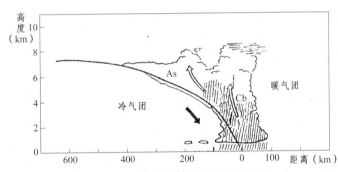

图 4.22　不稳定的缓行冷锋天气

2. 急行冷锋的天气

冷锋中移动速度较快的叫急行冷锋。这种快速移动的冷锋是被它后面远离锋面的强大高压系统推动前进的。地面摩擦作用使锋的移速减慢，引起锋的前沿部分向外凸起，使锋面坡度变陡，产生强烈的上升运动。如图 4.23 所示，图中垂直尺度放大以表示锋的坡度。在近地层，冷空气前进速度远大于暖空气后退速度，迫使暖空气强烈上升，因此低层锋面坡度特别陡峭。在锋面上层，暖空气则沿锋面下滑。

图 4.23　急行冷锋的垂直剖面图

急行冷锋产生的天气特别强烈，其云系和降水主要分布在地面锋线前和锋线附近十分狭窄的区域。锋面两侧的温、湿差异很大。如图 4.24 所示，急行冷锋迫使暖空气上升，如果水汽含量充分，且大气不稳定，将沿锋线产生一条狭窄的积状云带，并能形成旺盛的积雨云。云顶部常伸展到 10 km 以上。这种冷锋多出现在夏季，当它来临时，往往狂风骤起，乌云满天，暴雨倾盆，电闪雷鸣，有时伴有冰雹。然而为时短暂，锋线过后不久，天空就豁然开朗。当急行冷锋的暖气团稳定时，出现的是层状云系，如图 4.25 所示。由于云区较窄，锋线一过便云消雨散，但风速迅速增加，常出现大风。

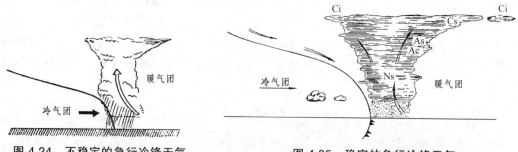

图 4.24　不稳定的急行冷锋天气　　　　图 4.25　稳定的急行冷锋天气

　　总之，大多数冷锋天气具有一些共同特征：常生成积状云，有阵性降水和较强的乱流；伴有强烈阵风；锋面过境后天气晴朗，能见度好。

　　以上介绍的冷锋锋面天气模式，都是假设水汽充足时的情形。当暖空气较干燥时，冷锋上往往只出现一些中高云，甚至无云的"干冷锋"，但锋后多有大风和风沙，降温显著。例如当冬季冷锋位于黄河以北时，常表现为干冷锋，在冷锋向南移动过程中水汽逐渐增加，云和降水便迅速发展起来。

　　在具有稳定性天气的冷锋区域飞行，在靠近锋面附近可能有轻到中度的颠簸，云中飞行可能有积冰。降水区中能见度较坏，道面积水，对降落有影响。在具有不稳定天气的冷锋区域，因有强烈颠簸和严重积冰、雷电甚至冰雹等现象，故不宜飞行。

三、准静止锋天气

　　准静止锋天气与暖锋类似，由于准静止锋的锋面坡度最小，一般为 1/150 ~ 1/300，暖空气沿锋面缓慢爬升，因此，云层和降水区比暖锋更为宽广。降水强度虽小，持续时间却很长。其连阴雨天气可影响一个地方的飞行气象条件达数天之久。若暖空气潮湿且不稳定，常可出现积雨云和雷阵雨。例如我国夏季的华南静止锋常有雷阵雨天气。云贵静止锋一般多阴雨，云系一般为雨层云或层积云，云厚一般为 500 ~ 1 000 m，云顶高多在 3 500 m 以下。川、黔两省冬季多阴沉天气，大多是受它的影响造成的。若暖空气很干燥，锋上也可无云，仅在锋下有些低云。

　　在准静止锋区域飞行有同暖锋区域飞行相近的特点，不宜简单气象条件飞行。在稳定天气形势下可进行复杂气象条件的训练飞行。

四、锢囚锋天气

　　锢囚锋系由两条锋面相遇而成，故其云系和降水与原来两条锋面的云系有联系，除原来两条锋面云系外，在形成初期锢囚点处上升气流加强，天气变得更坏，云层增厚，降水增强，范围扩大并分布在锋的两侧。随着锢囚锋的发展，暖气团被抬升得愈来愈高，气团中的水汽因降水消耗而减少，使锢囚点上云层逐渐变薄趋于消散，天气逐渐转好，如图 4.26 所示。

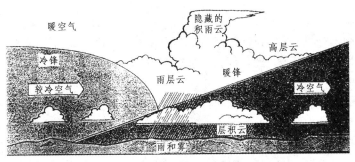

（a）暖式锢囚锋

（b）冷式锢囚锋

图 4.26　锢囚锋天气

在锢囚锋区域飞行，锢囚锋形成初期在锢囚点以上，将会遇到较宽广的云层和降水，还可能有雷暴、积冰和颠簸。锢囚点以下在低压中心附近广大范围内存在相当恶劣的能见度和低的云幕。在锢囚锋后期，气象条件逐渐好转。

第五节　重要的天气系统

除气团和锋面外，大气中还存在其他许多重要的天气系统。如出现在温带地区的大型水平涡旋，出现在热带洋面上的低压以及出现在空中等压面图上的低涡等，它们各有不同的运动形式，是影响我国的重要天气系统。

一、气　旋

气旋是占有三度空间的、在同一高度上中心气压低于四周的大范围空气的水平涡旋。在北半球，气旋范围内的空气作逆时针旋转，在南半球其旋转方向相反。

在气压场上，气旋表现为低压，所以，气旋与低压常常混用。前者是按流场特征命名的，后者是按气压场特征命名的。

1. 气旋的水平尺度

气旋的水平尺度（范围）以最外围一条闭合等压线的直径长度来表示。气旋的直径平均为 1 000 km，大的可达 3 000 km，小的只有 200 km 或更小些。就平均情况而言，东亚气旋一般要较欧洲和北美的气旋水平尺度小。

2. 气旋的强度

气旋、反气旋的强度一般用其中心气压值来表示。气旋中心气压值愈低，气旋愈强；反之，气旋愈弱。反气旋中心气压值愈高，反气旋越强；反之，反气旋愈弱。

地面气旋的中心气压值一般在 970～1 010 hPa 之间。发展得十分强大的气旋，中心气压值可低于 935 hPa。就平均情况而言，温带气旋的强度冬季比夏季要强，海上的温带气旋要比陆地上的强。

气旋的强度是不断变化的，为了表示这种变化，常用以下术语：当气旋中心气压随时间降低时，称气旋"加深"；当气旋中心气压随时间升高时，称气旋"填塞"。

3. 气旋的分类

根据气旋形成和活动的主要地理区域，可将其分为温带气旋和热带气旋两大类；按其形成原因及热力结构，则可分为冷性气旋和热低压两大类。温带气旋多为锋面气旋，锋面气旋即是锋面与气旋相结合的气旋，锋面气旋中有锋面，一般移动性较大，常会带来恶劣的阴雨天气。气旋是常见的天气系统，是大气环流的重要角色，它的活动对中、高纬度之间的热量交换和广大地区的天气变化有很大影响。

4. 气旋的流场特征和一般天气

气旋是有一定厚度的天气系统，在北半球，气旋区由于中心气压低，气旋低层的水平气流逆时针由外朝内旋转，由于气流辐合，在中心附近的垂直方向上形成系统性上升运动。在南半球，气旋低层的水平气流则顺时针由外朝内旋转，在中心附近的垂直方向上也会形成系统性上升运动。因此，在一般情况下，气旋区内都会因为上升气流而将地面附近的水汽带到空中而形成云，所以气旋一般多为阴雨天气。特别是锋面气旋，由于气旋中的上升运动和锋面的抬升叠加在一起，就更容易成云致雨。

5. 影响我国的气旋

（1）锋面气旋。锋面气旋就是带有锋面的气旋，它是温带地区最常见的一类气旋，其温度分布很不对称，强度自地面向上逐渐减弱，一般到三四千米高度上，大多变成了低压槽。

锋面气旋天气，可以看成是以气旋的运动特征为背景的气团天气与锋面天气的综合。大多数锋面气旋的天气是较复杂的，因为在气旋中空气辐合较强，有利于上升运动，只要水汽充沛，就可以产生大范围的云雨天气。下面介绍对我国影响较大的东北气旋和江淮气旋的一般情况。

东北气旋主要活动于我国东北地区，是我国锋面气旋中发展最强大的一种。一年四季均可出现，以春秋两季，特别是四、五月份活动频繁，其强度也最大。东北气旋常产生大范围的大风、风沙、雷暴和强烈降水等灾害性天气。

江淮气旋是指我国长江中下游、淮河流域一带经常出现的锋面气旋。由于这一区域一般水汽充沛，发展完整的江淮气旋常出现大片云系和降水。春季，在长江下游地区的江淮气旋东部，东南风把海上暖湿空气输送到大陆，常形成平流雾或平流低云，甚至出现毛毛雨，能见度十分恶劣。发展强盛的江淮气旋，不但可以产生雷阵雨（可达暴雨程度），也可以产生较强的大风。图 4.27 为江淮气旋的实例。

可见，锋面气旋中飞行气象条件通常是比较复杂的，特别是穿越气旋中的锋面飞行时，不仅可遇到雾、低云、降水，也可遇到雷暴、飞机积冰和严重的颠簸等恶劣天气。

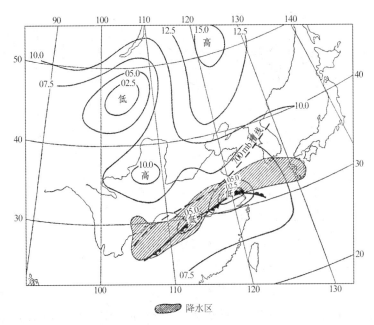

图 4.27　江淮气旋实例（1972 年 6 月 2 日 08 时地面图）

（2）热低压。热低压是出现在近地层的暖性气旋，它是浅薄的不大移动的气压系统，一般到三、四千米高度上就不明显了。热低压多数是由于近地面层空气受热不均而形成的，这种热低压常出现在暖季大陆上比较干燥的地区，由于地面没有水汽蒸发，地表温度会升到很高因而在局部地区形成暖性的低压，称为地方性热低压。在某些情况下，也有由于空中出现强烈暖平流或空气下沉绝热增温而形成的热低压。

热低压中的天气，因条件不同而有差别：当空气很干燥时，一般是晴热少云天气，例如出现在我国西北，特别是塔里木盆地的热低压就是这样；当水汽较充沛，并有冷锋或空中低槽移近时，由于上升运动增强，也可产生云雨天气。在干燥地区，当热低压发展强烈时，可出现大风和风沙天气。如云贵高原地区的偏南大风和河西走廊地区被称为"河西热风"的偏东大风就是热低压造成的。

（3）高空低涡。高空低涡一般是冷性气旋，冷性气旋的中心气温比四周低，常占据较厚的空间（厚达 5 km 以上）。我国的高空低涡主要有东北低（冷）涡和西南低涡。

东北低涡一年四季均可出现，以五月、六月份活动最频繁。冬季，在冷涡形势下，东北地区是一种低温天气，从地面到空中气温都很低，会出现冰晶结构的低云，但看起来像卷云或卷层云，这是我国东北地区特有的现象。东北冷涡天气具有不稳定特点，冬季可降很大的阵雪，能见度随阵雪大小忽好忽坏；夏季常造成雷阵雨天气。

西南涡指出现在我国西南地区西藏高原东部的小低压，常表现在 700 hPa 或 850 hPa 等压面图上，其直径一般在 300～500 km。西南涡的形成与我国西南的特殊地形有密切关系，当西风气流遇到青藏高原后，在高原高度以下分为南北两支绕过，由于高原东侧背风坡风速较小，常在背风坡南侧造成逆时针旋转的气流切变而形成西南涡，如图 4.28 所示。

西南涡在源地时，可产生阴雨天气，一般晚上天气更坏一些，夏半年常引起强烈的阵雨和雷暴；如果有适当的高空低槽或冷平流相配合，就有可能使西南涡发展和东移，造成我国东部许多地区的大雨或暴雨。

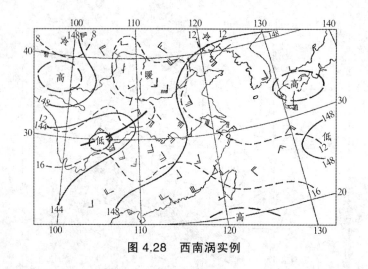

图 4.28 西南涡实例

二、反气旋

反气旋是占有三度空间的、在同一高度上中心气压高于四周的大范围空气的水平涡旋。在北半球，反气旋范围内的空气作顺时针旋转，在南半球旋转方向相反。在气压场上，反气旋表现为高压。

1. 反气旋的水平尺度

反气旋的水平尺度比气旋大得多，大的反气旋可以和最大的大陆和海洋相比（如冬季亚洲大陆的冷性反气旋，往往占据整个亚洲大陆面积的四分之三），小的反气旋其直径也有数百千米。

2. 反气旋的强度

地面反气旋的中心气压值一般为 1 020～1 030 hPa，冬季东亚大陆上反气旋的中心气压可达到 1 040 hPa，最高的曾达到 1 083.8 hPa。就平均情况而言，温带反气旋的强度冬季比夏季要强，海上的温带反气旋则比陆地上的要弱。

反气旋的强度是不断变化的。当反气旋中心气压随时间升高时，称反气旋"加强"；当反气旋中心气压随时间降低时，称反气旋"减弱"。

3. 反气旋的分类

根据反气旋形成和活动的主要地理区域，可将反气旋分为极地反气旋、温带反气旋和副热带反气旋。按热力结构则可将反气旋分为冷性反气旋和暖性反气旋。例如蒙古冷高压和太平洋暖高压等。

4. 反气旋的流场特征和天气

在北半球，反气旋区由于中心气压高，低层的水平气流顺时针由内朝外旋转，由于气流辐散，在中心附近的垂直方向上形成系统性下沉运动。在南半球，反气旋低层的水平气流逆时针由内朝外旋转，在中心附近的垂直方向上也会形成系统性下沉运动。因此，在一般情况下，反气旋区内都会因为下沉气流而难以形成云，所以反气旋一般多为晴好天气。但由于反气旋特别大，又有冷暖之分，所以不同反气旋的天气差异还是较大的。

（1）冷性反气旋的天气。冷性反气旋产生在中高纬度的寒冷地区，在北半球北极、北美北部和蒙古地区出现比较频繁。由于气温低，气压随高度下降快，一般到三、四千米高度以上高压特征就不明显了，称之为浅薄的气压系统。在冷性反气旋的中心附近，由于空气干冷，盛行下沉气流，天气多晴朗少云。中部风速小的区域，在夜间或清晨容易出现辐射雾。如果有辐射逆温或上空有下沉逆温或两者同时存在时，逆温层下面聚集了水汽和其他杂质，低层能见度较坏。当水汽较多时，在逆温层下往往出现层云、层积云、毛毛雨及雾等天气现象。在逆温层以上，能见度很好，碧空无云。冷性反气旋的东部或东南部，往往有锋面存在，常有较大的风速和较厚的云层，甚至有降水；西部和西南部边缘，由于有偏南暖湿气流，往往处于空中槽前，因而有暖锋性质的天气。

（2）暖性反气旋的天气。暖性反气旋是指中心暖于四周的高压，是一种很深厚的反气旋，随着高度增加而增强，通常可伸展至对流层顶，是对流层上层空气辐合、聚积而形成的。它稳定少动，在出现的地区对天气有重要影响。在暖性反气旋内部，一般是晴朗炎热的天气，在其南部边缘区域，由于靠近赤道，有热带天气系统活动，在其西部边缘，有偏南暖湿气流，可出现积雨云和雷阵雨天气。

5. 影响我国的反气旋

（1）蒙古冷高压。位于蒙古地区的冷性反气旋（又称蒙古冷高压），是影响我国的重要天气系统。冬半年从西伯利亚和蒙古侵入我国，带来大股冷空气，使所经之地气温骤降。在蒙古冷高压东部前缘，一般就是相应的冷锋天气。高压前的冷锋到达我国北方，气温骤降，风向北转，风速猛增，一般可达 10~20 m/s，有时甚至可达 25 m/s 以上，常出现风沙和降雪。冷锋经江淮流域再向南移，风速仍然很大，由于气团湿度增加，常形成阴雨天气。"三天北风两天雨"就是指这种天气。冷高压前缘移过之后，便逐渐为冷高压中心控制，天气也逐渐转晴。在中心区，早上常出现辐射雾或烟幕等现象，使能见度变得极为恶劣，影响航班正常飞行。但随着冷气团的回暖变性，湿度增加和稳定度减小，也可出现局地的积状云和阵性降水。

（2）太平洋副热带高压。对我国影响最大的暖性反气旋，产生于北太平洋西部，叫副热带高压，简称副高或太高。副高主体在太平洋上，我国常受其西伸高压脊的影响，西伸脊的位置和强度，与我国的天气有很大的关系。

在天气分析预报中，副热带高压范围多以等压面图上的特定等高线来表示，在 500 hPa 等压面图上用 588 位势什米线的范围来确定，700 hPa 等压面图上一般以 312 位势什米线、850 hPa 等压面图上以 152 位势什米、地面天气图上以 1 010.0 hPa 等压线所围范围来确定。副热带高压形势见图 4.29 所示。

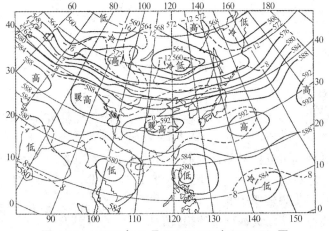

图 4.29 1959 年 8 月 21 日 08 时 500 hPa 图

副高常年存在，由于太阳直射点的南北移动，使其位置有明显的季节变化。其位置一般以高压脊所在的纬度来确定。一般冬季脊线在 15°CN 左右，到达最南的位置。从春到夏逐渐北移，到 7、8 月，移到 25°~30°N，9 月以后则南退。同时，在季节变化过程中，也存在短期变化，北进过程中有短时南退，南退过程中也有短时北进。并且，北进常与西伸相结合，南退常与东撤相结合。

在副高脊附近，下沉气流强，风力微弱，天气炎热，长江中下游地区 8 月份常出现的伏旱高温天气就是由副高较长时间的控制造成的。脊的西北侧与西风带相邻，常有气旋、锋面、低槽等天气系统活动，多阴雨天气。据统计，我国主要的雨带位于副高脊线以北 5~8 个纬距。随着副高位置和强度的变化，阴雨天气的分布也随之发生变化。当脊线位于 20°N 以南时，雨带在华南；6 月份位于 20~25°N 时，雨带在江淮流域，即"梅雨"季节。7 月份脊线越过 25°N 后，雨带移到黄淮流域。7 月底 8 月初脊线越过 30°N 时，则华北、东北进入雨季。副高脊南侧为东风气流，当其中无气旋性环流时，一般天气晴好，但当东风气流发生波动，形成所谓东风波，或有热带气旋形成时，则会出现云雨、雷暴等恶劣天气。副高脊短期的东西进退，对其西部地区的天气也有很大的影响。当高压脊刚开始西伸时，常有热雷雨产生。在东撤时，其西部常有低槽东移，空气对流加强，造成大范围的雷阵雨天气。

三、槽线和切变线

槽线和切变线是在空中等压面图上经常看到的天气系统，也是天气分析中的重要部分。

1. 槽　线

在对流层中纬度地区，随着高度的增加，大气运动越来越趋近于西风，并常以波状流型出现。在北半球，表现为向北的波峰（高压脊）和向南的波谷（低压槽）。在低压槽中，等高线弯曲最大点的连线就是槽线，如图 4.30（a）所示。

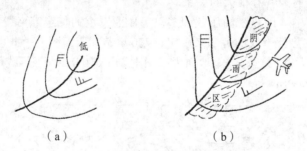

（a）　　　　　　　　　　　　（b）

图 4.30　槽线及其天气

在北半球中纬度地区，高空低压槽位于地面低压之后，高压之前，槽线前有辐合上升运动，盛行偏南暖湿气流，多阴雨天气；而槽线后盛行干冷西北气流，有辐散下沉运动，多晴好天气，如图 4.30（b）所示。

我国一年四季各地均有低槽活动，它们大多自西向东影响我国。槽在单独出现时（地面没有锋面、气旋等与之对应），往往并不强，一般只产生一些中高云天气。比较强的低槽常常与气旋和锋面相联系，带来较严重的天气。

如果横穿槽线飞行，不仅会遇到槽线附近和槽线前的阴雨天气（夏季大气不稳定时也能形成雷暴），还会遇到明显的风向风速的变化，即在北半球，先遇到左侧风，过槽线后转为右侧风，而且槽区由于气流切变常有乱流，使飞机发生颠簸。

2. 切变线

切变线是具有气旋式切变的风场不连续线。它的两侧风向、风速有明显差别，但温度没有多大差异。根据流场形式，切变线大致可分三种类型，如图 4.31 所示。第一种由偏北风与西南风构成，性质与冷锋相似，一般自北向南移动（a 图）；第二种由东南风与西南风构成，性质与暖锋相似，一般由南向北移动（b 图）；第三种由偏东风与偏西风构成，性质与准静止锋相似，很少移动（c 图）。

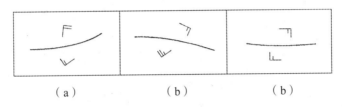

| （a） | （b） | （b） |

图 4.31　不同形式的切变线

切变线常见于 700 hPa 或 850 hPa 等压面，即中低空，可以有也可以没有锋区与之配合，但在切变线的南或东南侧常伴有静止锋或冷锋。切变线近于东西向，两侧的空气相向流动，气流水平辐合较强，有利于上升运动。且南侧西南气流水汽充沛，故常形成阴雨天气。切变线也常与冷锋、暖锋、静止锋相配合，带来比较严重的天气。切变线一般可维持 3～5 天，长则可达 10 天以上。冬季多为连续性降水，雨量小，但雨区较宽。夏季常出现雷阵雨，雨区较窄但雨量常达到暴雨程度。

切变线带来的云雨和不稳定天气，对飞行有很大影响。横穿切变线飞行遇到的天气与槽线相似，除阴雨天气外，也会遇到风向、风速的变化和飞机颠簸。

切变线反映的是水平流场的特征，槽线则是反映水平气压场的特征，两者是分别从流场和气压场来定义的不同天气系统，但因为风场与气压场相互适应，二者也有一定联系。槽线两侧风向必定也有明显的气旋性切变，切变线也常产生在两高之间的低压带，但不表现为低压槽的形式。

活动于我国的切变线，主要有高原西部切变线、华南切变线、江淮切变线和华北切变线。后面三条切变线的北侧为西风带的高压或高脊，南侧为太平洋副热带高压西伸脊。由于副高位置有季节性变化，切变线的活动地区也随季节变化，春季和秋季活动于华南地区，春末夏初活动于江淮地区，盛夏活动于华北地区。江淮切变线常与锋面相结合，是造成江淮流域夏半年降水，特别是暴雨的重要天气系统，如图 4.32 所示。

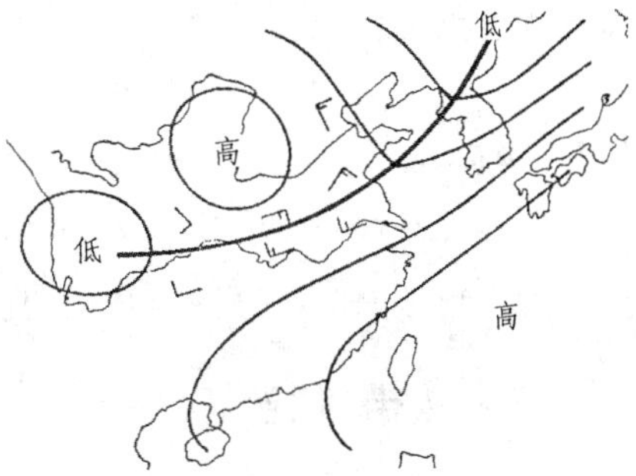

四、热带辐合带

1. 热带辐合带概况

热带辐合带也称为赤道辐合带，是南北半球两个副热带高压之间气压最低、信风气流汇

图 4.32　江淮切变线实例

合的地带。它是热带地区主要的、持久的大型天气系统，呈东西向分布。在卫星云图上常可看到热带辐合带是一条狭长的近于连续的对流云带（见附图 51）。在辐合带内，高层气流以辐散为主，低层气流以辐合为主。在天气图上，常用红色双粗实线表示热带辐合带。

热带辐合带的位置随副热带高压的季节性移动而有变化。就全球平均状况而言，冬季位置偏南（1 月份在 5 °S 附近），夏季位置偏北（7 月份在 12 ~ 15 °N）。在广阔的洋面上，热带辐合带随季节的变化较小，经常处在赤道附近，但在近大陆地区则有很大的位移。在我国东南沿海到中南半岛一带，热带辐合带的位置夏季可达北纬 25°，冬季则位于南纬 10°左右，南、北相差达 35 个纬距，如图 4.33 所示。

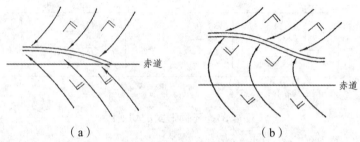

（a）　　　　　　　　　　　　（b）

图 4.33　热带辐合带

2. 热带辐合带的天气

副热带高压的空气由信风输送给热带辐合带，在北半球为东北风，在南半球为东南风。由于赤道周围的风的活动有相当的不同，因而形成了三种不同的天气。

（1）大多数情况下，副热带反气旋赤道一侧的气压梯度都较小，信风产生的气流辐合不是很强，在热带辐合带辐合较弱的地区，海面上天气比较平静，通常称为赤道无风带。当你由北朝南穿过较弱的辐合带时你将仅仅会遇到个别的积云，其中有些有阵雨和不太强的风。

（2）如果有足够的气压梯度产生稳定的从副热带来的辐合信风，形成比较活跃的热带辐合带，在条件性不稳定大气中，海面上出现了另一种天气状况，积状云将会迅速生成，积云和积雨云带的宽度约为 500 km，云顶高度可达对流层顶。

（3）在热带辐合带中还会出现的另一种天气状况是热带锋（intertropical front），它由潮湿的海洋气流与大陆上的干热气流相遇而形成。大陆气团的高温空气覆盖在潮湿的海洋性信风之上，转向的信风的垂直厚度增大，引起对流形成积状云。在离海岸线一定距离的地方，云变成高耸的塔状积云，飞行时将会有颠簸。这里积云和积雨云刺破锋面，产生大阵雨、雷暴和冰雹。

因此，在热带辐合带影响的地区，好坏天气并存，但在气流辐合较强的地区，不仅雷暴云范围大，而且特别强烈，在飞行中要特别注意。

五、热带气旋

热带气旋是形成于热带海洋上的强大而深厚的气旋性涡旋，成熟的热带气旋是一种非常壮观但又极具破坏性的风暴，它带来的是猛烈的狂风、高大的雷暴云和倾盆大雨。在夏、秋季节是我国沿海地区主要的灾害性天气。

1. 热带气旋的分类

从 1989 年 1 月 1 日起，我国统一使用国际规定的热带气旋名称和等级标准，把热带气旋按强度分为以下四类：

（1）热带低压：底层中心附近最大平均风速 10.8～17.1 m/s，也即风力为 6～7 级。

（2）热带风暴：底层中心附近最大平均风速 17.2～24.4 m/s，也即风力 8～9 级。

（3）强热带风暴：底层中心附近最大平均风速 24.5～32.6 m/s，也即风力 10～11 级。

（4）台风：底层中心附近最大平均风速 32.7～41.4 m/s，也即风力 12～13 级。

（5）强台风：底层中心附近最大平均风速 41.5～50.9 m/s，也即风力 14～15 级。

（6）超强台风：底层中心附近最大平均风速 ≥51.0 m/s，也即风力 16 级或以上。

"台风"一词起源于中国，它指的是生成于西北太平洋和中国南海上的强热带风暴；加勒比海地区把热带风暴称为"飓风"，这些风暴发源于热带并向西北移动，进入墨西哥湾并最终登上北美大陆；"旋风"通常用来表示形成于印度洋和澳大利亚北部及西部海面上的热带风暴；靠近墨西哥海岸的太平洋上的热带风暴被叫做"可尔多那左风"。

2. 热带风暴的形成

形成热带风暴的两个必要条件是温度和湿度，这就是为什么热带风暴只形成于热带地区的原因。热带风暴通常起源于热带辐合带边缘，这里水面温度高于 27 ℃，多发生于夏末秋初，这时是陆地对流活动达到顶峰，雷暴容易发生的时候。这些雷暴移向海洋，海洋上由于长时间的加热温度很高，当深对流发展时，辐合气流被吸入云的中心。高的水面温度促进着这些对流活动，提供水汽，在水汽的凝结过程中释放潜热并保持不稳定性。

初始的偏转是由科氏力引起的，这使得辐合气流在北半球向右偏。由于赤道地区科氏力太小，所以形成热带风暴的最佳条件是水面温度高于 27 ℃和纬度大于 10°，以便有足够的科氏力。辐合气流在云体边沿时旋转速率较慢，但当它接近中心时，旋转加剧，湿热空气以螺旋状旋向低压中心的"眼"。在台风中心，极大的气压梯度力与离心力之间达到了新的平衡。在低压中心，对流层上部的空气开始下沉，由于绝热增温，台风"眼"中无云且空气温度较高。

随着不断的热量和水汽供应，旋转将会继续，使得这种涡旋的范围达到几百千米。

全球每年产生的热带气旋中，达到热带风暴以上的约有 80 个，主要发生在 8 个海区，其中北半球有北太平洋西部和东部、北大西洋西部、孟加拉湾和阿拉伯海等 5 个海区，而南半球有南太平洋西部、南印度洋东部和西部 3 个海区。其中以北太平洋西部最多，平均 30 个，约占 38%（见图 4.34）。西北太平洋台风的源地又分为 3 个相对集中区域：菲律宾以东洋面、关岛附近洋面和南海中部。在南海形成的台风，对我国华南一带影响重大。

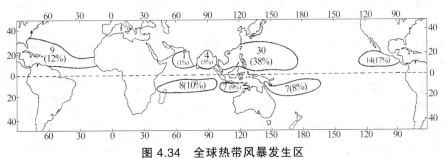

图 4.34　全球热带风暴发生区

3. 热带风暴的移动

无论是在南半球还是北半球，热带风暴都随着季风以每小时 15～30 km 的速度向西移动，然后离开赤道。经过热带的暖水面，这种运动的力量会渐渐增强。

北太平洋西部台风在源地生成后，其移动路径大致可分为三条（见图 4.35）：

图 4.35 北太平洋西部台风移动路径示意图

（1）西移路径。台风从菲律宾以东一直向偏西方向移动，经南海在华南沿海、海南岛和越南一带登陆。它对我国华南沿海地区影响较大。

（2）西北路径。台风以菲律宾以东向西北偏西方向移动，在我国台湾、福建一带登陆；或从菲律宾以东向西北方向移动，穿过流球群岛，在江浙一带登陆，消失在我国。它对我国华东地区影响最大。

（3）转向路径。台风从菲律宾以东向西北方向移动，到达我国东部海面或在我国沿海地区登陆，然后向东北方向移去，路径呈抛物线状。它对我国东部沿海地面及日本影响很大。

台风移动速度平均为 15～30 km/h，转向后要比转向前移速快一些，转向时移速较慢，在停滞、打转时移速最慢。

台风一旦登陆其寿命就不长了，沿海地区会受到最大的冲击。但是如果离开了提供能量的暖海面，台风强度将会减弱并逐渐消散，有的在中纬度地区变成一个普通的低压。

4. 热带风暴的结构和天气

（1）气流结构。热带风暴内的气流基本上是绕中心高速旋转的，在垂直方向上可分为低空流入层（高度约在 1 km 以下）、高空流出层（高度约在 10 km 以上）和上升气流层（高度约在 1～10 km）三个层次（见图 4.36）。

低空气流一边旋转，一边向内辐合上升，带入大量水汽。到接近中心的区域，形成强烈上升气流。上升气流到达高空后便向四周散开，于是在高空形成流出层，此时，高层空气又来填补，于是便在风暴中心形成下降气流。台风中心的下降气流区称为"台风

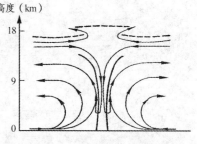

图 4.36 台风气流示意图

眼"，眼区云层消散，仅在低空残留少量低云，其半径通常从几千米到几十千米。

（2）台风云系。相应于上述气流，由于水汽充沛，就形成如图4.37的台风云系。在靠近"中心眼"的周围，由于强烈上升气流而生成高大云墙，组成云墙的积雨云顶高可达 19 km 左右。台风中最大风速出现在云墙的内侧，最大暴雨出现在云墙中，所以云墙区是台风内天气最恶劣、破坏性最大的区域。云墙外围则是螺旋状云带，由发展旺盛的积云构成，下面伴随阵性大雨和大风；在螺旋状云带之间的区域，是浓厚的层状云，螺旋状云带和层状云的外围下面是积状云或其他低云，上面有卷云和卷层云。

图 4.37　台风云系

（3）台风的天气。台风区内水汽充沛，上升气流强，当它登陆时，常常给沿海地区带来特大暴雨，最大降水集中在台风眼周围的云墙、螺旋状云带附近。在一次台风登陆时，台湾新寮曾测得日最大降水量为 1 672 mm。另外，台风中心附近风力极强，所经之处，常常造成风灾。台风的大风区中，海浪都高达 5 m 以上，中心附近浪高十几米，常常造成风暴潮，带来巨大灾害。除狂风暴雨的作用外，还由于台风中心气压极低，造成很大的压力差，使破坏力增强。如 1970 年 11 月一个孟加拉湾风暴在天文大潮时登陆孟加拉国，风暴潮高达 3 ~ 9 m，死亡 25 万多人。

在台风中心眼内区，通常是云淡风轻的好天气。

综上所述，台风区域天气恶劣，严重威胁着飞行安全。此外，台风带来的狂风暴雨还会损坏停放在地面的飞机和各种设备，甚至使整个机场淹没。

在世界上有台风出没的地区，建立了一套对它的活动进行跟踪和报告的特殊系统，在天气预报中，卫星云图提供的信息最可靠。对于台风的各类恶劣天气条件，机载气象雷达将不能提供完整的画面，必须依靠气象部门提供的最新消息，台风或飓风常常在重要气象情报（SIGMET）中报告。

第六节　天气预报的基本方法

预报天气是气象工作的中心任务。飞行前，飞行人员必须对飞行区域的天气情况进行详细研究，做到心中有数，这就需要有一定的天气预报知识。

天气预报的方法很多，但分析天气图，用天气图和天气系统的理论相结合做预报的方法仍是最基本的方法。近代天气预报方法始于天气图方法，随着最近几十年来计算机技术的提高，气象理论的进步和大气探测技术的完善，天气预报方法已获得了很大进展。除了天气图预报方法日益完善外，又出现了数值天气预报和数值统计预报等方法。综合运用这些方法，是当前气象部门预测天气、保障飞行最基本、最有效的手段。天气预报包括天气形势预报和气象要素预报。

一、天气形势预报

天气形势是指各种天气系统的综合表现，天气形势预报就是对天气系统的生消、移动及强度变化的预报。用天气图作短时和短期天气形势预报的方法，主要有外推法、物理分析法、统计资料法和模式法等。

（一）外推法

从天气图分析中可看出，天气系统的演变有时处于相对稳定阶段，天气系统的发展变化在一定时间间隔内常具有连续性。所以，可以根据最近一段时间天气系统的移动和强度变化情况，顺时外延，预报其未来的位置和强度。这种预报方法称外推法。

如图 4.38 中，24 h 前气旋中心位于点"1"，中心气压为 1 000 hPa，现在气旋中心位于点"2"，中心气压为 995 hPa。由图可见，过去 24 h 气旋中心移动了 S_1 距离，气压降低了 5 hPa，因为它的移动速度和强度是不随时间改变的，所以可以预报出再经过 24 h 后气旋中心将到达点"3"的位置（由点"2"至点"3"的距离 $S_2 = S_1$）中心气压将降低到 990 hPa。

对于锋线，由于各段锋的移动速度往往不一致，因而必须选几个有代表性的点来外推。如图 4.39 所示，先在 24 h 前的锋线上选出 a_1，a_2，a_3 各点，并以各点作垂线，各垂线与当时的锋线分别交于点 b_1，b_2，b_3；然后，将 a_1b_1，a_2b_2，a_3b_3，分别顺延至 c_1，c_2，c_3（使 $b_1c_1 = a_1b_1$，$b_2c_2 = a_2b_2$，$b_3c_3 = a_3b_3$），最后把 c_1，c_2，c_3 连接起来，就是 24 h 后的锋线位置了。在天气分析实践中，为便于连续观察天气系统的演变，常用黄色实线在天气图上标出各天气系统的过去位置，有的还注明其强度。

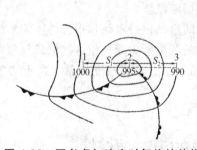

图 4.38　不考虑加速度时气旋的外推

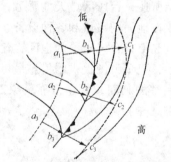

图 4.39　不考虑加速度时冷锋的外推

如果移动速度和方向都在变化，外推就要复杂一些，但也不难根据其"加速度"来外推。例如：某日北京西北部蒙古有一冷锋向东南移动，从 02 时到 08 时速度为 60 m/s，08 时到 14 时速度为 50 km/h，14 时冷锋距北京还有 250 km，根据冷锋移动减速，未来 6 h 移动速度约为 40 km/h，则预报冷锋将于 19 时到 20 时过北京。

当大气运动处于相对稳定的状态时，天气系统的运动速度和强度变化通常是渐进的，且具有连续性，所以用外推法做预报是比较有效的。但当大气处于显著变动状态时，天气系统的运动速度和强度就会发生剧烈变化，就不能再简单地应用外推法来做预报，而必须结合其他方法分析判断。一般来说，外推法时间越短效果越好。

（二）物理分析法

天气系统生消、移动和强度变化都有它自身的物理原因。根据引起天气系统变化的物理因素来做天气形势预报的方法，叫物理分析法。它是利用物理分析法理论，得出若干条预报规则应用于形势预报的。我们可以进行一些定性分析，大致判断天气系统的变化趋势。下面只介绍几个常用的结论。

1. 温度平流对高空系统的影响

温度变化是引起气压变化的因素之一，根据研究，一般情况下，在高空（600 hPa 以上高度），冷平流引起减压，暖平流引起加压，故可根据冷暖平流来判断高空槽脊的强度变化。

（1）如槽后或槽线上有冷平流，槽将发展，有暖平流则减弱，如图 4.40（a）、（b）所示。

（2）如脊后或脊线上有暖平流，脊将加强，有冷平流则减弱，图 4.40（c）、（d）所示。

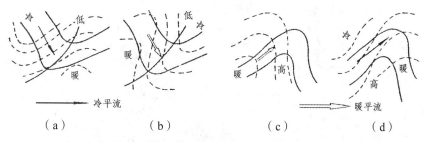

|（a）|（b）|（c）|（d）|

图 4.40　冷暖平流与槽脊强度的变化

2. 引导气流规则

根据对浅薄气旋和反气旋移动的物理机制的研究，得到如下规则：浅薄气旋和反气旋的移动方向和它上空 700 hPa 或 500 hPa 等压面上的气流方向大体一致，移动速度与气流速度成比例，这就是引导气流规则。其上空 700 hPa 和 500 hPa 的气流称为引导气流。根据统计，浅薄气旋和反气旋的移动速度一般为 700 hPa 风速的 85% ~ 100%，为 500 hPa 风速的 50% ~ 70%。

如图 4.41 所示，地面图上有一浅薄气旋，在 700 hPa 上空为西南风，风速 14 m/s。由引导气流规则可以推断，气旋将向东北方向移动，如果取引导系数为 0.85，则 12 h 内气旋将向东北方向移动 $14 \times 3.6 \times 0.85 \times 12 \approx 500$（km）。

由于影响系统移动的因素很多，常会出现一些偏差，如引导气流的变化、地形的影响等，在运用中也应加以考虑。一般冬季用 700 hPa 较好，夏季用 500 hPa 较好。

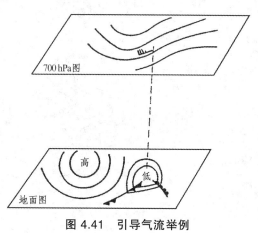

图 4.41　引导气流举例

（三）统计资料法

统计资料法就是对大量的历史气象资料进行基本的数理统计分析，得出一些可供预报参考的规律和数据。

例如，各地可根据当地的历史资料，统计各种天气系统在不同季节的平均移动速度、出现频率等，也可以统计各种天气系统生消和强度变化的某些指标。由于各地的情况不尽相同，当地气象台站一般都有这样的资料。飞行人员可以根据需要，选择了解一些与飞行关系密切的资料。

（四）模式法（相似形势法）

尽管从每日天气图上看到的天气形势，没有完全相同的，但如果忽略其细小的差别，有些天气形势和演变过程是基本相似的。这样，就可以把这些相似的天气形势和演变过程归纳成一些典型的模式。在天气形势预报中，如果发现当时的天气形势与某种模式相似，就可参照模式后期的演变情况，预报天气形势的变化，这种方法就叫模式法或相似形势法。

图 4.42 是应用相似形势法作天气形势预报的示意图，其中（a），（b），（c）为某种"模式"的天气形势连续演变情况，（a'），（b'）为现在的天气形势连续演变情况。由图可见，（a'），（b'）分别与（a），（b）相似，根据相似形势法，我们可以进而推断出在未来期间将会出现与（c）相似的天气形势，即如（c'）所示的情况。

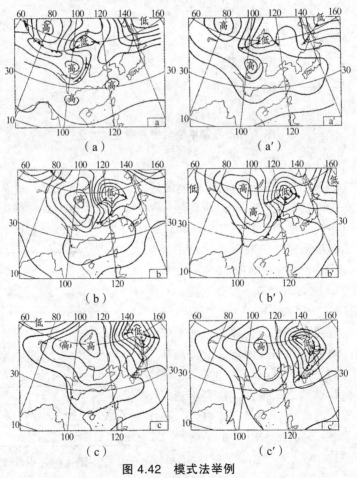

图 4.42　模式法举例

上述四种方法各有特点。① 外推法简便易行，在作短时、短期预报时效果较好，但它没有考虑天气系统变化的物理因素，时间长了或系统变化显著就会出现很大误差。② 物理分析法从物理因素考虑，虽然比较理想，但由于引起天气系统变化的物理因素十分复杂，现在在理论和实践预报方面都尚不完善，不能满足天气形势预报的要求。③ 统计资料法和模式法以客观资料为依据，在某些问题上能满足定量要求，其不足之处是没有充分考虑当时的具体情况和天气系统演变的原因，也难免出现偏差。因此，在实际工作中，常常需要多种方法配合，取长补短，才能提高预报的准确性。

二、影响飞机起落的恶劣天气形势分析

飞机起飞与着陆是飞行的重要阶段，在整个飞行过程中，以起飞、着陆阶段受气象条件的影响最为突出，航空史上的空难事件大多发生在起飞、着陆阶段。地面大风、低能见度现象和低云都是严重影响飞机起落的恶劣天气，在此着重介绍产生它们的天气形势。

（一）产生地面大风的天气形势

根据天气分析实践，地面大风是在某些特定的天气形势下出现的。我国常见的大风有冷锋后偏北大风、高压后部的偏南大风、低压发展时的大风以及热带风暴大风等。这里只介绍前三种大风产生的天气形势，热带风暴、雷暴大风在有关章节中介绍。

1. 冷锋后的偏北大风

如图 4.43 所示，冷锋后偏北大风常出现在冷锋后的冷高压前沿等压线密集的地方，这是我国常见的一种大风形势。偏北大风主要出现在我国北方，特别是春季。由于春季土壤表面干燥，大风常常造成风沙天气。这类大风的实质是锋后有强烈的冷空气活动，使冷高压与锋面前的低压间的气压梯度增大，因而产生大风。偏北大风的大小，主要由锋后冷空气强弱所决定。另一方面，地面大风与空中有强烈的冷平流也有密切关系。空中冷平流一方面使低层气压梯度加大，另一方面又使气层趋于不稳定，有利于大气中的动量下传，使地面风速增大。在地面天气图上，在一般情况下，锋前为负变压，锋后为正变压。锋后正变压中心值与锋前负变压中心值相差越大，大风发生的概率或风力也越大。一般如锋前后变压中心值相差 7 hPa 以上时（长江以南地区，相差 5 ~ 6 hPa 即可），则在冷锋经过后常有大风出现。

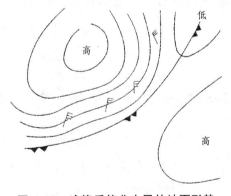

图 4.43　冷锋后偏北大风的地面形势

2. 高压后部偏南大风

这种大风多在春季出现，以我国东北、华北、华东等地区最为常见。当地面高压系统稳定加强，其后与之相邻的低压系统也在发展加深之中，在高低系统之间，随着气压梯度增大，就会出现偏南大风。我国常见的出现偏南大风的气压场形势，多是"南高北低"或"东高西低"的形势。当东北低压发展加深，东部海上高压较强时，即形成"南高北低"型（见图 4.44），可在我国东北地区南部出现西南大风。当冷高压变性入海后，在我国东部海面加强或少动，

同时，在其西面有低压东移并不断加深，高低压之间气压梯度增大，即可形成"东高西低"型，在我国沿海地区产生偏南大风，如图4.45所示。

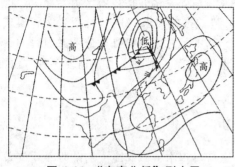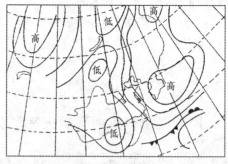

图4.44 "南高北低"型大风　　　　图4.45 "东高西低"型大风

高压后部偏南大风有明显的日变化，通常中午前后风速最大，傍晚逐渐减弱；如果形势变化不大，大风可在一个地区持续好几天。

3. 低压发展时的大风

在低压发展加深时，气压梯度增大可以产生大风，大风一般在低压周围气压梯度最大地区出现。在我国，以东北低压、江淮气旋、东海气旋发展加深时产生的大风最为常见。这种低压大风一年四季都有，但春季最多。

东北低压大风的范围广，可影响东北地区和内蒙古一带；风力较强，一般可达6～8级，有明显的日变化。如果低压连日无大变化，大风可以持续三天左右。

江淮气旋和东海气旋大风，主要在气旋入海后出现。因海上摩擦力小，故易出现6级以上的大风。在气旋的东部为较强的东南风和南风，西部为偏北和西北大风。大风的范围一般没有东北低压大风的范围大，持续时间也不长，但对飞行影响很大。

（二）形成雾和低云的天气形势

低能见度现象和低云是影响飞机起落最重要的两个因素，起飞着陆时的最低气象标准就是以能见度和云高为基本条件的。低能见度现象的种类很多，但出现最普遍、对起落影响最大的是雾。影响飞机起落的低云主要是指云高度300 m以下的层云、碎层云、碎积云和碎雨云。

根据我国的情况，有利于形成雾和低云的天气形势，主要有以下三种：

1. 地面为弱高压（或脊）、鞍型场或均压区

在这种形势之下，一般气压梯度小、风力弱、云量少，有利于晚上辐射冷却，使近地层空气达到饱和状态。如果气层稳定，乱流弱，就可以形成辐射雾。如果加上某些条件，如空中有冷平流或地面升温及其他动力原因使辐射逆温破坏，乱流加强，就可以形成低云。这种低云多为层云、碎层云或碎积云，由于主要由乱流形成，所以又叫扰动低云。

2. 我国沿海地区处于东高西低的天气形势

（1）入海变性冷高压西部的平流雾和平流低云。冷高压入海后，沿海地面一般吹东风或东南风，海面上的暖湿空气流向较冷陆地（或海面），经乱流混合形成雾和低云，称平流雾和平流低云。这种平流雾或平流低云多见于春季，一般出现在海陆交界区。冷高压入海后，在

其西部能否形成平流雾或低云，主要取决于系统的厚度和在海上停留变性的时间。一般说来，如系统越厚变性越大，就越有利于系统的西部区域形成平流雾和平流低云。

（2）副高西部的平流雾和平流低云。初夏时节，副热带高压脊向西北伸展，如果其西缘正好伸至我国沿海地区，则有利于沿海地区出现平流雾。由于副高脊是暖性深厚系统，维持时间较长，所以受平流雾和低云影响的范围广，平流雾厚度大，而且持续时间长，短则 1~2 天，长则 5~6 天或超过 6 天。我国沿海地区的机场，受平流雾和平流低云的危害很大。

3. 锋面活动区域

锋面也是常出现雾和低云的天气形势之一。锋面雾多出现在暖锋和准静止锋的地面锋线的两侧。冷气团一侧主要由锋面云系降水蒸发，使冷气团近地层湿度增大而形成；暖气团一侧则主要由于暖湿空气流到原冷气团控制的地区，经冷却而形成（与平流雾相似）。锋面低云多出现在各种锋面下部的冷气团中，主要由锋面降水蒸发，在乱流的作用下形成。一般来说，降水强度和水平范围越大，持续的时间越长，产生的低云就越多，高度也越低。这种低云一般为碎雨云，在降水停止后，转变为碎层云或碎积云，或很快消散。

这种雾和低云是阴雨天气条件下产生的，也可称为雨雾和降水性低云。除常见锋面天气形成外，其他具有锋面性质的阴雨天气系统（如气旋、槽线、切变线），在一定的条件下，也可出现类似的雾和低云。

三、气象要素预报

气象要素预报是指对未来某时段内的风、云、能见度、气温、降水等各种气象要素的预报。天气预报通常即指气象要素预报。航空上的预报即是短时气象要素预报，其特点是对风、云、能见度及某些对飞行影响很大的天气现象预报的精度要求很高，时间也要求很准。

要做好气象预报首先作出未来的天气形势预报，然后应用天气学原理进行物理分析，结合预报区的自然地理条件特点及气象要素的变化规律，判断在该天气形势下该地区最可能出现的天气。一般来说天气形势预报报得准，气象要素才能预报准确。

下面仅就主要使用天气图做气象要素预报的方法作简要介绍。

1. 基本思路

使用天气图作气象要素预报的基本思路是：在做好天气形势预报的基础上，结合本地区的自然地理条件，参考已出现的气象要素实况，并考虑各种气象要素的日变化规律，最后确定预报期限内各种气象要素的演变情况。

（1）作好天气形势预报，确定未来影响本地区的天气系统。一般来说，如果地面图和各等压面图上，未来都受阴雨天气系统影响，则未来天气是转坏的；反之，若都为高压（脊）控制，则天气是转好的。如果各层的情况不一致，就需要进行比较详细的分析，确定起主导作用的因素。根据各种天气系统当时的天气表现，并考虑它们在移动过程中的变化，就可以大致确定本地区未来可能出现的天气。

（2）总趋势确定后，再考虑本地的自然地理条件。自然地理条件主要包括气温、温度、稳定度和地形等。在前面已经指出，即使同一种天气系统，这些条件不同，产生的天气也是不同的。各地的自然地理条件因素，称为地方性因素。一般来说，天气系统越弱，这种地方性因素的影响就越明显。例如，夏天常常出现的局地性雷雨，一般就是在弱的天气系统影响之下，由于局地热力对流或动力（地形）对流而形成的。

（3）参考近期内本站及其附近各地气象要素的演变。因为天气演变具有一定的连续性，了解近期的实况演变，可以从中发现未来气象变化的征兆，使要素预报更加准确。

（4）考虑各气象要素的日变化规律。许多气象要素都有日变化，各气象要素的日变化又互相影响。一般来讲，气温的日变化起主导作用，但气温的日变化又与云层的多少、厚薄有关。在阴雨天气条件下，日变化常常不明显；天气晴朗时，日变化就比较明显。

2. 举 例

根据某年 3 月 25 日 08 时以前天气图及实况资料，预报徐州地区的天气。

首先考虑天气形势，图 4.46 是 3 月 25 日 02 时的地面图，图 4.47 是 3 月 24 日 20 时 700 hPa 等压面图。在地面天气图上，徐州地区处于冷锋后蒙古冷高压前缘。700 hPa 图上徐州受脊前西北气流影响。从趋势上看，地面冷高压继续向东南移动，700 hPa 高压脊向东移动，徐州地区将继续受高压前缘和高脊的影响。

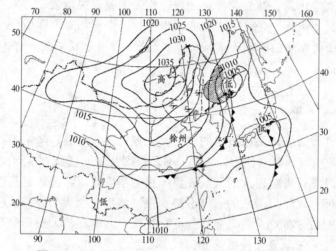

图 4.46 3 月 25 日 02 时（北京时）地面天气图

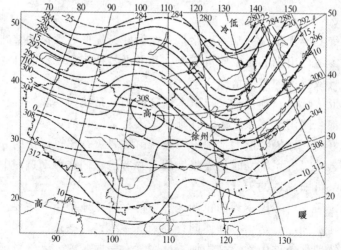

图 4.47 3 月 24 日 20 时（北京时）700hPa 图

由于以上天气形势，云雨天气基本上已过，主要是冷高压前缘还有一片大风和风沙天气。大风和风沙能否影响到徐州，什么时间影响，就是气象要素预报的关键。从天气形势上看显然是有利于大风天气的产生，因为冷高压前有明显的偏北气流。从徐州地区自然地理条件看，徐州正当高压南下要冲，时值春天，土质干松，也有利于大风和风沙的出现。

再看徐州及其北部几个站的天气实况演变。如表4.9所示，济南、流亭、潍县都在06~07时出现大风和风沙。这些地点离徐州约270 km，当时的风速估计约50~60 km/h（比近地层风稍大），可推知大风和风沙4~5 h后可影响徐州。此时正是徐州白天乱流加强的时候，有利于大风和风沙的出现。

表4.9　天气实况

实况\地点＼时间	05	06	07	08
济南				
流亭				
潍县				
徐州				

后来的实况证明上述推断是正确的，徐州于10时41分开始出现大风和风沙，能见度十分恶劣。

以上介绍了用天气图作预报的方法和思路。从中也可看出，用天气图分析和预报的主要是大尺度的天气系统。因为天气图中等压线和等高线是按地转风法则来分析的，而对于大尺度的天气系统来说，地转风法则是成立的。所以，除去中、小尺度的天气系统外，用天气图来分析、预报是合理的。但是那些伴有强烈天气现象，对飞行严重影响的气象条件，亦即所谓恶劣天气几乎都是由中小、尺度天气系统带来的。航空天气预报要求及时、准确，除了一般天气预报特点和预报大的天气系统外，还应注重分析预报中小尺度天气系统。为了弥补天气图这一缺点，其他大气探测手段，如气象卫星、气象雷达等在天气分析和短时天气预报中就显得越来越重要。

本章小结

1. 天气分析是航空气象保障工作的基础，地面天气图的分析尤为重要。地面天气图描绘出海平面气压场的分布形势、锋线及天气区的分布和气压变化趋势，认真分析地面天气图，可以看出航线经过区域的天气系统、天空状况、有无危险天气等，并可对短时间的天气进行大概估计。

2. 空中等压面图反映了不同等压面上的气压、温度和风的水平分布状况，显示了高空天气系统及其热力结构。结合飞行高度参考相应的等压面图，可了解航线上的风、温度和气压变化，并对航线将穿越的空中天气系统做到心中有数。

3. 温度-对数压力图能反映某一探空站各高度上的温度分布、水汽条件和风随高度的变化情况。对温度-对数压力图的分析，可以大致判断云层的垂直分布，大气的稳定性和不稳定能量，它对判断对流是否发展及云层厚度很有帮助。

4. 气团和锋是天气分析上的两个重要概念，不同气团有不同的天气特征，锋是冷暖气团的交界区，锋的两侧气象要素有剧烈的变化。根据锋的移动情况将锋分为冷锋、暖锋、准静止锋和锢囚锋。其中急行冷锋最易产生危险天气。当气团潮湿而不稳定时，空气将有较强的垂直运动和乱流，带来较剧烈的锋面天气。低云、雾和大风也是常见的锋面天气。

5. 气旋和反气旋是空气的大型涡旋，它们的旋转方向相反。气旋常与锋面相结合，带来复杂的阴雨天气。对我国天气影响较大的气旋有东北气旋、江淮气旋、东北低涡和西南涡等，它们常造成阴雨天气，有时还有雷雨，给飞行带来影响。反气旋内一般是晴好天气，由于反气旋范围很大，又有冷暖性之分，所以不同反气旋的天气差异较大。对我国影响最大的反气旋是蒙古冷高压和太平洋副热带高压。

6. 槽线和切变线是空中等压面上常见的天气系统，槽线反映空中气压场的特征，而切变线反映的是水平流场的特征。它们常与地面的天气系统相配合，带来云雨和不稳定天气，对飞行有一定影响。

7. 热带辐合带和热带气旋是热带地区主要的天气系统。在热带辐合带影响的地区，一般好坏天气并存，在强烈辐合的地区，有连绵的较宽的雷暴云带，天气十分剧烈。热带风暴是地球上威力最大的天气系统，在它所经过的地方，除了狂风暴雨，还有巨浪海啸，不仅给飞行带来巨大损失，还会造成严重灾害。

思 考 题

1. 翻译下图中各站的气象要素，并说明对本场飞行的影响。

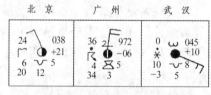

北 京　　广 州　　武 汉

题 1 图

2. 地面天气图有哪些分析项目？天气区是怎样表示的？

3. 起飞前，飞行人员可以从地面天气图上获得哪些有用的信息？

4. 常用的等压面图有哪些？它们对应的海拔高度是多少？

5. 起飞前，飞行人员可以从空中等压面图上获得哪些有用的信息？

6. 说明温度-对数压力图上的层结曲线、露点曲线和状态曲线的意义和作用。

7. 怎样利用温度-对数压力图来判断大气的稳定性？

8. 锋面两侧的温度和风的分布有何特征？

9. 决定锋面天气的基本因素有哪些？

10. 准静止锋的天气与暖锋有何异同？对飞行有何影响？

11. 影响我国的气团主要有哪些？它们会造成什么天气？

12. 东北气旋和江淮气旋的一般天气如何？

13. 西南涡是怎样形成的？它的天气怎样？

14. 北太平洋副热带高压有什么季节性变化？对我国的天气有何影响？

15. 什么是槽线？切变线？两者有何异同点？

16. 什么是热带辐合带？它有什么季节性变化？其一般天气如何？

17. 什么是热带锋？它有什么样的天气？

18. 什么是热带云团？它的主要类型有哪些？

19. 热带气旋分为哪几个等级？各级的最大风速如何？

20. 形成热带风暴的条件是什么？它是怎样形成的？

21. 西太平洋台风主要生成地区及移动路径有哪些？对我国的影响怎样？

22. 台风内部气流形成是怎样的？其云系分布如何？

23. 台风有哪些危害？

24. 什么叫天气形势预报？天气形势预报主要有哪几种方法？各有何优缺点？

25. 做气象要素预报的思路是什么？

26. 在等压面图上，如何根据冷暖平流来判断槽、脊强度的变化？

27. 什么叫引导气流规则？

28. 如果地面有一浅薄气旋，其上空 700 hPa 等压面上的风向为西北风，风速为 12 m/s，引导系数为 90%，求该气旋未来的移动方向和 12 h 内移动的距离。

29. 我国产生地面大风的天气形势主要有哪些？

30. 我国产生雾和低云的天气形势主要有哪几种？

第五章　雷暴及其他对流性天气

在大气不稳定和有冲击力的条件下，大气中就会出现对流运动，在水汽比较充分的地区，就会出现对流云；这些云垂直向上发展，顶部凸起，我们称之为积状云，积状云是大气中对流运动的标志。

当对流运动强烈发展的时候，就会出现积雨云。积雨云是一种伴随雷电现象的中小尺度对流性天气系统，它具有水平尺度小和生命期短的特点，但它带来的天气却十分恶劣，由于它常伴有雷电现象，所以积雨云又称为雷暴云。雷暴是一种严重威胁飞行安全的天气，在各种对流性天气中，我们首先介绍雷暴。

第一节　雷暴的结构和天气

由对流旺盛的积雨云引起的，伴有闪电雷鸣的局地风暴，称为雷暴。它是积雨云强烈发展的标志。在雷暴区，除雷电现象外，还有强烈的湍流、积冰、阵雨和大风，有时还有冰雹、龙卷和下击暴流，这些都会严重危及飞行安全。

据统计，全球每天约有 44 000 个雷暴发生，而在任意时刻都有 2 000～4 000 个雷暴在活动，其影响面积占全球面积的 1%。在有些地区，如在热带，一年四季雷暴活动频繁，太平洋上的爪哇岛是世界上雷暴最多的地方，每三天中就有两天有雷暴。在温带地区，雷暴在夏季和秋初一段时间内经常出现，夏季极地也会产生雷暴。现代民航运输，一年四季都在进行，航线遍及各大洲，每次飞行都有可能受到雷暴的影响。为了保证飞行安全，民航飞行人员必须具备足够的有关雷暴的知识。

一、雷暴的形成条件

雷暴是由强烈发展的积雨云产生的，形成强烈的积雨云需要有如下三个条件：① 深厚而明显的不稳定气层；② 充沛的水汽；③ 足够的冲击力。

雷暴是一种强烈的对流性天气，深厚而明显的不稳定气层具有大量的不稳定能量，为强烈对流的发展提供了充足的能源。充沛的水汽，一方面是形成庞大的积雨云体，兴雨降雹的物质基础；另一方面，水汽凝结时释放出的潜热也是能量的重要来源。雷鸣、闪电及强风所需的能量都是从云中水汽凝结时释放的潜热中得到的，所以在某种意义上，雷暴是自我发展的：产生的降水越多，被释放到雷暴中的能量也越多。但大气中不稳定能量和水汽的存在，只具备了发生雷暴的可能性，要使可能变为现实，还需要有促使空气上升到达自由对流高度以上的冲击力，这样，不稳定能量才能释放出来，上升气流才能猛烈地发展，形成雷暴云。

大气中的冲击力有：地表受热不均、地形抬升、锋面、气旋、槽线、低涡等天气系统所引起的辐合上升运动等。

产生雷暴的三个条件，在不同情况下有不同侧重。在潮湿的不稳定气团中，能否形成雷暴主要看有没有足够的冲击力；在山区，抬升作用经常存在，是否有雷暴产生就主要看有没有暖湿不稳定气层。

在夏季，发生雷暴之前常常使人感到十分闷热，这说明大气低层气温高、层结不稳定、水汽含量大，这时，如果有冲击力的作用，就可以产生雷暴。

二、一般雷暴的结构和天气

雷暴的结构和天气实际上是指雷暴云的结构和天气，雷暴云根据其结构的不同可分为一般雷暴和强烈雷暴。

（一）一般雷暴单体的生命史

构成雷暴云的每一个积雨云称为雷暴单体。雷暴单体是一个对流单元，它是构成雷暴云的基本单位。由一个或数个雷暴单体构成的雷暴云，其强度仅达一般程度，这就是一般雷暴。

根据垂直气流状况，雷暴单体的生命史可分为三个阶段，即积云阶段、积雨云阶段和消散阶段，如图 5.1 所示。

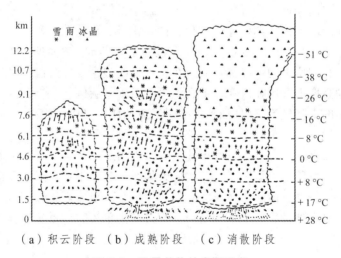

（a）积云阶段　（b）成熟阶段　（c）消散阶段

图 5.1　雷暴单体的发展阶段

1. 积云阶段

积云阶段，又称发展阶段，即从形成淡积云到发展成浓积云的阶段，如图 5.1（a）所示。这个阶段的特征是：

（1）内部都是上升气流，并随着高度的增加而增强，最大上升气流在云的中、上部。云的下部四周有空气辐合进入云中，空气从云底被吸入单体内部，空气中的水汽在逐步凝结的过程中释放潜能，促使上升气流在上升过程中不断加强。

（2）因为大量水汽在云中凝结并释放潜热，所以云中温度高于同高度上四周空气的温度。这个阶段云滴大多由水滴构成，并且一般没有降水和闪电。

2. 积雨云阶段

积雨云阶段即雷暴的成熟阶段，雷暴进入成熟阶段是以强烈的阵风以及它后面紧跟着的降水为标志的。

在积雨云阶段（图 5.1（b）），云顶发展很高，有的可达对流层顶，在高空强风影响下，云顶常成鬃状或砧状。这一阶段的前期，上升气流十分强大，可达 20 m/s，云滴和雨水可能会被带至 0 ℃ 等温线以上好几千米。大量的雪片或雨滴在云的上部积累，最后云滴变得太大，云内的上升气流再也不能支持住它们了，它们便落下而形成降水。云中降水的下冲力，对上升气流产生向下的拉力，迫使部分空气转向下沉，形成下降气流，其速度可达 10 m/s。

成熟阶段是雷暴单体发展最强盛的阶段，其主要特征是：云中除上升气流外，局部出现有系统的下降气流，上升气流区温度比周围高，下降气流区温度比周围低，降水产生并发展。强烈的湍流、积冰、闪电、阵雨和大风等危险天气主要出现在这一阶段。

同时，在云的上部，0 ℃ 等温线以上，云还在继续发展，假如云顶足够高，能达到对流层顶，它将像"铁砧"一样向外扩张。从云砧我们可以判断高空风的走向。

3. 消散阶段

在成熟阶段出现的下降气流在雷暴云下面形成低空外流，从底部切断了上升空气和暖湿空气的来源，当降水增强时上升气流逐渐减弱，从而削弱了云的垂直发展。下降气流遍布云中，雷暴单体就进入消散阶段（图 5.1（c））。这时云中等温线向下凹，云体向水平方向扩展，强降水和云向水平方向发展的综合作用，使云体趋于瓦解和消散，最后只剩下高空残留的云砧或转变为其他性质的云体，如伪卷云、积云性高积云、积云性层积云。

一般雷暴单体的水平尺度为 5~10 km，高度可达 12 km，生命期大约 1 h。

到现在为止，我们所讲的情况都是假设在积雨云的整个发展阶段，气流都保持垂直。然而，假如在云中随高度上升风在改变，那么积雨云云轴将会倾斜，在云内和云外的垂直运动将产生很强的向前的下降气流。这种强烈的下降气流的作用可以在积雨云的底部形成阵风锋，这个阵风锋反过来激发出一个新的雷暴，整个循环又重新开始。

一个普通雷暴云有时只有一个雷暴单体，有时则由几个雷暴单体簇集而成，各个雷暴单体往往处在不同的发展阶段（见图 5.2），它们聚集在一起，不断地形成和消散，从环境中吸取空气。因此，尽管每个单体的生命时间有限，但一个多单体雷暴云作为一个整体来看，却可以存在好几个小时直到最后一个单体消失，不再产生单体时，雷暴过程才算结束。

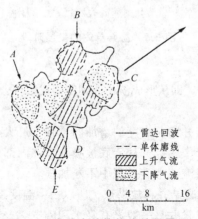

图 5.2　由几个单体构成的雷暴云

（二）一般雷暴过境时的地面天气

雷暴过境时近地面气象要素和天气现象会发生急剧变化，常常给飞机起落造成严重影响，如图 5.3 所示。

1. 气 温

雷暴来临之前，由暖湿不稳定空气控制，地面气温高，湿度大，使人感到闷热。待雷暴来临，一阵强风吹来，气温顷刻就下降了，随降水倾泻下来的冷空气更使气温骤降。这种下降气流在积雨云下形成一堆向四周散开的冷空气，通常叫冷空气丘，它可以扩展到距雷暴中心 20 km、30 km 远的区域，大大超过降水范围。在冷空气丘的范围内都能引起降温，在下降气流区正下方，即雨区中心降温值最大。

2. 气 压

在成熟雷暴移来之前，气压一直是下降的。当雷暴临近时，气压开始上升，冷空气丘到达时开始急升，气压最大值在下降气流中心。当下降气流中心移过后气压又转为急降，在气压廓线上呈现出一个明显的圆顶形气压鼻。

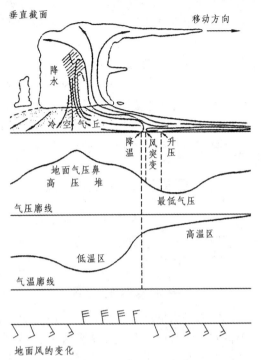

图 5.3　雷暴过境时地面气象要素的变化

3. 风

在积云阶段或雷暴移来之前，一般风速较小，风向是向云区辐合的，为雷暴发展提供上升气流。雷暴云发展到成熟期或成熟的雷暴移来时，风向会突然改变，风速急剧增大，阵风可达 20 m/s 以上。在冷空气中心移过后，风向向相反方向偏转，风力减弱。

4. 阵雨

阵风后，降水就开始了。雷暴降水一般是强度较大的阵雨，通常在雷暴活动时突然发生，往往是先撒下一些稀疏的大雨滴，接着便是滂沱大雨。这些阵雨的持续时间虽短，但会严重影响能见度。降水强度最大区域仍在下降气流中心下方，降水持续时间和单体成熟阶段持续时间大致相同，为 15～20 min，如果有新的单体成熟，则降水又重复出现。

5. 雷 电

雷鸣和电闪只有在云发展得足够高而有冰晶出现时才发生。在雷暴云中，云与地面、云与云间都会出现闪电，如图 5.4 所示。

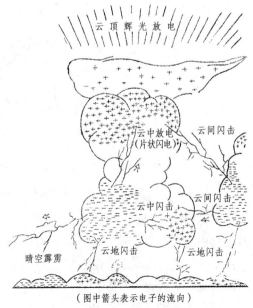

（图中箭头表示电子的流向）

图 5.4　雷暴云中电荷分布及闪电示意图

观测表明，在雷暴云中，云的上部带正电荷，中部和下部带负电荷，云底局部带正电荷。雷暴云中为什么能够积累那么多的电荷并形成有规律的分布呢？一般认为，当云中出现冰晶和过冷水滴相碰撞，过冷水滴冻结及大水滴分裂时，由于温差电效应、冻结电效应和分裂电效应等作用，使云滴之间产生电荷交换，小云滴带正电荷，大云滴带负电荷。雷暴云中的上升气流将小云滴带到云的上部，而较大的云滴则留在云的中下部，所以雷暴云的上部带正电荷，中下部带负电荷。为了中和其间电场，将会产生放电。

在大气中发生闪电，电场强度必须达到 3×10^6 V/m 左右，但在云中及云体附近，电场强度达到 3×10^5 V/m 就会发生闪电。雷电可对飞机、人、畜、建筑物等带来重大危害。

雷暴云可用无线电测向台进行跟踪，其方位是从雷暴中的闪电的方位测得的。

三、强雷暴云的结构和天气

如果大气中存在更强烈的对流性不稳定和强的垂直风切变，就会形成比普通雷暴更强、持续时间更长（几小时至十几小时）、水平尺度更大（几十千米）的强雷暴，其天气表现也剧烈，常伴有冰雹、龙卷等灾害性天气。

（一）强雷暴云的结构

强雷暴云的结构表现为云体内有稳定、强大的升降气流，图 5.5 是强雷暴气流结构的简单模式。强大的上升气流来自近地面层的暖湿气流，通常从云体右前侧流入，进入云体后倾斜上升，在云体中部上升速度最大，可达 20 ~ 30 m/s。上升气流到达对流顶附近减弱并分为三支：一支按惯性向云体后方运动，但因与高空风方向相反，故很快减弱下降；第二支可伸展到平流层低层，造成云顶突出的云塔；第三支则随高空强风吹向云体前方远处，形成向前延伸的云砧。

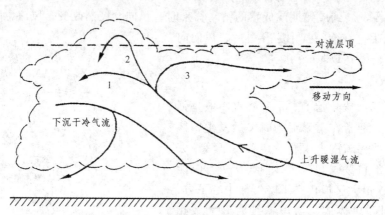

图 5.5　强雷暴云的气流结构

下降气流常由两部分组成：一部分是由降水拖拽作用带下的下沉气流；另一部分则是由对流层中层云外流入的干冷空气，由于这部分干冷空气具有较大的速度，能有力地楔入上升气流下方，使之成准定常倾斜状态。下沉气流在云底形成低空外流，朝前的这一部分最强大，对前方近地面暖湿空气起强烈的抬升作用，其余的向云后和两旁流出。

强雷暴云的这种气流结构，使上升气流和下降气流能同时并存且维持相当长时间，避免了一般雷暴云中，下沉气流抑制并取代上升气流的趋势，因而强烈雷暴能维持稳定强大达几小时之久。

（二）强雷暴过境时的地面天气

强雷暴过境时，各种气象要素的变化比普通雷暴大得多，并可能出现飑、冰雹、龙卷、暴雨等灾害性天气中的一种或几种，如图 5.6 所示。

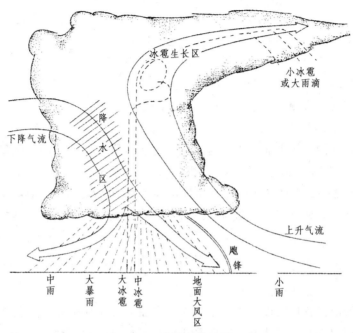

图 5.6　强雷暴云的地面天气

1. 飑

气象上把大气中风突然急剧变化的现象称为飑。在飑出现时，风向急转，风速剧增，往往由微风突然增强到风暴程度（8 级以上）。在强雷暴云下，速度极大的下降气流到达地面后向四周猛烈扩散，与前方上升的暖湿空气之间形成一个陡然的分界面，有点类似冷锋，称为飑锋。随着飑锋来临，各种气象要素发生剧烈变化。例如，1974 年 6 月 17 日强烈雷暴侵袭南京，飑锋过境时，地面瞬时风速达 38.8 m/s，10 min 内气温下降了 11 ℃，相对湿度上升 29%，1 h 内气压涌升 8.7 hPa。

2. 冰　雹

冰雹是由强雷暴云产生的，但强雷暴云不一定都能产生冰雹。因为冰雹的形成要求在雷暴云内有合适的冰雹生长区，冰雹生长区需要有合适的含水量、气温和上升速度等条件。在强雷暴云中生成的冰雹，大的或中等的一般降落在飑锋后的大风区，而一些小冰雹则会随斜升扭转气流沿砧状云顶抛出，落在离雷暴云体几千米以外的地方。

3. 龙　卷

从积雨云中伸展出来的漏斗状的猛烈旋转的云柱，叫龙卷。当它伸到地面时会出现强烈的旋风——龙卷风（图 5.7）。龙卷有时成对出现，但旋转方向相反。陆龙卷发生在活跃的积雨云群中或与飑线一起。"海龙卷"正如它的名称一样，它是出现在海上的龙卷。在墨西哥、巴哈马群岛、地中海和北大西洋的暖海面上十分常见。

图 5.7　龙卷示意图

　　龙卷的水平尺度很小，在地面上，其直径一般在几米到几百米之间，越往上，直径越大，龙卷的垂直伸展范围很大，有的从地面一直伸展到积雨云顶。龙卷持续的时间很短，一般为几分钟到十几分钟，而与强雷暴相连的成熟龙卷可持续 30 min。龙卷掠过地面的速度可达 50 km/h，但移动距离不会超过 30 km，在地面上可以很容易地观测它的途径和避开它。

　　龙卷的直径虽小，但其风速却极大，最大可达 100～200 m/s，而且中心气压极低，可低达 400～200 hPa，因而破坏力非常大，这是我们能在地球见到的最恶劣的天气现象。所经之处，常将大树拔起，车辆掀翻，建筑物被摧毁。如 1963 年 5 月 6 日至 7 日广东阳山县出现了两个小龙卷，所经之地，直径达 1 m 的大树被连根拔起 100 棵。1983 年 4 月 25 日 19 时，在山东省莱芜和新泰交界处出现一次历时 5 min 的龙卷，造成 27 人死亡，392 人受伤，直接经济损失约 500 万元。

　　龙卷的危害不仅是强风，它可能会伸展到云底的上面，在云中飞行时将无法看到它。

4. 暴　雨

　　强雷暴云一般都伴有强度极大的阵性降水，再加上持续时间长，往往形成暴雨。暴雨区在云体下降气流的中心部分，从云外侧面看几乎是漆黑的，人们常把是否出现这样一个中心黑暗区，作为判断雷暴云的一个标志。

（三）强雷暴云的种类

　　根据强雷暴云的组成情况，强雷暴可分为多单体风暴、超级单体风暴和飑线风暴三种。

1. 多单体风暴

　　多单体风暴是一种大而强的风暴群体，由多个处于不同发展阶段的雷暴单体组成，这些单体不像一般雷暴单体那样随机发生、互相干扰，而是有组织地排成一列，形成一个有机的整体。新的单体不断地在风暴右前侧产生，老的单体不断地在左后侧消亡，看起来风暴像一个整体在移动。虽然每个个体的生命期不长，但通过若干单体的连续更替，可以形成生命期达数小时的强雷暴。

　　图 5.8 是一个多单体风暴的垂直剖面图。从图中可以看到，风暴由 4 个处于不同发展阶段的对流单体所组成。图中单体 $n+1$ 是初生阶段，n 是发展阶段，$n-1$ 是成熟阶段，$n-2$ 是衰亡阶段。每个单体的生命期约 45 min。

　　多单体风暴的流场特征是上升流和下降气流能够同时并存较长时间，而不像普通雷暴那样，出现强下降气流的同时上升气流将减弱。

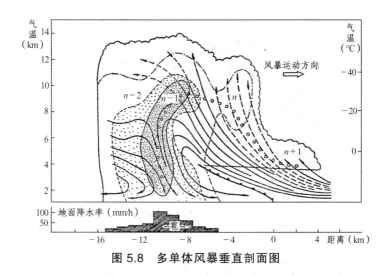

图 5.8　多单体风暴垂直剖面图

2. 超级单体风暴

与上述多单体风暴不同，超级单体风暴是只由一个巨大单体发展成的猛烈强风暴。它的水平尺度达到数十千米，生命期可达数小时，其中成熟期即达 1 h 以上，是一种强烈的中尺度系统。与多单体风暴不同，超级单体风暴是以连续的方式移动的。风暴云中也有一对倾斜的上升气流和下降气流，如图 5.9 所示。

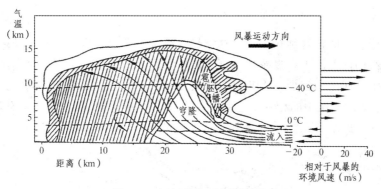

图 5.9　超级单体风暴的结构

3. 飑线风暴

飑线风暴简称飑线。它是由排列成带状的多个雷暴或积雨云群组成的强对流天气带。飑线一般宽度为一至几千米，长度为 150~300 km，垂直范围一般也只达到 3 km 高度，维持时间约 4~18 h。沿着飑线会出现雷电、暴雨、大风、冰雹和龙卷等恶劣天气，是一种线状的中尺度对流性天气系统。图 5.10 是飑线的立体示意图，图中沿飑线有许多排列成带状的雷暴云。这些雷暴云，有的是一般雷暴，有的是多单体雷暴。飑线的活动，常常由几个大而强的雷暴所支配。

中纬度地区的飑线常发生在春夏之交的过渡季节，多生成于冷锋前 80~150 km 处并与冷锋平行。它是由暖湿不稳定空气受冷空气的冲击而上升形成的，冷暖气团间的温度、湿度和稳定度差别越大，生成的飑线就越强。飑线过境时也有冷锋的特点，但它并不是冷锋，其天气变化比冷锋剧烈得多，常伴有冰雹和毁灭性的阵风，龙卷也会从飑线雷暴中产生。飑线维持时间较短，且有明显的日变化，通常午后到前半夜最强。

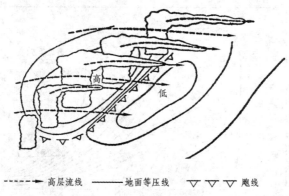

| ----→ 高层流线 | —— 地面等压线 | ▽▽▽ 飑线 |

图 5.10　飑线示意图

第二节　雷暴的种类及活动特征

一、雷暴的种类

雷暴按强度不同可分为一般雷暴和强雷暴。而根据形成雷暴的冲击力的种类，又可分为热雷暴、地形雷暴和天气系统雷暴。

（一）热雷暴

由热力对流产生的雷暴称热雷暴。热雷暴往往发生在大尺度天气系统较弱的情况下，或在性质均匀的气团内部发生。夏季午后近地面层空气受地面强烈辐射作用而迅速增温，但高层空气却因离地远而增温较少，因此整个气层就趋向于愈来愈不稳定。同时，由于地表性质分布不均，在近地面气层中的相邻空气间还存在着温度差异，这时气层中会有热力对流产生。如果空气中有充沛的水汽，积状云就会迅速发展起来，成为热雷暴，如图 5.11 所示。

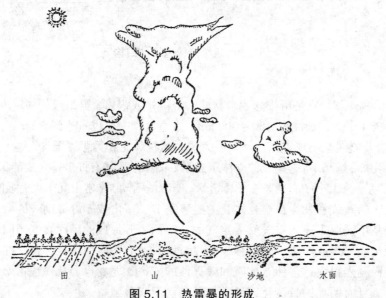

| 田 | 山 | 沙地 | 水面 |

图 5.11　热雷暴的形成

夏季的晚上，热雷暴也可能在高空出现。它的形成是因为条件性不稳定的潮湿空气层上部冷却，大气变得不稳定。这种雷暴云的特征是有高大的圆形的云顶，在这种雷暴云之间飞行是可以的，且它很高，所以从它的下面飞过也比较安全。

冬季，热雷暴也可能出现在沿海地区，当冷的潮湿空气移动到暖海面上时形成。

由于热力对流往往不够强盛，因而热雷暴表现出范围小、孤立分散、各个雷暴云间通常有明显间隙的特点。由于热雷暴的产生与近地层气温升高密切相关，所以随着气温的日变化，热雷暴也表现出明显的日变化特点。这种日变化，表现在大陆上是热雷暴多出现在午后至傍晚，入夜以后，热雷暴就逐渐消散了；而在海洋或湖泊上空，热雷暴多出现在夜间或黎明，白天减弱和消散，如图 5.12 所示。

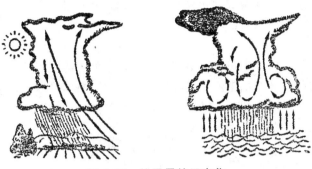

图 5.12　热雷暴的日变化

（二）地形雷暴

地形雷暴是暖湿不稳定空气在山脉迎风坡被强迫抬升而形成的雷暴，如图 5.13 所示。

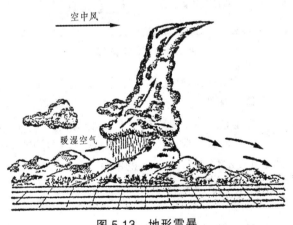

图 5.13　地形雷暴

我国山地多，地形复杂，因此地形雷暴是夏季山区飞行常遇到的一种雷暴。因为夏季暖湿空气经常存在，气层多不稳定，如果这时垂直于山脉走向的风速分量较大，山坡也比较陡峭，地形抬升作用明显，就会形成雷暴。

只要条件适合，地形雷暴也能在冬季产生。

典型的地形雷暴常很快形成，雷暴云沿山脉走向成行出现而不大移动，且面积较大，云中气流剧烈，降水强度大，有时还会降冰雹；云底高度较低，常能遮住整个山头，悬崖和峭壁可能被掩盖起来，所以山区飞行一般不宜从云下通过雷暴区。

（三）天气系统雷暴

由于天气系统能够产生系统性上升运动，在气团不稳定、水汽多的条件下，也能使对流发展而产生雷暴，而且，范围和强度都比较大的雷暴，往往和一定的天气系统相联系。这里介绍几种影响我国的主要天气系统雷暴。

1. 锋面雷暴

在各类雷暴中，锋面雷暴出现的次数最多。据统计，在石家庄地区，锋面雷暴占总雷暴次数的 80% 以上；在上海地区，6~8 月有 60%~70% 的雷暴形成在锋面附近。按锋型的不同，锋面雷暴又可分为冷锋雷暴、静止锋雷暴和暖锋雷暴三种。

（1）冷锋雷暴。我国冷空气活动频繁，冷锋活动几乎遍及全国，它是形成雷暴的重要天气系统。

冷锋雷暴是冷空气强烈冲击暖湿不稳定空气而形成的。冷锋上能否形成雷暴，与冷锋强度、移动速度、锋前暖空气的稳定度和暖湿程度有关。冷锋强、锋面坡度大、移动快、暖空气不稳定、暖湿程度大时，有利于冷锋雷暴的形成，如图 5.14 所示。

图 5.14　冷锋雷暴

从天气形势来分析，除了从地面图看冷锋的情况外，还应看锋面上空的形势。当 850 hPa和 700 hPa 等压面图上有明显的槽线（或切变线）配合，且位置稍落后于地面锋线（称后倾槽）或略超前于地面锋线（称前倾槽），则空气上升运动剧烈，有利于雷暴的形成。

冷锋雷暴出现时间，大约在冷锋过境前后 2~4 h 内。当空中槽后倾时，雷暴通常从冷锋过境时开始，700 hPa 槽线过境时结束；当空中槽前倾时，雷暴从 700 hPa 槽线过境时开始，地面锋线过境时结束（见图 5.15）。

冷锋雷暴的特点是强度大，许多个雷暴云沿锋线排列成行，组成一条宽几千米至几十千米、长几百千米的狭长雷暴带。在雷暴带上，各雷暴云有时互相连接，有时有空隙，但通常在整条冷锋上不会处处都出现雷暴。这是因为锋面的抬升作用、高空天气系统的配合作用和大气稳定度在锋线各处常常并不一致。同样，一条冷锋在移动过程中也不一定始终都有雷暴。例如，有时冷锋

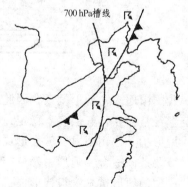

图 5.15　冷锋雷暴与空中槽线的关系

在北方没有雷暴，但移到江南后，由于暖空气湿度和不稳定度加大，就出现大片雷暴天气。

冷锋雷暴在昼间、夜间、陆地、海上都能出现，日变化较小，一般下午和前半夜较强，早晨减弱。它的移动速度较快，每小时可达 40~60 km。

（2）静止锋雷暴。夏半年，我国长江以南地区静止锋出现次数较多。据统计，华东中部地区 6~8 月份出现的雷暴中，有 40% 以上是静止锋雷暴；华南地区春季出现的雷暴，有 35% 以上是静止锋雷暴。

静止锋雷暴是由暖湿不稳定空气沿锋面上升，或是由低层气流辐合上升而形成的。它多出现在地面锋线的两侧，呈分散的块状分布，如图 5.16 所示。

静止锋雷暴的特点是：范围较广、持续时间长（可连续几天内都出现），但产生的雷暴天气不像冷锋雷暴那样强烈，雷暴云常隐藏在深厚的层状云系中，云中飞行时易误入其中。准静止锋雷暴常有明显的日变化，多产生在后半夜，白天逐渐减弱或消散。其原因是层状云系下部在白天低层增温少，气层比较稳定，而夜间云层顶部辐射冷却，使气层变得不稳定。

静止锋雷暴多产生在入春以后且冷暖空气势均力敌的形势下。这时，雷暴常产生在地面静止锋线与 850 hPa 等压面上切变线之间的地区。

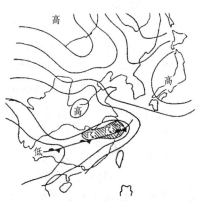

图 5.16　静止锋雷暴（1991 年 4 月 10 日 02 时地面天气图）

（3）暖锋雷暴。暖锋雷暴在我国较为少见，它是在暖锋向前移动时，由暖湿不稳定空气沿暖锋上升而形成的。在 850 hPa 或 700 hPa 上有切变线配合时，暖锋上才比较容易出现雷暴，锋面气旋中的暖锋，由于有气旋的配合也比较容易产生雷暴。

暖锋雷暴一般不如其他雷暴那样强烈，锋面平缓的坡度意味着不稳定程度较小，积雨云形成在较高的地方。与静止锋雷暴相似，暖锋雷暴可能镶嵌在雨层云或高层云中，表示了暖锋的活跃，雷暴云的主体常常被浓密的层状云遮蔽，底部与雨层云混在一起，因而在云中与云下飞行时不易发现它。但在层状云上面飞行时，由于雷暴云常能穿越层状云而屹立于云海之上，所以从较远处就能看见，如图 5.17 所示。

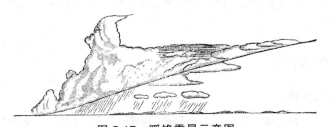

图 5.17　暖锋雷暴示意图

暖锋雷暴在一天中的任何时刻都能出现，但夜间出现更多些。

2. 冷涡雷暴

冷涡是指出现在空中（一般指 700 hPa 高度以上）的冷性低压，可分为北方冷涡雷暴和南方冷涡雷暴两种。

北方冷涡雷暴常出现在我国东北和华北地区，出现时，天气变化很突然，往往在短时间内从晴朗无云到雷声隆隆。

北方冷涡一般产生于贝加尔湖、蒙古一带。当它移到东北或华北一带时，由于这些地区夏半年为暖湿空气控制，冷涡一到，上空降温，空气层结变得不稳定，就会产生雷暴。冷涡雷暴多出现在冷涡的中心附近及南部。在强大的冷涡中，后部的偏北气流常引起一股股冷空气南下，相应地不断有小槽活动，雷暴就产生在小槽前部。每出现一个小槽都能引起一次雷暴活动，如果冷涡位置和强度变化不大，冷涡雷暴可连续出现三、四天。

北方冷涡雷暴有明显的日变化，一般多出现在午后或傍晚。

南方冷涡主要是指西南涡，西南涡生成后，有的在原地消失，有的东移发展。由于南方暖湿空气活跃，西南涡东移时，辐合上升运动加强，于是在西南涡的东部和东南部偏南气流中产生雷暴，在它的北部和西部则很少有雷暴产生。

3. 空中槽和切变线雷暴

空中槽和切变线出现时，在地面图上有时有锋面伴随，有时则没有，这里讨论的是无锋面伴随的空中槽和切变线，以及由它们引起的雷暴。

夏半年，当空气比较暖湿又不稳定的时候，槽线和切变线附近气流的辐合上升运动往往给产生雷暴提供了有利条件。这时，空中槽和切变线附近是否有雷暴产生，与辐合气流的强弱有密切关系。强烈的辐合，能产生较大范围的强烈上升运动，有利于雷暴的形成。

空中槽雷暴常沿槽线呈带状分布，或呈零星块状分布，离槽线越近，越容易产生雷暴。雷暴一般在槽前、地面等压线气旋性曲率大的区域出现，特别是空中槽和地面低压上下重叠的区域最有利于雷暴的产生。

在我国，切变线雷暴在江淮地区比较多见。在华南、西南等地，夏半年出现切变线时，也常有雷暴发生。

4. 副热带高压（太高）西部雷暴

在副热带高压西部外围，空气比较暖湿，常有不稳定气层出现，只要具有足够的热力或动力冲击力，雷暴就可以形成。在副热带高压西部，雷暴常发生在高压脊线以北的西南气流中，且副高在西进或东退时出现较多。

除上述四类天气系统雷暴外，台风、赤道辐合带和东风带中的波动等热带天气系统也常产生雷暴，并且强度较大。

二、雷暴活动的特征

1. 雷暴的移动与传播

雷暴从产生到消失的整个过程中，都是不断移动着的。它的移动主要受两个因素的作用：一是随风飘移；二是传播。一般雷暴的移动，主要受前者的影响；强雷暴的移动，主要受后者的影响。

所谓雷暴的传播，是指在原来雷暴的周围产生出新雷暴的现象。新雷暴发展，老雷暴消亡，这就是一种雷暴的传播过程。在对流层中，强的垂直风切变经常表现为高层风速大，低层风速小。当雷暴高大的云体耸立在这种风场中时（见图 5.18），云中由于强烈的上升、下降运动，上下层动量不同的空气充分交换的结果，使云中上下层风趋于一致。这样，在风暴前部，低层云内风速大于云外风速，于是低层出现辐合，高层出现辐散，产生上升气流；在风暴后部则相反，出现下沉气流。在环境大气不稳定的情况下，于是出现前面新雷暴产生，后面老雷暴消失的过程。

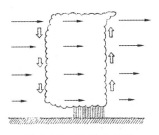

图 5.18　雷暴的传播

研究大气气流和雷暴自身传播对雷暴移动的影响，得出了下面的结论：一般雷暴的移动方向大致与对流层中平均风的风向相一致。也就是与 500 hPa 等压面图上雷暴所在位置的风向相一致，但移速往往小于风速。强烈雷暴通常偏向对流层中层风之右方移动。伴随天气系统出现的雷暴，它们的移动方向基本与天气系统方向相同。

由于我国广大地区处于西风带，所以雷暴也多从西北、西或西南方向移来，故有"东闪日头，西闪雨"之说。华南地区夏季，因受东风带气流的影响，有时出现雷暴由东向西移动的现象。

江河、大湖泊以及山脉对雷暴移动的影响很大。白天，在江河湖泊水面上，由于近水面处空气较陆地为冷，常有下沉气流存在，雷暴移到这里就会减弱，甚至消散。观测表明，一般雷暴往往沿大江大河移动，不易越过水面，故有"雷暴不过河"的说法。强雷暴能越过水面，但强度也会削弱。夜间情况则相反，因近水面处空气较暖，气层较不稳定，雷暴经过时会有所加强。

山脉对雷暴移动的影响是饶有兴趣的现象。当雷暴移近山脉时，一方面受地形强迫抬升使其强度有所增加，另一方面受地形阻挡被迫绕着山脉移动，有时就在山区里打转，一旦移到有山口的地方则迅速移出。

九江地区的雷暴活动，就是受江湖、山脉影响的一个典型例子。九江位于长江以南、庐山西北。当长江北岸或大别山区出现雷暴时，九江常能隔江眺望，并闻雷声隆隆，但因有长江的阻挡，很少遭雷暴的侵袭。当庐山东面出现雷暴时，九江一般也不会受到它的影响，只有庐山西面出现的雷暴，才会沿山进入九江。

2. 雷暴的季节变化

一年中雷暴出现最多的季节是夏季（特别是在 6、7、8 月），春、秋季次之，冬季除华南少数地区外，全国极少有雷暴出现。表 5.1 是北京等地各月平均雷暴日数，从中可以看出各地雷暴的季节变化特点。

表 5.1　北京等城市雷暴日数（1961—1970 年）

地点 \ 月份	1	2	3	4	5	6	7	8	9	10	11	12	全年
哈尔滨			0.1	0.2	2.6	8.7	10.4	6.6	4.1	0.4			33.1
北　京			0.9	3.2	8.5	11.9	8.3	3.1	0.4				36.3
西　安				1.6	2.6	3.9	5.2	5.7	0.7	0.3			20.0
上　海		0.2	0.9	2.9	2.6	3.5	7.0	8.1	6.4	0.3			31.9
武　汉	0.4	1.2	2.6	5.2	4.1	4.4	10.7	10.7	3.1	0.3	0.3	0.4	43.4
南　昌	0.7	1.9	5.0	9.0	8.0	7.3	9.8	12.7	5.1	0.7	0.4	0.5	61.1
广　州	0.1	0.4	3.4	6.4	11.6	16.8	14.2	15.0	8.6	2.0	0.1		78.6
海　口	0.3	0.5	2.6	10.7	20.9	23.1	21.7	21.7	15.0	4.5	1.2		122.2

第三节 雷暴与飞行

一、雷暴对飞行的影响

在雷暴活动区飞行，除了云中飞行的一般困难外，还会遇到强烈的湍流、积冰、闪电击、阵雨和恶劣能见度，有时还会遇到冰雹、下击暴流、低空风切变和龙卷。这种滚滚的乌云，蕴藏着巨大的能量，具有极大的破坏力。当飞机误入雷暴活动区内，轻者造成人机损伤，重者造成机毁人亡。根据美国民用航空 1962—1988 年气象原因飞行事故统计分析，48 起事故中有 23 起与雷暴有关，占总数的 47.9%；另据美国空军气象原因事故统计，雷暴原因占总数的 55%~60%。这些事实充分说明，雷暴是目前航空活动中严重威胁飞行安全的重要因素。本节要讨论的雷暴中的危险天气有颠簸、积冰、冰雹、雷电和下击暴流。其中颠簸和积冰第六章会有专门讨论，这里只作简要说明。

（一）颠 簸

雷暴云中强烈湍流引起的飞行颠簸，是危及飞行安全的一个主要危险天气。

在雷暴云的整个发展过程中，始终存在着强烈的垂直气流，特别是在成熟阶段，既有强烈的上升气流，又有很强的下降气流。这种升降气流靠得很近，且往往带有很强的阵性，忽大忽小，分布也不均匀，有很强的风切变，因此湍流特别强，在几秒钟内飞行高度常可变化几十米至几百米。在雷暴云中飞行，都会遇到强烈的飞机颠簸，造成操纵困难，飞行仪表的感应元件受到干扰，仪表示度失真，特别是空速表。在雷暴云的发展阶段和消散阶段，云中湍流要比成熟阶段弱一些，颠簸强度也相应弱些。

雷暴云的不同部位湍流强度是不同的。通常，湍流自云底向上增强，到云的中部和中上部达到最强，到云顶才迅速减弱。在雷暴云的周围一段距离内，有时也有较强的湍流。

（二）积 冰

在雷暴云发展阶段的浓积云中，由于云体已伸至 0 ℃ 层高度以上，云中水滴呈过冷状态，含水量和水滴直径又较大，所以在其上部飞行常常发生较强的积冰。在雷暴云的成熟阶段，云中含水量和过冷水滴达到最大，强烈的上升气流把过冷水滴带至高空，甚至在砧状云顶中也有少量过冷水滴存在。所以，在云中 0 ℃ 以上的区域飞行都会发生积冰，在云的中部常常遇到强积冰，在云顶飞行有弱积冰。在消散阶段，云中含水量和过冷水滴都大为减少，积冰强度就不大了。在积雨云中积冰的危险性很大，但不会持续太久，因为飞机在这个地区的时间较短。

（三）冰 雹

在广大平原地区，年雷暴日数虽然有 30~50 天，但年降雹日数只有 1 天或不足 1 天，所以飞机受雹击的可能性是比较小的。但在山区，由于降雹多，飞机遭雹击的可能性也明显增大。例如，在青藏高原和天山、祁连山等地区，年降雹日数达 10 天以上。在这些地区的雷暴活动区中飞行，要警惕遭受雹击。

直接由冰雹造成的结构损坏比较少见，但对机翼前沿和发动机的轻微损伤却比较普遍。

通常，在成熟阶段的雷暴云中，飞行高度为 3 000～9 000 m 时，遭遇冰雹的可能性最大，10 000 m 以上遭遇大冰雹的次数很少，在云中心的上风方向一侧，遭雹击的可能性也是比较小的。另外，在雷暴云中观测到降雹的次数比在地面上观测到的多，这是因为那些不大的冰雹在下落过程中有的又被上升气流带向高空，有的在落到地面以前已经融化了的缘故。所以应当注意，在地面没有降雹的情况下，空中飞机仍有遭受雹击的可能性。

由于冰雹是具有相当质量的固体，其降落速度比较大，一个直径 2 cm 的冰雹，降落速度可达 19 m/s。如果飞机被它击中，将是十分危险的。例如，1977 年 2 月 4 日，美国南方航空公司的一架 DC-9-31 飞机在美国佐治亚州的纽霍普地区穿越一强雷暴区时，两台发动机吸入大量水和冰雹，发动机压缩器损坏，引起严重失速而坠毁。又如 1973 年 8 月 12 日空军某部一架伊尔 18 在成都附近穿越两块积雨云间遭雹击，雷达罩被打坏，第三、四发动机滑油散热器前部被打坏。所以，在飞行中要通过各种方法及早判明冰雹云，并远远地避开它。如果误入了雹云，不要在 0 ℃ 等温线所在高度的下降气流中飞行，这里是遭雹击可能最大的区域。有时，由于冰雹被强烈的上升气流带到高空，沿砧状云顶被抛到云外，因而在积雨云砧下面飞行时，也有可能被冰雹击伤。所以，飞机最好在距雹云 10 km 以外飞行。

（四）雷　电

雷电不容易导致飞机结构损坏，因为现在的大多数飞机都有电击保护。比较严重的是雷电对电磁仪表的影响，飞行员也可能被闪电干扰。

飞机在雷暴云中、云下和云体附近飞行时，都有可能被闪电击中。1978 年 12 月美国空军一架 C-130 运输机在执行任务时，进入雷暴区几秒钟后，飞行人员报告燃油箱遭到闪电击，引起爆炸，飞机左机翼毁坏，操纵十分困难，不久，地面就和空中失去联络，造成机毁人亡的事故。

飞机一旦被闪电击中，一般会造成飞机部分损坏，如机翼、尾翼、雷达天线罩、机身等处被强电流烧出一些洞或凹形小坑。闪电电流进入机舱内造成设备及电源损坏，甚至危及机组及乘客的安全；闪电和闪电引起的瞬间电场，对仪表、通信、导航及着陆系统造成干扰或中断，甚至造成磁化，如果油箱被闪电击中则可能发生燃烧或爆炸。

飞机遭闪电击与许多因素有关，飞行时数越多，飞机遭闪电击的次数越多。据美国运输机飞行事故调查统计，螺旋桨飞机平均飞行 2 500 h 大约碰到一次闪电击，喷气式飞机平均飞行 10 000 h 碰到一次闪电击。飞机遭闪电击的高度大部分发生在 4 000～9 000 m，其中 5 000 m 左右为集中区，这一事实与雷暴云正电荷集中区的高度相吻合。雷击大多发生在大气温度为 0 ℃ 左右（±5 ℃）的雷暴云中，但由于云体与云体之间、云体与大气之间，以及云地之间都可能存在强大电场，在云外甚至距云体 30～40 km 处也有遭雷击的现象。飞机遭雷击大部分发生在飞机处于云中、雨中和上升、下降状态时。

虽然一年中雷暴出现最多的季节是夏季，然而，飞机遭闪电击却多发生在春、秋季节。主要原因是：春、秋季节雷暴一般较弱，而且大部分隐藏在层状云中，飞机在云雨中飞行时，由于机载雷达在云雨中观察时雷达波衰减严重，因而不能及时发现或判断失误，造成误入雷暴云中而遭闪电击。另外，春、秋季飞行人员思想容易麻痹，不能及时打开机载雷达进行观察，因而容易误入雷暴云中。

（五）下击暴流

下击暴流（downburst）又称强下冲气流，它是雷暴强烈发展的产物。如前所述，在雷暴云中伴随着倾盆大雨时存在着强烈的下降气流，当它冲泻到低空时，在近地面会形成强劲的外流——雷暴大风。能引起地面或近地面出现大于 18 m/s 雷暴大风的那股突发性的强烈下降气流，称为下击暴流。

下击暴流在地面的风是直线风，即从雷暴云下基本呈直线状向外流动，水平尺度为 4 ～ 40 km。在下击暴流的整个直线气流中，还嵌有一些小尺度辐散性气流，这些小尺度外流系统称为微下击暴流（microburst）。微下击暴流出现在下击暴流之中，水平尺度为 400 ～ 4 000 m，地面风速在 22 m/s 以上，离地 100 m 高度上的下降气流速度甚至可达 30 m/s。图 5.19 是下击暴流的示意图，其中（a）图是平面图，表示地面上的向外辐散气流；（b）图是沿（a）图中 A 至 B 的剖面图，表示强烈的下降气流，M 处是下击暴流中心。

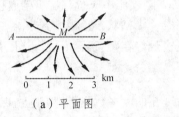

（a）平面图　　　　　（b）剖面图

图 5.19　下击暴流示意图

图 5.20 是 1976 年 5 月 31 日在美国和墨西哥交界地区出现的下击暴流和微下击暴流，下落的雹块直径大于 2 cm，风速接近 45 m/s，毁坏庄稼 15 000 英亩和 76 幢农场建筑物，另有 150 幢农场住宅遭灾。

下击暴流的生命期很短，一般只有 10 ～ 15 min；微下击暴流更短，有的只有几分钟。

下击暴流和微下击暴流中强烈的下降气流和雷暴大风，以及极强的垂直风切变和水平风切变（风切变问题将在下一章中专门讨论）对飞机的起飞着陆有极大危害，雷暴大风还会刮坏停放在地面的飞机。

从图 5.21 可以看出，飞机在不同位置将受到不同气流的影响。飞机在位置 1 的时候受到强逆风，飞机空速增大，高度上升；在位置 3 和 4，将有强的下降气流，飞机高度迅速下降；在位置 5，飞机将遇到强的顺风，空速减小，飞机高度将进一步下降，因而不能正常着陆。

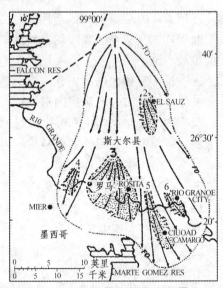

图 5.20　下击暴流与微下击暴流

近十余年来发现，有不少飞行事故是下击暴流和微下击暴流造成的。1975 年 6 月 24 日 15 时 05 分（地方时），发生在美国肯尼迪国际机场的飞行事故就是一例。当时，有一条弱冷锋影响机场，沿锋面有雷暴、阵雨。15 时 04 分，美国东方航空公司 66 号班机进场着陆，在 150 m 高度上遇到大雨。在 120 m 高度上可看到着陆灯，飞机在 7 s 钟内空速由 256 km/h 减小到 227 km/h。在 100 m 高度附近，由原来的逆风突然变为下降气流，飞机随即陷入微下击

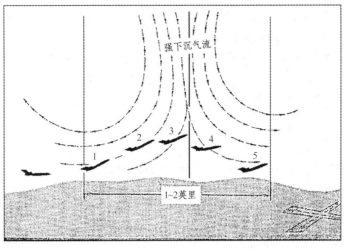

图 5.21　下击暴流对飞行的影响

暴流的中心，在 60 m 高度上遇到 6.7 m/s 的下降气流，飞机急剧失速，以致无法复飞。15 时 05 分，在离跑道 730m 处左机翼撞到着陆灯上，飞机继续前冲 380 m 后摔裂，机上 112 人死亡，12 人受伤。又如 1975 年 8 月 7 日 16 时 10 分（地方时），美国大陆航空公司 426 号班机在丹佛机场起飞时，受到一个水平范围 5 km 的下击暴流的影响，飞机在 30 m 高度时，空速在 5 s 钟内从 158 KT 减到 116 KT，机长被惯性推向机头而仰角减小到 10°，飞机朝地面下掉，从起飞到坠地只有一分钟，机上 15 人受伤。据事后分析，下击暴流引起的风切变，沿飞行航迹为 10 KT 逆风到 50 KT 顺风。正是在飞机开始爬升的关键时刻，遭受到这样严重的风切变。

在微下击暴流中，由于强大的外流而造成的危险区的范围是从地面到离地高度 300m 左右。在微下击暴流中飞行，强烈的正效应总是先于强烈的负效应，在微下击暴流出现的很多情况下，遇到正效应是避开的最后机会，飞行员在那一时刻马上就应有所反应，若要等到出现负效应才避开，可能就太迟了。还需要指出的一点是，微下击暴流中的事故常常发生在看起来较温和的单体之中，而很少在强烈雷暴之下。其原因极可能是强烈雷暴高高耸立，反射能力强而且生命时间长，容易被肉眼和雷达发现，机组和空管人员都会谨慎地避开它们，而对较弱雷暴失去警惕。1988 年 7 月 11 日在丹佛机场出现的一幕就清楚地证明了这点。在塔台向飞机通报机场的多普勒天气雷达发出的微下击暴流警报时，有五个机组的人员都丝毫未觉察到他们的危险处境，他们都集中精力去注意机场西边的超级单体雷暴，而忽略了近在咫尺的一个小雷暴。

二、飞行中对雷暴的判断

在飞行中，及时、准确地判明雷暴的位置及发展情况，是采取正确措施的前提，一般可采用以下一些方法。

（一）根据云的外貌判断

飞机在云外飞行，且距离较远时，主要根据雷暴云特有的外貌和天气特征来判明雷暴云的强弱，并根据砧状云顶的伸展方向来判断雷暴的移向。

1. 较强雷暴云的特征

（1）云体高大耸立，有砧状云顶和最高云塔；

（2）云底呈弧状、滚轴状、悬球状或漏斗状，云体前方有移动较快的混乱低云；

（3）云体下半部较暗，并有中心黑暗区，云体上部边缘呈黄色（说明云中已有冰雹形成）；

（4）周围有旺盛的浓积云伴随；

（5）有垂直闪电。

2. 较弱雷暴云的特征

（1）云体结构松散，砧状云顶有与下部云体脱离的趋势；

（2）有水平闪电。

（二）云中飞行时对雷暴的判断

1. 根据无线电罗盘指针判断

接近雷暴时，无线电罗盘指针会左右摇摆或缓慢旋转，干扰强烈时指针会指向雷暴区。

2. 根据通讯受的干扰来判断

一般离雷暴越近，受的干扰越大，在距雷暴 40～50 km 时，耳机中就有"卡、卡……"响声，有时通讯完全中断。

3. 根据天气现象来判断

颠簸逐渐增强，大量降水和积冰的出现，是飞进雷暴云的标志。

（三）使用气象测雨雷达和机载气象雷达探测雷暴

目前我国已建立了比较稠密的气象雷达网，可以比较准确地探明雷暴云的位置、强度、厚度、有无冰雹等情况，如果充分利用，能可靠地引导飞机选择安全的路线和降落场。这是判明雷暴最有效的方法。

在雷达荧光屏上，雷暴云回波的强度大，内部结构密实，边缘轮廓分明，显得特别明亮，在彩色荧光屏上为黄色和红色，以这些特点的变化也可判断雷暴强度的变化。在平面显示器上雷暴云回波常是孤立分散的，或呈带状或片状（见附图 62）。有时回波出现一些特殊的形状，如钩状、指状、V 形、"黑洞"等（见附图 59）。这些特殊形状的回波是表示上升气流很强的部位，是强雷暴云的征兆。

在雷达高显器上，可以反映雷暴云的厚度，强雷暴云顶高在 12 km 以上，在热带地区可超过 20 km。

现在很多飞机上都装载有彩色气象雷达，可以清楚地显示出飞机前面扇形区域中的降雨区、冰雹区和雷暴中心夹带雨粒的湍流区域。在彩色气象雷达上，大雨区是用红色来显示的，雷暴中的湍流和冰雹区则是用醒目的品红色（或紫色）来表示。利用机载雷达来回避雷暴，选择安全的航路是十分有效的，图 5.22 为利用机载气象雷达避开强雷雨区示意图。

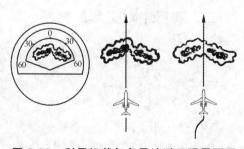

图 5.22　利用机载气象雷达避开强雷雨区

三、安全飞过雷暴区的一般方法

由于雷暴对飞行的严重影响，一般应尽量避免在雷暴区飞行。但是要完全避免在雷暴区飞行是不可能的，而且，在雷暴区飞行，也不是任何部位都是危险的，在一定条件下，是可以安全飞过雷暴区的。

在判明雷暴云的情况之后，如果天气条件、飞机性能、飞行员的技术和经验、保障手段等条件允许，可以采取以下方法通过雷暴区。

1. 绕过或从云隙穿过

对航线上孤立分散的热雷暴或地形雷暴，可以绕过。绕过云体应选择上风一侧和较高的飞行高度，目视离开云体不小于 10 km。若用机载雷达绕飞雷暴云，则飞机应在雷暴云的回波边缘 25 km 以外通过。

在雷暴呈带状分布时，如果存在较大的云隙，则可从云隙穿过。穿过时，应从空隙最大处（两块雷暴云回波之间的空隙应不小于 50~70 km），垂直于云带迅速通过。

2. 从云上飞过

如果飞机升限、油料等条件允许，可以从云上飞过。越过时，距云顶高度不应小于 500m。因此，飞越前需对雷暴云的范围、云顶高度、飞机升限、爬高性能等准确了解。如果飞机只能勉强到达云顶，就不宜采取这种方法。

3. 从云下通过

如果雷暴不强、云底较高、降水较弱、云下能见度较好，且地势平坦，飞行员有丰富的低空飞行经验，也可从云下通过。一般应取距云底和地面都较为安全的高度。这里应该指出的是，应尽量不在雷暴云的下方飞行，因为云与地面之间的雷击次数最为频繁，还有可能被强烈上升气流卷入云中并遭遇到下击暴流而失去控制。

无论采用什么方法，都应避免进入雷暴云中，尽力保持目视飞行。如果发现已误入雷暴云，应沉着冷静，柔和操纵飞机，保持适当速度和平飞状态，根据具体情况采取措施，迅速脱离雷暴云。

第四节　特殊地形下的对流性天气

对流性天气容易在某些固定的地区形成、发展，例如在山脉两侧、湖泊四周、海陆边界、沼泽地带等。这表明，下垫面的动力和热力作用对对流性天气的影响是不可忽视的。下垫面的动力作用表现为山坡对气流有强迫抬升作用，喇叭口地形对气流有明显的辐合作用。使得山的迎风面和谷地上空的对流性天气增强，而在背风面形成山岳波和下坡风。下垫面的热力作用表现为由于地表性质而造成的热力差异，常形成海风锋和城市热岛效应。

一、山地背风波

在山的背风面经常可以观测到与山平行的呈带状的云，两个云带之间为晴天。这些地形云移动很慢，即使在云的高度上风很大，云也不被风吹走；或者被吹走后仅几分钟内，在同一地区又有相同的云带出现。这说明在山脉的背风侧，气流在一定的地点上升，一定的地点下降而呈波状运动。气流越山时，在一定条件下，会在山脊背风面上空形成波动气流，称山地背风波或地形波或驻波。

1. 背风波形成的条件

形成背风波的基本条件是：① 气流越过的山脊是长山脊或山岳地带；② 在山的迎风面一侧，低层大气显著稳定，而高空稳定度减小；③ 风向在垂直山脊方向 30°内，并且随高度基本上无变化；④ 风速在山脊高度上不小于 10 m/s，且从山脊到对流层顶，风速随高度的增加而增大或减小并保持不变。

在满足以上条件时，在山的背风面一侧的 2～200 km 宽范围内，就有背风波出现，其波长通常在 15 km 以下，如图 5.23 所示。

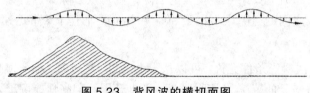

图 5.23　背风波的横切面图

背风波形成以后，顺气流向下游传播，并逐渐减弱消失。山脊越长，传播的距离越远。如果波动在传播中再遇到山脊，其影响情况决定于第二个山脊的位置。如果第二个山脊位于波动的上升气流区，则波动会因叠加而增强，传播距离增远；如果第二个山脊位于波动的下降气流区，则波动会减弱，如图 5.24 所示。

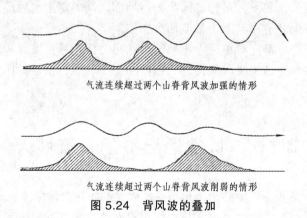

气流连续超过两个山脊背风波加强的情形

气流连续超过两个山脊背风波削弱的情形

图 5.24　背风波的叠加

山地波不同于直接在丘陵或山地附近产生的动力湍流。它是在强风通过山脉时，在下风方向上形成的一系列波动或涡旋。其影响范围，在水平方向上可伸展几十千米至几百千米，向上可伸展到整个对流层。

2. 背风波与对流的关系

在对流不稳定的大气里，地形波中的上升气流，是激发对流发展的一种机制。如图 5.25 所示，原先在山脊上形成了雷暴云，过山时开始消散，短箭头表示消散雷暴云中流出的冷气流，由于它的下降速度较大，增强了雷暴前面地形波的振幅，引起盆地上空有新的雷暴单体形成。

我国的实际天气分析表明，有些地方山地背风面的年降水量比迎风面还多，而冰雹现象又往往产生在地形背风面。在云南、甘肃、陕西、河南、河北以及安徽等地都发现有上述情况，说明地形背风面的中小尺度天气系统的活动对局地暴雨和强对流天气起着重要作用。

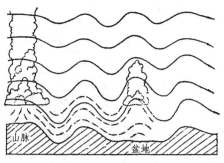

图 5.25　背风波是激发对流的机制

3. 背风波对飞行的影响

（1）山地波中有明显的升降气流和乱流，可给飞行造成很大的影响。背风波中升降气流的垂直速度通常为 5 ~ 10 m/s，有时可达 25 m/s，飞机进入这种波动气流后，往往在一、二分钟内可掉高度几百米，尔后又上升，如此反复多次，在夜间或云中飞行尤其危险。

（2）背风波中的下降气流不仅使飞机高度下降，也使气压式高度表读数偏高。因为气压式高度表是按标准大气刻度的，而标准大气是处于静力平衡状态的。在垂直方向上，静力平衡方程为：

$$\frac{\partial p}{\partial z} = -\rho g \tag{5.1}$$

当有垂直运动时，垂直运动方程为：

$$\frac{\partial p}{\partial z} = -\rho \frac{\mathrm{d}w}{\mathrm{d}t} - \rho g \tag{5.2}$$

在下降气流区，$\frac{\mathrm{d}w}{\mathrm{d}t} < 0$，所以 $-\rho \frac{\mathrm{d}w}{\mathrm{d}t} > 0$，可知 $\frac{\partial p}{\partial z} > -\rho g$，气压随高度的变化比标准大气要大，气压式高度表的读数会高于实际高度。在垂直加速度大的地方，高度表读数和实际高度的误差会更大。另外，流经山脊的气流速度增大，使静压力降低，也使气压式高度表示度偏高。这两项作用的结果，一般可能使表高偏高几百米，有时可达 1 km。

由于高度表指示偏高又恰恰发生在下降气流中，这时飞机的实际高度下降，因此高度表上数字变化并不大，机组不易发现飞机的高度在下降，所以极易导致严重事故。

（3）山地波波峰处的风速比波谷处大，另外还有阵风，其强度比一般雷雨所出现的风速还要大。由于背风波中垂直气流和水平气流都存在明显的差异，因而常有乱流造成飞机颠簸，在波脊和波谷的地方，有时还会出现一种垂直方向上的涡旋，称为滚转气流（rotor streaming）。在它出现的地方，有强大的升降气流和乱流，会使飞机产生严重颠簸。这些乱流在山顶高度以上和以下都有，最强的乱流出现在背风波区比山顶稍低的地方。

能够指示有山地波存在的云是山帽云、滚轴云和荚状云（见图 5.26）。山帽云是气流沿山坡上升时水汽凝结而形成的，云底贴近或遮住山顶，在背风坡下沉气流中逐渐消失。滚轴云的出现表明该处有滚转气流，它看起来像一条平等于山脊排列成行的积云，在滚轴云中及云下的湍流区内飞行是极其危险的。荚状云出现在山脉下风方向，云块位置很少变动，有时即使被风吹散了，在原处很快又会有新的荚状云形成，这种荚状云称为静止荚状云。在山区飞行时，机组可以通过这几种云来识别有无背风波存在，从而设法避开它。当然，空气干燥时不会有这些云生成，但山地波照样存在。

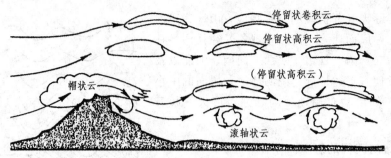

图 5.26　背风波中的云

二、下坡风

在大型山脉的背风坡，由于山脉的屏障作用，通常风速比较小，但在某些情况下，空气越山后，在山的背风面一侧会出现局地强风，这种自山上吹下来的局地强风，称下坡风。

1. 下坡风的形成

出现下坡风的天气形势常常是这样：在大型山脉的迎风坡一侧被强冷高脊占据，脊前有明显的冷锋，背风坡一侧被暖性低压控制。冷空气越山后，以较大速度滑向坡下，下坡风就出现在冷锋前的暖区内。越过天山到吐鲁番盆地的西北大风，越过贺兰山到银川的西北大风都是这样形成的下坡风。

下坡风的形成与水跃型气流（hydraulic jump）有直接联系。根据气球和飞机观测，山地背风面的气流形式表现为两种类型：一种是有规则的地形波，气流基本上维持波动的形式而不衰减；第二种是水跃型气流，它的形成是由于对流层中低层有明显的逆温层，在靠近山顶的背风侧的对流层上层有大振幅的波动存在，有的波动传到对流层中低层时，由于逆温层的阻碍作用，振幅减小，形成前高后低的水跃型气流（见图 5.27）。在这种情况下，可将大气中层（700 hPa 或 500 hPa）具有大动量的空气带到地面，使地面出现强风。美国洛杉矶东坡干暖的西南钦诺克风（chinook）就是这种形势的下坡风，有时风速可达飓风风速，而500 hPa 风速不足 27 m/s。

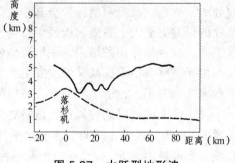

图 5.27　水跃型地形波

下坡风受地形影响很大，风向与山峡或河谷的走向趋于一致或者与山脉垂直。对于沿山峡或河谷流动的下坡风，风速特强的区域发生在呈鞍形的山谷出口区。

2. 下坡风对飞行的影响

下坡风的风速是比较大的，一般为 20 m/s 左右，强的可达 40~50 m/s。1961 年 6 月 10 日喀什的一次下坡风，地面风速曾达到 50 m/s，已经超过了中型飞机的离陆速度。显然，下坡风对飞行的影响很大，例如 1974 年 4 月 29 日凌晨在银川机场出现的一次下坡风，瞬间最大风速超过 40 m/s，致使停放在机场的飞机和许多地面设施遭到破坏。

三、海风锋

1. 海风锋和陆风锋

由于海陆加热的差异，在沿海岸地区常常形成海陆风环流。白天，陆地比海洋增暖快，在沿海岸出现海风。随着海风势力的不断增强，使得在近海岸的内陆地区出现一条平行于海岸线的狭窄辐合区或辐合线（见图 5.28）。在这条辐合线内，空气上升形成一条狭长的对流云带。在海岸线外面的海上是海风环流的辐散区，空气作下沉运动，因而出现一条无云带或少云带。由于从海洋向陆地推进的海风前缘类似一般的锋面，也具有一定的温度场、流场结构及天气，因而就把它称为海风锋。相反的情况，在夜间海上暖于陆地，出现陆风环流，而把从陆向海推进的陆风前缘称为陆风锋（见图 5.28 上图）。

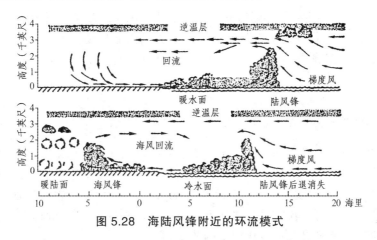

图 5.28　海陆风锋附近的环流模式

海风锋的坡度平均为 1/100，它的前端部分为 1/20 或更大。陆风锋坡度与海风锋坡度大体相同。海风锋的上升气流速度一般为几十厘米/秒，但曾观测到在 1 km 高度上出现 100～250 m 宽度的 8 m/s 的上升速度。强上升气流带的后侧的海风上部，主要是由下降气流所控制，从而构成海风正环流。

2. 海风锋的形成过程

海风锋是在海风环流发展的过程中逐渐形成的。一般早上大气处于较为平静的状态，以后由于海陆加热的差异，10 时左右在海岸附近出现小的海风环流，而后海风环流逐渐发展，16 时在离海岸 30 km 的内陆出现了明显的海风锋。从海上来的空气沿海风锋作上升运动，到了上边上升气流变成转向海上的下降运动。到了 19 时，海风锋已更深入地向内陆推进。

在海风增强时，受到科氏力的影响而发生偏转，在北半球，海风向陆地的左侧方吹向陆地，在南半球，海风向陆地的右侧方吹向陆地。海陆风可能会破坏正常的风模式，所以有可能你在对流高度以上和地面上碰到的风很不相同。

3. 海风锋的天气

海风锋前存在着小的逆环流，因而在它前面出现下降气流。在它后面的上层，则出现更大范围的下降气流。那里的下沉空气绝热增温，大气层结趋向稳定，甚至在上空出现逆温层。在海风锋的上升运动区，由于热量向上输送，使得气温高于两侧，同时地面气压反映为最低值。由于海风锋后面的气温梯度大，风速强，在海风锋向内陆推进的过程中，它所经过的地方，会有气温的明显下降，风向、风速急剧变化的现象出现。

20 时左右海陆表面温度相同，以后随着陆地冷却大于海洋，海风环流转为陆风环流。

沿海风锋常有对流云系出现，影响对流云沿海风锋分布的因子有许多。需要特别指出的是，海岸线外形是决定对流云沿海风锋如何分布的一个主要因子。因为不同海岸线弯曲，可以引起局地的海风气流的辐合或辐散，导致沿海风锋积云活动的局地加强或减弱。在海岸线凸出的部分，当海风锋移向内陆时，辐合就会加强；海岸线凹进的部分，情况则相反，使海湾辐散增强。当局地加热引起的辐合区与海岸线外形引起的辐合区相互叠加时，该处垂直运动最强，对流发展最旺盛。对于一个小半岛，一般可看做是早期积云和强对流发展的区域。这是因为沿两相反海岸线形成的海风锋，可以逐渐在半岛中心附近汇合，在汇合区对流活动和降水加强。

沿海地区的机场可能还会受到海雾的影响，其原因是作用在其上的海风。如果有海雾存在，当冷空气向岸上吹时，会带动海雾上岸，造成低能见度。夜间，陆风可以把海雾吹离海岸。但是，白天阳光照耀又使气温升高，陆风将减弱，而海风发展，这样海雾又将卷土重来。

四、城市热岛效应

晴朗无风的夏日，海岛上的地面气温，高于周围海上气温，结果，在热力作用下形成海风环流以及海岛上空的积云对流。如果有盛行风的影响，在岛的下风方向出现积云对流。它伸展相当长的距离，并间隔排成云列（cloud row）。这种云列的出现，是海洋热岛效应的表现。在常定条件下，盛行气流在越过热岛上升气流时，就会在小岛下风方向产生类似于上节所述的背风波动，而云列是背风波作用下的产物。

近几十年来，由于城市大气污染日益严重和人类活动对天气气候的影响，人们愈加关注城市对环流和天气、气候的作用，这种作用同前面所说的海洋热岛效应十分类似。在人口稠密、工业集中、交通发达的城市内，大多数建筑物是石头和混凝土建成的，它们的热传导率和热容量都很高，加上建筑物本身对风的阻挡或减弱作用，以及人类的活动，使城市中的气温比郊区、农村高，这就是城市热岛效应。

1. 城市热岛的基本特征

（1）由于城市热岛效应，城市中的年平均温度比郊区、农村高 $1℃$ 左右，见表 5.2 所列。

表 5.2　城市年平均温度高于郊区的数值

城　市	气温值/℃	城　市	气温差/℃
芝加哥	0.6	纽　约	1.1
华盛顿	0.6	巴　黎	0.7
洛杉矶	0.7	莫斯科	0.7
费　城	0.7	柏　林	1.0

（2）城市热岛在冬季最为明显。据估计，在一些大城市中，冬季由燃烧过程放出的热量，比从太阳光得到的热量大 2.05 倍，而夏季这个量下降，只有太阳光加热的 1/6，因而冬季夜间的最低气温市区往往比郊区高几度。在夏季，白天城市和郊区所达到的最高气温一般差异

不大，但在夜间，城市的冷却比郊区慢，因而也就出现热岛现象。不过，夏季的热岛强度比冬季弱。热岛强度在一日间也有变化，一般夜间比白天大得多，如图 5.29 所示。

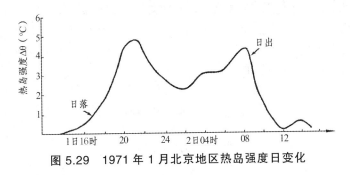

图 5.29　1971 年 1 月北京地区热岛强度日变化

（3）城市热岛的形成与盛行风有密切的关系。在出现热岛的时候，如果风速较小，热岛将随盛行气流移向下风方向。当风速增大到某一定值时，在强通风的条件下，热量会很快被风带走，加之随着风速的增强动力交换作用也将加大，因而热岛强度减弱以至完全消失。使热岛现象消失的临界风速值，对于百万以上人口的大城市为 10 m/s，数十万人口的中等城市为 8 m/s，十万以下人口的城市为 5 m/s。

（4）城市热岛强度除了同盛行风速有关之外，还受天空状况的影响。在晴空时，热岛强度最大，而当有云覆盖时，热岛现象趋于减弱。

2. 城市热岛环流及其对天气的影响

由于热力作用，城市热岛上空暖而轻的空气要上升，四周郊区的冷空气向城区辐合补充，这样，在城市近地面层形成明显的辐合环流，这种从郊区农村吹向城市的风，可称为乡村风（country wind）。

乡村风出现在近地面几百米气层内，再上去，空气以相反的方向从城市向郊外流出，构成城市热岛的垂直环流。图 5.30 就是这种热岛环流的模式。对于城市中心呈现出两个对称的环流圈，煤烟和尘粒在局地环流作用下聚集在城市的上空，并在上空形成烟幕。图的下半部是城市内外的温度层结曲线。在日出后近地面层的稳定度减小，在城市区热力湍流将发展。

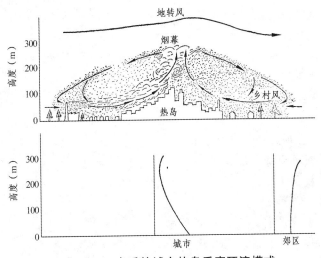

图 5.30　日出后的城市热岛垂直环流模式

热岛环流加上城市内外水气蒸发和空气污染，对城市天气有明显的影响。由于空气污染造成城市上空的 CO_2、SO_2、CO 及大的尘埃粒子等凝结核大量增加，而城市热岛环流中的上升气流又能达到几 cm/s，因而大城市内的降水比郊区一般要多，其降水量可增加 10% 左右。当有盛行风时，降水量的增加区出现在城市的下风方。夏季雷暴和冰雹的次数，在城市的下风方也有所增加。对流发展的时间主要在清晨，但由于水汽的蒸发量市区小于郊区，当有雷暴云从郊区经过城市区时，其强度会减弱。

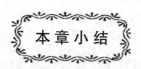

本章小结

1. 雷暴是在大气处于强烈的不稳定条件下，对流运动剧烈发展而形成的。它是大气中大量不稳定能量集中释放出来的结果，具有十分恶劣的天气，会给飞行带来巨大的危害，所以飞行中一定要及早判明雷暴并加以避开。

2. 由于大气中不稳定能量转化为气流动能是逐步激化的，在不同的时间里，气流状况是不同的，因此雷暴的发展过程显示出一定的阶段性。又由于时间、地点及形成条件的不同，雷暴的强度、天气分布及活动情况也不相同。

3. 在雷暴区飞行会碰到复杂、恶劣的气象条件，如强烈颠簸、严重积冰、下击暴流及雷电等，但雷暴区天气并不是处处如此，根据雷暴强度及天气分布的客观规律，审时度势，利用机载气象雷达，是有可能飞过雷暴区的。

4. 对流性天气容易在山脉两侧及水陆边界等热力差异较大的地区出现。在大气稳定度条件适合时形成的山地背风波，其中有强烈的湍流，是严重影响飞行的天气之一。

思 考 题

1. 什么叫雷暴？形成雷暴的基本条件是什么？这些条件在雷暴形成过程中有什么作用？
2. 我国夏天为什么多雷暴？
3. 什么是雷暴单体？其发展有哪三个阶段？各阶段的主要特征是什么？
4. 普通雷暴过境时，地面气象要素有何变化？
5. 强烈雷暴为什么会维持稳定强大达几个小时？
6. 强雷暴可分为几种，它们各有什么特点？
7. 什么是热雷暴？它有什么特点？
8. 什么是地形雷暴？它有什么特点？
9. 冷锋雷暴是怎样形成的？有什么特点？
10. 冷涡雷暴是怎样形成的？有什么特点？
11. 为什么说"雷暴不过河"？
12. 雷暴对飞行有何影响？
13. 什么是下击暴流？它对飞行有何影响？
14. 在飞行中怎样根据外貌特征来区别强烈雷暴和普通雷暴？

15. 在云中飞行时怎样判断是雷暴云？

16. 怎样用机载气象雷达来判明雷暴？

17. 在气象雷达上，雷暴云回波有何特点？

18. 在飞过雷暴区时，应注意哪些问题？

19. 对流性天气容易出现在哪些地方？

20. 形成山地背风波的条件是什么？

21. 背风波与对流有什么关系？

22. 背风波对飞行有何影响？

23. 什么是下坡风？它是怎样形成的？对飞行有什么影响？

24. 海风锋和陆风锋是怎样形成的？它们的天气怎样？

25. 什么叫城市热岛效应？它有什么特征？

第六章　中低空飞行的大气环境

在中低空飞行，会碰上许多影响飞行的天气。其中危害比较大的是低空风切变、飞机颠簸和飞机积冰；其次，在低空飞行时，受地面的影响比较大，山地、高原、沙漠及海上都有不同的飞行气象特点，所以还必须知道各种不同的地表对飞行的影响。

第一节　低空风切变

随着航空事业的发展，大型运输机不断增多，起飞着陆时发生的事故也有所增加。20 世纪 70 年代以来，对一些大型运输机在起降时发生的严重事故的分析后确认，低空风切变是引起这些飞机失事的主要原因。对此，国际上航空界和气象界进行了大量的研究工作，在低空风切变的产生原因、探测和预报等方面都取得了可喜的成果。但由于低空风切变具有时间短、尺度小、强度大、发生突然等特点，要准确的探测和预报还很困难。因此，要求飞行人员必须具备低空风切变的有关知识，在飞行中尽量避开它，以确保飞行安全。

一、低空风切变的基本知识

（一）低空风切变

在气象学上，通常把空气的水平运动称为风，把空气的升降运动称为垂直运动。在本章里考虑到航空方面的习惯用法，把空气的升降运动也称为风，即"垂直风"。这就是说，把空气的流动统称为风。

风切变是指空间两点之间风的矢量差，即在同一高度或不同高度短距离内风向和（或）风速的变化。在空间任何高度上都可能产生风切变，对飞行威胁最大的是发生在近地面层的风切变。我们把在高度 500 m 以下，风向风速在空间一定距离上的变化称为低空风切变，低空风切变与飞机的起落飞行密切相关。

根据风场的空间结构不同，风切变表现为三种形式。即：

（1）水平风的垂直切变，指在垂直方向上，一定距离内两点之间的水平风速和（或）风向的改变（"一定距离"通常取为 30 m）。

（2）水平风的水平切变，指在水平方向上两点之间的水平风速和（或）风向的改变，如跑道上的对头风。

（3）垂直风的切变，指上升或下降气流（垂直风）在水平方向上两点之间的改变，这类风切变多发生在雷暴云的影响范围内。

（二）低空风切变的种类

人们根据飞机的运动相对于风矢量之间的各种不同情况，把风切变分为四种。

1. 顺风切变

顺风切变，指的是飞机在起飞或着陆过程中，水平风的变量对飞机来说是顺风。例如，飞机由逆风区进入顺风区，由大逆风区进入小逆风区或无风区，由小顺风区进入大顺风区，都是顺风切变。顺风切变使飞机空速减小，升力下降，飞机下沉，危害较大，如图6.1所示。

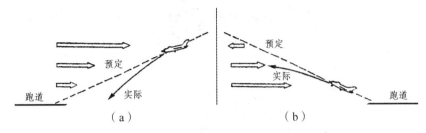

图 6.1　顺风切变示意图

2. 逆风切变

逆风切变，指的是水平风的变量对飞机来说是逆风。例如飞机由小逆风区进入大逆风区，由顺风区进入逆风区，由大顺风区进入小顺风区等，都是逆风切变。这种情形，由于飞机的空速突然增大，升力也增大，飞机抬升，危害相对轻些，如图6.2所示。但如果逆风切变的高度低、强度大或飞行员未及时修正，也会使飞机冲出跑道或过早接地。

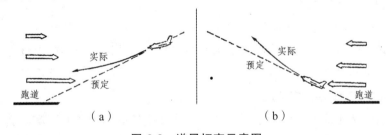

图 6.2　逆风切变示意图

3. 侧风切变

侧风切变，指的是飞机从一种侧风或无侧风状态进入另一种明显不同的侧风状态。侧风有左侧风和右侧风之分，它使飞机发生侧滑、滚转或偏转，如图6.3所示。

4. 垂直风的切变

垂直风的切变，指的是飞机从无明显的升降气流区进入强烈的升降气流区域的情形。特别是强烈的下降气流，往往有很强的猝发性，强度很大，使飞机突然下沉，危害很大，如图6.4所示。

图 6.3　侧风切变示意图　　　　图 6.4　垂直风的切变示意图

对起落构成严重威胁的是雷暴云下的下冲气流，在下冲气流强度较大时形成下击暴流。下击暴流中不仅有明显的垂直风切变，还有强烈的水平风切变，常出现严重事故。图6.5就是飞机在着陆和起飞过程中，因遭遇下击暴流而失事的示意图。

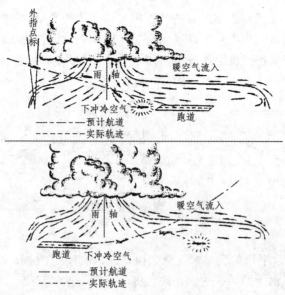

图6.5 雷暴云中下击暴流对飞机着陆、起飞的影响

（三）低空风切变的强度

低空风切变强度的标准涉及的因素较多，它同气象条件、飞机性能以及飞行员的技术水平等有关。但是，以对飞行的危害程度作为出发点来进行强度分类，则是较为一致的。目前所使用的标准有下列三种。

1. 水平风的垂直切变强度标准

国际民航组织所建议采用的水平风的垂直切变强度标准如表6.1所示。这里的空气层垂直厚度取30 m，用于计算的风资料取2 min左右的平均值。一般认为0.1（1/s）以上的垂直切变就会对喷气式运输机带来威胁。

表6.1 水平风垂直切变强度标准

强度等级	数值标准		对飞行的影响
	（m/s）/30 m	1/s	
轻 度	0~2	0~0.07	飞机航迹和空速稍有变化
中 度	2.1~4	0.08~0.13	对飞机的操纵有较大困难
强 烈	4.1~6	0.14~0.20	对飞机的操纵有很大困难
严 重	>6	>0.20	对飞机失去操纵，会造成严重危害

2. 水平风的水平切变强度标准

这里介绍的是美国在机场低空风切变报警系统中所采用的报警标准，该系统在机场平面有 6 个测风站，即中央站和 5 个分站。各分站距中央站平均约为 3 km 左右。系统规定任一分站与中央站的风向风速向量差达到 7.7 m/s 以上时即发出报警信号。所以，上述情况中相当的水平风水平切变值 2.6（m/s）km 可作为能对飞行构成危害的强度标准。

3. 垂直风切变的强度标准

垂直风的切变强度，在相同的空间距离内主要由垂直风本身的大小来决定。对飞行安全危害最大的是强下降气流，根据藤田和拜尔斯（1978 年）的建议，提出一种称为下冲气流的数值标准，它从下降气流速度和到达地区的辐散值来确定。表 6.2 列出了下降气流和下冲气流的数值标准。

表 6.2 下降气流和下冲气流的强度标准

	下降气流	下冲气流
91 m 高度以上的下降速度	<3.6 m/s	≥3.6 m/s
800 m 直径内的辐散值	<144/h	≥144/h

二、产生低空风切变的天气条件

低空风切变是在一定的天气背景和环境条件下形成的。一般说来，以下几种情况容易产生较强的低空风切变。

（一）雷 暴

雷暴是产生风切变的重要天气条件。现在一般认为雷暴的下降气流在不同的区域可造成两种不同的风切变：① 一种是发生在雷暴单体下面，由下击暴流造成的风切变。这种风切变的特点是范围小、寿命短、强度大，如图 6.6 所示。图 6.7 是雷达回波中下击暴流的大致位置。② 另一种是雷雨中的下冲气流到达地面后，形成强烈的冷性气流向四处传播，这股气流可传到离雷暴云 20 km 处。由于它离开雷暴主体，并且不伴随其他可见的天气现象，所以往往不易发现，对飞行威胁较大。

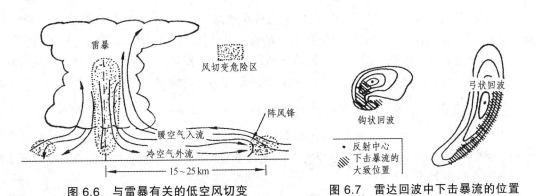

图 6.6 与雷暴有关的低空风切变　　　　图 6.7 雷达回波中下击暴流的位置

（二）锋 面

锋面是产生风切变最多的气象条件。锋两侧气象要素有很大的差异，穿过锋面时，将碰到突然的风速和风向变化。一般说来，在锋两侧温差大（≥5℃）和（或）移动快（≥55 km/h）

的锋面附近，都会产生较强的风切变。

冷锋移经机场时，低空风切变伴随锋面一起或稍后出现。因冷锋移速较快，故此种风切变持续时间较短，但强冷锋及强冷锋后大风区内往往存在严重的低空风切变。

与暖锋相伴随的低空风切变，由于暖锋移动较慢，它在机场上空持续时间相对较长，也可出现在距锋较远的地方。

（三）辐射逆温型的低空急流

当晴夜产生强辐射逆温时，在逆温层顶附近常有低空急流，高度一般为几百米，有时可在 100 m 以下，它与逆温层的高度相联系，有时也称它为夜间急流。它的形成是因为逆温层阻挡了在其上的大尺度气流运动与地面附近气层之间的混合作用和动量传递；因而在逆温层以上形成了最大风速区，即低空急流。逆温层阻挡了风速向下的动量传递，使地面风很弱，而且风向多变，这样就在地面附近与上层气流之间形成了较大的风切变。从总体上说，这种风切变强度比雷暴或锋面的风切变要小得多，但比较有规律，一般秋冬季较多。低空急流在日落以后开始形成，日出之前达最强，日出后随逆温层的解体而消失。它在夜间和拂晓对飞行有一定的影响。

（四）地形和地物

当机场周围山脉较多或地形、地物复杂时，常有由于环境条件产生的低空风切变。在山地波存在的情况下，山脊的背风一侧常有冷空气滞留在平地上，若机场正处在这种停滞的空气中，当飞机从上面穿入这种停滞的空气时，将会遇到严重的低空风切变。处于盆地的机场，如果配合低空逆温层的作用，就更容易产生水平风的垂直切变；如果机场跑道一侧靠山，另一侧地势开阔，在某种盛行风情况下，可以产生明显的水平风的水平切变。

当阵风风速比其平均值增减 5 m/s 以上时，或大风吹过跑道附近的高大建筑物时，会产生局地性风切变。

三、低空风切变对起飞着陆的影响

由于低空风切变本身的复杂性，再加上飞机在起落过程中，其位置和高度也在不断改变，低空风切变对起飞着陆的影响就十分复杂。总的来说，如果起飞着陆时遇到明显的低空风切变，其影响主要有：改变起落航迹，影响飞机的稳定性和操纵性，影响某些仪表的准确性。这些方面的影响，都会给飞机的操纵带来困难，有时还会造成事故。

（一）低空风切变飞行事故的特征

据不完全统计，1970—1985 年的 16 年间，在国际定期和非定期航班飞行及一些任务飞行中，至少发生了 28 起与低空风切变有关的飞行事故。通过对这些事故的分析，发现低空风切变飞行事故有如下特点：

（1）风切变事故都发生在飞行高度低于 300 m 的起飞和着陆飞行阶段，其中尤以着陆为最多。在 28 起事故中，着陆为 22 起，占了 78%；起飞为 6 起，约占 22%。

（2）现代大、中型喷气运输机的风切变飞行事故比重较大。从 28 起事故看，DC－8、波音 707 和波音 727 等喷气运输机占了绝大多数。

（3）风切变事故与雷暴天气条件关系密切。28起事故中有一半以上与雷暴天气条件下的强风切变有关。

（4）风切变飞行事故的出现时间和季节无一定的规律。

（二）低空风切变对着陆的影响

机场附近有低空风切变时，飞机起飞爬升或下滑着陆，一旦进入强风切变区，就会受到影响，严重时甚至可能发生事故。由于着陆时出现事故的可能性更大些，下面简要讨论风切变对着陆的影响。

1. 顺风切变对着陆的影响

飞机着陆进入顺风切变区时（例如从强的逆风突然转为弱逆风，或从逆风突然转为无风或顺风），指示空速就会迅速降低，升力就会明显减小，从而使飞机不能保持高度而向下掉。这时，因风切变所在高度不同，有以下三种情况，如图6.8所示。

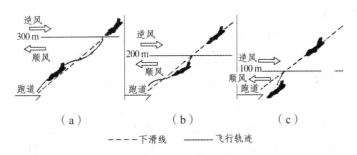

图 6.8　不同高度的顺风切变对着陆的影响

（1）如果风切变层相对于跑道的高度较高，当飞机下滑进入风切变层后，飞行员及时加油门增大空速，并带杆减小下滑角，可以接近正常的下滑线。若飞机超过了正常下滑线，可再松杆增大下滑角，并收小油门，减少多余的空速，沿正常下滑线下滑，完成着陆，如图中（a）所示。

（2）如果风切变层相对于跑道的高度较低，飞行员只能完成上述修正动作的前一半，而来不及做增大下滑角、减小空速的修正动作，这时飞机就会以较大的地速接地，导致滑跑距离增长，甚至冲出跑道，如图6.8（b）所示。

（3）如果风切变层相对于跑道的高度更低，飞行员来不及做修正动作，未到跑道飞机就可能触地，造成事故，如图6.8（c）所示。

2. 逆风切变对着陆的影响

飞机着陆下滑进入逆风切变区时（例如从强的顺风突然转为弱顺风，或从顺风突然转为无风或逆风），指示空速迅速增大，升力明显增加，飞机被抬升，脱离正常下滑线，飞行员面临的问题是怎样消耗掉飞机过剩的能量或过大的空速。因风切变所在高度不同也有三种情形，如图6.9所示。

（1）如果风切变层相对于跑道的高度较高，飞行员可及早收回油门，利用侧滑或蹬碎舵方法来增大阻力，使飞机空速迅速回降，并推杆回到预定下滑线之下，然后再带杆和补些油门，回到正常下滑线下滑，完成着陆，如图6.9（a）所示。

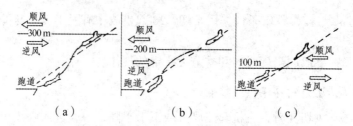

图 6.9　不同高度的逆风切变对着陆的影响

（2）如果风切变层相对于跑道的高度较低，飞行员修正过头，使飞机下降到下滑线的下面，由于此时离地很近，再做修正动作已来不及，飞机未到跑道头可能就触地了，如图 6.9（b）所示。

（3）如果风切变层相对于跑道的高度更低，飞行员往往来不及作修正动作，飞机已接近跑道。由于着陆速度过大，滑跑距离增加，飞机有可能冲出跑道，如图 6.9（c）所示。

3. 侧风切变对着陆的影响

飞机在着陆下滑时遇到侧风切变，会产生侧滑、带坡度，使飞机偏离预定下滑着陆方向，飞行员要及时修正。如果侧风切变层的高度较低，飞行员来不及修正时，飞机会带坡度和偏流接地，影响着陆滑跑方向。

4. 垂直风的切变对着陆的影响

当飞机在飞行过程中遇到升降气流时，飞机的升力会发生变化，从而使飞行高度发生变化。垂直风对飞机着陆的影响主要是对飞机的高度、空速、俯仰姿态和杆力的影响。特别是下降气流对飞机着陆危害极大，飞机在雷暴云下面进近着陆时常常遇到严重下降气流，并可能造成严重的飞行事故，如图 6.10 所示。

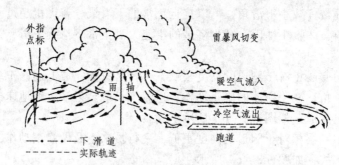

图 6.10　垂直风的切变对飞机着陆的影响

上面讨论的是几种低空风切变对飞机着陆的影响，低空风切变对起飞的影响与此类似，读者可自行分析。

四、低空风切变的判定和处置

目前，强低空风切变还是难以抗拒的，只有避开它才是最有效的办法。及时、准确地判断低空风切变的存在、类型和强度，是减轻和避免低空风切变危害，确保飞机起降安全的重要措施。

（一）如何判断低空风切变

风切变虽近年来已引起人们的密切关注，但到目前为止还没有完全弄清它的规律，因而对它的预报还存在许多困难。虽然如此，低空风切变还是有征兆可循的，目前采用的判别方法主要有以下三种。

1. 目视判别方法

通过目视观察低空风切变来临的征兆，是目前常用的一种判别方法。

（1）雷暴冷性外流气流的沙暴堤（沙尘暴前缘呈一堵又宽又高的沙壁）。雷暴冷性外流气流前缘的强劲气流会把地面的尘土吹起相当的高度，并随气流移动。它能显现出外流气流的范围和高度，其高度越高，强度愈大。一旦见到这种沙暴堤出现就应高度警惕，立即采取措施，因为紧跟在沙暴堤之后就是强烈的风切变。

（2）雷暴云体下的雨幡。雷暴云体下的雨幡是有强烈下降气流的重要征兆。雨幡的形状、颜色深浅、离地高度等都同风切变的强度有关。通常雨幡下垂高度越低，个体形状越大，色泽越暗，预示着风切变和下击暴流也越强。由于雨幡四周相当范围（1～2 km）内的风场都比较复杂，常有强的风切变，所以，一旦遇到雨幡，不仅不能穿越它，而且要与它保持一定的距离。

（3）滚轴状云。在雷暴型和强冷锋型风切变中，强的冷性外流往往有明显的涡旋运动结构，并伴有低空滚轴状云。从远处看，它犹如贴地滚滚而来的一堵云墙，其颜色多为乌黑灰暗，伴有沙尘暴时多为黄褐色。云底高一般在几百米以下，这种云的出现，预示着强烈的地面风和低空风切变的来临。

（4）强风吹倒树木和庄稼。强风或下击暴流所吹倒的成片树林和庄稼，其倒伏方向会呈现出气流的流动状况。

目视判别法比较直观、简便，但也有局限性，它只给人们提供粗略的形象特征，远不及仪器测定的精确。对于那些无目视征兆的风切变，如逆温型风切变就是一种出现在晴好天气的风切变，而且地面风速并不大，易使人忽视或产生错觉，因此需要一定的仪器设备来测定。

2. 座舱仪表判别法

在正常的起飞和着陆过程中，驾驶舱各种仪表示度有一定的变化范围。飞机一旦遭遇风切变，首先会反映到座舱仪表上来，使仪表出现异常指示。下面介绍几种主要的飞行仪表在遭遇到风切变时的反应。

（1）空速表。空速表是飞机遇到风切变时反映最灵敏的仪表之一，飞机遭遇风切变时空速表指示一般都会发生急剧变化。所以，一旦出现这种异常指示，即应警惕风切变的危害。美国波音公司规定，当空速表指示值突然改变 28～37 km/h，应中止起飞或不作进近着陆。在穿越微下击暴流时，往往先是逆风使空速增大，紧接着就是顺风使空速迅速减小，而真正的危害发生在空速迅速下降的时刻，所以不要被短时的增速所迷惑。

（2）高度表。高度表指示的正常下滑高度是飞机进近着陆的重要依据。如果飞机在下滑过程中高度表指示出现异常，大幅度偏离正常高度值时，必须立即采取措施，及时拉起。当然也应注意到遭遇微下击暴流时，会出现因遇强风而短暂的使飞机高于正常下滑高度的现象，紧接着就会发生危险的掉高度。所以，不要做出错误的判断。

（3）升降速率表。升降速率表与高度表的关系密切，在遭遇风切变时反映很明显。如果见到升降速率表指示异常，特别是下沉速率明显加大时，必须充分注意。美国波音公司建议在下降速度短时内改变值达 164 m/min（500 英尺／分）时，即认为遇到强风切变，飞行员应采取复飞等相应措施。

（4）俯仰角度指示器。俯仰角是飞机起飞、着陆时飞行员必须掌握的重要参数。例如，许多喷气运输机多采用 − 3°角下滑，+ 6°或 + 10°角起飞，在起落过程中通常控制该值保持基本不变。一旦遭遇风切变，俯仰角指示将迅速发生变化，变化越快、越大，则危害越大。美国波音公司规定，俯仰角指示突然改变超过 5°时，即认为遭遇强风切变，应停止进近而复飞。

3. 用机载专用设备探测低空风切变

为了确保飞行安全，应该使飞行员能够在空中探测强风切变。因此，现在有的飞机已装备了机载低空风切变探测设备。这种探测的基本要求是能迅速探明风切变的情况，并将探测结果显示给飞行员，以便据此作出决定。

但是，目前机载风切变探测设备性能还不完善，有的费用昂贵，还不能广泛应用。有几种探测设备，经使用试验有一定效果，如机载低空风切变警报系统，使用垂直、纵向加速度计，把风切变对飞机影响的垂直部分和纵向部分结合起来，结合机上可供使用的其他数据来计算飞机的推力余量。当推力余量下降到规定值以下时，该系统就发出警报。再如红外辐射计机载风切变探测系统，利用装在机头部位的前视红外辐射计和侧视红外辐射计，分别探测出前方 10～20 km 和侧方 200 m 范围内的温度值加以比较，根据两者的温度差确定风切变的大小。它可用于测定雷暴外流气流的阵风锋。此外，还有机载脉冲多普勒激光雷达，用于强风暴研究时空中测风。

除了上面介绍的方法外，飞行员还要善于使用来自地面或空中的关于风切变的报告。

（二）遭遇低空风切变时的处置方法

在飞行中遭遇低空风切变，怎样才能保持在预定的飞行轨迹上安全着陆、起飞，是一个极为重要而又复杂的问题。为了迅速而准确地作出反应，飞行员应该做到以下几点：

（1）首先要有思想准备。起飞前，要认真仔细地了解和研究天气预报和天气实况报告，警惕在飞行中会遇到风切变及风切变可能出现的位置、高度、强度。起飞后，要注意收听地面的气象报告和别的飞机关于风切变的报告，了解风切变的存在及其性质。避开严重风切变，对轻度风切变可借助操纵修正来克服它。

（2）不要有意识地穿过严重风切变区或强下降气流区，特别是在飞行高度低于离地高度 200 m 或有一台发动机失效时，更应切记。

（3）要与雷暴云和大的降水区保持适当距离。雷暴云的外流气流有时可以超越雷暴前方 20～30 km，因此，飞机低空飞行时应远离雷暴云 20～30 km 飞行，不要侥幸抢飞这一危险区域。在有强风切变时，不要冒险起飞、着陆。

（4）如果在最后着陆时刻遇到风切变，只要是难以改出，无法安全着陆，就应立即复飞。可以推迟着陆的，等到风切变减弱或消失后着陆，或到备降场着陆。

（5）飞机遭遇风切变时，应立即将风切变出现的区域、高度、空速变化的大小等报告飞行管制部门，以避免其他飞机误入其中。

此外组织飞行人员进行应付各种低空风切变的模拟训练，以提高应付风切变的能力，也是十分重要的措施。

第二节　飞机颠簸

人们从缭绕的炊烟、飞扬的尘土、飘扬的花絮中可以发现，空气在较大范围的运动中还有许多局部升降涡旋等不规则运动。这种不规则的空气运动，气象学上称为扰动气流，或叫乱流，又称湍流。飞机在飞行中遇到扰动气流，就会产生震颤、上下抛掷、左右摇晃，造成操纵困难、仪表不准等现象，这就是飞机颠簸。轻度颠簸会使乘员感到不适甚至受伤，颠簸强烈时，一分钟内飞机上下抛掷十几次，高度变化数十米甚至几百米，空速变化 20 km/h 以上，飞行员虽全力操纵飞机，仍会暂时失去控制。如 1971 年 11 月 22 日，日本一架波音 727 大型客机在飞往东京途中遇到扰动气流，发生强烈颠簸无法操纵，10 s 以内飞机从 9 300 m 的高度一下掉到 8 400 m，以后又继续掉到 7 200 m，1 分 10 秒后才恢复操纵。当颠簸特别严重时，所产生的较大过载因素（亦称过载）会造成飞机解体，严重危及飞行安全。如 1958 年 10 月 17 日原苏联一架图 104 客机在莫斯科附近 9 000 m 高空突然遇到扰动气流造成强烈颠簸，使机翼折断而失事。所以，飞机颠簸对飞行安全有重大影响。

一、大气乱流

空气的运动可以分为两种：一种是有规则的运动，它表明空气总的运动方向和速率；另一种是不规则的涡旋运动，表明空气的运动方向和速率存在不规则的变化。这种包含着不规则运动的气流，就是乱流，它是大气中经常出现的现象。

（一）大气乱流产生的原因

有很多因素都能引起湍流，为了方便，我们将这些因素主要分为三种，即动力、热力和风切变。

在对流层，特别是在摩擦层，当气流经过粗糙不平的地表面（丘陵、山地、建筑物、树木），常因摩擦作用而产生涡旋，这些涡旋夹杂在基本气流之中，引起空气的湍流。在地表面受热不均时，会引起热力对流，一部分空气上升，一部分空气下沉，上、下气流之间常产生扰动而形成乱流。在自由大气中，乱流是由风切变产生水平轴或垂直轴涡旋造成的。通常情况下，风的垂直切变比水平切变大得多，又因为垂直方向上高度变化不大时风向变化不大，而风速变化较大，所以风的垂直切变可用气层上下的风速差（ΔV）和高度差（ΔZ）之比来表示，即 $\Delta V/\Delta Z$。$\Delta V/\Delta Z$ 的值越大，乱流越强；反之，乱流越弱。另外乱流的强弱还与稳定度有关，大气不稳定有利于气流上升或下降，因而乱流增强；反之，稳定的大气使气流的上升或下降减弱，因而乱流也减弱。

但要注意，实际大气中的乱流是比较复杂的，任何时候都可能有两种或三种因素同时作用在同一区域。

（二）大气乱流的种类

根据乱流的成因，并考虑航空上判断乱流的需要，把大气乱流分为热力乱流、动力乱流、晴空乱流和航迹乱流四类。

1. 热力乱流

由空气热力原因形成的乱流称热力乱流。热力乱流主要是由气温的水平分布不均匀而引起的，常常出现在对流层的低层，当有较强的热力对流发展时，也可能扩展到高空。

2. 动力乱流

空气流过粗糙不平的地表面或障碍物时出现的乱流，或由风切变引起的乱流，都称动力乱流，其影响范围多在 1～2 km 高度以下。

3. 晴空乱流

晴空乱流是指出现在 6 000 m 以上的高空，与对流云无关的乱流。由于它不伴有可见的天气现象，飞行员难于事先发现，对飞行威胁很大。晴空乱流中有时也会出现一些卷云。

晴空乱流的成因与强风切变有密切关系，在高空急流附近常有强风切变，故常有晴空乱流出现。当然强风切变也可以出现在其他特定区域（如锋区和低涡区），根据计算和飞机报告，当水平风的垂直切变每 100 m 达到 1～2 m/s，水平切变达到每 100 km 为 5～6 m/s 时，常有晴空乱流发生。

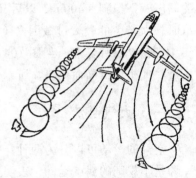

图 6.11　飞机尾涡

4. 尾涡乱流

尾涡是指飞机飞行时产生的一对绕翼尖旋转的方向相反的闭合涡旋，它的产生是因为上、下翼面之间的压力差，它们在飞机后面一个狭长的尾流区造成极强的乱流，这就是尾涡乱流，如图 6.11 所示。

涡旋的强度视飞机的重量、速度和机翼的仰角而定。尾涡强度随飞机重量和载荷因素的增大而增大，随飞行速度增大而减小，如果机翼上有附加的襟翼或其他的装置，尾涡的性质也会变化。重量大、速度小的飞机加上一马平川的地面将产生很强的尾涡。

尾涡的特点是：在两条尾涡之间，是向下的气流，两条尾涡的外侧是向上的气流。尾涡流场的宽度约为两个翼展，厚度约为一个翼展。尾涡在飞机起飞前轮抬起时产生，在着陆前轮接地时结束，在空中，尾涡大约以 120～150 m/min 的速率下降，在飞行高度以下 250 m 处趋于水平，不再下降，如图 6.12 所示。故后机应在不低于前机的飞行高度上飞行，方可免受尾流危害。

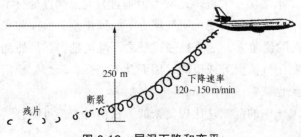

图 6.12　尾涡下降和变平

当后机进入前机的尾流区时，会出现飞机抖动、下沉、姿态改变、发动机停车甚至翻转等现象。特别是小型飞机尾随大型飞机起降，若进入前机尾流中，处置不当极易造成事故。

二、飞机颠簸的形成和强度划分

（一）颠簸的形成

1. 飞机乱流

在湍流区存在大小尺度不等的涡旋。过小尺度的涡旋，从各个方向作用到飞机上，作用力互相抵消；过大尺度的涡旋，除了飞机进入涡旋边缘引起抖动外，进入涡旋后各个部位受到相同影响，即随之做有规则的缓慢的升降运动，不会产生显著颠簸。研究表明，飞机颠簸是由那些与飞机尺度相当的、无一定顺序出现的那部分涡旋（涡旋直径为 15～150 m）造成，这种乱流称为"飞机乱流"。进一步研究证明，飞机颠簸除了与涡旋尺度有关外，还与涡旋频率有关。飞机在乱流区会遇到一个又一个涡旋的作用，这种作用力的方向、大小和时间都是随机的，飞机的运动随之发生不规则的变化，于是产生颠簸。如果这些涡旋的作用频率与飞机机翼的自然振动频率很接近，就会发生共振，颠簸会显著加剧。

2. 飞机颠簸的形成

乱流涡旋对飞机的作用，在飞机上看来，是一股方向不定、强弱不一的阵风。这种阵风可把它分解为垂直阵风和水平阵风来讨论。

如图 6.13 所示，当飞机在平飞中突然遇到速度为 W 的向上的垂直阵风时，相对气流就由原来的 V_0 改变为 V，飞机的迎角由原来的 α 增大为 $\alpha + \Delta\alpha$，于是飞机的升力由原来的 Y_0 立即增大为 $Y_0 + \Delta Y_0$，飞机突然跃升；同理，当突然遇到向下的垂直阵风时，飞机将突然下降。因乱流中垂直阵风的大小方向变化不定，所以飞机因升力不断急剧改变而呈现忽升忽降的颠簸状态。如果作用在左右机翼上的垂直阵风的方向和大小不一致，产生的力矩会使飞机产生摇晃；如果作用的时间短促而频繁，则会使飞机产生抖动。

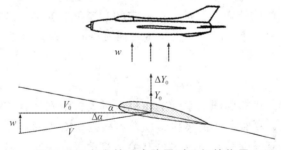

图 6.13　向上的垂直阵风对飞机的作用

当飞机在平飞中遇到水平阵风时，空速以至升力也随之发生不规则的变化，同样会造成飞机颠簸。如果水平阵风是从正前方或正后方吹来，会引起飞机上下抛掷等现象；如果是从侧方吹来，就会使飞机发生摇晃、摆头等现象。

虽然水平阵风和垂直阵风都会引起飞机颠簸，但作用的大小是不同的。因为水平阵风要比飞机的速度小得多。计算表明，在垂直阵风风速和水平阵风风速大小相等的情况下，当 $\alpha = 10°$ 时，由垂直阵风引起的升力增量约为水平阵风的 3 倍；当 $\alpha = 2°$ 时，则增大为 14 倍。因此，在一般情况下，分析飞机颠簸主要考虑垂直阵风的作用。

（二）颠簸强度的划分

在飞行中，根据飞行员感觉和目测的飞行状态的异常程度，一般把颠簸强度分为三个等级。为了帮助飞行员正确判断颠簸强度，国际民航组织已经设计出一个定义表以供使用，如表 6.3 所示。

表 6.3　颠簸强度等级表

弱（∧）	中度（∧）	强（∧）	极强
飞机轻微地和有间歇地上下投掷，空速表示度时有改变	飞机抖动、频繁地上下投掷，左右摇晃、颠簸，操纵费力，空速指针跳动达 10 km/h	飞机强烈地抖动，频繁地和剧烈地上下投掷不止，空速指针跳动达 15～20 km/s，操纵有困难	飞机被急剧地和频繁地上下抛掷，事实上无法操纵，可能造成飞机结构的损坏

（三）影响飞机颠簸强度的因子

由飞行经验可知：通过不同的扰动气流区，会有不同强度的颠簸；通过同一扰动气流区，由于飞行速度、飞机类型的不同，颠簸强度也不尽相同。这就是说，颠簸强度不单取决于外界的气流条件，而且还与飞行速度、飞机翼载荷等条件有关。下面分别讨论影响颠簸强度的各项因子。

1. 乱流强度

乱流强度取决于垂直阵风区风速和空气密度，垂直阵风的速度越大，空气密度越大，它们所引起的飞机升力的变化越大，颠簸也越强；反之，它们所引起的飞机升力的变化越小，颠簸越弱。飞机平飞时，空气密度变化不大，可以不计，这时乱流强度主要取决于垂直阵风大小。

2. 飞行速度

在低速飞行条件下（空速 600 km/h 以下），飞行速度越大，飞机因乱流而产生的振动的振幅和频率都越大，颠簸就越强。但是，在一定的乱流下，如果飞行速度继续增大，由于振动周期缩短，振幅会反而减小。因此，高速飞机遇颠簸时，常常只是"抖动"或"振荡"，飞行高度变化很小。

3. 飞机的翼载荷

翼载荷大的飞机单位机翼面积上承受的飞机重量大，受到垂直阵风冲击后产生的加速度小，所以颠簸弱；反之，翼载荷小的飞机，颠簸就较强。对于同一类型的飞机来说，由于翼面积是一定的，因而颠簸强度只与载重多少有关。载重少时颠簸较强，载重多时颠簸较弱。

但是，也不应该由此得出飞行重量越大越好的结论。增加飞行重量固然有利于减轻颠簸，但随着飞行重量的增加，机翼的紧固性也相应地减小，而且，后者的不利作用往往超过前者的有利作用。

三、飞机颠簸层的特征

（一）飞机颠簸层的空间范围

飞行经验指出，位于中、高空的颠簸层一般具有比较明显的边界，飞机一旦进入其中就会产生不同程度的颠簸，但在改变一定高度（通常不过几百米）或偏离航线几十千米，又能恢复正常的飞行状态。这说明颠簸区的厚度和水平尺度都是不大的。

1. 颠簸层的厚度

图 6.14 是加拿大和苏联上空 5.5～13.5 km 高度之间颠簸层厚度的累计出现频率的分布曲线。由图可知，加拿大和苏联高纬度地区，颠簸层厚度在 600 m 以内的大约占 60%～70%；1 km 以内的约占 85%～90%，超过 1km 的只占 10%～15%。

苏联资料表明，在高度 6～12 km，强颠簸层的厚度通常不超过 200～300 m，这与美国和加拿大强颠簸层的厚度基本一致。

2. 颠簸层的水平宽度

颠簸层的水平宽度可以从几千米到 400～500 km。图 6.15 是加拿大、美国、苏联颠簸层水平宽度的累计频率曲线，由图可见，颠簸层水平宽度在 100 km 以下的约占 80%，100 km 以上的不足 20%。

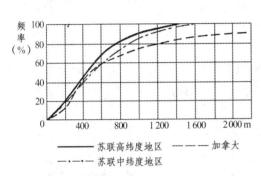

图 6.14　加拿大、苏联中高空颠簸层厚度
累计出现频率

——— 苏联高纬度地区　——— 加拿大
——— 苏联中纬度地区

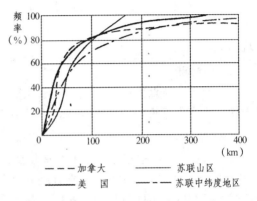

图 6.15　加拿大、苏联、美国中高空
颠簸层水平宽度累计出现频率

——— 加拿大　　　——— 苏联山区
——— 美　国　　　——— 苏联中纬度地区

（二）飞机颠簸层随纬度和高度的分布

不同种类的颠簸层，在不同的纬度和高度上出现的频率是不同的。

一般说，动力乱流颠簸多见于中高纬度大陆，多数离地面不超过 1～2 km；热力乱流颠簸，则是低纬地区多于高纬地区，并多出现在对流层的中层；晴空乱流颠簸多出现在对流层上部和平流层。图 6.16 为在中纬度大陆上，几种乱流在各高度上的出现频率。由图还可看出，颠簸出现的总频率，以离地 2 km 高度以下最大（可达 20%），对流层中层较小（10% 左右），对流层上层又增大（12%）；在平流层，颠簸频率随高度减小，通常在 8% 以下。

（三）飞机颠簸强度出现概率

在由飞机观测的各种颠簸强度等级中，一般以弱颠簸最多，其次是中度颠簸，强颠簸出现的次数是很少的。如在对流层，强颠簸约占颠簸总数的 5%。

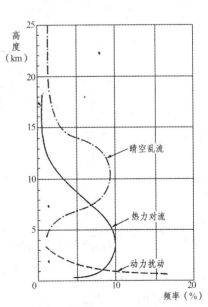

图 6.16　中纬度大陆几种乱流在各
高度上的出现频率

四、产生颠簸的天气系统和地区

（一）天气系统

1. 锋　面

大气锋面及其附近，是非常有利于湍流发展的地方。由于冷暖空气的交汇，暖空气被抬升，以及锋面的移动，都会引起垂直气流和水平气流的差异而形成乱流。一般锋面移动速度越快，两侧气团越不稳定，产生的乱流颠簸就越强。较强的颠簸多出现在锋面附近，冷气团一侧出现的频率比暖气团一侧大。此外，冷锋附近的颠簸比其他锋面强，特别是第二型冷锋，对飞行特别危险。

2. 空中槽线和切变线

在空中槽线和切变线附近，由于气流呈气旋式变化，并常常有冷暖温度平流，使大气层结不稳定，再加上气流有辐合辐散，因此乱流易于发展。在飞机穿越槽线和切变线时，常会出现明显的颠簸。

3. 高空低涡

飞机穿过高空低涡时，碰到的高空风很小，但风向打转，并且由于高空低涡大多是冷性的，使气层变得不稳定，乱流发展，飞机会遇到中度以上的颠簸。

4. 急流区

在急流区，一般存在比较大的风速切变，在风的垂直切变每 100 m 超过 2 m/s，水平风切变每 100 km 超过 6 m/s 的地方，常有乱流存在造成颠簸。图 6.17 是北半球高空西风急流区的颠簸频率分布图，由图可见，颠簸频率最大区出现在急流轴的低压一侧（西风急流的高纬度一侧）下方，那里的风速大约相当于急流轴风速的一半。另外，在急流转弯处和两支急流汇合处，相对来说，乱流更容易发展，颠簸也容易增强；当急流轴横过山地时，山地背风面的乱流也会加强。

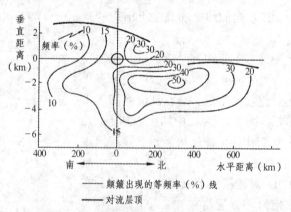

图 6.17　高空急流区颠簸频率的分布

5. 对流层顶附近

在对流层顶附近，尤其在对流层顶有断裂现象和对流层顶坡度较陡时，往往有较强的乱流出现。据有关资料记载，当对流层顶坡度达到 1/100 ～ 1/300 时可以产生颠簸，当坡度大于 1/100 时颠簸将十分强烈，可见对流层顶附近是一个重要的晴空颠簸区。

（二）地区性颠簸

1. 地表热力性质不同的地区

由于热力乱流主要是因地表增热不均而引起的，当机场周围存在热力性质不同的地表，如草地与沙地，河、湖、森林与山丘、石地、铺设过的道路等，在晴天午后，就容易出现强度不等的热力乱流，对飞机起落造成影响，如图 6.18 所示。

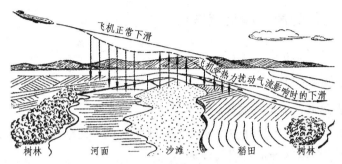

图 6.18　热力乱流对飞机下滑角的影响

热力乱流的强度与近地层温度差异的大小和大气稳定度有关。当气温直减率达到 0.7 ℃/100 m 以上时，常有中度到强烈的乱流颠簸；当天空有云层密布或地面为积雪覆盖时，一般不会出现明显的乱流。

2. 山区及地表粗糙区

山区及地表粗糙区动力乱流比较强。这种动力乱流的强度和规模，决定于风向、风速、下垫面粗糙度和近地层大气稳定度三个因素。例如，当强风从高大山脊正面吹过时，不但可形成较强的乱流，有时还会形成山地波。在山地上空飞行，由这种动力乱流造成的颠簸是比较常见的。

3. 积状云区

积状云是由对流形成的，而对流和乱流常常是同时存在的，因此，积状云常常是颠簸区的明显征兆。

在淡积云区云顶高度以下飞行时，要受云中上升气流和云外下降气流的交替影响，一般有轻度颠簸，在云上比较平稳。在发展旺盛的浓积云和积雨云中，一般都有较强的颠簸。在积雨云顶以上 100 m 左右、云底以下至近地面附近，以及云体周围相当于云体 1～2 倍的范围内，也常常存在程度不同的颠簸，如图 6.19 所示。

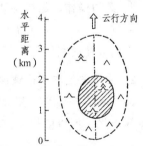

图 6.19　积雨云区颠簸的水平分布

4. 低层风切变区

这里主要讲机场地形等因素影响而形成的局地风切变。如图 6.20 所示，机场位于盆地，夜间地表冷却，冷空气聚集在盆地，形成逆温层，盆地内风速较小，在上空不受盆地影响的高度，若有较强的暖湿气流吹来，在其界面上就会形成明显的风切变。如果风切变的高度很

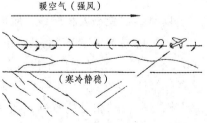

图 6.20　盆地低层风切变乱流

低，飞机在起降时又遇到下降气流或突然增大的顺风，就有坠地的危险。

在我国青藏高原，由于特殊的自然地理条件，在 7 500～9 000 m 的飞行高度上，热力乱流、动力乱流和晴空乱流都能起作用，因此颠簸出现的频率和强度都高。例如成都至拉萨航线，基本上每次飞行都会遇到颠簸，即颠簸的出现频率接近 100%，其中轻度颠簸占 34%，中度颠簸占 60%，强烈颠簸占 6%。

五、颠簸对飞行的影响和处置方法

（一）颠簸对飞行的影响

颠簸对飞行的影响可以分为三个方面：

1. 使飞机操纵困难，甚至失去操纵

飞机颠簸使飞行状态和飞机动力性能发生不规则变化，使某些仪表误差加大，从而失去稳定性，甚至失常、难以保持正确的飞行状态。

2. 损害飞机结构，减少发动机功率

强颠簸可以使飞机部件受到损害，酿成事故；由于阻力加大，燃料消耗增加，航程和续航时间都会减少。高空飞行时，强颠簸还可能使发动机进气量减少而自动停车。

3. 造成飞行人员和乘客的紧张和疲劳，甚至危及安全

严重颠簸时，飞机可在几秒钟内突然下降（或上升）数十米至数百米。如 1982 年台湾一架波音 747 在飞行中遇强烈颠簸，使未系安全带的旅客 19 名受伤、2 名死亡。

（二）颠簸时的处置方法

1. 柔和操作，保持平飞

颠簸不强，一般可以不修正，颠簸较强需要修正时，切忌动作过猛，以免造成飞行状态更加不稳或使飞机失速。低空飞行时，应特别注意保持安全高度。

2. 采用适当的飞行速度

因为颠簸产生的负荷因素变量，除与乱流强度有关外，还与飞行速度有关，一般速度越大颠簸越强，所以应根据该机型的驾驶手册规定的适当速度飞行。

3. 飞行速度和高度选定之后不必严格保持

仪表指示摆动，往往是颠簸的结果，不一定表示飞行速度和高度的真实变化，过多地干涉这些变化，只会引起载荷发生更大变化。只有速度变化很大时，才需改变油门的位置。

4. 适当改变高度和航线，脱离颠簸区

颠簸层厚度一般不超过 1 000 m，强颠簸层厚度只有几百米。颠簸区水平尺度多在 100 km 以下，所以飞行中出现颠簸可改变高度几百米或暂时偏离航线几十千米，就可以脱离颠簸区。在低空发生强颠簸时，应向上脱离，在高空发生颠簸时，应根据飞机性能以及飞机与急流轴相对位置确定脱离方向。误入积雨云、浓积云中发生颠簸，应迅速脱离云体到云外飞行。

第三节 飞 机 积 冰

飞机积冰是指飞机机身表面某些部位聚集冰层的现象。它是由于云中过冷水滴或降水中的过冷雨滴碰到机体后冻结而形成的，也可由水汽直接在机体表面凝华而成。冬季，露天停放的飞机有时也能形成积冰。

飞机积冰多发生在飞机外突出的迎风部位。任何部位的积冰都会使飞机的空气动力性能变坏，使飞机升力减小，阻力增大，影响飞机的稳定性和操纵性。随着航空技术的发展，飞机的飞行速度及飞行高度的提高，机上的防冰和除冰设备的日趋完善，积冰对飞行的危害在一定程度上是减小了，但是由于各种任务的需要，中、低速的飞机仍然在使用，近年来直升机亦逐渐广泛使用。另外，高速飞机在低速的起飞着陆阶段，或穿越浓密云层飞行中同样可能产生严重积冰。所以了解产生积冰的气象条件、积冰对飞行的影响，以及飞行中如何防止或减轻积冰，仍然是十分重要的。

一、飞机积冰的形成

（一）飞机上聚集冰层的机制

1. 飞机积冰的原理

大气中经常存在着温度在 0 ℃ 以下仍未冻结的过冷水滴（云滴、雨滴），这种过冷水滴多出现在 0 ℃ ~ - 20 ℃ 的云和降水中。实践表明，当气温低于 0 ℃，相对湿度大于 100% 时，过冷水滴就形成了。在温度低于 - 40 ℃ 时，过冷水滴就会立即冻结，但是在温度高于 - 40 ℃ 时，水滴就会在较长的时间内保持液态存在，具体时间取决于水滴的大小和纯度。小的过冷水滴比大的过冷水滴存在的时间长，出现的温度也更低。过冷水滴的一个非常重要的特征就是不稳定，稍受震动，即冻结成冰。当飞机在含有过冷水滴的云中飞行时，如果机体表面温度低于 0 ℃，过冷水滴就会在机体表面某些部位冻结并聚积成冰层。

2. 飞机积冰的过程

因受潜热的影响，过冷水滴冻结成冰的过程，可以分为两个阶段：① 每一个过冷水滴碰到机翼时就开始冻结，形成冰针网，周围充满了水，释放出的潜热使过冷水滴没有冻结的部分温度升高，沿着翼面流动，流动的液态部分通过蒸发和传导而冻结。这个过程进行的速率在很大程度上取决于过冷水滴原来的温度，如果过冷水滴的温度较高（接近 0 ℃），先冻结的部分放出的潜热可使未冻结部分升温到 0 ℃ 或以上，这样过冷水滴的冻结速度较慢，冻结得也比较牢固。② 如果过冷水滴较小，温度很低（接近 - 20 ℃），冻结速度就很快，往往在飞机上直接冻结，此时潜热仍然会释放出来，但它使过冷水滴在凝结之前变暖的能力大大下降。

3. 飞机积冰的基本条件

从上面的讨论可知，机身产生积冰的基本条件是：气温低于 0 ℃，飞机表面的温度低于 0 ℃ 和有温度低于 0 ℃ 的水滴存在。

（二）飞机积冰的种类

飞机表面上所积的冰是多种多样的：有的光滑透明，有的粗糙不平，有的坚硬牢固，有的松脆易脱。它们的差异主要是由云中过冷水滴的大小及其温度的高低决定的。根据它们的结构、形状以及对飞行影响程度不同，可以分为明冰、雾凇、毛冰和霜四种。

1. 明　冰

明冰是光滑透明、结构坚实的积冰。明冰通常是在温度为 0 ℃ ～ – 10 ℃ 的过冷雨中或由大水滴组成的云中形成的。在这样的云雨区，由于温度较高，水滴较大，冻结较慢，每个过冷水滴碰上机体后并不全在相碰处冻结，而是部分冻结，部分顺气流蔓延到较后的位置上冻结，在机体上形成了透明光滑的冰层——明冰。在有降水的云中飞行时，明冰的聚积速度往往很快，冻结得又比较牢固，虽用除冰设备也不易使它脱落，因而对飞行危害较大。而在没有降水的云中飞行时，这种冰的成长就慢得多，危害性也小一些。

2. 雾　凇

与地面上所见的雾凇一样，是由许多粒状冰晶组成的，不透明，表面也比较粗糙。这种冰多形成在温度为 – 20 ℃ 左右的云中。因为这样的云中过冷水滴通常很小，相应的，过冷水滴的数量也较少。碰在飞机上冻结很快，几乎还能保持原来的形状，所以形成的冰层看起来就像"砂纸"一样粗糙。同时由于各小冰粒之间一般都存在着空隙，所以冰层是不透明的。雾凇的积聚速度较慢，多出现在飞机的迎风部位，如机翼前沿。

与明冰相比，雾凇是较松脆的，很容易除掉，对飞行的危害要小得多。

3. 毛　冰

这种冰的特征是表面粗糙不平，但冻结得比较坚固，色泽像白瓷一样，所以也有人叫它瓷冰。它多形成在温度为 – 5 ℃ ～ – 15 ℃ 的云中，因为这样的云中往往是大小过冷水滴同时并存，所以形成的积冰既具有大水滴冻结的特征，又具有小水滴冻结的特征。有时，在过冷水滴与冰晶混合组成的云中飞行，由于过冷水滴夹带着冰晶一起冻结，也能形成粗糙的不透明的毛冰。

由于毛冰表面粗糙不平，会破坏飞机的流线型，同时又冻结得比较牢固，所以对飞行的影响不亚于明冰。

4. 霜

霜是在晴空中飞行时出现的一种积冰，它是飞机从寒冷的高空迅速下降到温暖潮湿但无云的气层时形成的，或从较冷的机场起飞，穿过明显的逆温层时形成的。它不是由过冷水滴冻结而成，而是当未饱和空气与温度低于 0 ℃ 的飞机接触时，如果机身温度低于露点，由水汽在寒冷的机体表面直接凝华而成，其形状与地面物体上形成的霜近似。霜的维持时间不长，机体增温后消失，只要飞机表面温度保持在 0 ℃ 以下，霜就一直不会融化。虽然霜很薄，但它对飞行依然有影响，下降高度时在挡风前结霜，会影响目视飞行。冬季停放在地面上的飞机也可能结霜，一般要求清除机体上的霜层后才能起飞。

二、飞机积冰的强度

（一）积冰强度的等级划分

积冰强度通常是指单位时间内机体表面所形成冰层的厚度，单位是 mm/min，分为弱、中、强、极强四个等级。这种划分积冰强度的方法只有用专门探测装置才能准确测定。实际飞行中常以整个飞行过程所积冰层的厚度来衡量，以厘米为单位。这两种方法的强度划分情况见表6.4所示，预报工作中一般只分三个等级。

表 6.4　飞机积冰强度等级划分

积冰等级	弱积冰（ ⌣ ）	中度积冰（ ⌣⃒ ）	强积冰（ ⌣⃒⃒ ）	极强积冰
单位时间积冰厚度（mm/min）	<0.6	0.6～1.0	1.1～2.0	>2.0
飞行过程所积冰层厚度（cm）	≤5.0	5.1～15.0	15.1～30.0	>30.0

然而对这些分类必须说明的是：在某些情况下，一位飞行员觉得是"轻度积冰"的，对另一个飞行员来说却可能认为是"中度积冰"。在相同的积冰条件下，不同飞机的反应也不一样。

（二）影响飞机积冰强度的因子

飞机积冰强度与气象条件和飞机空气动力特性有关。在一般情况下，主要与云中过冷水含量、过冷水滴的大小、飞行速度及积冰部位的曲率半径等因素有关。

1.云中过冷水含量和水滴的大小

云中过冷水含量越大，积冰强度也越大。过冷水含量超过 1 g/m^3 时，积冰最为严重。云中过冷水含量主要是由气温决定的，温度越低，过冷水含量越少，所以强积冰多发生在 $-2 \text{ ℃}\sim -10 \text{ ℃}$ 范围内。由于大的过冷水滴有较大的惯性，容易和飞机相碰，所以单位时间内形成的冰层厚，积冰强度大。在其他条件相同时，水滴越大积冰强度越强。

2.飞行速度

在低速飞行条件下（空速 600 km/h 以下），飞行速度越大，单位时间内碰到机体上的过冷水滴越多，积冰强度就越大。但是，当飞机高速飞行的，往往不发生积冰，这主要是由于飞机动力增温而使飞机表面温度升高到 0 ℃ 以上的原因。

3.机体积冰部位的曲率半径

机体曲率半径小的地方，与过冷水滴相碰的机会多，故积冰也强。例如，飞机积冰常最先在翼尖、空速管、天线、铆钉等部位出现，而积冰速度也较快，翼根部位积冰较慢。同样的道理，曲率半径小的机翼积冰比曲率半径大的机翼大一些。

（三）高速飞行时的积冰特点

高速飞行通常指空速大于 600 km/h 的飞行。高速飞行时，由于动力增温作用，使机体表面温度大大高于环境大气温度，从而使积冰的形成、种类和强度都与低速飞行时不同。

动力增温就是空气与机体表面剧烈摩擦和被压缩而使机体表面温度升高的现象。动力增温的大小与空速、机体部位以及空气中水滴的含量等因素有关。在其他条件相同时，机翼的滞点动力增温值最大。实际上，由于大气中常存在水滴吸收热量的因素，特别是在云雨中，增温值要小得多，如表6.5所示。

表 6.5　滞点增温与空速的关系

空速/（km/h）	100	200	300	400	500	600	700	800	900	1 000	1 100	1 200
晴空中 ΔT/℃	0.4	1.6	3.5	6.2	9.6	13.9	19.0	24.6	31.2	38.7	46.8	55.4
云雨中 ΔT/℃	0.2	1.0	2.1	3.7	5.8	8.3	11.4	14.8	18.7	23.2	28.1	33.2

由于动力增温使机体表面温度升高，使产生飞机积冰所要求的大气温度降低，空速越大，飞机积冰时的气温就越低。例如，空速在 800 km/h 时，气温在 -15 ℃ 以下才可能产生积冰，近音速飞行则在 -20 ℃ 以下。但由于气温在 -20 ℃ 以下时，一般过冷冰滴含量很少，积冰也不可能太强烈。超音速飞机在巡航状态下是不会积冰的，但在起飞、爬高或下降进入着陆，以亚音速飞行时，同样可以发生积冰。据统计，有 90% 的飞机积冰是空速在 600 km/h 以下发生的。另外，由于滞点的动力增温值最大，其他部位相应减少，高速飞行时，机翼前部的温度可能是正的，而后部（如襟翼和调整片）的温度则可能是负的。这样，就会形成槽形积冰，对飞机的空气性能造成更大的影响，如图 6.21 所示。

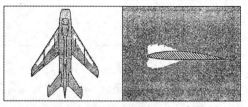

图 6.21　槽形积冰

三、产生飞机积冰的气象条件

（一）飞机积冰与云中温度、湿度的关系

通常飞机积冰形成于温度低于 0 ℃ 的云中。但云中温度越低，过冷水滴越少，故在温度低于 -20 ℃ 的云中飞机积冰的次数是很少的，根据观测资料，气温在 0 ℃ ~ -20 ℃ 范围内的积冰占 80%；-2 ℃ ~ -10 ℃ 范围占 68.3%；强积冰也多发生在 -2 ℃ ~ -10 ℃ 范围内。据我国西南、西北、华中和华东等地区 1960—1980 年间的飞机积冰报告资料，积冰次数随云中温度的分布如图 6.21 所示，与上面的结论十分吻合。因此，在飞行中了解 0 ℃、-2 ℃、-10 ℃ 及 -20 ℃ 各等温线的高度，对判断积冰的可能性和强度有重要作用。

从图 6.22 可知，云中温度在 +2 ℃ ~ 0 ℃ 范围内也有积冰，云中温度略高于 0 ℃ 时产生积冰的原因是：在云中相对湿度小于 100%，飞行速度又不大的情况下，水滴碰到机体上后，强大的气流使水滴强烈蒸发而降温，若降温作用超过了动力增温作用，则机体表面温度降至 0 ℃ 以下，于是形成积冰；或者是原在低于 0 ℃ 区域飞行的飞机，突然进入（如降低飞行高度）暖湿区域中，由于机体表面温度仍在 0 ℃ 以下，于是水汽在机体表面凝华，形成一层薄霜。此外，在喷气发动机进气口和螺旋发动机汽化器等部位，由于流经该处的空气发生膨胀冷却，温度可降低几度，也能产生积冰。

飞机积冰与云中温度的关系，还与飞行速度有关。有利于积冰的云中温度，低速飞机相对高一些，高速飞机相对低一些，这是因为动力增温值不同的缘故。飞机积冰与空速和云中气温的关系如图 6.23 所示。

此外，飞机积冰还与云中湿度有关，温度露点

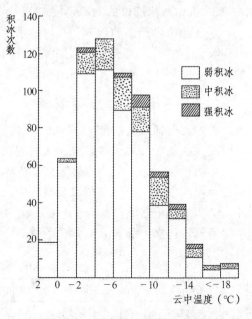

图 6.22　云中温度与积冰次数

差可以反映云中相对湿度的大小。显然，云中温度露点差值越小，相对湿度就越大，越有利于积冰的形成。据统计，飞机积冰一般发生在云中温度露点差＜7℃范围内，以0～5℃发生积冰最多，强积冰多发生在温度露点差为0～4℃范围内。

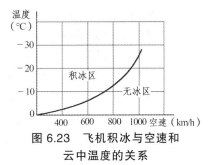

图 6.23 飞机积冰与空速和
云中温度的关系

（二）飞机积冰与云状的关系

不同的云，云中的含水量和水滴大小是不同的，因而云中积冰也有不同的特点。

1. 积云和积雨云

积云（主要指浓积云）、积雨云中上升气流强，云中含水量和水滴都很大，因而云中积冰强度比较大。最强的积冰多见于将要发展成积雨云的高大浓积云的上半部和积雨云成熟阶段的上升气流区，而且常常积明冰。云的顶部或边缘部分，积冰相对较弱。在云内下部，因为温度在0℃以上，没有积冰。

2. 层云和层积云（或高积云）中的积冰

这两种云多出现在逆温层下，云中含水量中等，含水量分布由云底向上增大。因此，云中积冰强度比积状云为小，通常为弱积冰或中积冰，而且云的上部比下部要强一些。这种云层出现的范围很大时，若在云中长时间飞行，也会积出很厚的冰层。层云和层积云的高度较低，夏季云中温度均在0℃以上，云中飞行不会积冰。

3. 雨层云和高层云中的积冰

这两种云的水滴含量也比积状云少，积冰强度一般较弱。但在锋线附近的雨层云中飞行，由于范围大，也能产生强积冰。另外，雨层云和高层云是由系统性上升运动生成的，垂直速度很小，含水量和水滴大小通常都随高度减小，所以积冰强度随高度减弱。

（三）飞机积冰与降水的关系

在云中或云下飞行时，如遇含有过冷水滴的降水，因为雨滴一般比云滴大得多，即使飞行时间很短，也能产生较厚的积冰。含有过冷水滴的降水主要有冻雨、冻毛毛雨和雨夹雪，在这些降水区飞行，飞机会迅速积冰，危及飞行安全。

（四）容易产生飞机积冰的时间和地区

根据飞行实践经验和资料统计可知，全年产生飞机积冰的季节主要出现在冬半年，尤其是冬季发生的次数最多，可占全年的一半或以上。例如我国西北地区从1960年到1980年的飞机积冰统计表明，发生在冬半年的累计频率为85.4%。

冬半年最容易产生积冰的高度层是5 000 m以下的云中，飞行高度在3 000 m左右最多。云中温度在－4℃～－10℃范围内出现积冰的概率最大，如湿度条件适宜，均可有中度以上的积冰产生。据西安地区的统计，积冰最常发生在4 500 m以下的云中。

在锋面附近或在穿越锋区时积冰的概率较大，在发展的暖锋中，暖空气正被沿着锋面抬升，这时最容易形成积冰。据武汉地区1956—1982年资料统计，由于锋区而造成的积冰次数占总数的64.3%，造成中度以上积冰的次数占该强度总数的77.8%。

对积冰与温度、湿度的关系及中国高空气候资料（共选用 103 个站）统计分析后作出我国飞机积冰的气候区划，可知全国共分为四个区，如图 6.24 所示。

① Ⅰ区：最易发生积冰，包括东北大部分及青藏高原。

② Ⅱ区：较易发生积冰，该区伸展范围较广，从东部沿海到我国最西部的中部地带。

③ Ⅲ区：不易发生积冰，主要是长江中下游以南地区。

④ Ⅳ区：最不易发生积冰，主要包括华北、新疆、辽宁的部分地区。

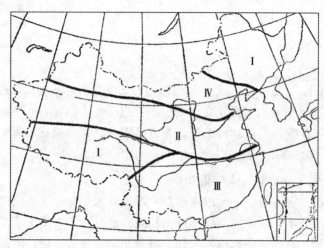

图 6.24　我国飞机积冰的气候区划

四、积冰条件下的飞行

（一）积冰对飞行的影响

飞行中，比较容易出现积冰的部位主要有：机翼、尾翼、风挡、发动机、桨叶、空速管、天线等，无论什么部位积冰都会影响飞机性能，其影响主要可分为以下三个方面。

1. 破坏飞机的空气动力性能

飞机积冰，增加了飞机的重量，改变了重心和气动外形，从而破坏了原有的气动性能，影响飞机的稳定性。机翼和尾翼积冰，使升力系数下降，阻力系数增加，并可引起飞机抖动，使操纵发生困难。如果部分冰层脱落，表面也会变得凹凸不平，不仅造成气流紊乱，而且会使积冰进一步加剧。高速飞行时机翼积冰的机会虽然不多，但一旦积了槽状冰，这种影响就更大，所以一定要注意。

2. 降低动力装置效率，甚至产生故障

螺旋桨飞机的桨叶积冰，减少拉力，使飞机推力减小。同时，脱落的冰块还可打坏发动机和机身。

汽化器的功能是通过发动机动力装置上的节流阀，调节与空气混合的燃油，形成供燃烧的混合气体。然而，从进气口来的空气进入汽化器，使文氏管内压力和温度降低，当燃油注入气流中来时，温度会进一步降低。文氏管和燃油蒸发引起的双重冷却效应改变了空气的湿度，使暴露在空气中的进气口积冰。

在空气中湿度较大的区域如雾、云或降水中，如果外部温度低于+15 ℃，则会在发动机

· 158 ·

进气口或汽化器上出现积冰。这样就会使进气量减少，进气气流畸变，造成动力损失，甚至使发动机停车。

对长途飞行的喷气式飞机来说，燃油积冰是一个重要问题。长途高空飞行，机翼油箱里燃油的温度可能降至与外界大气温度一致——约为 -30 ℃。油箱里的水在燃油系统里传输的过程中很可能变成冰粒，这样就会阻塞滤油器、油泵和油路控制部件，引起发动机内燃油系统的故障。

3. 影响仪表和通讯，甚至使之失灵

空气压力受感部位积冰，可影响空速表、高度表等的正常工作，若进气口被冰堵塞，可使这些仪表失效。天线积冰，影响无线电的接收与发射，甚至中断通讯。另外，风挡积冰可影响目视，特别在进场着陆时，对飞行安全威胁很大。

另外，直升机积冰的气象条件与活塞式飞机的积冰条件相似，但直升机对积冰的反应更为敏感。由于直升机可用功率有限，操纵面较小，故积冰更易导致危险。直升机旋翼积冰对飞行的影响最大。积冰破坏了旋翼的平衡，引起剧烈震动，使直升机安全性能变差，操纵困难。积冰严重时，可导致飞行事故。当直升机悬停时，桨叶积冰使载荷性能变差，只要积有 0.75 mm 厚的冰就足以使其掉高度。

涡轮螺旋桨直升机的进气道和发动机进气装置也会积冰，使进气量减少，而发动机燃油调节系统仍按正常进气量供油，造成发动机过分富油燃烧，影响发动机工作，严重时会导致熄火停车。另外，如进气道的加温装置接通得晚，脱落下来的冰块会打坏发动机。

（二）积冰的预防和处置措施

飞机积冰对飞行有很大影响，它不仅妨碍飞行任务的完成，有时甚至可能危及飞行安全。因此，预防和正确处置积冰是极其重要的。

1. 飞行前的准备工作

（1）飞行前认真研究航线天气及可能积冰的情况，做好防积冰准备是安全飞行的重要措施。积冰主要发生在有过冷水滴的云中，飞行前应仔细了解飞行区域的云、降水和气温的分布，以及 0 ℃ 及 -20 ℃ 等温线的高度。较强的积冰多发生在云中温度为 -2 ℃ ～ -10 ℃ 的区域内，因此特别要注意 -2 ℃ 和 -10 ℃ 等温线的高度。

（2）结合飞机性能、结构和计划的航线高度、飞行速度等因素，判断飞行区域积冰的可能性和积冰强度。同时，确定避开积冰区或安全通过积冰区的最佳方案。

（3）检查防冰装置，清除机面已有积冰、霜或积雪。

2. 飞行中的措施

（1）密切注意积冰的出现和强度。除观察积冰信号器和可目视的部位外，出现发动机抖动，转速减小，操纵困难等，也是积冰出现的征兆。

（2）防冰和除冰。必须记住的是，在飞行中，如果冻结温度很低，汽化器很少出现积冰。当大气温度在 +10 ℃ 到 +15 ℃ 并伴有降水时，汽化器最容易出现积冰。在这种条件下，无论发动机处于何种工作状态，汽化器都会出现严重积冰。

对汽化器积冰的问题，可以通过发动机进气口对汽化器进行加热来解决，把进入汽化器的空气温度加热到 20 ℃，汽化器温度将保持在冰点以上。

长途飞行时，为防止燃油积冰，可用燃油加热器来加热，或空气对油料的热量转换。这样对从油箱流往发动机的燃油进行加热，使冰粒融化，可以避免发动机及油料系统故障。

（3）如果积冰强度不大，预计在积冰区飞行很短时间，对飞行影响不大，可继续飞行。如果积冰严重，防冰装置不能除掉冰，应迅速采取措施脱离积冰区。当判断积冰水平范围较大时，可采取改变高度的方法；水平范围较小（如孤立的积状云中）时，则可改变航向。由于强烈积冰的厚度层一般不超过 1 000 m，所以改变高度几百米便可脱离强积冰区。

（4）飞机积冰后，应避免做剧烈的动作，尽量保持平飞，保持安全高度；着陆时也不要把油门收尽，否则会有导致飞机失速的危险。

3. 做好地面停放飞机的除冰工作

飞机在地面停放或滑行时积冰，称为地面积冰，它影响飞行安全。地面积冰有三类：

（1）霜和晶状冰。它是在飞机表面温度在 0 ℃ 以下且低于气温的情况下，由水汽凝华而成的。这类冰的密度不大，附着力不强，容易除掉。

（2）过冷雨或毛毛雨在机体表面冻结而成的雨凇，或是有过冷雾时在机体表面形成的雾凇。这类积冰附着机体牢固，不易清除。

（3）机体表面的露、湿雪等因气温突然下降冻结而成的冰层。由湿雪冻结的冰层对飞行影响最大。

飞机地面积冰一般先出现在迎风面上，然后再扩大到其他部位，故积冰厚度是不均匀的。风洞试验表明，飞机有 2～3 mm 的地面积冰时，和积有厚的光滑冰层相比，最大升力系数和临界迎角的减小程度几乎相同。所以，在起飞前，必须清除飞机上的积冰。

第四节　山地和高原飞行气象特点

一、山地飞行气象特点

我国是个多山国家，山地面积广大，海拔 500 m 以上的面积占全国总面积的 84%。山地地形复杂，天气多变，在山地飞行常会遇到复杂的气象条件。

（一）山地的气流

山地对大气运动的影响比平原要大得多，那里气流特别紊乱，飞行条件复杂。这种影响既有动力原因，也有热力原因；既影响水平气流，也影响垂直气流。

1. 山地的升降气流

气流遇到短的山脊或孤立山峰时，一部分从山的两侧绕过，另一部分从山顶越过，这样的升降气流一般不强。如果气流遇到大的山脉，大部分气流将被迫从山顶越过，造成强烈的升降运动，迎风一侧为上升气流，背风一侧为下降气流。最强的升降气流出现在山坡上，据观测可达 15～20 m/s。在垂直方向上，通常升降气流在距山顶或山坡 500～1 000 m 的层次中最强，向上则很快减弱。上升气流在距山相当远的地方就可出现，距离的长短与山的高度和坡度有关，山越高越陡，距离就越长。

山地飞行，在迎风坡上飞机受上升气流的抬举自动升高，在背风坡上则受下降气流的影响而自动降低，还易被下降气流带入背风坡的涡旋中，给飞行带来危害。所以，山地飞行一定应在安全高度以上。

山地的升降气流也受热力作用的影响。由于山地地表起伏不平，各地增热不一，热力对流易于发生和发展。白天，山顶、山坡上的气温高于谷地上空同高度上的气温，山顶、山坡有空气上升，谷地则有空气下降。夜间则相反，山顶、山坡的空气降温比谷中同高度的空气降温要快，于是就出现了沿坡下滑的下降气流和谷地的上升气流。因此，即使风很微弱，在山地飞行仍会遇到颠簸。

2. 山地的乱流

气流越山时，由于摩擦作用在山坡上产生涡旋形成湍流。这种涡旋多贴附于山坡上，高度较低。迎风坡的涡旋为地形所阻，停留在原处，背风坡上的涡旋则不断形成并随气流向下游移动，逐渐消失。气流越山时又可由风速的垂直切变在山地上空产生乱流，它主要出现在山顶和背风坡上空。这是因为气流过山时，山顶风速大，而背风坡风速小，在垂直方向上有很大的风速切变所造成的。因此背风坡上的湍流较强，伸展高度也较高。

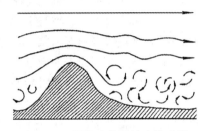

图 6.25　强风时背风坡上的乱流

山地乱流的强弱与风速关系密切，风速越大，乱流越强，出现乱流的层次也越厚。在山的背风坡上，当风速增大到 10~12 m/s 时，气流就混乱了（图 6.25）。乱流发展的程度还与风向同山脊的交角、地形特点以及气层的稳定度、山地相对高度等有关。风与山脊的交角越接近直角，地形越陡峭，气层越不稳定时，则乱流发展得越强，乱流区的范围也越大。

在山谷中，当风向与山脉走向垂直时，山谷中迎风坡和背风坡上的乱流同上述情况相似。若在山谷中飞行，应避开背风坡而靠近迎风坡，以减小乱流的影响，如图 6.26 所示。当风顺着山谷吹时，谷中乱流随风速增大而增强。此外，从峡谷吹来的强风进入宽广的谷地或平原时，由于沿山散开的气流速度骤减，主流与两旁气流之间存在大的风切变，因而有时在主流的两侧形成绕垂直轴的强大涡旋，如图 6.27 所示。如果顺风向沿山谷飞行，应尽力避免靠近谷底或山坡，出口时也不要过早转弯，以免误入两旁的涡旋气流中。

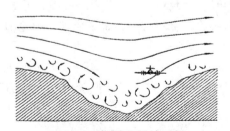

图 6.26　靠近迎风坡飞行

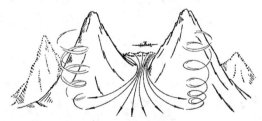

图 6.27　山谷气流出口处两侧的涡旋

山地也有由于热力原因形成的乱流，所及高度达 2~3 km，气层不稳定时可达 4~5 km。山地热力乱流除了具有明显的日变化（早晚弱、午后强）外，其主要特点是各区域乱流出现的时间和强度差异甚大。例如，早晨朝东的山坡和山岭比谷地和朝西的山坡接受太阳辐射早、增热快，乱流出现的时间就早；同时，朝东山坡和山岭上的气温与周围同高度上的气温差异也较大，乱流的强度和厚度也要大些。对北半球来说，白天朝南的山坡气温比朝北的山坡气温高，其乱流也要强得多。

气流越山时，在一定的条件下会形成山地背风波，这在前面已有介绍，这里不再赘述。

（二）山地的云、雾和降水

就空气的冷却条件来说，山地比平原有利，因此，山地的云、雾和降水一般比附近平原地区要多，但分布极不均匀。

1. 山地的云

山地上空的云，在迎风坡和背风坡有明显的差异。在迎风坡，气流沿坡上升，有利于云的形成，如果移来的气团是稳定的，常形成大片的层状云。当空气湿度大、山又高、越山气流强而且稳定少变时，可形成很厚的层状云，持续时间长，甚至出现连阴雨天气。如果移来不稳定的气团，气流经地形抬升发展为对流，则形成积状云，有时会产生阵性降水，如图 6.28 所示。在背风坡上因空气下降增温，一般不利于云的生成，有云移来也逐渐消散，故多晴好天气。

山地热力对流比平原强烈，因而由热力对流形成的云也较多。这种云有明显的日变化，日出后在向阳坡和山脊上空出现，并逐渐发展，午后对流最强时往往形成雷暴，入夜后逐渐消散。我国南方山区年平均雷暴日数较多，云南南部和五岭以南的两广是最多的地区，雷暴日可达 90~100 天以上，西双版纳山区可达 120 天以上。

山地还有许多由于地形影响而形成的特殊的地形云，它们具有多种多样的形状。

地形层状云的形成

地形积状云的形成

图 6.28　山地迎风坡的云

（1）荚状云。形成在波辐较大的山地背风波的上升气流中，这种云形成后，如背风波气流位置不变则稳定少动。云块大小不等，多数情况下长度为 10~30 km，宽度为 2~10 km，厚度为 100~1 000 m。常见数块云高度相近，与山脊平行地排列。若背风波存在的层次相当厚，又有足够的水汽，荚状云也可出现在不同的高度上，上下重叠，聚集成堆。山地的荚状云可以是层积云、高积云，也可以是卷云。

（2）滚轴状云。山的背风坡强的涡旋上升气流中，也会形成云。这种云状如辘轳，边缘支离破碎，随着总的气流向下游滚动，故称为滚轴状云。它的底部低于山峰，顶部可高出峰顶许多。在出现滚轴状云的地方有比较强的乱流。

（3）帽状云。空气流过较小的山峰时，如果水汽不很充沛，迎风坡没有大片云形成，只是在山顶上空形成云块，如图 6.29 所示。这种云有时稍稍离开山头，有时贴附于山上，犹如载在山头的一顶白色帽子，称为帽状云。

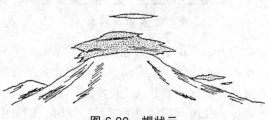
图 6.29　帽状云

2. 山地的雾

在起伏地形的谷地和低洼地区，空气比较潮湿，风速不大，高处冷空气向这里流注，夜间降温明显，有利于辐射雾的形成。在高地和坡地，由于风速较大，夜间冷空气向低处流失，难以形成辐射雾。但在潮湿的空气沿山坡上滑时，由于绝热冷却，水汽凝结（或凝华），往往会形成笼罩整个山坡的浓雾，此即上坡雾。此外，较暖空气流到山地冰川或雪面上，也可因冷却而形成山地平流雾。

山地的雾以辐射雾为主，它出现的频率一般随海拔高度的增高而递减，冬季多于夏季。例如四川山地，在 500 m 高度以下全年雾日大多有半个月到一个半月以上，其中冬季的雾日平均比夏季多一倍以上，在 1 000 m 高度以上雾日大为减少。

在高纬山区，由于气温低，雾滴通常是过冷水滴，所以有雾时常伴有雾凇，其厚度可达 4～5 cm。

3. 山地的降水

山地降水总的说来比平原地区充沛，但因地形、海拔高度、坡向等影响，降水分布很不均匀。当锋面、气旋等天气系统移向山地时，由于地形抬升作用使上升运动加强，降水也相应增强；受山脉阻挡，降水的天气系统在山区滞留较长时间，降水量显著增大。观测表明：山区气象站的年平均降水量和降水日数都是山上大于山麓。降水量随高度而增加，到一定高度达最大值，以后又向上逐渐递减。降水量最大值所在高度，新疆地区一般都在 2 000～4 000 m 之间，秦岭在 1 400 m 左右，皖浙山地大致在 1 000 m 左右。山地的降水还受坡向影响，迎风坡的降水量大于背风坡，有时迎风坡上大雨滂沱，而背风坡上云淡风轻。夏季山地多对流云，阵性降水也较多。山顶、山坡上的阵性降水多出现在下午或傍晚，而谷地和山麓则出现得晚些，甚至推迟到夜间。

（三）山地飞行应注意的问题

山地地形复杂，气流紊乱，湍流较强，天气多变，对飞行影响很大，特别是对直升机等小型机种影响更大。

（1）山地云层常笼罩山峰，在云中飞行应保持越山的安全高度，避免撞山。1976 年 7 月，空军某团一架米－8 直升机在漳州地区任务飞行，因在云中飞行没有保持规定高度，撞在 580 m 高的灶山上造成机毁人亡。

（2）在迎风坡上低于 0 ℃的云中飞行，往往会有较强的飞机积冰。在山顶或背风坡上云中飞行，特别是在有滚轴状云的高度上飞行，会遇到强烈颠簸。1976 年 3 月 24 日，空军某部一架直－5 进行转场训练，在云中飞行时发现云中光线变暗，有颠簸，并发现有积冰，因未采取措施，以致飞机遇到强烈下降气流撞山。

（3）在山地飞行时飞机真高度变化急剧，无线电领航设备性能变差，在把握飞行高度上易产生误差或造成迷航。

（4）山地对流云发展强盛，且早于平原地区，多山地区一般中午 11～12 时就可能有雷暴发生，故在飞行时应注意积雨云，以防雷击。

（5）山地的风有明显的地方性特点，在水平方向或垂直方向上短距离内都可能有很大的变化。有时起飞前是逆风，而起飞滑跑结束时竟转为顺风，离地后不久又变成顺侧风。山地机场多在谷地，起飞后就须立即爬高，避开高地。有的只能单向开放，一旦有云遮盖，就无法着陆。因此山地机场给飞机起降带来较多困难，飞行员一定要严格遵循飞行手册的各项规定，当出现复杂天气时应增加飞行安全高度。

二、高原气象特点

我国是世界上高原最多的国家，如有"世界屋脊"之称的青藏高原，还有云贵高原、黄土高原等。高原的特点是海拔高、山地多，气象条件既有高原特点，也有山地特点。

（一）高原的气温、气压和空气密度

1. 高原气温

高原气温总的特点是：比同纬度平原地区低，日变化也更大。

以青藏高原为例，年平均气温约为 5 ℃ ~ 10 ℃，比我国东部平原地区低 10 ℃ ~ 15 ℃。青藏高原最冷月平均气温低达 – 10 ℃ ~ – 15 ℃，与我国北方地区大体相当。暖季，我国东部最热月平均气温大多在 20 ℃ ~ 30 ℃，唯独青藏高原是全国最凉爽的地区，7 月份平均气温比同纬度低 15 ℃ ~ 20 ℃。但与同纬度同海拔高度上的自由大气相比，夏季高原气温要比平原上空的气温高 5 ℃ ~ 7 ℃。

在云贵高原上，气温日较差年平均值为 11 ℃，比长江以南各地高 3 ℃。在青藏高原上，气温日较差平均在 14 ℃ ~ 16 ℃，有的地方可超过 30 ℃，帕米尔高原可超过 25 ℃。因此，这些地区一日之间犹如四季，隆冬昼可赤臂，盛夏夜可遇霜。

2. 高原气压

高原气压较低，各地相差也很大。海拔 4 000 m 以上的地方，平均气压在 620 hPa 以下，比海平面气压低 40%。高原各地海拔相差很大，气压差异显著，例如西宁（海拔 2 261.2 m）和当雄（海拔 4 200 m）的平均气压值相差 160 hPa 以上。因此，在高原飞行时，应使轮胎保持适当的压力，以免在起飞着陆时由于内外压力差过大而使轮胎爆破。

3. 高原空气密度

高原山地由于海拔高、气压低、空气密度小，使飞机的空气动力性能变差，起飞着陆时的滑跑距离要加长。据计算，同样的飞机从海拔 4 000 m 的高原机场起飞，比从海平面机场起飞所需的滑跑距离要长 2 ~ 2.5 倍。另外，空气密度小，氧气不足，对人体也有一定影响。

（二）高原的气流

1. 风速大

由于风速通常随高度增加，地势越高，风速也就越大。因此高原上的风速普遍比平原地区大，出现大风的机会也多。

青藏高原是我国风速最大、大风日数最多的地区之一：年平均风速 4 m/s 以上，年平均大风日数多达 100 ~ 150 天，最多可达 200 天，远远多于同纬度我国东部地区（5 ~ 25 天）。

2. 风的分布不均和变化显著

由于高原地势复杂，风向风速分布都很不均匀。低洼的谷地，风常沿山谷走向吹。例如，拉萨盛行东—西风，因为拉萨位于呈东西走向的河谷中。而西宁位于湟水沿岸，因河谷呈东南—西北走向，故盛行东和东南风。高原山区各地的风速差异也很大，在地势低洼的谷地、

盆地或群山阻隔的背风地区风速很小。例如拉萨、昌都的年平均风速仅 1 m/s，柴达木盆地也仅 2～3 m/s。但在高地或山峰，风速就很大，如青藏高原上的温泉和开心岭两地的年大风日数超过 150 天。

青藏高原上的大风有明显的季节变化和日变化。冬、春两季，因北半球西风带较强，且位置偏南，强西风掠过高原上空，使风速加大。所以大风天气多集中于冬、春季，其中尤以 2 月至 5 月最为集中，占全年大风总日数的 50% 左右。夏半年，特别是 7～9 月大风日数明显减少，只占全年的 8% 左右。一日内大风以午后 14～20 时出现次数最多，占总次数的 80% 以上，其他时间出现的次数较少。

3. 高原山区的乱流比一般山地更为强烈

高原山区的乱流比一般山地更为强烈，以青藏高原来说，那里群山重叠，峭壁高耸，地形动力乱流十分显著；而且因为高原上空气稀薄，太阳辐射强，气温变化大，热力乱流也强，二者常结合在一起，形成强烈乱流。所以高原飞行中的飞机颠簸是很经常的，在山口、狭谷地带，午后颠簸更为强烈，如图 6.30 所示。

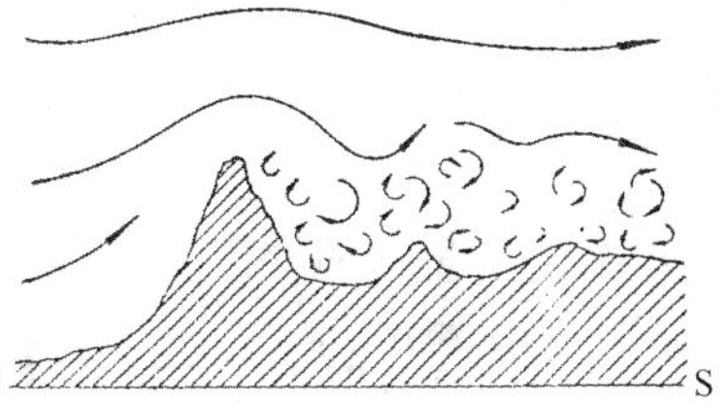

图 6.30　气流越过昆仑山口的剖面示意图

（三）高原的云和降水

1. 高原的云

在海拔较低的高原山区，云的情况与一般山地类似，但在海拔较高的青藏高原上，云的情况却另有特色。根据高原气象工作者的考察，认为主要有以下特点：

（1）云形丰富，多积状云。青藏高原上云的种类很多，标准云图提供的云形几乎在高原上均可出现，差别在于有的云在非高原地区经常出现，而在高原主体地区上空出现较少。如薄幕卷层云、蔽光高层云、雨层云。青藏高原上还常出现一些非高原地区少见的特殊云，如长而大的堡状云、小尺度的风暴云、雪山冰川云、旗云等。

青藏高原夏季和白天热力对流极易发展，空气层结明显不稳定，因此容易形成对流性的云雨天气。冬季和夜晚，热力对流发展被抑制，空气层结稳定，一般是少云晴朗天气。各类云中，最常见的是层积云、碎积云和淡积云。高原中部具有产生强对流的优越条件，故多积雨云，其出现的比例在各种云状中占 21%。

（2）云高混乱，很少中云。高原的云虽然也有高、中、低之分，但由于高原地区海拔较高，水汽含量又少，故云高的差别较小，经常出现高云不高，低云不低，甚至云高颠倒的情况。一般低云比平原高，高云比平原低，云层厚度也比平原小。

高原上的云系演变也很特殊。在高原主体地区很少见到低海拔地区常见的锋面层状降水云系。各种天气系统下的云系演变，一般先见高云，接着就出现低云，很少见中云，而且绝大多数是在呈现积雨云云状时出现降水。

（3）高原山区能产生特殊的地形云。当气流绕过高度差大的孤立山锋时，在山的背面会形成强大涡旋，如水汽充沛则可在涡旋上部靠山峰处形成云，如图 6.31 所示。这种云紧贴在山峰背

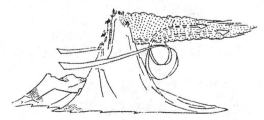

图 6.31　气流绕过山峰时形成的旗云

风面，向山后伸展，像一面飘扬的旗子，称为旗云。在晴空时可见冰峰雪岭之间的低洼处，充满洁白的云体，与雪山混成一色，这是冰雪区水汽在空中凝华产生的冰川云。

雾在青藏高原上很少见，绝大部分地区不出现或偶尔可见。

2. 高原的降水

高原地区的降水与输送水汽的气流有密切关系，青藏高原主要是夏季由印度洋上的西南季风在南坡产生降水。高原降水分布很不均匀，总的趋势是从东南向西北逐渐减少：高原东南部年降水量 800~1 000 mm，喜马拉雅山南坡可达 1 200 mm 以上。阿里地区年降水量最少，班公错以北地区降水量在 50 mm 以下，是青藏高原上降水最少的地区。

高原上雨季、干季分明。雨季大部分始于 5 月，止于 9 月下旬至 10 月中旬；东南部开始较早，结束较晚，西北部开始较迟而结束较早。雨季降水量占全年总降水量的 90% 左右，如拉萨 5~9 月降水量占全年的 97%。

高原降水的另一重要特点是多夜雨。白天天气晴朗，一到傍晚乌云密布，降雨接踵而来，黎明后渐止。夜雨率在藏北、藏东为 60%~70%，在一些宽阔的河谷中更高，如拉萨河谷和年楚河谷高达 80% 以上。

雷暴和冰雹是高原天气的又一特点，青藏高原上年雷暴日数多在 60 天以上，最多地区超过 90 天，比同纬度平原地区多几倍。在青藏高原东南部、玉树、昌都和丁青地区，雷暴日达 100 天以上。高原上雷暴集中出现在 5~9 月，占全年雷暴日数的 85%~90%。雷暴主要发生在白天，以午后 13~18 时为最多，占 65% 左右，夜间至清晨最少，不足 10%。

高原上雷暴多，因此冰雹也多，年平均冰雹日数许多地区大于 10 天。申扎、那曲、索县到清水河一带最多，其中那曲多达 35 天，不仅在我国名列前茅，也是世界上罕见的多雹区。冰雹也主要出现在白天，以午后 14~18 时为最多（占 70%），夜间和凌晨最少（不足 3%）。一个雹日降雹次数多的达 3~4 次，但每次降雹持续时间短促，75% 以上的在 10 min 之内。

总之，高原山区地形复杂，天气多变，雷暴强烈，飞行前应仔细了解天气实况和天气预报。飞行中应注意天气变化，一旦发现天气转坏或遇有强烈颠簸影响飞行时，应及早采取措施，如返航或到备降场。

第五节　沙漠地区及海上飞行气象条件

世界上有广大的沙漠和辽阔的海洋，这些地区由于其特殊的地面性质，形成了其特有的天气，给飞行活动带来巨大影响。由于处于不同纬度的沙漠其气候条件也还有差别，因此本节主要介绍我国西北沙漠地区的气象特点。

一、我国沙漠地区飞行气象特点

我国西北及北部一些地区是北半球同纬度降水量最少的地区，尤其是在南疆和内蒙古西部降水奇缺，形成了塔克拉玛干、巴丹吉林、腾格里等大片沙漠。西北地区的沙漠和戈壁的面积相当于目前我国耕地面积的总和，由于严重干旱，地面荒漠，故具有其特定的气象条件。

（一）气温和风

我国西北及北部地区地处亚洲内陆，属干燥气候区。气温年较差显著，夏季十分炎热，如吐鲁番 7 月平均温度为 32.2 ℃，最高气温常达 43 ℃ 以上，曾出现过我国绝对最高气温 49.6 ℃（1975 年 7 月 13 日）。其他地区由于干旱，大量的太阳辐射几乎全用来增温地面和大气，晴朗少云的白天近地面气温均在 30 ℃ 以上。冬季，这些地区又是冷空气南侵的必经之路，常因冷空气爆发南下形成寒潮，使广大地区气温骤降。如北疆富蕴曾出现过 −51.5 ℃ 的低温纪录，内蒙古东部的根河到图里河一带，日最低气温低于 −40 ℃ 的天数每年有一个多月，曾出现过 −50.5 ℃ 的最低温度（1966 年 2 月 22 日），被称为内蒙古地区的"寒极"。

西北地区是我国内陆大风的多发区之一，全年都有大风出现。主要大风类型有：北疆西北（或偏西）大风、南疆偏东大风、青海高原偏西大风、甘肃河西走廊偏西大风和陕西偏北大风等。另外，还有地方性大风，如北疆阿拉山口西北大风、格尔木偏西大风、乌鲁木齐东南大风等。据统计，区域性大风以春季最多，秋季次之，而寒潮冷空气过程是造成春、秋季大风的主要原因。

北疆春、秋季西北（偏西）大风具有范围广、强度大、持续时间长的特点，风力一般为 8～9 级，风口处可达 12 级以上，最大风速在阿拉山口地区曾测到 55 m/s，大风过程最长可持续 10 天左右。春季大风的强度大于秋季，阿拉山口春季 8 级以上的大风日数可达 38 天。

内蒙古地区春季平均风速都在 3 m/s 以上，平均风速 5 m/s 以上的日数约占春季的一半。在许多地区春季大风日数约占全年大风日数的 50%。干旱的春季，地处荒漠、半荒漠的锡林郭勒草原及其以西地区，由于出现大风伴沙暴（俗称黄毛风）天气，大风将地面细沙、尘土吹起，有时碎石子也可刮走，造成沙尘蔽日、令人窒息的天气。如 1983 年 4 月 27 日内蒙古西中部出现一次强沙暴天气，呼和浩特市 15 时天空一片橙黄，能见度在 100 m 左右。在毛乌素沙漠的鄂托前旗，午后起风瞬间飞沙走石，风速达 31 m/s，对面不见行人。据统计，年沙暴日数甘肃民勤为 37.2 天，最多年份为 59 天；新疆柯坪 38.5 天，最多年份为 53 天。

冬春季节，由于受蒙古冷高压控制，冷空气不断南侵，内蒙古一带常形成大风降温天气，有时伴有吹雪或雪暴现象，这种天气飞雪随风弥漫，一片白茫茫使能见度极差，是一种灾害性天气，对飞行有极大的危害。

（二）云和降水

我国西北、北部地区以干旱著称，全年平均少云天数多于其他地区，年平均总云量为 3～4 成，而年平均低云量则更少。如青海冷湖为 0.25 成，甘肃酒泉为 0.3 成。有些月份无低云出现，如 1 月份吐鲁番、冷湖、和田等地平均低云量为零，由于晴朗少云，故日照丰富，如新疆哈密的年平均日照时数为 3 359.1 h，平均每天 9.2 h。

西北、北部地区是我国年降水量最少的地区，绝大部分地区平均年暴雨日数都小于 1，年降水量极少。如冷湖年平均降水量只有 15.4 mm，吐鲁番为 16.6 mm。在冬季，很多地区都有 1～3 个月无降水的现象，青海冷湖自 1979 年 8 月 12 日至 1980 年 7 月 7 日，共有 331 天连续无降水。夏季是雨季，山地降水稍多，但南、北疆的盆地平均降水量仍不足 40 mm，吐鲁番盆地的托克逊平均雨量仅为 2.6 mm，有的年份夏季甚至无雨。

虽干旱少雨，但因受地形影响，有些地方较弱的一次暴雨也可成灾。这是由于地处高原附近坡地多，河床落差大的地形所致。如 1981 年 7 月 4 日和 5 日两天，新疆塔克拉玛干沙漠边缘的若羌县，较弱的一次暴雨引起山洪暴发，造成了较大损失。

冰雹是西北地区夏季出现的灾害性天气，具有明显的局地性和分散性，多在山地和高原出现，范围较小。盆地和沙漠地区偏少，年降雹日数平均不到一天。西北地区多雹区有：新疆天山地区年降雹日数为 2～15 天，个别中心（如昭苏）可高达 22 天；祁连山区为 5～15 天，多雹中心位于其东南部。

（三）沙漠和荒漠地区飞行应注意的问题

（1）沙漠和荒漠地区人烟稀少，地形复杂，天气多变，且气象测站较少，故起飞前，飞行人员应仔细了解天气情况，对全航程的天气做到心中有数，飞行中要加强陆空联络，遇有危险天气及时报告，在地面指挥下正确处置。

（2）飞行中要及时了解降落站天气变化和实况，当降落站受风沙、尘暴等天气影响而不能落地时，应及时报告，并飞往备降场。

（3）荒漠地区地标稀少，尤其在地表低层有吹雪、风沙等影响视程，不能辨别地标时容易发生迷航。故飞行人员应熟悉飞行区内地标特征及地标随季节变化情况，熟记飞行区内临时设置的导航台和附近电台的频率、信号，以及目标区的辅助信号。

（4）夏季午后在沙漠高温机场起降，因道面温度高，滑跑距离增长，要注意机载重量。也需注意因高温和道面不净而造成的轮胎爆破现象。

二、海上飞行气象特点

地球上海洋的面积比陆地大得多，根据计算，在地球表面 51 000 万 km^2 的面积中，有 36 100 万 km^2 是海洋，约占全球总面积的 71%，陆地只有 14 900 万 km^2，约占全球总面积的 29%。只以一个太平洋来讲，它的面积就超过了地球上所有陆地面积的总和。我国海岸线漫长，而海上飞行又有许多不同于陆上之处，因而了解海上气象特点具有重要的意义。

海面比较平滑，摩擦阻力比陆地要小；海面热力性质均匀，温度变化比陆地小且又缓慢；海水比热和热容量大，传输热量能力比陆地大得多，海面蒸发量大，水汽供应比陆地充足。由于海陆有这些差异，所以海上具有与陆地不同的气象特点。

（一）海上气流的特点

由于海陆表面及热力状况不同，因而引起了海陆流场的差异，在对流层的低层差异更为明显。

1. 风的季节变化明显

海上的风和陆上的风一样，是与气压场相适应的，在许多地区，随着气压场的季节性变化都有季风出现。亚洲是世界上季风最盛的区域之一，因而我国沿海季风也非常明显。冬季，我国大陆为强大的冷高压控制，高压前缘的偏北风成为我国临近海区的盛行风。由于各海区处于高压的不同部位，在黄海、渤海多西北风，东海多北风和东北风，南海北部为东北风。偏北风的平均风速以黄海、渤海为最大，强寒潮爆发时最大风力可达 12 级。夏季大陆为热低压控制，同时太平洋高压西伸北进，偏南风成为我国临近海区的盛行风。在南海多西南风，其他海区则多南风或东南风。一般来说，夏季风比冬季风弱，春秋季是季风交替的季节。

2. 风场与气压场比较一致

由于海面平滑、摩擦阻力小，因此在气压梯度相同的情况下，海上风速比陆地的要大一些。在中纬度地区，海上风速约为地转风风速的 60% ~ 70%，而陆上为 35% ~ 45%；风与等压线的交角在海上为 15° ~ 20°，在陆上则为 35° ~ 45°。我国东部沿海在出现大风时，海上风速比陆上约大 3 ~ 6 m/s，故海上的大风日数比陆上多。如浙东地区 1 月份平均大风日数仅 0 ~ 2 天，而海上花鸟山一带达 12 天。台湾海峡呈东北—西南走向，在吹东北风或西南风时，由于狭管作用，风速增大，全年 6 级以上大风日数明显增多，澎湖列岛和马祖岛分别为 138.2 天、169.4 天，年平均风速分别为 6.5 m/s 和 7.3 m/s。因摩擦作用小，故海洋上的气压系统一般比陆地要强一些，持续时间也长些。

3. 海上垂直气流弱

由于海面平滑、性质均匀，由热力和地形作用产生的对流和乱流很少，颠簸也较少。但在沿海岸和岛屿地区作低空飞行时仍有颠簸产生。

（二）海上雾的特点

陆地上，最常见的是辐射雾。海上则不同，由于夜间海面降温很少，尽管海上空气中的水汽含量较丰富，但气温仍不易降低到露点温度以下，故难以形成辐射雾。海上经常出现的雾是平流雾，也就是人们常说的海雾，其次是蒸发雾和混合雾。

1. 海雾的形成条件

海雾的形成必须具备以下三个条件：① 有冷的海面；② 有流向冷海面的暖湿空气；③ 有一定的风速。没有冷海面，不能使流来的空气降温，不能形成雾。例如我国榆林港西部的海面，终年有从巴士海峡来的暖流，水温高于气温，所以这一带海面终年少雾。但是，仅有冷海面，而无暖湿空气流经其上，也不可能形成雾。冬季，我国沿海岸寒流很强盛，冷海面是有了，但此时流过海面的空气，是来自大陆的比海面更冷更干的空气，因而不利于海雾的形成。

产生于我国沿岸寒流和台湾暖流交汇地带的海雾，因寒、暖流和风场的季节变化，海雾也随之有明显的季节变化。冬季沿岸寒流势力很强，暖流位置偏南，盛行风从陆地吹向海洋，我国沿海海面很少有雾出现。入春以后，由于大陆气温升高，冬季风减弱并逐渐向夏季风过渡，暖流势力日益加强，逼近陆地，海雾逐渐增多，随着寒、暖流交汇地带的北移，沿海的雾区也由南向北推移。

此外，海雾的形成还需有一定的风速，因为只有具备了一定的风速，暖湿空气才能源源不断地流到冷海面上来，使海雾得以维持；同时，较大的风所引起的乱流，能使较厚的气层冷却，更有利于海雾的形成。例如青岛地区海面有雾时，风速多在 4 ~ 6 m/s 以上。

2. 海雾的特点

海雾活动有以下几个特点：① 强度大。由于水汽充足，雾滴大且密，有时可下毛毛雨，使能见度减小至数十米。雾层厚度一般在 300 m 左右，个别的也可小于 100 m 或大于 500 m，风速大，乱流强时则增厚。② 分布广。南来暖湿空气移经海区的范围，很大程度上决定海雾的出现范围，其面积可达几万至几十万平方千米。海雾常沿海岸呈带状分布，宽约 300 km，如果有气旋或静止锋时，宽度可更大一些。③ 持续时间长。只要有利于海雾形成的流场不变，可几昼夜不消。如 1963 年 5 月 19 日至 27 日，在 125° E，31°N

附近海区连续出现 9 天海雾，其中整日不消的有 5 天。④ 出现突然。海雾及碎云的生消时间很短，能见度从大于 10 km 转到小于 1 km 仅 1~2 min。移速很快，沿海机场的海雾可以在一日中的任何时间出现，日变化不明显，只是中午前后浓度稍有减弱，有时天顶可辨。

　　沿海地区吹海风时，海雾随风深入内陆，气流条件有利时能深入内陆 100 km 左右。海雾登陆多在陆上气温低、气层稳定的夜间。昼间地面增热，登陆海雾往往抬升为低碎云，若增温较多时，陆上低云可消散，而海上仍有雾，从陆上望去好像海上有一道雾堤。若天气形势不变，入夜后海雾又复登陆，有时可反复多次。山东半岛的机场，在春、夏季节常被海雾及与之相伴的碎云所覆盖。

3. 蒸发雾和混合雾

　　蒸发雾是当极地的寒冷空气，来到水温远高于气温的暖海面时形成的。冷空气来到暖海面后，由于低层逐渐增暖，气层容易变得不稳定，因而这种雾出现时，低空通常都有逆温层存在，不然，对流发展起来就会把水分传送到高处去，蒸发雾也就难以形成，即使形成了，也很容易消散。冬季我国渤海可以观测到这种雾。

　　混合雾是由于寒流上的冷湿空气与岸上的暖湿空气相混合而形成的，它形成后常被海风向陆上吹送。由于形成这种雾的条件多出现在近岸区域，所以它的范围和强度都不大。

（三）海上云的特点

　　海上中高云与陆上并没有大的差别，所不同的主要是低云。

　　海上的层云和层积云要多于陆地，因为海上水汽充沛，低层空气湿度大，只要一定强度的乱流，就可形成层云和层积云。这些云按其成因可分为两类：由于暖湿空气流经冷海面而形成的平流低云和由于冷空气流经暖海面而形成的冷性低云。

　　平流低云的形成过程与海雾类似。沿海地区有时雾和低云交替出现，乱流强时雾抬高为低云，乱流弱时又降低为雾。云高为 100~300 m，低时只有 30 m 左右，云厚一般为 200~300 m，云层密集加厚时可下毛毛雨，使能见度变坏，云中能见度小于 50 m。但云上能见度常大于 10 km，云薄时可透过云层看到海面。平流低云移动快，在沿海有时几分钟内即可覆盖机场，对飞行影响很大。

　　冷性低云是在秋冬季节海面水温高于气温条件下形成的。当干冷的偏北气流南下经过暖海面时，使干冷空气急剧增温增湿，低层空气出现不稳定，引起对流而形成低云。冷平流越强，水温越高于气温时，冷性低云越易生成。因冷空气入海南下后，强度不断减弱，性质不断改变，冷性低云的不稳定性由北向南逐渐减弱。在黄海、渤海区，云中和云下扰动气流较强，可出现中度颠簸。云中含过冷水滴较多，易使飞机积冰。冷性低云云高在 600~1 200 m，云厚由数百米至 3 000 m，云顶起伏不平，云中能见度常小于 100 m，但云上能见度好，且多为少云天气。

　　积云是海上云的主要云种，但海上积状云的发生发展与陆上明显不同。由于白天海面增温很少，故午后气温最高时对流也较弱，不易形成积状云；入夜，上层空气辐射冷却较强，温度有明显的降低，有利于对流的发生，因而海上的积云夜间多于白天。夏季午后，在广阔的海洋上只有一些发展不强的积云，而在岛屿上则有发展强烈的积状云，有经验的飞行员从远处看到这种高耸的云塔，就能大致判断出岛屿的位置。

　　在海陆显著的地区，海上积状云的发展还受到海陆风环流的影响。白天近地面空气从海上流向陆地，上层空气由陆地流向海洋，因而积状云多在陆上发生发展，如图6.32（a）所示；入夜，由于这种环流方向相反，海上有上升气流，积状云多在海上发生发展，拂晓达最强，如图6.32（b）所示。

（a）海风影响下形成的积状云　　　　（b）陆风影响下形成的积状云

图 6.32　海陆风影响下形成的积状云

综上所述，海陆气象差异主要表现在海上风速比陆上大，海上乱流、对流比陆上弱，陆上积状云多在白天出现，海上积状云多在夜间出现，陆上多辐射雾，海上多平流雾。

（四）海上飞行应注意的问题

海上飞行与陆上飞机有许多不同之处，主要是：

（1）海上中低空飞行时环境比陆上阴暗，天空、海水都是蓝色，天水线不易分辨。

（2）海上飞行目视判断飞行高度困难，易偏低，曾发生误将实际飞行高度2 000 m当成400 m的情况。

（3）海上飞行时发动机声音发闷，习惯于陆上飞行的空勤人员会误认为发动机出现故障，其实这是发动机声音大量被海水吸收所致。

（4）海上缺少地标，目测困难，且无备降场（水上飞机除外）。

（5）海上飞行环境单调，空勤人员易感到疲劳。

（6）海上水汽充足，易出现高度极低的层云，云下能见度又差，往往限制了低空飞行活动，对沿海地区的飞行有很大影响。

（7）海雾能把广大海面及各种目标掩盖起来，给海上飞行带来困难。

为了飞行安全，在起飞前，空勤人员必须了解海上飞行区域的天气实况及天气预报，及时掌握和正确判断海上天气。

本章小结

（1）在中低空飞行，最危险的天气是低空风切变。低空风切变使飞机的空速发生突然的变化，从而引起升力的变化，改变飞机的航迹。再加上低空风切变出现的高度低，所以往往造成严重的事故。在形成低空风切变的天气条件中，最重要的是雷暴，它能产生最强烈的低空风切变。我们必须根据雷达观测和目视征兆，来判定和避开风切变区。

（2）引起飞机颠簸的气流称为扰动气流，飞机颠簸是由于扰动气流不断破坏飞机的空气动力平衡而产生的。在有过冷水滴的云中和飞机表面温度低于0 ℃的情况下，会形成飞机积冰，尽管现代飞机上已有相当完善的防冰装置，但还是不能完全杜绝积冰的出现。决定飞机颠簸和积冰强度的因素，除了气象条件之外，还与飞行状态有关。在不同的气象条件下用不同的速度飞行，会出现不同的颠簸和积冰。

（3）山地的气象条件十分复杂，主要表现在气流紊乱。除了山谷风、焚风等地方性风以外，还有比较强烈的升降气流和乱流，降水强烈而分布不均。高原山区由于海拔高、地形复杂、雷暴强烈、天气多变，再加上备降场少，因此，在山地及高原上飞行，必须及时了解气象条件，尽早采取措施，以确保飞行安全。

（4）沙漠地区气候干燥，气温变化大，且多大风和风沙天气，飞行环境十分恶劣。海陆气象差异主要表现在海上风速比陆上大，海上乱流、对流比陆上弱，陆上积状云多在白天出现，海上积状云多在夜间出现，陆上多辐射雾，海上多平流雾。虽然沙漠地区和海上地势平坦，性质均匀，气象条件比较简单，但由于这些地区气象资料稀少，所以天气变化不易掌握。

总之，飞机在中低空飞行，容易受地面条件的影响，飞行人员必须熟悉各种地面条件下的中低空飞行气象条件，以便在遇到恶劣天气时能正确处置。

思 考 题

1. 什么是低空风切变？根据风场的空间结构，风切变可以分为几类？

2. 根据飞机的运动相对于风矢量之间的各种不同情况，风切变可分为哪几种形式，对飞行有什么影响？

3. 产生低空风切变的气象条件有哪几种？

4. 低空辐射逆温是怎样形成风切变的？

5. 由下冲气流造成的风切变有什么特点？

6. 低空风切变中的飞行事故有什么特征？

7. 顺风切变和逆风切变对着陆有什么影响？

8. 低空风切变的目视征兆有哪些？

9. 怎样根据座舱仪表来判定风切变的存在？

10. 什么是飞机颠簸？它是怎样形成的？

11. 大气乱流产生的原因是什么？

12. 什么叫尾涡乱流？它有什么特点？

13. 什么叫飞机乱流？它的尺度是多大？

14. 影响飞机颠簸强度的因子有哪些？

15. 飞机颠簸层随纬度和高度的分布有什么特征？

16. 我国青藏高原为什么多颠簸？

17. 容易产生飞机颠簸的天气系统有哪些？

18. 在哪些地区容易出现颠簸？

19. 颠簸对飞行有何影响？

20. 在遭遇飞机颠簸时应怎样正确处置？

21. 什么叫飞机积冰？形成飞机积冰的基本条件是什么？

22. 飞机积冰有哪几种？它们是怎样形成的？

23. 影响飞机积冰强度的因素有哪些？

24. 产生飞机积冰的气象条件如何？

25. 我国最易发生飞机积冰的地区是哪里？

26. 积冰对飞行有什么影响？

27. 在寒冷地区飞行，起飞前应注意什么？

28. 山地气流有何特点？

29. 当风垂直于山谷吹时，在山谷中飞行应注意什么？为什么？

30. 山地的云有什么特征？

31. 山地的降水有什么特征？

32. 山区飞行时应注意什么？

33. 高原的气温有什么特点？

34. 在高原机场飞行时，为什么要采用假定零点高度？

35. 高原的气流有何特点？

36. 高原的云有何特点？

37. 高原降水有何特点？

38. 沙漠地区的气温和风有何特征？

39. 冬春季节内蒙古一带常有什么天气影响飞行？

40. 沙漠和荒漠地区飞行应注意什么？

41. 海上和陆地气象特点不同的原因是什么？

42. 海上气流有什么特点？

43. 海上常出现什么雾？它是怎样形成的？

44. 海雾有什么特征？

45. 海上的云有何特征？

46. 海上飞行要注意什么？

47. 海陆气象差异的主要表现是什么？

第七章　高空飞行气象环境

在海拔 7 000 ~ 12 000 m 高度的飞行称为高空飞行，超过 12 000 m 的飞行，称平流层飞行。从气象角度上看，高空和平流层飞行是指在对流层上部和平流层下部的飞行，各层具有不同的气象特点且对飞行有不同的影响。

高空和平流层飞行所遇到的气象条件与中低空有很大不同：气温和气压低、空气密度小、氧气少、受下垫面影响小；高空有对流层顶，有狭窄的强风带（急流）和中、高云等，这些特点对飞行都有直接影响。夏半年我国雷暴云往往发展到八九千米以上，对高空飞行也会产生较大影响。

第一节　高空、平流层的一般气象条件

一、对流层顶

（一）对流层顶的一般概念

对流层顶是指从对流层到平流层之间的一个过渡气层。这个过渡气层也是根据气温的垂直分布特征来确定的，它是一个气温直减率较小（或等温、逆温）的气层。一般在 500 hPa 以上高空，出现了气温直减率等于或小于 2℃/1 000 m 的气层，就可以看做对流层顶，其厚度约数百米至 1 ~ 2 km。对流层顶中气温随高度几乎不发生变化，所以，它是一个强大的稳定层，对流层中的云向上发展时，由于受到对流层顶的限制，一般不易越过，因而可根据积雨云、高云云顶的高度来大致估计对流层顶的高度，也可根据对流层顶的高度来判断云顶可能发展到的最大高度。

对流层顶的具体高度和气温，是随季节和纬度而变化的。当太阳辐射强时，大气低层增热多，气温高，湍流和对流活动强，所以对流层厚，对流层顶高。同时，因在对流层内气温是随高度递减的，高度越高，气温越低，因此，一般而言，夏季或低纬地区，对流层顶较高，气温较低；冬季或高纬地区，对流层顶较低，气温较高，图 7.1 表明了这种变化。

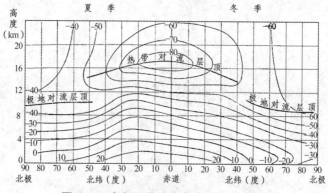

图 7.1　对流层顶平均高度和平均温度

另外，对流层顶还会因冷暖气团活动而变化，当强大冷气团南下时，对流层顶高度降低，暖气团北上则使对流层顶高度增加。强的锋面过境时，对流层顶高度可变化几千米。

（二）对流层顶与飞行

1. 对流层顶附近的天气条件

对流层顶是一个强大的稳定层次，在它的上面平流层内和下面对流层内天气情况是完全不同的。对流层中的云向上发展受到对流层顶限制（有时强烈发展的强雷暴云顶可伸展到平流层中），一般积雨云、高云的云顶和对流层顶高度是相近的。又例如，对流层中的尘粒、烟粒、盐粒等固体杂质，经常聚集在对流层顶之下，因而影响空中的能见度。在对流层顶以上，空气干洁，气流稳定，能见度良好。除偶尔有少量云之外，没有其他任何影响飞行的天气现象，所以在对流层顶之上飞行，可以称为是在"天气之上"飞行。在对流层顶下面飞行，常会遇到高云和积雨云、浓积云顶，一般在卷层云中飞行比在卷积云中要平稳得多。若在高云中长时间飞行，由于冰晶与机体的摩擦，飞机表面会起电。飞机应避免进入积雨云顶。由于对流层顶是由赤道向极地倾斜的，因此带有一定坡度，当对流层顶坡度较大，甚至断裂时，在其下 $1 \sim 1.5\,\mathrm{km}$ 的高度上，常有使飞机产生颠簸的扰动气流存在，故选择在对流层顶高度之上飞行较为有利。但高度太高，发动机功率减小，因此选择稍高于对流层顶的高度对飞行最为有利。

2. 穿过对流层顶时温度的变化

我们知道对流层顶的高度是变化的，在对流层顶的高度变化时，对流层顶的温度也在发生变化。在大部分情况下，温度随对流层顶的升高而降低，随对流层顶的下降而升高，在对流层顶附近飞行时，要考虑气温的变化情况。若对流层顶的高度不一致，而是呈波状，飞机如保持一定的飞行高度，有时要穿越对流层顶好几次，气温突然升高或突然降低的现象时有发生。当飞机穿越对流层飞入平流层内去时气温会升高，而从平流层飞入对流层时温度要降低，这种温度的变化在两个气层的交界处最明显，等穿过对流层顶后温度的变化就缓慢下来，所以利用高空温度的变化，可以区别飞机在对流层顶以下飞行还是在对流层顶以上飞行。

图 7.2 是一次由新西伯利亚至斯维尔德洛夫斯克航线飞行穿过对流层顶的实例。飞机在 11 km 高空飞行，当到达飞行高度时，新西伯利亚地区的温度为 $-58\,^{\circ}\mathrm{C}$，此温度一直到鄂木斯克，几乎没有什么改变。以后从鄂木斯克到至斯维尔德洛夫斯克这一段行程上，温度发生了变化，在穿过对流层顶时气温从 $-58\,^{\circ}\mathrm{C}$ 急剧升高至 $-50\,^{\circ}\mathrm{C}$，然后又逐渐升高至 $-48\,^{\circ}\mathrm{C}$，其后航线上温

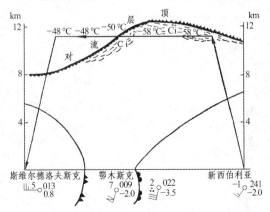

图 7.2　通过对流层顶时气温的变化

度又稳定在 −48 ℃，几乎没有变化。从图中可以看出，对流层顶的高度变化是与地面锋线有关的。

二、高空、平流层的温度、压力、风向

由于高空及平流层的大气受地面的热力和动力影响小，而受太阳直接辐射影响大，因而气温、气压、风的分布和变化有它的特殊性。

（一）高空、平流层的温度分布

1. 对流层上层温度分布

对流层上层温度分布与整个对流层气温分布的特点相同：在水平方向上高纬度地区的气温比低纬度地区的气温低；在垂直方向上，气温随高度递减，到达对流层顶气温最低。

2. 平流层下层的温度分布

在平流层，空气主要通过臭氧直接吸收太阳辐射而增温，气温高低与臭氧含量和太阳高度角有关。在北半球，臭氧随纬度增高而增多，但太阳高度角随纬度减小，并随季节变化（夏季高度角大、冬季小）。冬天极地处于永夜时期，臭氧很难吸收太阳辐射；夏季极地则为永昼，日照时间长，臭氧又多，有利于增温。

对应于上述臭氧分布特征和太阳辐射的变化，在北半球平流层，气温的分布特点是这样的：

（1）水平分布：冬天是中纬度较高，低纬和高纬较低；夏天是高纬度气温比低纬度高。

（2）垂直分布：冬天中低纬度随高度而增加，极地随高度而降低；夏天气温都随高度增加而增加。

（二）高空、平流层的气压和风分布

1. 气压分布

不管是对流层上层还是平流层，大气压力总是随高度递减的。一般说来在 10 km 高度上气压约为海平面的四分之一，20 km 高度上的气压约为海平面的十八分之一，再往上气压就更低了。

就水平分布而言，在对流层中存在的许多高低压系统在平流层中大多消失，因此，在平流层中的气压场形势和风的分布较简单。

在北半球平流层中，冬季是一个以极地为中心的大低压，夏季形成以极地为中心的大高压，如图 7.3、图 7.4 所示。

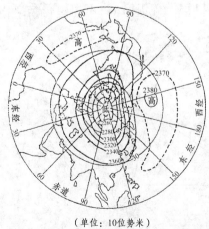

（单位：10 位势米）

图 7.3 冬季北半球 30 hPa 平均高度

（单位：10 位势米）

图 7.4 夏季北半球 30 hPa 平均高度

2. 风的分布

高空及平流层的风，因不受地面摩擦力的影响，其分布和气压形势十分吻合。就风向而言，不论在对流层高空还是平流层内，冬季北半球大部分地区以偏西风为主，少数低纬度地区出现偏东风。在夏季情况则有所不同，此时对流层中高纬地区仍然以偏西风为主，低纬地区以东风为主；而夏季平流层基本上都是偏东风。在对流层内，一般可看到风速随高度增高而加大，而且冬季比夏季增加地更厉害。通常最大风速是在对流层顶下面，低于对流层顶 1 km 左右。平流层内，整个一年之中风速随高度总是减小的，冬季比夏季风速略有减小。

由于高空及平流层的气压、气温较低，氧气缺乏，影响人体神经系统和呼吸、循环系统，因此，高空及平流层飞行时，要求密封座舱，备有氧气、调温和增压设备。

三、高空、平流层影响飞行的因素

（一）臭 氧

在高度约 10~50 km 的大气中，臭氧含量较多，特别是在 20~25 km 高度处，臭氧含量最大，可达空气体积比的百万分之几。臭氧具有强烈的氧化性，使接触到的任何物质几乎会立即氧化。在平流层中飞行时，如果没有保护措施，机组和乘客会受到臭氧的危害，引起生理上的不良反应，长时间接触臭氧对身体有严重影响，破坏人体呼吸系统，危及人的生命。在平流层飞行，机外空气中臭氧含量可超过人体允许量的 4~9 倍。由于高速飞行机体附面层的气动加热作用和涡轮压缩机使空气增温的影响，可使大部分臭氧遭到破坏，故能进入机舱中的臭氧只有一小部分。但如果环境空气中臭氧含量达到百万分之四以上时，机舱内臭氧含量可达到或超过百万分之一，对人体会造成危害。由于臭氧浓度高时气温也高，所以飞机在平流层中飞行时，若发现气温剧增，说明飞机已进入臭氧层，应立即降低飞行高度，迅速脱离。

在中高纬度地区，冬半年对流层顶较低。冬末春初时臭氧含量较大，对进入臭氧层的飞机危害增大，目前，许多飞机没有过滤臭氧的设备，在探测上也存在许多问题，故在平流层飞行时要特别注意臭氧层。

（二）空气密度

高空、平流层中空气密度很小，在中纬度 12 km 和 20 km 高度上，空气密度仅及地面的 25% 和 7%。由于空气密度小，使飞机的飞行性能变差，如平飞速度范围缩小，上升速度减小，加减油门后速度变化迟缓，飞机作曲线运动的半径增大，飞机俯仰摆动和侧向摆动不易消失，操纵杆舵后飞机的反应迟缓，容易将飞机拉抖等。

（三）目视条件的变化

在高空、平流层中，由于空气中水汽及尘埃极少，所以能见度一般较好，但是飞行员的目视条件会随高度发生变化。在 10 km 附近，由于杂质含量少，太阳光中可见光光谱短波部分受到散射的较多，故天空呈青色和深蓝色；13 km 高度以上空气密度减小，含尘量更少，天空多呈紫色和黑紫色，以深蓝色或紫色天空为背景的能见度较差。在面向太阳的半球里，目视发现空中目标极为困难；在 22 km 以上高度，天空由黑紫色变成黑色，在这种黑暗的背景下，只能辨别出太阳、月亮和星星的位置。

（四）火山灰云

火山喷发时，能把大量火山灰带入大气中，火山灰随风飘移扩散，其中颗粒大的沉降快，颗粒小的沉降慢，在空中停留时间较长。从卫星云图上可以看出火山灰云像一团发展很快的雷暴云，云顶可伸层到对流层顶附近，有的可达平流层。

1. 火山灰云对高空飞行的影响

运输机在高空作长途飞行，有时会遇到火山灰云。在火山灰云中飞行可造成由静压系统工作的各种仪表失真，发动机受火山灰杂质腐蚀和堵塞而易受损伤，严重时可使发动机熄火，危及飞行安全。在国际航班飞行中，遭遇火山灰云的几率是比较高的。据统计，1973年至1982年间，飞机因进入火山灰云而受损害的报告就有17次，其中，1982年就有两次运输机进入火山灰云中使发动机熄火，飞机迅速下沉，险些造成机毁人亡。1982年6月24日英国航空公司的一架波音747客机，从马来西亚吉隆坡飞往澳大利亚佩恩，15时（世界时）左右飞机在雅加达以南230 km、11 500 m巡航高度上进入火山灰云，飞机发生放电发光现象，机舱内充满火山灰，座舱玻璃受灰尘磨蚀变得不透明，一个发动机先熄火，在飞机下沉过程中，其余三个发动机先后熄火，经过16 min飞机下沉至4 000 m高度时，发动机才起动成功。但其中一台又因喘振而停车，飞机不得不用三台发动机在雅加达的哈林机场紧急降落。同年7月13日，新加坡航空公司一架波音747客机，在与上例差不多的地方进入火山灰云，发生类似险情，双发降落在雅加达。这两次都是因为爪哇岛南部的加勒贡火山爆发造成的。

火山灰云随气流移动，由于高空和低空风向风速不同，在不同高度上火山灰云的移动状况也是不同的，风速越大，它的移速和扩散就越快。低空的火山灰云范围不大，且由于火山灰粒较大易于识别，一般不会误入，但高空的火山灰云则难以发现，因而预防困难。

2. 飞行中的注意事项

火山喷发是一种突然现象，它是大陆板块缓慢漂移运动的结果。目前人们对火山喷发的原因及机制认识还不够深刻，探测手段不够完善，因而对喷发的地点、时间、强度等缺少预报方法，就是在喷发后，有些国家因没有正式的观测网和良好的通讯系统，也无法及时报告。另外，对火山灰云在空中的运动规律和探测手段也正在摸索阶段，现有机载雷达亦不能发现即将进入的火山灰云，因此，在多火山地区上空飞行应提高警惕。

（1）起飞前，向航行部门了解航线附近有无火山喷发和火山灰云报告。如有，应利用气象文件分析火山灰云的高度和范围，根据预报的高空风，计算出飞行期间云的移动，作好绕飞计划。

（2）在火山多发地区上空飞行时，要保持警惕。在白天，目视观测可以判明火山灰云，飞机如发生高频通讯中断、静电干扰、舱内有烟尘、机身放电发光、发动机发生喘振和排气温度升高现象，说明飞机可能已进入火山灰云。

（3）当发现已进入火山灰云时，应松开自动油门，如果高度允许，减少推力到慢车状态，以降低排气温度，防止火山灰云的溶解和堆积；加强放气以增加喘振边界，如让防冰系统工作等；如果为了避免排气温度过高而需要关闭发动机，那么，只有完全脱离火山灰云后才可重新起动。

（4）尽快脱离火山灰云。

第二节　高空急流和晴空乱流

急流是大气环流中的一个重要现象，它和对流层低层的气旋、反气旋的生成、发展与移动有着密切的关系。同时，急流还对飞行有着直接的影响，在急流中飞行由于风速大，对飞机地速影响很大，同时还可能遇到强烈的扰动气流而产生飞机颠簸，因此了解高空急流对高空飞行有十分重要的意义。

一、高空急流

早在 1911 年，人们就从高云的快速移动中发现高空有强风，到了 1947 年，又从风的直接观测中证实了急流的存在，并引入了急流的概念。但是，大气中的强风速或同时伴有很大的风速切变的现象是很多的，不能都认为是急流。为此，我们给急流以如下的定义：急流是位于对流层上层或平流层中的一股强而窄的气流，其中心轴的方向是准水平的，它以很大的风速水平切变和垂直切变为特征；风的水平切变量级为每 100 千米 5 m/s，垂直切变量级为每千米 5~10 m/s；急流区的风速下限为 30 m/s；沿急流轴上有一个或多个风速最大区。

（一）急流的形成

到目前为止，对急流的形成还没有圆满的理论解释，在实际工作中，我们可以看到，高空急流的形成经常是和大气中有大的水平气温梯度相关的。根据下层风加热成风等于上层风的原理，如果在大气中有一个水平气温梯度大的区域，热成风量便大，那么，在它的上面，必有一个强风带存在，当风速达到或超过 30 m/s 时，即出现了急流。在对流层中，中纬度地区上空就经常出现水平气温梯度大的狭长区域，气温由南向北递减，故西风风速随高度迅速增加，因而在中纬度地区上空就经常出现西风急流。

高空急流最容易出现在锋面附近，当两种温度不同的气团相遇时，在很狭窄的地带出现很强的水平温度梯度，这就是所谓的最大温差带。根据热成风原理，在最大温差带，风随高度而增大，它将在对流层上部和平流层下部形成狭窄的强风带，一般来说，这种风将沿着冷暖气团的交界面即锋面吹，锋面坡度陡和大的温差有利于风速的增大。我们可以看到，在一定的高度上，刚好在高于冷气团的对流层顶的高度上，两种气团的温度是相同的，正是在这个高度，急流的风速达到最大。

（二）急流的特征

（1）急流一般长几千千米，有的可达万余千米，宽度为几百至千余千米，厚度为几千米。例如，高空西风急流的宽度约为 800~1 000 km，厚度一般为 6~10 km，有时还要更大些，长度可达 10 000~12 000 km，像一条弯弯曲曲的河流自西向东围绕着整个半球。在呈东西走向的急流中，急流轴的高度变化不大，但是当急流流过起伏的山区和横过山脊时，急流轴的高度变化可达 1 km。

（2）急流中心的长轴称为急流轴，它是准水平的，大致是纬向分布。在中高纬度的低压或槽脊加强时，急流轴会呈径向分布和拐弯。

（3）在急流轴附近风切变很强，湍流也强。急流中风的分布是不均匀的，因此有很强的风切变。在急流中风的水平切变量级为每100千米5 m/s，垂直切变量级为每千米5 ~ 10 m/s。当你在水平方向上飞离急流轴时，碰到的风速仅有小的变化，但当你改变飞机高度时，将碰到大的风速变化，这种风在垂直方向上的切变通常是急流轴的下面比上面强。通常，高空图上的等高线在急流的靠近极地一侧比较密集，往急流的极地一侧，风速的减小比往副热带一侧的风速的减小要快得多。能发生风切变的最大水平范围从急流轴起往极地一侧大约有200 km。

（4）急流轴线上风速最低值为30 m/s。沿着高空急流轴的方向，如果风速小于30 m/s，将不再称之为急流，这种情况可认为是急流的中断现象。

（5）急流轴上风速分布不均匀，大小风速区交替出现。沿急流方向上在同一高度上的两点间，有时差异可达60%。有一个或多个极大值中心，其风速一般为50 ~ 80 m/s，有时可达100 ~ 150 m/s。急流中的最大风速区常沿槽线出现，因为锋区在这里最明显。

最大风速区沿急流移动，但其移动速度比气流本身的风速慢。顺急流飞行时，若气温没有什么变化，顺风的减小并不意味着你已经离开了急流，它仅仅表示你已经通过了急流的极值区。

（三）急流的种类

根据北半球的资料，以急流所在的高度和所在的气候带位置，通常可将急流划分成下面几类：

1. 温带急流

温带急流出现在中纬度地区，冬季多位于北纬40° ~ 60°之间，夏季多位于北纬70°附近。我国把温带急流又称为北支急流。

急流轴通常位于极地对流层顶附近或极地对流层顶以下1 ~ 2 km处，其平均高度在夏季约8 ~ 11 km，冬季约7 ~ 10 km。在急流的低压一侧对流层顶低，在高压一侧对流层顶高。温带急流的风速冬季强，夏季弱，中心最大风速为45 ~ 55 m/s，个别曾达到过105 m/s。

最著名的温带急流出现在北大西洋，其位置随极锋的位置变换而变换。为了避开这种西风急流，在由东向西飞行时，应沿北极圈作偏北的航线飞行。而在由西向东飞行时，可在偏南的位置上顺急流飞行。

2. 副热带急流

副热带急流出现在深厚的副热带高压北缘，冬季约位于北纬25° ~ 32°，夏季向北推移约10 ~ 15个纬度，有时更多一些。我国上空出现的急流以副热带急流为主，与温带急流相对应，在我国把副热带急流又称为南支急流。

副热带急流平均高度约12 ~ 14 km，急流中心最大风速，冬季一般为60 m/s，夏季减弱为冬季的一半。副热带急流是异常持续的一个急流，除少数地方中断外，几乎完整地环绕着整个地球。冬季，这支急流由强风形成很宽的带状，宽度可达1 000 km，最大风速区位于喜马拉雅山和西太平洋上空、大西洋西部、非洲北部到中东这几个地区。

位于我国东部和日本西南部上空的副热带急流是世界上最强的急流，最大风速平均为60 ~ 80 m/s，冬季可达100 ~ 150 m/s，最大可达200 m/s。在冬季几个月，副热带急流紧靠着喜马拉雅山脉边缘，这有利于产生十分稳定的气流。夏季季风暴发，急流向北漂移到喜马拉雅山脉脊线以北，强度减弱，有时难以找到其踪影。

南半球的副热带急流也同样重要，它流经南美洲和澳大利亚上空。

3. 热带东风急流

热带东风急流又叫赤道急流，出现在热带对流层顶附近或平流层中，一般位于副热带高压南缘，在北纬 15°~20°之间，平均高度为 14~16 km，平均风速为 30~40 m/s，夏季比冬季强得多。

在亚洲大陆的南部，从 6 月到 8 月底的夏季季风季节，在对流层上层有一支稳定的东风急流。急流从东南亚的马来西亚开始，横贯印度半岛南部，跨越非洲中部，其高度在 13 000~15 000 m 之间。风速通常为 30 m/s，但有时可达 50 m/s。在这支急流的下面近地层中风速较小且为西风。这一支急流在其他地方也被观测到了，其位置在赤道附近 15°范围内，但并不是围绕整个地球都有。

热带东风急流对我国影响较小，只在夏季出现在华南和南海上空。

4. 极地平流层急流

极地平流层急流位于纬度 50°~70°上空，其风向有明显的年变化：从隆冬时的强大的西风，在夏季变为很强的东风，且冬季的西风远远强于夏季的东风，其平均最大风速可超过 100 m/s。冬季最大西风风速出现在 50~60 km 高度处，而在 20~30 km 高度上有一个次大风速中心，即通常所谓的"极地黑夜西风急流"。

极地平流层西风急流的形成与冬季极地长期黑夜有关，大气在这期间因向外辐射持续冷却，而其南部的平流层中的臭氧层又直接吸热增温，因而造成了强大的指向极地的温度梯度，形成了西风急流。

（四）高空急流的判断

1. 利用空中等压面图判断急流

在等压面图上，等高线密集区就是强风区，具体风速可由各单站的风来判断。一般以 300 hPa（高度为 9 000 m 左右）和其以上高度的等压面图来判断，从风速大于 30 m/s 的急流范围可以了解急流的位置、宽度、长度和强度等。图 7.5 为一张 200 hPa 等压面图，图上用斜线标明的区域即为高空急流，本图可以看出，急流自我国西部地区向东伸展，经河套折向东北地区，长达 5 000 km 多，宽达 1 000 km。

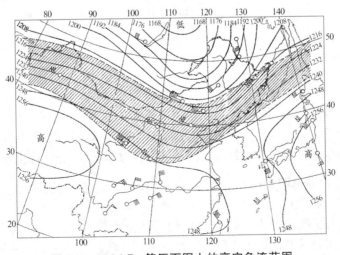

图 7.5　200 hPa 等压面图上的高空急流范围

2. 利用空间垂直剖面图来判断急流

图 7.6 是一张高空风垂直剖面图，剖面近似南北向，实线为等风速线，从大于 30 m/s 区域可以看出急流所在高度范围，中心在武汉和济南之间，高度在 14 km 左右，最大风速大于 80 m/s。

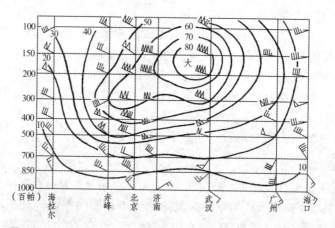

图 7.6 1984 年 1 月 14 日 08 时（北京时）高空风剖面图

3. 利用卫星云图判断急流

急流区有时有卷云、卷层云、卷积云，多出现在急流右侧（背向而立）。卫星云图上急流云系的北部边界一般呈反气旋性弯曲或准直线状，边界整齐光滑，位置与急流轴大体吻合。有时急流区中出现与风向相垂直的波状云线，表明急流中不但风速很大，而且还有很强的湍流，飞机进入该区域时会发生强颠簸。

4. 利用高空云的形状来判断急流

根据观测和卫星云图显示，与急流有关的云在急流轴区高压一侧的下方，且平行于急流轴而伸展，并随风迅速移动，在地面和空中都可观测到，并可用于判断急流的位置和风速大小。下面介绍几种常见的急流云：

（1）移动迅速的细长束状、辐辏状的卷云带。

（2）呈波脊状，并不断变化的卷云、卷层云。

（3）荚状高积云和卷积云，沿顺风方向长度很大，且经常是多层的。

（五）高空急流中的飞行

1. 急流对飞行的影响

顺急流飞行时，可增大地速，节省燃料，缩短航行时间；逆急流飞行时则相反，同时要多消耗备份油量。横穿急流飞行，会产生很大的偏流，对领航计算和保持航向都有影响。在横穿急流时，当刚进入时，风由小突然变大，刚穿出急流时，风由大变小；同时气温变化亦相当大，这时风切变和温度切变都是巨大的，所以在穿越高空急流时最易产生飞机颠簸。

2. 急流中飞行应注意的事项

（1）由于高空急流所在的高度已接近飞机最大升限高度，飞机的操纵性和气动性能都不好，所以即使是顺急流飞行最为有利，但在选择航线高度时，绝对不要选择在飞机最大升限的高度上。顺着急流进入急流轴中飞行时，最好不要从急流轴的正下方进入，而应从急流轴的一侧保持平飞状态进入，同时进入角应小于30°角，以免偏流过大。

（2）在急流中飞行，首先要查明飞机与急流轴的相对位置。如果是顺急流飞行，则应选择在风速最大的区域内。这样，可以获得较大的地速，节省燃料；如果是逆急流飞行，则应选择在风速最小区域内，以免地速减小过多，同时要注意所带备份油量是否足够用，如油量不足，为安全起见，就近备降加油。

（3）在急流区，当发现颠簸愈来愈强时，则应采取改变高度或航向的方法脱离急流。通常改变高度 300～400 m，偏离航线 50～70 km 即可脱离。在采取改变高度或航向的方法脱离强烈颠簸之前，不仅要考虑到飞行高度、地形标高、飞机性能和任务等，而且更重要的是要保持动作柔和、沉着，保持该型飞机在颠簸中飞行的规定速度，正确地操纵飞机，脱离颠簸区。

（4）在急流中飞行时，如果发现云的外形不断迅速变化，而且水平云带非常散乱时，则表示这种云内的乱流较强，往往会引起强烈颠簸，故应尽量避免在这种云内飞行。

（5）飞行人员及乘客应及早系好安全带，以免发生颠簸时人员抛离座位而受到伤害。如1991 年 5 月 22 日，中国民航一架 B767 飞机，从上海飞往北京时，在济南以南 90 km 处 9 000 m 高空遇急流区的晴空颠簸，造成四位乘务员和旅客多人受伤。

二、晴空乱流

目前涡轮喷气大型运输机的巡航高度，一般都在 9～12 km 高度层飞行，这恰在对流层上层和平流层最低层。因此，飞机一般都在云上或全在晴空飞行，很多人曾认为在云上或无云区飞行，大气湍流的影响可以避免了，飞机可任意飞行了，后来的飞行实践证明，在无云区高空也存在着大气湍流，这就是我们所称的晴空乱流及它引起的高空晴空颠簸（CAT）。

（一）晴空乱流的一般概念

晴空乱流是指出现在 6 000 m 以上高空且与对流云无关的乱流。晴空乱流以 10 km 高度附近出现最多，出现时湍流区与无湍流区往往有明显边界，其间没有过渡带。飞机一旦进入湍流区，往往突然产生颠簸。湍流区的水平宽度约为 100 km，顺着风向的长度约 200 km，厚度多在 200～1 500 m。

晴空乱流通常发生在空中气温水平梯度较大和风切变较大的地区，在风的垂直切变每100 m 达到 1～2 m/s，水平切变每 100 km 达到 5～6 m/s 的区域，常有晴空湍流发生。如果高空存在某些天气系统如急流、锋区、槽线、低涡等，它们造成了温度与风的急剧变化，在这些区域就会出现晴空乱流。

（二）晴空乱流的判断

1. 与急流有关的晴空乱流

飞机感受到的大气湍流多半发生在空中温度水平梯度较大和风切变较大区域，在高空急流区附近，因存在较强的风速切变及温度平流变化，常有晴空颠簸出现，晴空颠簸最有可能出现的地方是锋面急流的极地一侧。

（1）在 250 hPa 或 200 hPa 等压面图上，一般在急流轴附近高空槽中的冷平流大于5 ℃/100 km 时，是产生晴空颠簸重要指标，如图 7.7 所示。

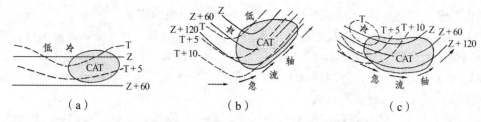

（a）　　　　　　　　（b）　　　　　　　　（c）

图 7.7　急流轴附近高空槽内冷平流中的晴空颠簸区

（2）急流彼此靠近到 500 km 以内时，在汇合区产生晴空乱流频率很大。由于南支急流轴位置高于北支急流，后者常在前者下方穿过，于是加大了汇合区气层的垂直切变，晴空湍流区垂直厚度为两支急流之间。在汇合区当垂直切变大于每 100 千米 3 m/s 时，可有中度以上的颠簸，如图 7.8 所示。

（3）在高空高压脊发展增强（向北伸展）且急流通过时，在轴线两侧可出现中度以上的晴空颠簸，颠簸层厚度为最大风速高度上下各伸展 1 000 m 或再多一些，如图 7.9 所示。

（4）地面上有气旋新生时，在急流轴北侧及地面气旋新生区以东，从高空脊线往上、下游各 500 km 的范围内有晴空乱流，如图 7.10 所示。

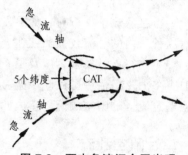

图 7.8　两支急流汇合区出现晴空颠簸的部位

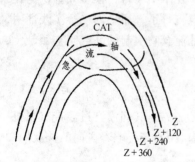

图 7.9　与增强的高压脊相伴随的晴空颠簸

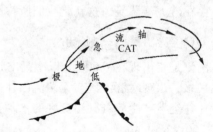

图 7.10　地面气旋上空的晴空颠簸

2. 与天气系统有关的晴空乱流

（1）晴空乱流与高空锋区。锋面附近存在较大的水平风切变和温度梯度，是湍流容易出现的地方。产生晴空颠簸的高空锋区常与高空急流相配合，飞机顺急流飞行时一般是没有颠簸的，但当急流穿过高空锋区两侧时，飞机常遇到气温在短距离内变化较大，风的水平切变大的情况，此时就会产生颠簸，因此，要特别注意在急流中的等温线密集地带两侧的飞行。

（2）晴空乱流与高空气压场。报告显示，当急流接近槽线时常能碰到晴空颠簸。根据 300 hPa 或 200 hPa 高空图上风场的类型，可以判断出晴空湍流的位置。如图 7.11（a）所示，一个快速移动的、槽线两侧风向切变很大的深槽中，尽管风速比急流中的风速小，但在槽线附近仍可能有晴空湍流。晴空湍流还可能出现在高空闭合低压的周围，特别是在气流汇合区和疏散区，如图 7.11（b）所示，以及低压槽的东北部区，如图 7.11（c）所示。

· 184 ·

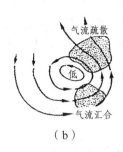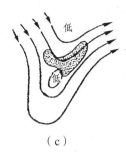

|（a） | （b） | （c） |

图 7.11　晴空湍流与高空气压场

（3）对流层顶。在对流层顶附近，尤其在对流层顶有断裂现象和对流层顶坡度较陡时，往往有较强风的切变，因此有较强的晴空乱流出现。

（三）晴空乱流与飞行

（1）在晴朗碧空的天气下，飞行员看不到外界任何一点引起颠簸的迹象，完全在不知不觉的情况下飞进乱流区。高空晴空颠簸一般为中度以上颠簸，对飞行安全有很大影响。根据美国国家运输安全委员会报导，1964—1975 年的 12 年间的 729 起飞行事故中有 68 次与晴空乱流有关。在这 68 起事故中，有一架被毁坏，2 架受到大的损伤，4 架有小损伤，其余 61 架飞机没有损坏但有人员受伤。可见，晴空乱流是影响飞机安全的重要因素。

（2）每次飞行前，应该详细了解航线附近天气，判断有可能出现晴空乱流的区域，提前做好准备，在飞行中应密切注意大气温度和风的急剧变化，当进入颠簸区后，应沉着冷静，柔和操纵，视具体情况迅速脱离颠簸区。

高空急流与晴空乱流是高空影响飞行的重要天气现象，在飞行活动中必须给予高度重视，这两种现象有时同时出现，即在急流区附近，常出现晴空乱流区，而产生晴空颠簸。在组织和实施高空飞行时，如果能事先了解到急流的空间位置及强度、晴空颠簸存在区域，对制作航行计划以及飞行中正确进入或退出急流区，避开强烈颠簸是非常有利的。

1. 高空和平流层飞行是指在对流层上部和平流层下部的飞行。由于这里高度高、气温低、气压小、空气密度小，因此有与中低空完全不同的飞行气象环境。

2. 对流层顶是对流层与平流层之间的过渡层，它是一个强大的稳定层，其内部气温随高度几乎不发生变化。它的高度与气温是随季节和纬度而变化的。对流层顶上、下气象条件差异很大，对飞行有不同影响。

3. 平流层内，空气主要通过臭氧直接吸收太阳辐射而增温。高空、平流层内气压场形势和风的分布较简单，因不受摩擦力影响，风场和气压形势十分吻合。在高空，平流层内对飞行产生影响的气象条件有：臭氧危害、空气密度小、目视条件差、火山灰云的危害等。

4. 高空急流是指出现在对流层上层到平流层下层的强而窄的气流区。急流区风速要求 ≥30 m/s。出现在我国的副热带急流是世界上最强大的急流。航空活动中可以利用空中等压面图、空间垂直剖面图、卫星云图和高空云状来判断高空急流的位置及强度。

5. 晴空乱流是指出现在 6 km 以上高空且对流云无关的湍流，它能引起晴空颠簸（CAT）。当高空存在某些天气系统如急流、锋区、槽线、低涡等时，由于它们引起了高空较强的风切变和气温水平梯度，因此在这些天气系统中容易产生晴空湍流。

思 考 题

1. 什么是对流层顶？对流层顶的高度和气温如何变化？它对飞行有什么影响？
2. 高空和平流层内气温的分布有何特点？
3. 高空和平流层内气压和风分布的特点是什么？
4. 平流层中臭氧对飞行有何影响？
5. 高空、平流层中目视条件有何特点？
6. 火山灰云对飞行有何影响？对付火山灰云应采取什么措施？
7. 什么是高空急流？它的主要特征是什么？
8. 高空急流是怎样形成的？它一般容易出现在什么地方？
9. 我国有哪些高空急流？它们对飞行有什么影响？
10. 什么是晴空乱流？它的主要特征是什么？
11. 在高空和平流层飞行时怎样判断高空急流？
12. 高空急流对飞行有何影响？飞行中应注意哪些问题？
13. 晴空乱流对飞行有何影响？飞行中应采取什么安全措施？

第八章 航空气候概况

现代民航运输经常需要作跨洲际的远距离飞行，飞行活动范围遍及世界各地，飞行人员应该了解和熟悉全球大气运动状态、气压和气候的分布，这对安全、高效完成民航运输任务有十分重要的意义。

第一节 大 气 环 流

地球上空大气层中大规模的气流运动，称为大气环流。它的水平尺度在数千千米以上，垂直尺度可达 10 km 以上，其时间也较长，一般在两天以上。这些大尺度的环流，构成了大气运行的基本状态，它们是各种天气系统活动的背景。了解大气环流状态及其变化，可以更好地了解世界各地的气候特征，这对国际飞行是有重要意义的。

一、大气环流的形成

影响空气运动的因素很多，而地球上温度的分布情况是决定大气环流状况的一个主要因素，因此我们首先介绍地表附近气温水平分布情况。

（一）地表附近气温水平分布

太阳辐射是地球、大气唯一的能量源泉，太阳辐射的强弱在很大程度上决定了地表附近气温的分布状况。虽然气温分布还受其他诸如海陆分布、空气运动和人类活动影响，但是这些因素所以能够影响气温分布，就是因为太阳辐射的效应受到这些因素影响的缘故，而且这些影响过程是非常复杂的。经过长期观测和气候分析，气象工作者为我们提供了如下的全球海平面气温分布图（见图 8.1，图 8.2），其中以 1 月份代表北（南）半球冬（夏）季，7 月份代表北（南）半球夏（冬）季，它们反映了全球温度分布的主要特征。

从图上可以看出：

（1）在近赤道区有一个高温带，这里 1 月份和 7 月份的温度都大于 24 ℃，称为热赤道。热赤道并不与地球赤道相合，1 月份它位于北纬 5°～10°，而在 7 月份它已移到北纬 20°附近了。热赤道与地理赤道不一致的原因是因为北半球陆地面积广，夏季受热巨大，引起地面强烈增温所致。

（2）等温线大致与纬度平行，从热赤道向两极气温逐渐降低。在北半球，等温线分布是 7 月份稀疏，1 月份密集，这说明南北温差夏季小、冬季大。这是因为太阳高度角和昼夜长短的季节变化所致，它反映了太阳辐射是影响气温的主要因素。

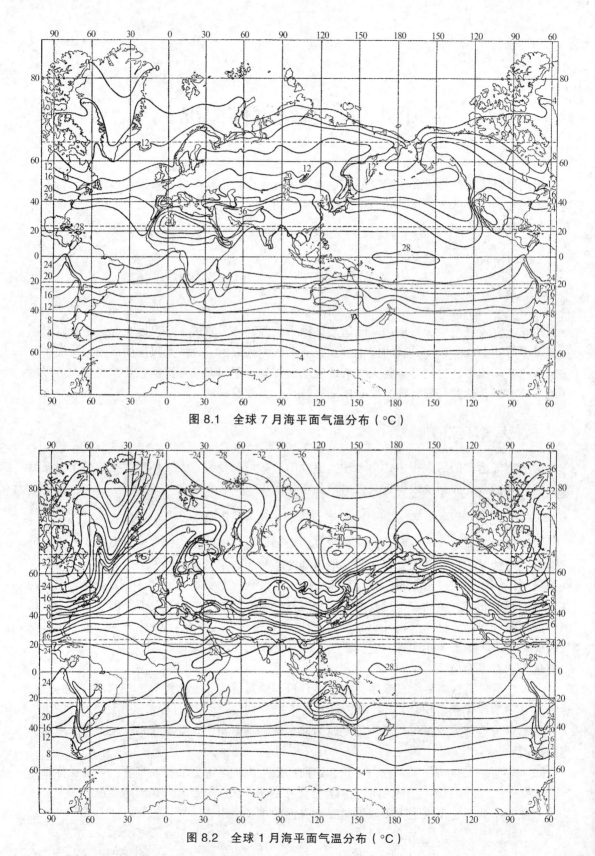

图 8.1　全球 7 月海平面气温分布（℃）

图 8.2　全球 1 月海平面气温分布（℃）

（3）北半球等温线比南半球密集、曲折，且有若干等温线闭合中心；南半球等温线则比较平直，这种情况在冬半年尤为突出。这是因为南半球海洋面积大，陆地面积小，下垫面性质较均匀的缘故。南半球气温的季节变化也小于北半球，另外，全年北半球平均温度（15.2 ℃）大于南半球的平均温度（13.8 ℃）。

（4）冬季北半球的等温线，在大陆上大致凸向赤道，在海洋上大致凸向极地，夏季则相反；在相同纬度上，气温是冬季大陆低于海洋，夏季大陆高于海洋，在海陆交界处气温变化大，等温线则呈弯曲而复杂的状况。这是因为海陆热容量不同，海陆分布对气温的影响所致，再加上大气运动和大规模洋流的水平热量输送，这种影响更为明显。在 40 °N 盛行西风的欧亚大陆，受海洋暖流影响的欧洲西岸和受大陆冷气团影响的亚洲东岸，1 月份平均气温相差达 20 ℃ 以上。

（5）南半球最低气温冬夏都出现在南极，北半球最低气温夏季出现在北极，冬季出现在东西伯利亚和格陵兰。

这种现象的出现主要是由于水、冰和雪的综合作用，如在极地所观测的那样，在北极地区，冰下有从较暖地区流动来的暖洋流，气温被缓和；由于南极是块陆地，没有从水和冰的缓和作用中得到热量，所以温度要低些。

在寒冷的大陆上，不仅没有水和冰的缓和作用，而且雪盖又使地面保持寒冷，当地面被积雪覆盖时，大部分太阳辐射被反射，所以白天升温很少。除此之外，地面的传导作用也很小，因为在厚厚的积雪中有大量空气，就像一条被子盖在地上，起了隔热的作用。地面的气温总是维持很低，使这里常常是冰天雪地，地面是永恒的冰冻，致使西伯利亚地区冬季温度比北极地区还要低。

飞行人员应熟悉和掌握上述全球地表附近气温水平分布特征，平均气温在一定程度上能反映出当地的气候特征，因此，对于远距离运输飞行来说，了解未来飞行区域内各季平均气温变化，实际上也大致掌握了飞行中所要经过的气候带分布情况，这有利于更好运用气象条件。另外，根据气温分布变化情况，合理计算燃料和货物搭载量也是十分重要的。

（二）大气环流的形成过程

由于地球上温度分布基本上是赤道热、极地冷，这种温度上的显著差异就产生了力图平衡这种差异的气流，气流会把热量从赤道输送到极地。

以北半球为例，在赤道地区，空气受热上升，到了高空向高纬度流去，受地转偏向力影响，向北流动的空气向右偏转，在 30 °N 附近转变为偏西风，阻挡了低纬高层大气继续北流，空气堆积下沉。在近地面层，下沉气流一部分向南，一部分向北，向南的气流吹向赤道，这样一部分空气又流回原地。

在 30 °N 附近下沉向北的气流，在地转偏向力作用下，形成中纬度的偏西风。在纬度 60 °N 附近的副极地处遇到由极地向南流来的冷空气，形成锋面，这个锋称为极锋。南来的暖空气沿极锋爬升，使这里气压降低。上升气流到达高空以后分为两支，向南的一支流回到副热带地区并在此处下沉，又构成一个闭合环流。

沿极锋爬升到高空的一部分气流继续向北挺进，终于到达北极，在这里冷却下沉，使极地地面形成高压。下沉的空气从极地高压近地面层向低纬度流去，它到达副极地地区后与南来的气流辐合上升，再形成一个闭合环流。这样，我们看到大气的流动形成一个又一个的环流状态，地球上的大气就是这样不断循环的。

（三）气压带和风带

让我们在北半球从赤道到极地来看一下由于大气环流而形成的气压带和风带。

1. 赤道低压带和热带辐合带

在赤道地区，空气受热上升，到了高空向高纬度流去，近地面气压下降，在赤道地区形成一个低压带，这就是赤道低压带，或称为赤道槽。

在赤道低压带，从南北两半球流回的空气在赤道地区汇合，形成热带辐合带（ITCZ）。热带辐合带标志了两个半球的信风之间的交界，这里的气候一直都很炎热。

2. 副热带高压带和信风带

在赤道地区上升的空气，到了高空向北流去，受地转偏向力影响，向北流动的空气向右偏转，在 30°N 附近转变为偏西风，阻挡了低纬高层大气继续北流，空气堆积下沉，近地面气压升高，形成副热带高压带。在近地面层，副热带高压带中的下沉气流在地面附近分开，一部分向北，一部分向南，向南的气流在地转偏向力的作用下在北半球向右偏转，形成东北风，这就是北半球地面上从副热带高压吹向赤道的东北信风。在热赤道两侧的中低纬度地区被信风占据，形成信风带。沿着赤道槽的两侧都有信风，在南半球是东南信风，在北半球是东北信风，如图 8.3 所示。

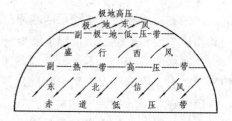

图 8.3　北半球气压和风的分布

3. 副极地低压带和盛行西风带

在副热带高压带的下沉气流中，向北的气流在地转偏向力的作用下在北半球向右偏转，形成中高纬度地区的大范围西风，称为盛行西风。在纬度 60°附近的副极地处空气上升，地面形成低压带，这就是副极地低压带。

在纬度 30°~65° 是盛行西风占主要地位的地带，这就是盛行西风带。这里的气候特征是有明显的季节性变化。你可能会碰到副热带气候，在夏季，它有阶段性的气压变化，并伴随着阵雨和雷暴天气，但在冬季，副极地空气可能被输送到此地，带来低温。

在南半球，盛行西风很容易识别。这种区别在于南半球的海陆分布存在明显的差异，这里只有 5% 的陆地，而海洋却有 95%。在北半球，陆地面积超过 40%，正因为这种不均匀的分布，北半球温带的气候大受干扰，天气变得更加复杂。

4. 极地高压和极地东风带

极地是空气下沉的地区，地面天气图上经常是一个高压，称为极地高压。在极地，空气被冷却，并流向暖和的较低纬度地区，从北极向低纬度流出的气流会向右偏转，形成东风，这就是高纬度地区的极地东风带。

在世界上受极地东风影响的那些地区，季节变化被"极夜"和"极昼"划分得十分准确。在极夜中，冷性反气旋出现，空气密度很大，地面温度极低，对流层顶的高度在极地上空达到其最低值。

在此气压带中大气具有稳定的特征：有范围广阔的层云或雾及微风，在雾层上面飞行十分平稳。偶然地，从温带地区移来的低压会带来锋面天气，形成云和下雪，当它们移至 70°~75 °N 时，这些低压会消失。

二、三圈环流模式

从上面的叙述可知，空气在向南向北的运动中还有东西方向的运动，为了更好地了解大气的环流形势，我们分别沿经向和纬向来看一下空气的运动情况。

（一）平均经圈环流

从经度的方向看，在北半球赤道上升气流、高空向北气流、副热带下沉气流和流回赤道的东北信风，在低纬度地区构成了一个环流圈。在这个环流圈中南边空气上升，北边空气下沉，地面上是由副热带高压吹向赤道的东北信风，高空是由赤道吹向副热带高压的西南反信风，这是一个典型的热力环流圈，叫做信风环流圈。在中纬度地区，副热带高压带中空气下沉，一部分气流向北流动，在副极地低压带空气上升，在高空形成东北风流回副热带高压，构成一个环流圈，这就是中纬度环流圈。中纬度环流圈实际上是一个过渡环流圈，由于是暖处下沉，冷处上升，因此被叫做逆环流，要记住的是中纬度环流圈中的地面风是吹向东北方的盛行西风。在副极地低压带中上升的空气向北以西南风的方式吹向极地，在极地下降，然后流回副极地低压带，形成一个环流，这就是极地环流圈。极地环流圈中的地面风是极地东风。

因此，在经度方向，北半球形成了三个环流圈。在三个环流圈中，以信风环流圈最强，范围也最大，中纬度环流圈由于是逆环流所以最弱。三个环流圈的位置也有季节变化，夏季靠近赤道，冬季靠近极地。

（二）平均纬向环流

从上面讨论可知，在三圈环流形成过程中，地面层气流分布特点是：低纬和高纬分别为两个东风带，气流方向偏东北，中纬度为一西风带，气流方向偏西南。高层气流分布特点是：低纬和高纬分别为两个西风带，二者之间是一个偏东风气流区，由于中纬度环流圈较弱，所以这个偏东风气流也很弱，甚至没有表现。所以低纬度和高纬度的两个高空西风带表现更加突出，这种情况可以说成是：高空西风带分布不均匀而分成两支，每一支最强中心轴线即"西风急流"。南支急流高度较高，位于副热带辐散带上空，北支急流高度较低，位于极锋辐合带上空。无论地面或高空，气流均呈带状，同时也有风速、风向的切变。在自转的地球上这种带状气流是不稳定的，常常产生扰动，因此使带状气流不呈平直状，而呈波浪式。

由上述讨论可知，在地转偏向力的参与下，南北半球近地面层中各出现了四个气压带，即赤道低压带、副热带高压带、副极地低压带和极地高压。同时相应地形成三个风带，即信风带、盛行西风带、和极地东风带。这些风带与上空气流结合起来，便构成了三圈环流圈，即信风环流圈、中纬度环流圈和极地环流圈。这样，就把复杂的大气环流归纳成一个简单的模式，即通常所谓的大气环流三圈模式，如图8.4所示。

三圈环流是在太阳辐射随纬度分布不均以及地转效应的共同作用下形成和维持的，是保持大气内部的各种平

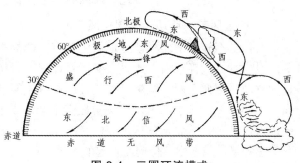

图8.4　三圈环流模式

衡关系所必需的。上述特征只是平均情况，实际上大气运动时刻都有变化，尤其是在西风带区域变化最为显著，在航空活动中应加以注意。

三、季 风

所谓季风，是指一个大范围地区内盛行风向有明显季节变化的现象。随着风向和气压条件的季节变化，这些地区的天气也发生明显变化。季风是大气环流的重要组成部分。

（一）季风的形成

某一地区的季风是由海陆热力差异、盛行风带季节移动以及地形特征等多种因素综合作用的结果。

1. 海陆热力差异形成的季风

由海陆热力差异而形成的季风，与海陆风的形成情况相似。夏季，大陆上气压比海洋上低，气压梯度由海洋指向大陆，所以气流分布如图 8.5（a）所示那样，由海洋流向大陆；冬季相反，大陆上气压比海洋上气压高，气压梯度从大陆指向海洋，因此气流分布如图 8.5（b）所示那样，由大陆流向海洋。

（a）　　　　　　　　　　　　　（b）

图 8.5　因海陆热力差异而引起的季风

这种季风与海陆风在形成原理方面虽然基本相同，但它们在表现上是有差别的。主要差别是：季风是由海陆之间气压的季节变化而引起的，规模很大，是一年内风向随季节变化的现象；而海陆风只是由海陆之间气压日变化不同而引起的，仅出现在滨海区域，是一日内风向转变的现象。

由海陆热力差异而产生的季风，大都是发生在海陆相接的地方，如亚洲东部、澳洲和北美等地。由于温带、副热带地区海陆热力差异最大，这种季风也最显著。

2. 行星风带的移动形成的季风

我们已经知道南北半球近地层中各有三个风带，即信风带、盛行西风带和极地东风带，这些风带具有世界规模，所以又叫行星风带。行星风带的分布很有规律，其位置随季节有明显的移动，因此在两个行星风带相接的地区，便会发生显著的风的季节性改变现象。例如，在太平洋东部，冬季赤道低压停留在南半球，夏季移到了北半球，因而在赤道至北纬 10°之间的区域，冬季受北半球信风控制，吹东北风；夏季受南半球信风控制，吹西南风。

由行星风带随季节移动而引起的季风，可以发生在沿海和陆地，也可以出现在大洋中央。

（二）亚洲的季风

从世界范围来看季风区域分布很广，各大洲几乎都存在季风现象，季风区域内，天气的季节变化十分明显，同一地区在不同季节，会出现对航空活动影响较大的不同天气过程。亚洲南部和东部，西非的几内亚附近沿岸，澳大利亚北部和东南部沿岸，北美洲东南岸等地，都是比较著名的季风区，其中以亚洲季风最强盛，范围最广。

亚洲的季风根据它的特征，可以分为亚洲东部季风和亚洲南部季风，喜马拉雅山及其东面与它相连的山脉，是这两部分季风的自然分界线。

1. 亚洲东部季风

亚洲东部的季风，主要是由海陆热力差异而引起的，亚洲东部濒临广阔的太平洋，居于世界上最大的海洋和大陆之间，气温梯度和气压梯度的季节变化比其他任何地区都显著，所以这一地区发生的季风，是海陆热力差异引起的季风中最强的。它的范围主要包括我国东部、朝鲜和日本等地。

冬季，亚洲大陆内部为冷高压所盘踞，温暖的海洋上形成低气压，空气从西伯利亚高压区向太平洋活动，形成强劲的冬季风，可直达东南亚（风向大体自西北逐渐转为东北）。冬季风的强弱和稳定程度，主要取决于冷高压的强度与移动情况，高压强时，偏北风就大，反之就小；高压稳定少动时，风的变化较小，高压迅速移动时则相反。

夏季情况正好相反，亚洲大陆内部强烈增温，整个大陆内部又为热低压所控制，同时太平洋高压西伸北进，因此，高低压之间的偏南风就成为亚洲东部的夏季风。由于热低压的气压梯度不如冬季冷高压前部的气压梯度大，所以夏季风比冬季风弱。这是亚洲东部季风的一个重要特点。

东亚季风对我国、朝鲜、日本等地的天气、气候影响很大。冬季风盛行时，这些地区的气候特征为低温、干燥和少雨；夏季风盛行时，这些地区的气候特征为高温、湿润和多雨。

2. 亚洲南部季风

亚洲南部季风是由行星风带的季节移动而引起的，但也有海陆热力差异的影响。亚洲南部的季风，以印度半岛表现最为明显，这就是世界闻名的印度季风。

在冬季，亚洲大陆为冷高压所盘踞，高压南部的东北风就成为亚洲南部的冬季风。当冬季风盛行时，亚洲南部的气候特征是干燥少雨；到了夏季，亚洲南部位于赤道低压带内，南半球过来的西南气流成为亚洲南部的夏季风，当夏季风盛行时，亚洲南部的气候特征是潮湿多雨。

南亚地处低纬，北侧又有高山阻挡北方冷空气的侵入，为热带季风气候。全年气温变化幅度不大，故在季节上只有干、湿两季，且在雨季来临之前有热季。每年6月中旬，强大的西南季风从印度洋进抵大陆，倾盆大雨突然来临，几天一阵，一直延续到9月中旬甚至10月中旬，大部分地区85%的年降水量就集中在这个雨季。年降水量一般为 1 000～1 500 mm，迎风山坡可达 2 000 mm 以上。南亚季风对我国西南地区，如云南、四川南部有很大影响，享有"春城"之称的昆明就受南亚季风的控制，在季节上有干、湿之分。

（三）我国季风的气候特征

我国介于世界上最大的大洋与最大的大陆之间，是季风最活跃地区，东亚季风和南亚季风对我国天气气候都有很大影响。

1. 冬季风

冬季偏北风来自中高纬度的内陆。空气寒冷而干燥，每当这种强大的气流过境时，气温迅速下降，天气晴冷，这就是我国常说的"寒潮"。在频频南下的冷空气控制和影响之下，中国大部分地区冬季的气候寒冷而干燥，成为世界同纬度上冬季最冷的国家。在中国境内，冬季气温南北差异很大，冬季的广大北方地区千里冰封，万里雪飘，漠河地区1月平均气温为－30℃左右；而两广、福建和云南的中南部地区的气温还在10℃以上，树木花草终年长青。两广沿海、海南岛、台湾中南部和云南最南部，2月平均气温更高达15℃～16℃以上，鲜花艳丽，椰林茂密，一片热带景象。

2. 夏季风

夏季来自太平洋、印度洋的偏南风，气候温暖湿润。北方虽然太阳斜射，但是日照时间比南方长，所以全国气温普遍较高。南方广大地区7月平均气温为28℃，黑龙江大部分地区温度也可达20℃以上，南北方的温差比冬季小得多。

因此受季风影响，我国气候特点大致如下：大部分地区是冬冷夏热，四季分明的气候；东北北部长冬无夏，春秋相连；两广地区长夏无冬，秋去春来；青藏高原海拔4 500 m以上地区全年皆冬，而南海诸岛又是常年如夏；云南中南部地区则是冬无严寒，夏无酷暑，四季如春的气候。

3. 降水的季节变化

中国的降水主要集中在夏季，年降水量由东南沿海向西北内陆递减，广东沿海为2 000 mm，长江中下游地区为1 200～1 400 mm，淮河流域为800～1 000 mm，华北平原和东北平原为600～700 mm，而且主要雨带出现季节性的推移。5月在华南，6月中旬北跃到长江中下游，开始这里的梅雨季节。7月中旬，雨带再次北跃，到淮河以北，北方进入雨季盛期。8月下旬，雨带南退，东部地区雨季先后迅速结束。

在航空活动中要掌握季风气候特征，密切注意天气的季节变化，掌握不同季节典型危险天气的变化规律。一些与航空活动关系密切的天气现象如云、地面风、能见度、雷暴等在不同季节会有较大差异。

第二节　我国的航空气候要素分布

与航空活动关系密切的气候要素有风、云、能见度、雷暴等。

一、云的分布

（一）云量的分布

1. 云的形成

云的形成与水汽条件有关，我国南方水汽多，北方水汽少，因此我国总云量分布情况基本上是南方多于北方，最多在四川、贵州一带，最少在内蒙古北部。

2. 低云量

与飞行关系比较密切，影响飞机起落的低云，分布情况也是南多北少，但低云量出现最少地区在南疆，年平均为 0.2～0.7 成，尤其在 10 月份南疆部分地区基本上不出现低云。低云量出现最多地区在贵州，年平均低云量为 6～7 成。低云量出现最多季节，长江以南多在冬末春初，黄河以北、青藏高原以及云南地区多在夏季，而川黔一带低云量冬季最多。

（二）云状分布

云状分布状况是以年平均频率的多少来表示的。此处频率是指累积云量≥4 成时，该云状出现次数（24 小时观测）占累积云量≥4 成出现次数的百分比。一般来说，年平均频率大，说明全年平均该云状出现次数所占比例大或出现次数多，年平均频率值小，则相反。

1. 我国出现最多的云

我国出现的云状，以年平均频率来说，以卷云、高积云和层积云三种为最多，其中层积云的出现频率在我国的有些地方高达 60% 以上。

2. 出现最多的低云

由于低云与飞行关系密切，在我国出现最多的低云是层积云、积雨云和碎雨云三种。下面介绍这三种云的分布特征。

（1）层积云。层积云分布状况见图 8.6，它以川黔地区出现的频率最大（高值中心区达60% 以上），向北呈带状减少，在内蒙古和南疆频率值在 10% 以下（南疆西南部在 5% 以下，为频率最小区）。长江以南的华东地区变化较大，一般由 30% 到 60%。

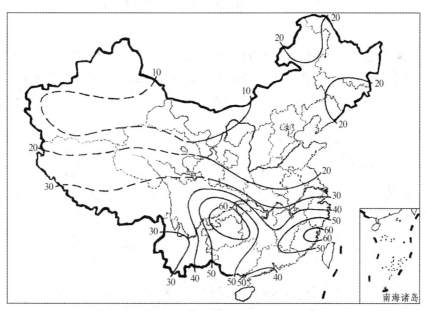

图 8.6 我国层积云年平均频率分布（%）

（2）积雨云。积雨云属对流云，因此一年内主要出现在夏季。一般除长江以南（尤其青藏高原）全年都可出现外，全国多数地区 3 月份才开始出现，11 月就已消失。因此，除夏季出现频率较大外，全年平均频率值一般较小。

积雨云地域分布从图 8.7 可以看出，全年皆可出现积雨云的青藏高原频率最高，如当雄地区年平均频率达 17.4%，夏季各月平均可达 28%，年日数在 200 天以上。新疆南部是积雨云出现日数最少而且频率也是最小的地区，那里年平均频率不到 0.5%，夏季各月平均仅 1% 左右，而出现日数一年不到 10 天。我国东部地区积雨云出现频率，则自黄河流域向南、向北增加，南部最高达 4%（年日数达 100 天）；北部最高达 2%（夏季月频率可达 8%～9%），年日数在 40 天左右。

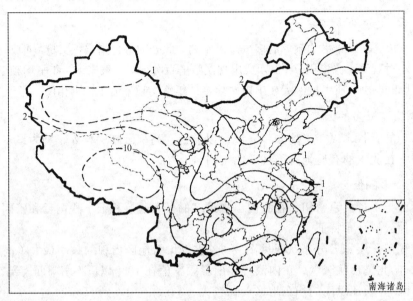

图 8.7　我国积雨云年平均频率分布（%）

3. 碎雨云

碎雨云地域分布如图 8.8 所示，在川黔地区和南岭以北、湖南地区频率最大（15% 以上），其中贵阳为 20%、大托铺为 21%，东经 100°以西地区出现甚少，年频率几乎为零。

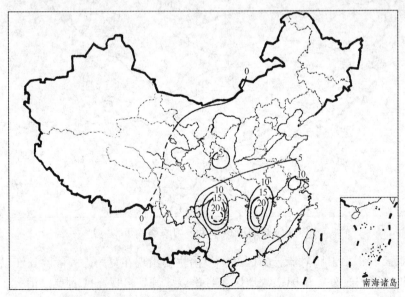

图 8.8　我国碎雨云年平均频率分布（%）

季节分布情况是：冬春季节四川盆地、南岭山地西北部为频率高值区，夏季这些地区频率相对减少，而华北等地有所增加，秋季又恢复与冬春相似的分布情况。

二、风

1. 风 向

我国地域辽阔，境内山峦起伏，河流纵横，地表性质和地形十分复杂，地方性风比较明显，致使我国各地的风向变化有很大差异。但从整体上看，我国大多数地区为典型季风气候，故盛行风向仍具有明显的季节变化规律。

（1）冬季，受大陆冷高压控制，所以各地多盛行偏北风。其中华北地区多北、西北风，长江流域及以南地区则多东北风。云南地区受西南气流的作用，其西部盛行西南风，东部盛行东南风。

（2）夏季，由于气压场配置与冬季相反，故大部地区以偏南风为主。其中东南沿海以东南风最多；云南地区由于受西南季风控制，盛行西南风。另外在有些地方由于受局地地形影响，常年风向几乎保持不变。

2. 风 速

我国大多数地区年平均风速在 1～4 m/s 之间，其中华北、东北、西北和青藏高原风速较大，年平均风速为 2～4 m/s，西南、华南和长江流域风速较小，年平均风速为 1～3 m/s。

我国有三个地区风速最大，第一个是地形平坦的中蒙边境地区，年平均风速达 4～5 m/s；第二是地势最高的青藏高原，年平均风速达 4 m/s 左右；第三是台湾海峡附近的东南沿海地区，年平均风速可达 5～6 m/s 以上。

我国静风（风速小于 0.3 m/s）出现最多的是四川盆地和云南西部，静风不利于烟雾扩散，在静风出现频率高的城郊地区，一般能见度较差。

3. 大 风

大风是指最大风速≥17 m/s 的风，它是灾害性天气现象之一，由于大风常具有阵性和强烈的乱流涡旋，会给飞机起降操纵带来极大困难。地面大风对机场停放的飞机也可造成损害，特别是与强雷暴有关的飑线、龙卷等，产生的极强风可能冲击损坏飞机。

寒潮冷锋、热带风暴、气旋、雷暴等都会带来大风，因此我国一年四季都可能出现大风。全国各地大风日数的分布非常复杂，由于地形影响，在小范围可能有很大差异。一般来说，大风日数是北方多于南方，沿海多于内陆，高山、隘口多于河谷和盆地，如图 8.9 所示。

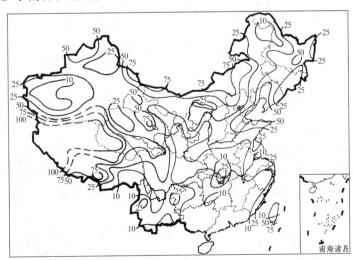

图 8.9 全国大风日数分布

我国大风出现日数因季节不同而不同。冬季寒潮爆发在冷锋后产生偏北大风，但大风日数较春季为少。春季在长江以北，尤其在华北、东北平原地区，由于天气系统多变，除冷锋后的偏北大风比冬季增多外，还多偏南大风，是大风日数最多季节。夏季大风日数分布比较分散，受雷暴活动影响较大。雷暴大风来势猛，风速很大，破坏力强，在我国北方和南方都有出现。另外，在我国东南沿海一带，由于夏秋季节热带风暴的侵袭而多大风，个别年份华北沿海也有出现，极大风速可达 40 m/s 以上。

三、能见度

（一）能见度的分布

从全国来看，能见度的分布是北方好南方差，内陆好沿海差，青藏高原最好，四川盆地最差。

（1）能见度小于 1 km 的年日数，以青藏高原与内蒙古部分地区最少，全年不足 10 天，四川盆地、华东、辽东等沿海地区，以及东北三江平原一带，由于多雾，致使能见度小于 1 km 的日数全年达 40 天以上，最多达 90 天，如图 8.10 所示。全国其他地区一般在 20 天左右，新疆南部由于风沙较多，可达 40 天以上。

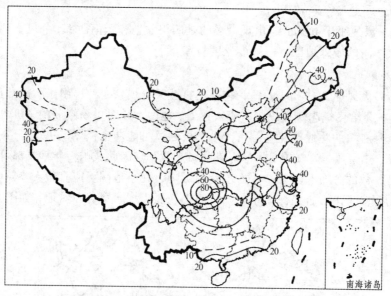

图 8.10　全国能见度小于 1 km 的年日数分布

（2）能见度小于 4 km 的年日数与小于 1 km 的日数分布基本相似，但在日数上增加很多。全国以青藏高原日数最少（小于 30 天），四川盆地日数最多（大于 200 天）。华东部分沿海地区以及东北等工业城市附近也可达 200 天以上，后者与多烟有密切的联系。我国新疆南部，因大风引起风沙和浮沉等天气现象，致使能见度小于 4km 的年日数可达 100 天以上。全国其他地区多在 60～100 天。

（二）能见度的季节变化

我国各地区能见度情况一般来说为冬季坏而夏季好。如以能见度小于 4 km 各月出现日数来分析，其中年变化情况仍有差别。四川盆地、陕南和河南部分地区，以及东北北部，除冬季日数最多和夏季日数最少外，秋季日数也较多，而华北北部和长江以南大部地区则春季是日数较多的季节。另外，在华北沿海和东北东部的一些地区，除冬季日数最多外，夏季也是日数较多的季节。在我国西北地区，能见度小于 4 km 的日数以春季最多，这是因为那里气候干燥，春季多大风而引起风沙与浮尘所致。

四、雷 暴

（一）年雷暴日数分布

我国年雷暴日数分布形势为南方多于北方，山地多于平原，陆地多于水面。由图 8.11 可见，年雷暴日数最多的是云南南部与海南、两广地区，达 90～100 天。其中云南最南部和海南中部山区可达 120 天以上。青藏高原东部和横断山区中北段是全国雷暴次多中心，达 80～90 天。

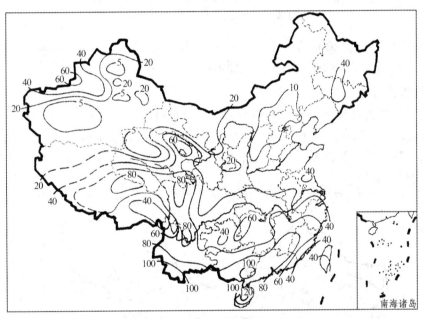

图 8.11　我国年雷暴日数分布

年雷暴日数从南向北明显减少。东部地区大约在长江以北、青藏高原东部（大约 35°N 以北）年雷暴日数降到 50 天以下（天山、祁连山除外）。雷暴最少的地区在西北塔里木、柴达木、吐鲁番盆地和藏北高原，这些地方年雷暴日数仅 5～10 天，甚至不足 5 天。

（二）雷暴平均初终期分布

1. 平均初雷日期

从图 8.12 可看出，初雷日期从南向北逐渐推迟。长江以南初雷日期在 3 月上旬以前，长江至淮河流域一般在 3 月中旬至下旬，黄河流域、华北平原在 4 月下旬至 5 月上旬，内蒙古和东北地区迟至 5 月上旬以后；西北盆地内部初雷日期最晚，一般在 6 月上旬。

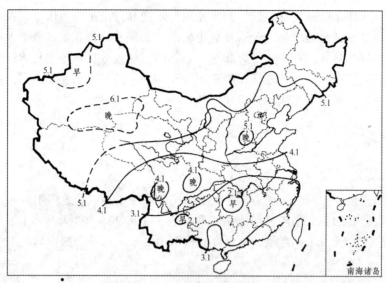

图 8.12　我国雷暴平均初日分布

　　我国初雷日期最早不在南方海岛上,而在湘西山地,那里初雷日期平均在 1 月下旬。青藏高原上初雷日期一般比同纬度的东部平原地区晚一个月左右。

2. 平均终雷日期

　　我国的平均终雷日期分布如图 8.13 所示。长江流域以南和青藏高原地区在 10 月上旬以后,长江以北广大地区在 9 月下旬,但这些地区山地终雷日期要推迟到 10 月上旬。西北内陆盆地,终雷日期最早,约在 8 月下旬以后就不再闻到雷声了。云贵高原上终雷日期最晚,要推迟至 11 月中、下旬。

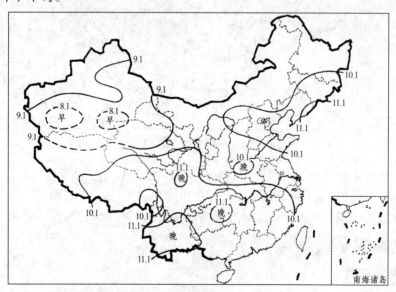

图 8.13　我国雷暴平均终日分布

　　总之,我国地域广大,距海远近和纬度差异很大,加上地形不同,雷暴日数分布、出现时间有很大差异。表 8.1 对我国各区雷暴活动的叙述具有一定的参考价值。

表 8.1　我国各地区雷暴气候特征

范　围	年均雷暴日数	平　均初雷日期	平　均雷日期	雷暴活动期长　度	雷暴日数最多月日数占全年日数百分数	一日中雷暴次数最多时段	平均最长连续日数
武夷山及以东沿海地区	40～50	2月下旬	10月上旬或中旬	22～23个旬	8月份20.0%	16～17点	11.4
南岭以南及珠江流域	大于70	2月下旬	10月中旬或下旬	23～24个旬	8月份20.0%	16点	13.0
南岭以北、江南丘陵大部地区	60～70	1月下旬或2月上旬	10月中旬	25～26个旬	7月份22.0%	14～16点	11.5
长江中下游平原及四川盆地	30～40	2月下旬或3月中旬	10月中旬	21～23个旬	7月份28.0%	14～22点	7.8
淮河以北及黄河流域	小于30	4月上旬或中旬	9月下旬或10月上旬	18～19个旬	7月份32.0%	18～22点	6.3
华北平原北部及东北平原、内蒙古	35	4月下旬或5月上旬	9月下旬或10月上旬	15～16个旬	7月份30.0%	15～17点	8.0
西藏高原及云贵高原西部	70	西藏高原在4月中、下旬云贵西部在2月下旬	西藏高原10月中旬云贵西部10月上旬	16～18个旬25～26个旬	缺资料	缺资料	缺资料
我国西北三大盆地	大于10	5月下旬或6月上旬	7月下旬或8月上旬	7～8个旬	缺资料	缺资料	缺资料
天山山地	20	4月下旬	9月中旬	19个旬	缺资料	缺资料	缺资料

第三节　我国各区航空气候特征

　　我国幅员辽阔，地形复杂，各地距海远近不同，因此不同地区具有不同的航空气候特征。

　　根据与航空活动关系最密切的低云、能见度和雷暴三个要素在全国各个机场分布状况统计进行归纳分类，可将我国分为九个航空气候区，即东北区、华北区、江淮区、江南区、四川盆地区、云南区、内蒙区、新疆区和高原区，如图8.14所示。

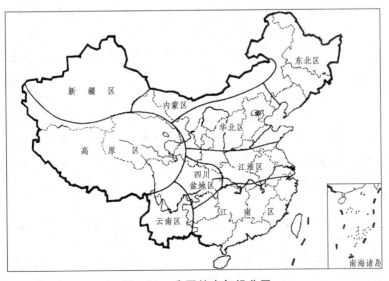

图 8.14　我国航空气候分区

一、东北区

本区包括辽宁、吉林、黑龙江三省和内蒙古北部和东部部分地区。

（一）气候特征

本区地理纬度较高，其气候特点是冬季寒冷、山区雪深、平原风大、气温年较差显著、雨量集中于夏季。

（1）冬季寒冷而漫长，北部1月份平均气温在 - 30 ℃左右（极端气温皆在 - 40 ℃以下），南部也在 - 6 ℃以下。由于此时受大陆冷性高压控制，天气一般以晴天为主，降水（主要是降雪）较少，对飞行有利。1月份晴天日数为 10~15 天，月降水量大都在 10 mm 以下，但冬季地面常有积雪，年积雪日数在 100 天以上，积雪深度可达 50 cm，山区更甚。另外，冬季城市附近机场由于受烟的影响，能见度较差，对飞行有一定影响。

（2）春季气温回升，4月份大部地区平均气温已上升到 0 ℃以上，由于还未受到夏季风的影响，气候干燥，降水较小，对飞行有利。另外，春季多大风，尤其是平原地区，大风引起风沙，使能见度转坏，对飞行有影响。

（3）夏季气温高，7月份平均气温皆在 20 ℃以上，极端气温除山区外，可达 35 ℃以上。由于夏季海洋上的潮湿空气不断向北输送，致使云量增多，降水增加，因此，7、8月份低云、暴雨对飞行影响较大。

（4）秋季，入秋后冬季风开始盛行，气温明显下降，天高云淡，降水骤减，能见度较好，适宜于简单气象条件飞行。

（二）重要机场气候特点

1. 沈阳机场

位于本区中部的沈阳机场全年气候特点是：冬烟雪、春风沙、夏有雷暴和低云、秋高气爽宜飞行。

每年11月至次年3月多碧空或高云天气，影响飞行最大的是烟幕，其次是雪，两者使能见度小于 5 km 的频数达 90%。春季少雨，少低云，大风引起的风沙多，天气干旱。夏季影响飞行的主要因素是雷暴和低云。沈阳雷暴 90% 属于锋面雷暴，夏季平均每 4 天就有一次雷暴，多集中于 15~17 时，在雷暴云底前方和中部有强烈升降气流，对飞行危害很大。

2. 哈尔滨机场

哈尔滨机场冬季在冷高压控制下，风小且逆温层强，受市区烟的影响最大。11月~次年3月，烟雾使能见度小于 2 km 的天数可达 86 天，雪只有 9 天。春季在南高北低的气压形势下，多有西南大风，并偶伴有风沙，影响能见度。夏季多冷锋雷暴及冷涡雷暴，春秋季的雷暴都是强冷锋雷暴，全年平均雷暴日有 29 天，雾日 11 天，大风日数 46 天。

二、华北区

华北区包括黄土高原及其以东，阴山以南，郑州、开封一线以北广大地区。

（一）气候特征

华北区东部濒临黄海、渤海，气候较湿润；西部距海较远，又为高原，气候比较干燥。

（1）冬季受冷高压控制，较为寒冷，1月份平均气温都在0℃以下（南部为-1℃左右，北部为-10℃以下）。本季降水较少，但伴随寒潮常可产生偏北大风。冬季晴天日数最多，各月皆在10天以上，颇有利于简单气象飞行。

（2）春季天气多变，气温回升快，大部分地区4月份平均气温都在8℃以上，平原地区可达12天以上。晴天日数比冬季有所减少，阴天日数有所增加，尤其在东部，比较适合复杂气象条件飞行。春季多大风，大风日数占全年的40%~50%，其西部黄土高原地区还多风沙天气，故能见度较差。

（3）夏季东南风盛行，气温升高，大部分地区比较炎热。高温区位于山西省的部分盆地和华北平原。那里最高气温大于30℃，极端最高气温可达40℃以上。夏季为雨季，降水自西北向东南增加，季降水量为200~500 mm，占全年的60%~75%。同时暴雨和雷暴增多，西部在夏初还易产生冰雹。

（4）秋季天气一般晴好、凉爽，冷空气在季末已控制本区。晴天日数增多，阴天日数减少，适合简单气象条件飞行。秋季气温在本区东部月平均仍在0℃以上，而西部已在0℃以下了。

本区东部山东半岛沿海地区冬季易产生扰动低云，夏季易产生平流低云，云量多在8~10成，高度低，移动快，对飞行影响较大。

（二）重要机场气候特点

位于本区的北京首都国际机场气候状况体现了本区主要的气候特点。冬半年多晴天，有时有低云且多出现在清晨、上午或傍晚，低云最低高度仅50~100 m。大风季节出现在冬春季11~4月份，全年平均大风日数9~11天，最大平均风速可达28 m/s，风向多为西北风。

雷暴出现时间在4~10月份，全年平均雷暴日数40~41天左右。以夏季为最多，每月平均9~11天左右，出现时间多在下午至傍晚，尤以17~21时为最多，持续时间大部分在1 h左右，但最长一次曾达18 h。雷暴多从西北方移来，消失在东南方；或从西南方移来，消失在东北方，以冷锋雷暴占多数。

能见度一般大于10 km，但在12~3月份的冬半年能见度常受烟的影响而小于4 km，雾日全年平均为13~14天左右，9~12月份最多，且多为辐射雾，一般出现在清晨6~8时。

三、江淮区

本区位于35°N以南，大巴山至长江及其以北地区。

（一）气候特征

（1）冬季本区气温较低，月平均最低气温皆在0℃以下，尤其在秦岭以北可达-8℃以下。本季降水较少，仅占全年的5%~10%，南部稍多。云量同样是南部多于北部，尤其淮河以北天气晴好。

（2）春季由于气旋活动频繁，天气多变。淮河以北以晴天为主，干燥多大风，黄河沿岸多风沙，淮河以南天气稍坏，雨日稍多，要注意雷暴对飞行的影响。

（3）夏季气温较高，天气炎热，7月平均气温在 26 ℃～28 ℃。仅东部沿海和西部山区气温稍低，其他地区极端最高气温皆可达 40 ℃以上，其中渭河谷地、河南大部和武汉地区，最高气温≥35 ℃可达 20 天以上。由于夏季是雨季，云雨多，常有暴雨和雷暴，初夏雨区位于淮河以南的长江流域，此时正为该地区的梅雨季。盛夏时雨区北移，淮河以北降雨量增多，而淮河以南则多晴天。

（4）秋季冷空气已影响本区，多秋高气爽的晴朗天气。此时雨量减少、晴天增多，是简单气象飞行日数较多的季节，但在秦岭及其以北渭河谷地则多秋雨。另外，本区南部有些年份，在秋季也可发生连阴雨天气。

（二）重要机场气候特点

1. 上海机场

上海机场位于本区东部，地方性气候特点主要是受雾、海陆风及市区烟粒的影响。本场辐射雾最多出现在 9～12 月份，平流雾最多出现于 3～5 月份，锋面雾最多出现于 12～3 月份。6～9 月份出现的雾比较少，9～10 月份雾一般在半夜到早晨出现，9 点消散。11～4 月份在傍晚、早晨、上午均有可能产生，特别是 3～5 月份，平流雾到中午才能消散。

冬、春二季多出现锋面低云，云高在 100 m 左右。春季平流低云云高小于 100 m，对飞行影响较大，10～16 时云高在 100 m 左右，可利用日变化争取飞行。另外，当台风侵袭，地面低压在长江口、东海发展或有雷暴来临，在地面均会出现大风，极大风速可达 35 m/s 以上，对飞行造成很大威胁。

本场雷暴始于 2 月，终于 10 月，但初雷和终雷时节雷暴出现次数极少，其强度也很微弱。雷暴主要出现在 6～9 月份，大约每年平均有 20～45 天，特别集中在盛夏时期，最多时几乎每天都有。其次是春季雷暴，约每年平均 5～15 天，春季雷暴多属锋面雷暴，大多数都隐藏在其他云层之中，多数雷暴出现在半夜到上午。夏季雷暴多孤立分散，但其强度比春季雷雨强，有时伴有大风，绝大多数出现在中午到傍晚。

2. 南京机场

南京（大校场）机场春季阴雨连绵多低云，4 月主要受移动来的西南低涡、静止锋、冷锋及气旋影响，一般云高为 200～300 m。6～9 月份有雷暴且为台风季节，尤以 8 月份台风盛行，因有较强的对流性不稳定天气，会有龙卷风和冰雹出现。雷雨一般出现在 3～9 月，春季（3～5 月）一般为天气系统影响而产生的雷雨，出现时大多在夜间到早上 8～9 点，9 点后逐渐减弱消失，雷雨强度不大，但积雨云往往被碎云所遮，很难发现，因而对飞行影响较大。7～8 月热力性雷雨较多，一般出现在 12 至 18 点，云系发展较快，积雨云较易观测，飞机可以绕飞。

冬季受辐射雾影响常使能见度小于 1 km，雾一般出现于早晨 3～4 点，上午 8～9 点开始消散。

3 月、4 月、7 月出现 8 m/s 以上的大风日数最多，有 11～13 天；9 月最少，但极端最大风速出现在 8 月份，曾达到 17 m/s。

四、江南区

本区包括长江以南的广大地区。

（一）气候特征

（1）江南区总云量年平均大于6成，低云量大于4成。全低云阴天年日数在70天以上，最多在贵州，可达160天以上，最少在本区东北部，约为60~80天。

（2）本区降水量大都在1 200 mm以上。一般在春末夏初降水最多，但秋季由于热带气旋影响，南部又有一段秋雨期，而北部则为秋高气爽的少雨天气。

（3）冬季在南岭以南气温较高，月平均气温在10 °C以上，日最低气温也很少达0 °C以下。南岭以北，冬季湿冷，虽然月平均最低气温大都在0 °C以上，但极端最低气温都在0 °C以下，北部甚至可达－10 °C以下，因此冬季较冷。

（4）夏季除贵州地区外都比较炎热，尤其是中部和北部地区，在盛夏（7、8月）季节炎热而晴朗，平原、盆地地区极端最高气温可达40 °C以上，如长沙为40.6 °C。

（5）本区雷暴日数多，是各区中平均日数最多的一个区。一般年雷暴日数北部为50天左右，南部在70~100天，最南部的海南岛可达120天以上，并且全年皆可发生。因此，雷暴是本区影响飞行的主要天气现象之一。

（二）重要机场气候特点

1. 广州机场

位于本区的广州（白云）机场，属海洋性气候，常年雨量充沛，温度偏高。年平均温度在20 °C~23 °C，9月份气温最高，曾达38.4 °C，一月份最低，绝对最低到零下1.6 °C。相对湿度平均在70%以上。冬半年多偏北风，夏半年多偏南风，平均风速2~3级，当有台风或雷雨大风时，最大风速可达34 m/s以上。

本场大雾不多，维持时间不长，9~10点便可消散。春季多受华南沿海静止锋影响，常出现低云和恶劣低能见度现象，此种天气云高经常在100 m左右，能见度也在1~2 km。维持时间较长，要等到冷空气增厚，静止锋南移或者暖湿气流加强静止锋北移到南岭山区，低云抬高消散，能见度才会好转。

初雷一般在2月，终雷一般在10月，以6、7、8三个月最多，也有雷雨终年不停，年终连续到第二年。夏季4~6月多静止锋与低槽雷雨，出现时间多在后半夜到清晨，7、8月为副高控制下的气团雷雨，一般出现在午后对流发展最盛的情况下，经常带有阵风。对本场危害最大的是台风前沿东北方向来的雷雨，一般多出现在16点以后，21点以前，此种雷暴特点是强度大、发展快，并伴有大风，平均风速17 m/s，最大达34 m/s。降水强烈，有时还伴有冰雹，能见度短时很坏，对起降和停场飞机危害很大，但此雷雨维持时间不长，一般1 h左右。

另外本场位于南海岸、珠江三角洲，经常受到太平洋移来的台风和南海台风的影响和侵袭，根据资料统计，每年5月到11月为台风季节，以8月份为最多，年平均为7~8次，登陆的4次对华南沿海地区有很大影响。

白云机场10月到次年1月是飞行最好的季节，晴空万里的天气常可持续几天。

2. 贵阳机场

位于本区西部的贵阳（磊庄）机场全年多阴天，每月为14~21天，以冬半年最多，有"天无三日晴"之说。冬半年多层积云，常可维持数日，云底高在 700 ~ 1 500 m。降水时有碎雨云，云底高为 200 ~ 300 m。夏半年午前多淡积云，午后多浓积云和积雨云。雷暴全年 41 天，冬日皆可出现，较多的是 4 ~ 8 月，每月 5 ~ 8 天，雷暴来时极快，持续时间不长。

雾日全年达 95 天，以冬半年较多。地面多静风，除夏季有东南风外，其他各季以偏北风较多，大风年日数不足 1 天。

五、四川盆地区

四川盆地区位于四川省东部，本区西部为"成都平原"，海拔一般在 500 m 左右，盆地四周为 1 000 ~ 3 000 m 的山脉环绕，东部为 200 ~ 1 000 多米的丘陵和山地。

（一）气候特征

（1）冬季较温和，最冷月平均气温为 4 ℃ ~ 8 ℃，月平均最低温度很少低于 0 ℃。天气少变，降水少而云雾多。总云量、低云量以及阴天日数皆为全国之冠。全年均可出现雾，年雾日达 50 天以上，而以冬季为最多，占全年的 50% 左右。由于雾和轻雾的影响，冬季能见度比较恶劣。

（2）春季气温回升快，由于冷空气活动频繁，天气多变。盆地东部云雨较多，西部则天气较好，降水甚少。

（3）夏季本区晴天相对多些，气温高，多雷暴，能见度良好。初夏除盆地西部云量较少外，其他地区多云雨，月降水量皆在 150 mm 以上，而且春末夏初多夜雨。盛夏盆地东部常出现连晴高温天气，极端最高气温可达 40 ℃ 以上，而西部此时多云和暴雨。由于整个夏季相对其他季节来说，晴天日数较多，因此是简单气象飞行训练的旺季，但飞行时应注意雷暴等不稳定天气。

（4）秋季气温降低，多连绵阴雨。自 9 月开始气温下降，而且西部早于东部，到 11 月各地月平均气温皆在 14 ℃ 以下。本季自 9 月中旬至 10 月下旬常阴雨绵绵，雨量不大但低碎云常布满全天，对飞行影响较大。

（二）重要机场气候特点

成都（双流）机场位于四川盆地，一年四季多阴天，风力小，湿度大。夏半年降水大于冬半年；夏末秋初夜间多雷暴；秋季多阴雨天气，多低云；冬半年多辐射雾。

低云一般出现在夏秋与冬春之交季节，往往在阴雨绵绵时出现比较低的云，有时地面上伴有 1 ~ 4 m/s 的东北风。此种天气出现，会给飞机起落带来一些困难。双流地区雷暴始于 3 月，终止于 10 月，夏季最多，春季次之。雷暴绝大多数出现在夜间，占总次数的 85.5%，出现在上午最少，因此一般上午适于飞行。双流地区的雾，出现在冬半年，以辐射雾为主，一般晴天少云或云比较高（3 000 m 左右）的情况下，地面上水汽含量充沛时，往往有雾产生。雾生成的时间随天气状况而定，有早有晚，但都在上午 10 ~ 11 时消散，个别时候在 12 时以后，当有雾时能见度维持在 1 ~ 2 km。

六、云南区

本区包括云贵高原西部地区。

（一）气候特征

云南区由于纬度低而海拔高，冬季不易受冷空气侵袭，故冬暖夏凉，气温年较差小，被誉为"四季如春"。本区四季不分明，但干湿季明显，11月至翌年4月为干季，5月到10月为湿季。

（1）干季天气晴朗，干燥少雨，风大云少。月晴天可达10天，北部可达10~20天。降水量各月皆在50 mm以下。大风日数占全年的90%，月大风日数最多的地区可达5~14天。

（2）湿季多阴雨潮湿天气。阴天日数各月少则20天，多则可达28天。月雨量较多，一般在100 mm以上，6~8月期间在本区南部由于多大雨和暴雨，月降水量可达300~600 mm。此外，降水持续时间较长，一般在10天以上，南部最长可达50天之久。雷暴频繁，占年雷暴日数的70%~80%，多雷暴地区月雷暴日数可达15~20天，本区西部和南部边境山区，还常出现连绵阴雨兼有大雾天气。

（二）重要机场气候特点

昆明（巫家坝）机场干季晴天日数居多，月平均低云量不超过3.6成，10月~1月是低云出现日，云高约100~200 m。雾日小于3天，雷暴日平均7.6天，偶尔有雪。1~4月多大风，或称风季，多为西南风，风速平均为8~12m/s，多在午后出现。雨季多雷暴，平均为36.4天，多数属热雷暴，持续时间不超过1 h，雷雨时伴有短时低能见度和碎云。雨季能见度良好。云高除8月份外均大于250 m，全年气温绝对最高31.9 ℃（5月），绝对最低零下5.4℃（1月），7 000 m以下盛行西南风，夏半年7 000 m以上风向由西南转东，急流风速最大61~70 m/s，都出现在7 000 m左右。

七、内蒙区

本区主要包括祁连山以北的内蒙古高原地区。

（一）气候特征

（1）冬季本区处于冷高压控制之下，天气晴朗寒冷，仅在冷锋活动之时有大风和少量降雪，最冷月平均气温在– 10 ℃~ – 25 ℃，极端最低气温可达– 40 ℃以下。

（2）春季天气系统活动频繁，常有大风天气，尤其北部为最多，8级以上大风日数全年在75天以上，而且主要发生在春季。由于春季地面干燥，刮大风时易产生风沙，致使能见度恶劣而影响飞行。

（3）夏季本区气温较高，高温区主要在西部，这里极端最高气温可达40 ℃以上。另外，本区气温日变化也较大。夏季虽为雨季，但在本区表现不很明显，年降水量在400 mm以下，东部多而西部少。

（4）秋季天气晴朗而温和，是一年中天气最好的季节，但风和日丽的天气一般维持时间不长，当冷高压活动开始增强时，气温便很快降低。

（二）重要机场气候特点

位于本区的锡林浩特机场，当蒙古气旋东移，气旋中心经过锡林浩特时可出现 20 h 以上的西南大风，最大风速可达 20～25 m/s。大风起时飞沙走石，天昏地暗，严重威胁飞行安全。另外，当冷锋、切变线、雷暴影响本场时，也会出现地面大风。

雷暴活动于 4～9 月份，以 6～7 月份为最多。一般多在午后出现，其次为前半夜，出现雷暴的主要形势是热雷暴、空中槽雷暴和冷锋雷暴。热雷暴出现时，地面为弱高压，风微气闷，早晨有积云性高积云，午后有雷雨。高空槽上有冷平流时，可以一连几天出现雷暴，一直到槽线破坏消亡为止，雷暴才能结束。冷锋雷暴一般出现在锋前，时间较短。

风沙、雾、烟都影响本场能见度。当西南风转西风时即起风沙，可使能见度短时少于 1 km，雾很少，日出后消散。东北风小于 3 m/s 时有烟。

八、新疆区

（一）气候特征

本区位于大陆腹地，季节变化明显，寒暑悬殊，气候干燥，属典型的温带大陆性气候。

（1）冬季气温低，多寒潮降温，平均风速小，大部分地区晴天多。气温分布一般是高山比盆地冷，盆地比山麓冷，北疆比南疆冷。1 月平均气温北疆盆地低于 −20 ℃，极端最低在 −35 ℃～−40 ℃。南疆盆地和吐鲁番盆地较暖和，1 月平均气温为 −8 ℃～−10 ℃。冬季寒潮次数较多，且多从西部和北部侵入，最大降温可达 15 ℃以上。

（2）春季升温快，4 月份平均气温已达 8 ℃～18 ℃。春季山地和西部边境地区多阴雨，季降水量在 30 mm 以上，季阴天日数为 30～40 天。另外，由于春季天气系统活动频繁，多大风和风沙，8 级以上大风日数全季有 10～20 天，随大风而起的风沙天气在南疆非常突出，是我国风沙最多的地区之一，风沙和浮尘出现时，能见度十分恶劣。

（3）夏季南疆比较炎热，北疆和天山山地气温则不高。吐鲁番盆地是全国最炎热的地区，素有"火州"之称，夏季各月平均最高气温高于 37° C，极端最高气温达 49.6 ℃，为我国气温最高值。北疆及山区夏季各月平均气温仅 20 余度，酷热期甚短。另外，夏季山地降水较多，且常有雷暴和冰雹。盆地降水少，南疆盆地降水量不足 40 mm，是我国降水最少的地区。

（4）秋季降温快，多晴天，能见度良好。由于冷空气活动，10 月份南疆月平均气温已降至 10 ℃～13 ℃，北疆低于 10 ℃，而山地则低于 5 ℃。随着冷空气逐渐控制本区，降水骤减，晴天增多。秋季在南疆盆地地区几乎没有低云出现，季晴天日数在 40 天以上，是简单气象飞行的理想季节，此时北疆山区地区开始多大风天气。

（二）重要机场气候特点

位于本区的乌鲁木齐机场全年以 9、10 月天气最好，晴天较多。冬季天山北坡常有静止锋，造成本场低云、降雪。降雪时云很低，只有 100～200 m。雪后雾日增多，故有"有雪防雾"之说法。雪和雾集中出现在 11~3 月，其全年日数各为 40 余天。

地面冬半年一般没有大风，以山风（偏南）谷风（偏北）环流为主，夏半年则多西北风。年大风日平均为 22 天，风向以偏西最多，东南次之。偏西大风多出现在春末和夏季，出现时间多在下午，其次是夜间。东南大风出现于春季的 4、5 月和秋季的 10、11 月，出现时间多在夜间，一般是下午开始刮到深夜或深夜开始刮到上午，其间风速之大，持续时间之久均较西北大风为甚，最大风速曾达 40 m/s。

雷暴很少，平均全年仅 9 天，出现在夏半年，7 月最多。夏季常有系统性积雨云从西南方向移至本场，一般 2~3 h 就可以消散。夏半年多风沙，一般多为西北或东南大风所引起，沙暴全年 5 天，对飞行影响较大。

九、高原区

高原区主要包括我国的青藏高原。

（一）气候特征

该区大部分位于 27°~40°N。海拔高度除少数地区外，大都在 3 000 m 以上，由于海拔高、地形复杂，而且又处于副热带纬度，故形成了特殊的高原季风性气候。

（1）气温低，日较差大。本区冬季受中纬度西风环流控制，比较寒冷，夏季受南方暖湿气流影响，比较凉爽。1 月份平均气温大都在 – 10 ℃~ – 20 ℃。最低气温在本区西部可达 – 30 ℃ 以下，其日最低气温在零下的日数可达 200 天以上。7 月本区平均气温大部在 4 ℃~14 ℃，仅在南部少数地区可达 20 ℃ 左右。本区虽然气温低，但气温年较差并不很大，而气温日较差较大，一般在 14 ℃~16 ℃，在藏北地区，最大可达 30 ℃。确实是"一年四季不分，一日四季可见"。

（2）干湿分明，多夜雨。本区大部分地区受季风影响，干湿季明显，一般 5~10 月为湿季，11 月至翌年 4 月为干季。本区降水量地区差异大，总的趋势是东多西少，南多北少，迎风坡多于背风坡。大部分地区年降水量少于 600 mm，湿季降水量一般占全年降水量的 80%~90%，而且多"夜雨"。湿季云量较多，并从东南向西北减少，而且多对流性云。本区不但夏季多对流性云，而且大部分地区全年皆可产生积雨云。积雨云年日数在 150 天以上，夏季几乎天天有积雨云发生。因此，在本区飞行时要十分注意。积雨云一般中午开始生成，下午至傍晚发展旺盛，后半夜开始消散，这也是产生夜雨多的原因。积雨云云高多在 1 500~2 500 m。本区低云除多积状云外，其次为层积云。对于整个高原来说，由于海拔高，形成一般低云云高较高，高云云高较低，二者高度差较小的特点。

（3）冬春干燥多大风。本区冬春季节为干季，天气以晴为主，降水少而多大风。降水一般以降雪为主（本区全年皆可降雪），多集中在翌年 2 月，还可能产生暴雨雪和雪后强降温的雪灾天气。另外，冬春多大风，集中在 1~5 月，尤以 2~4 月大风日数最多。春季东部地区有时水汽较多而使能见度小于 4 km，其他地区则常因大风引起的风沙而使能见度转坏，故一般 3~5 月能见度较差，而 11 月至翌年 1 月和 6~7 月能见度最好。

（二）重要机场气候特点

贡嘎机场位于雅鲁藏布江南岸，海拔 3 540 m，由于高原天气的特殊性，气候没有明显的春夏秋冬四季之分。其气候特点大体可分为：夏季（5 月中旬～9 月上旬）、反过渡季（9 月中旬～10 月中旬）、冬季（10 月下旬～3 月中旬）、过渡季（3 月下旬～5 月上旬）。

（1）夏季（又称雨季）温度回升，云系增多，雨量增大。在此季节对飞行威胁最大的就是低云，以 7 月份为例，几乎每天都有低云，但整个夏季全天云低于标准的日数也不多。通常是上午较差，下午好一些。当天气受西南气流控制时，日变化明显，往往在 10 点前低云满天，下小雨，10～11 点后雨停云抬高，或较少云。如果受低压或切变线影响并有冷平流时，低云维持时间较长，有时甚至全天不适航。其次，夏季的雷暴多为热雷暴，主要出现在傍晚和夜间，很少出现在上午，因此对飞行影响不大。整个夏季能见度都很好（ > 10 km），对飞行无影响。

（2）反过渡季。这时暖湿气流减弱，西风带南移控制高原，由多云过渡到晴好季节，天气时晴时雨，有时产生辐射低云影响飞行。这种低云生成后一般维持两小时左右，12 时前后温度升高随即消失。

（3）冬季（又称干季）天气晴朗，主要是由大风造成的风沙和浮尘影响飞行安全。高原上一般能见度都大于 10 km，有风沙时平均 2～4 km，最小达 50 m。风沙和浮尘是大风引起的，因此冬季能见度的好坏取决于风的大小。当风速超过 8 m/s 时就有风沙出现，一般上午吹东风午后转西风，并且风速加大，最大西风可达 36 m/s。大风和风沙多出现在下午，浮尘多出现在 8～12 时或 13 时，因此对飞行影响很大。浮尘出现在暖气团内，头天晚上东风超过 6 m/s，第二天 8 时前停止，把东部沙滩上的沙带入上空形成浮尘，开始形成时间多数在天明前后，消失在 13 时以后，有时全天都有。

（4）冬夏之交的过渡季节，冷暖气团交汇，天气变化突然，云的变化无常，很不稳定。例如，1967 年 4 月 15 日 7 时前，天气系统和实况都很好，9 时在西部雪山上有块积雨云发展，并沿江移来，9 时 10 分布满全天，9 时 20 分就开始移走，由于当时对天气判断不准，使飞机在途中返航成都 10 min，待积雨云移出后又重新返回，并安全落地。这次主要是受小尺度天气系统影响引起局地天气变化，在天气图上看不出来。大风在这个季节还很盛行，因而风沙和浮尘经常出现。

本章小结

1. 受太阳辐射分布不均的影响，全球海平面附近温度分布的主要特征是从赤道向两极逐渐降低，在地球自转影响下，近地面气层出现了"三风四带"，风带与上空气流结合起来便构成了三圈环流。三圈环流的出现使地球上呈现出多种多样的气流和天气，而不同的海洋和陆地分布更使各地的天气变得更加复杂。

2. 季风是指大范围地区内盛行风向有明显季节变化的现象，季风的形成既有海陆差异的原因，又受盛行风带移动的影响。随着风的季节变化，各地天气气候也发生明显变化。亚洲是世界上季风最盛行的地区，冬夏气温和风都明显变化。我国受东亚季风和南亚季风影响较大，大部分地区冬冷夏热，四季分明。

3. 航空气候是指与航空活动有关的气候，主要要素有云、风、能见度、雷暴等。

我国总云量分布基本上是南方多于北方，最多在川、黔一带，最少在内蒙西北部。在我国，对飞行影响较大的低云主要有层积云、积雨云、碎雨云等，它们都有各自的分布特征。

我国大部分地方盛行季风气候，盛行风向具有明显季节变化的规律。受自然地理环境影响，地方性风也比较明显，我国大部分地区年平均风速在 1~4m/s。大风日数分布较复杂，一般规律是北方多于南方，沿海多于内陆，春季大风日数最多。

从全国来看，能见度分布南方比北方差，沿海比内陆差，冬季较差，夏季较好。

我国地域广大，距海远近和纬度差异很大，加上地形不同，雷暴日数分布、出现时间有很大差异，可参照表8.1掌握雷暴活动大致规律。

4. 我国九个航空气候区为东北区、华北区、江淮区、江南区、四川盆地区、云南区、内蒙区、新疆区和高原区。各区四季具有不同的气候特点。低云、能见度和雷暴三个要素也有不同的分布变化特点，各区主要机场附近气候变化也呈现出不同特点。

5. 从总的情况看，我国大多数地区冬季能见度较差，秋季天气最好，夏季有雷暴影响飞行，而春季普遍有大风和风沙天气，东南沿海易受台风的影响，四川盆地和青藏高原由于地形特殊，更是有其特殊的影响飞行的天气。

思 考 题

1. 什么叫大气环流？形成大气环流的主要原因是什么？

2. 全球海平面气温分布有何规律？

3. 为什么西伯利亚冬季是北半球最寒冷的地区？

4. 南、北半球海平面气温分布的特点有何区别？

5. 近地面气层的"三个风带，四个气压带"指的是什么？

6. 信风环流圈是由哪几支气流构成的？

7. 什么是季风？季风是怎样形成的？

8. 亚洲东部季风与亚洲南部季风有什么区别？

9. 我国季风气候的主要特征是什么？

10. 我国总云量分布情况怎样？我国出现最多的三种云是什么？

11. 我国出现的低云以什么云状居多？

12. 积雨云在我国分布情况怎样？

13. 我国冬、夏季大部分地区盛行风向如何？我国境内平均风速较大的地区有哪些？

14. 我国能见度分布特征是什么？具有什么样的年变化规律？

15. 我国年雷暴日数最多的区域在什么地方？

16. 我国初雷日期分布规律怎样？初雷日期最早在什么地方？

17. 我国终雷日期分布规律怎样? 终雷日期最晚在什么地方?
18. 简述东北区及主要机场的气候特征。
19. 简述华北区及主要机场的气候特征。
20. 简述江淮地区及主要机场的气候特征。
21. 简述江南区及主要机场的气候特征。
22. 简述四川盆地区及主要机场的气候特征。
23. 简述云南区及主要机场的气候特征。
24. 简述内蒙区及主要机场的气候特征。
25. 简述新疆区及主要机场的气候特征。
26. 简述高原区及主要机场的气候特征。

第九章　卫星云图及其应用

利用天气图预报天气的方法虽然历史悠久、方法简便，但地面天气图上的资料是不全面的，大洋中部、大的沙漠、南北极地等区域的资料十分稀少，给天气分析和预报带来巨大的问题，这种情况在气象卫星出现以后得到了解决。

携带各种观测仪器，从空间对地球进行气象观测的人造地球卫星称气象卫星。它可以提供包括海洋、高原、沙漠等全球范围的气象资料，可连续监视大范围的天气变化；气象卫星可以观测一些难以观测的资料，如云顶高度、海面温度、高空风场、臭氧分布等。对于一些在常规天气图上分析不出来的生消较快的中、小尺度天气系统，可以在卫星云图上清晰地观察到，因而气象卫星云图在航空天气预报中有着重要的作用。

第一节　卫星云图上云的识别

一、气象卫星简介

目前使用的气象卫星按绕地球运行轨道可分为极轨气象卫星和地球同步气象卫星两类。

1. 极轨气象卫星

卫星环绕地球两极附近运行，轨道平面与赤道平面夹角（倾角）为 98°左右。轨道平面始终和太阳保持相对固定的取向；卫星几乎以同一地方时经过各地上空，所以又称太阳同步极轨卫星。卫星运行高度 800～1 000 km，运行周期约 100 min。轨道平面在随地球公转的同时，为保持与太阳的固定取向，每天要自西向东作大约 1°的转动。由于卫星在固定的轨道上运行，地球不停地自西向东旋转，所以当卫星绕地球一圈，地球也相应地向东转过一定角度，从而使卫星能周期性地观测地球上空每点的气象资料，实现了卫星的全球观测。探测范围为轨道两侧各 1 500 km，故一天内即可覆盖全球，如图9.1 所示。

2. 地球同步气象卫星

这类卫星又称为静止卫星。它位于赤道上空（见图 9.2 ），其轨道平面与赤道平面重合，运行周期和地球自转周期相等。从地球上看，它静止在赤道某经度上空。这是一种高轨道卫星，运行高度约为 36 000 km。利用地球同步气象卫星可以每隔 20 min 获得一张图片，把每次观测所得到的云图

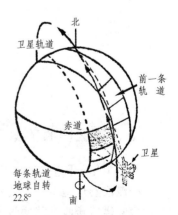

图 9.1　极轨卫星工作示意图

照片以专门的方法储存在计算机中，从屏幕上连续显示出来，可清楚直观地看到云系的演变和发展过程，这对监视变化快、寿命短的中小尺度天气系统特别有效。卫星观测范围为南北纬度50°、经度100°左右，差不多等于地球三分之一的表面。

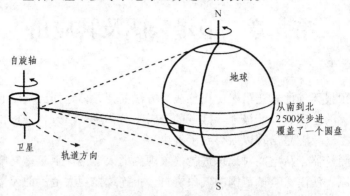

图9.2　地球同步气象卫星工作示意图

气象卫星上主要观测仪器有电视照相机和扫描辐射仪。电视照相机是白天用来拍摄云图照片的，它可以定时拍摄并向下发送照片。扫描辐射仪主要用来获得夜间照片，也可用于白天。它能测量一定光谱区（0.52～0.73 μm 和 10.5～12.5 μm）到达辐射仪的热辐射量，因而能反映出地面和云的温度。

由上可知，静止卫星虽能对中低纬度广大地区进行连续观测，但观测不到南北极地区，而近极地太阳同步轨道卫星虽能观测到极区，但对中低纬度地区不能连续观测，为了能对全球范围内的天气变化进行连续监视，可以将静止卫星和近极地太阳同步轨道卫星组合在一起，形成一个全球气象卫星观测系统。如图9.3所示，在赤道上空放置五颗静止卫星，其位置为：0，70E，140E，140W，75W；近极地太阳同步轨道卫星两个，一个在上午通过，另一个在下午通过各地，这样可以间隔半小时获得一次全球性资料。为了有效地覆盖地球，各卫星的观测区彼此有较多的重叠。

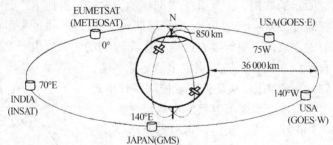

图9.3　全球卫星观测系统

二、卫星云图的种类

常用的卫星云图有三种。气象卫星通过携带的电视照相仪和扫描辐射仪分别在可见光波段和红外波段感应地球和大气的光辐射，获得两种云图，即可见光云图和红外云图；卫星选用水汽吸收谱段接收大气中水汽发射的辐射，得到水汽图。本文的云图分析以可见光云图和红外云图为主，水汽图仅作一般介绍。

1. 可见光云图（VIS）

气象卫星在可见光谱段感应地面和云面对太阳光的反射，并把所得到的信号表示为一张平面图像，这就是可见光云图。由于不同性质的下垫面、不同类型的云面对太阳辐射有不同的反照率，相应地在云图上呈现出不同程度的黑白色调。白色表示反照率最强，黑色表示反照率最弱，这种黑白程度称为亮度（即色调）。按照云面和下垫面反照率的强弱，可把云图上的色调分为六个等级，见表9.1所示。

表 9.1　各种目标的一般色调

色　调	目　标　物
黑　色	海洋、湖泊、大的河流
深灰色	大面积森林、草地、耕地
灰　色	陆地晴天积云、大沙漠、单独出现的卷云
灰白色	大陆上薄的中高云
白　色	积雪、冰冻湖海、中等厚度的云
浓白色	大块厚云、积雨云、多层云

可见光云图上的色调决定于目标反射太阳辐射的大小。反射太阳辐射大，色调就白，反之则暗。而目标反射太阳辐射的大小又决定于太阳辐射强度和目标的反照率两个因素，即对同一目标，卫星观测的季节和时刻不同，云图的色调也是有差别的。在一定的太阳高度角下，物体的反照率越大，其色调越白；反照率越小，色调就越暗。这时从可见光云图上的色调可以估计反照率的大小，从而区分各种物体。由于云与地表间的反照率差异很大，所以在可见光云图上很容易将云和地表区别开。

2. 红外云图（IR）

卫星将红外波段测得的辐射转换成图像就得到红外云图。辐射大的用黑色表示，辐射小用白色表示。色调越黑表示红外辐射越大，目标温度越高；反之，色调越浅，表示温度越低。这种云图所反映的是地表和云面的红外辐射或温度分布，如高云最白，中云次之，低云较暗呈灰色。因此，我们可以根据红外云图上色调的差异来判别云层的高低，从而看出云系的垂直结构。

由于大气和地表的温度随季节和纬度而变化，所以红外云图的色调表现为以下几种特征：

（1）红外云图上，地面、云面的色调随纬度和季节而变化。在红外云图上从赤道到极地，色调愈来愈白，这是由于地面及云面的温度向高纬度减小的缘故。由于高纬地区地面与云之间、云与云之间的温差较小（这种情况冬季最明显，尤其在夜间），要区别冷地表与云、云的类型就比较困难。

（2）红外云图上海陆色调对比随季节变化。在冬季中高纬度地区，海面温度高于陆面温度，所以海面的色调比陆面要暗。但在夏季，陆面的温度高于海面温度，这时陆面的色调比海面要暗。附图22（a）、（b）是两张不同季节的红外云图，在（a）中，辽东半岛、山东半岛、朝鲜半岛因白天太阳加热使地面温度升高，因而呈现灰暗的色调；毗邻的渤海、黄海呈现灰白色。在图（b）中，由于冬季陆地冷却，温度低于海面，海陆色调正好与图（a）中的相反。

总之，可见光云图和红外云图原理是不同的。比较一下，有些云和地表特征在两种云图上是相似的，有些则差异较大，如表9.2所示。

表 9.2　可见光云图与红外云图的比较

红外云图	黑		层积云		沙漠（白天）		暖海洋
	深灰		层积云	晴天积云 沙漠（夜间）			冷海洋
	灰	厚云（厚）雾（厚）	层积云	晴天积云 卷层云（薄）	纤维状卷云	西藏高原	高山森林
	浅灰	高层云（厚）淡积云		纤维状卷云	高层云（薄）		
	白	密卷云多层卷层云 卷云砧，冰雪地		消失中的卷云砧			宇宙空间
		白	浅灰	灰	深灰	黑	
可见光云图							

卫星云图上标有卫星名称、拍摄时间（世界时）、卫星所处的经纬度、国境线以及云图种类。可见光云图用"VIS"表示，红外云图用"IR"表示。两种云图配合起来用，比单独用一种更好些。一般说来，白天可以同时得到红外和可见光云图，而夜间只能得到红外云图。

3. 水汽图（WV）

卫星选用 6.7 μm 水汽吸收谱段接收大气中水汽发射的辐射，以图像表示可得到水汽图。在这一波段，水汽一面接收来自下面的辐射，同时又以自身较低的温度发射红外辐射。卫星接收到的辐射决定于大气中的水汽含量，水汽含量越少，大气低层的辐射就可以透过中高空的水汽到达卫星，则卫星接收的辐射越多；反之，大气中水汽含量越多，卫星接收到的辐射就越少。在水汽图上，水汽越多，卫星接收到的辐射越少，色调越白；水汽越少，卫星接收到的辐射越多，色调越黑。对于 6.7 μm 水汽带，卫星测得的辐射来自对流层中、上层，故水汽图反映了大气上层水汽的空间分布。

同普通的红外（IR）图像一样，水汽（WV）图像通常是将发射的辐射转换成温度来显示的。由于温度随高度递减，对流层上部高湿度区显得冷（亮）而低湿度区显得暖（暗）。换言之，如果对流层上部是干燥的，到达卫星的辐射来自大气中较低的层次。那里比较暖，因此在图像上显得较暗，附图23是 1988 年 2 月 9 日 11：55（UTC）Meteosat 卫星的水汽图。

在一般的潮湿大气中卫星所收到的大部分水汽通道（WV）辐射来自 300~600 hPa 层；但如果大气是干燥的，有些辐射也许会来自低达 800 hPa 的低层。由于水汽含量一般向极地方向减少，因此水汽层的高度向极地方向变得更低。有一点要特别注意，即使是从水汽（WV）图像上看出来对流层上部是非常干燥的，近地面层大气仍然可能是很潮湿的。水汽图像描绘不出对流层下半部的潮湿空气或云。由于云在这一波段也发射辐射，所以从水汽图像上也能看到高云。像积雨云（Cb）砧这样特别厚的高云，在水汽图和红外（IR）图像上都很醒目。

在水汽图像中大尺度流型特别引人注目，这是因为水汽的分布显示了大气运动的状态。由于云的大多数特征在水汽图像中表现不出来，这使得图像显得不凌乱。因此，图像能有效地显示出对流层中部的气流。比如，可以根据湿螺旋云型或逗点云型明确判断对流层上部的气旋。下沉气流区表现为黑色，高空急流被强的湿度梯度勾画出来，干空气位于其极地一侧。

三、地表特征分析

为了把卫星云图上的云和地表区别开，必须识别和熟悉各地区的地表特点。另外，卫星云图上地面特征的识别，对云图的定位很有帮助。我们可以将地表作为固定参照物进行定位，以修正定位中出现的误差。

（一）可见光云图上地表状况的识别

在可见光云图上，云面、陆面和海面的反照率相差较大，较容易识别；云、冰雪的反照率相差较小，比较难以识别。

1. 陆地表面

陆地表面如果没有冰雪覆盖，在云图上一般表现为深灰色到浅灰色；有森林覆盖的陆地表面为深灰色，耕田、草原和牧场为中等程度灰色；沙漠黄土地区由于反照率较强表现为灰白色，稍不注意，就会误认为是云；小而薄的卷云，如果出现在较亮的沙漠表面上空，常常不容易识别。

2. 水面（湖面和海面）

水面表现为黑色，在少云或无云的条件下，海洋上的岛屿湖泊和大陆海岸线表现很清晰。

3. 冰雪覆盖区

如果地面有大片冰雪覆盖，在图片上表现为白色和灰白色，很容易和云相混，不易区分。但有冰雪覆盖的山脉，在图片上，往往表现有树枝状的分岔，明亮的区域是山脊，树枝的暗线表示山谷，且前后几天变化不大，而云的形状却变化较快。

一般来说，有雪覆盖的地表面，积雪超过 3 cm 时，雪面的反射才能在云图上表现出来，积雪越深，反射率越强。附图 24 显示了我国西南地区横断山脉的积雪。

4. 太阳耀斑区

由于水面对太阳光反射甚弱，故在卫星云图上，水面一般表现为暗黑的颜色，当太阳光从水面单向反射进入卫星的扫描辐射仪，则在云图上表现为一块白色的明亮区域，这种明亮的区域就称为太阳耀斑区。其明亮程度和范围大小，取决于水面的粗糙程度，耀斑区常出现在海洋上的副热带高压区内。

附图 25 是 1998 年 2 月 9 日 12：00（UTC）的可见光云图，图中 D 是撒哈拉沙漠，N 是尼罗河沿岸带状耕作区，V 为非洲热带雨林，G 是太阳耀斑。

（二）可见光云图上我国地表的特征

在卫星云图上识别我国地表特征如山脉、高原、盆地、河谷、湖泊、海岸线的大致情况后，即使云图上没有订上网格，也很容易判别云图上物像所处的位置，并可帮助分析有无云区存在，如果有云，这些地表特征被云遮盖而看不见；若碧空无云，地表特征就十分清楚。

1. 喜马拉雅山

终年分布有树枝状的积雪，表现为白色或灰白色，东西走向呈弧形，其东边是近于南北走向的横断山脉积雪。

2. 塔里木盆地、柴达木盆地、四川盆地

这些盆地在云图上一般表现为浅灰色，其中，由于塔里木盆地大部分为沙漠而表现为灰白色。附图 26 是我国青藏高原地表的可见光云图，图中 $A-B$ 为天山积雪，M 处是塔里木盆地，E 为帕米尔高原积雪，$G-K$ 为昆仑山积雪，$N-F$ 为喜马拉雅山脉积雪，D 为柴达木盆地，R 处是高原上的湖泊。

3. 一些主要的湖泊

一些主要的湖泊如青海湖、洞庭湖、鄱阳湖等一般表现为黑色，但当这些湖出现于太阳耀斑中时，色调就比四周陆地亮。另外，由于海陆反照率差别较大，我国海岸线也都很清楚。

（三）红外云图上我国地表的特征

通常，喜马拉雅山、横断山脉海拔高，加上积雪，山顶温度与四周地面差别较大，色调常为灰白色，也是树枝状；西藏高原为浅灰色，塔里木盆地、柴达木盆地夏季温度高，色调较黑，冬季为深灰色。

在夏天，陆面温度比邻近海面的温度高，所以辽东半岛、山东半岛色调比海面的颜色深；而在冬天，海面温度高于陆面，色调恰好与夏天相反（参考附图 22（a）、（b））夏季白天海陆温度差异最大，红外云图上海岸线最清楚，但在夜间，由于陆地冷却较快，陆面温度与海面温度接近，这时的海岸线就不容易看出来了。

四、卫星云图上云的识别

（一）识别云状的依据

在可见光云图上，一般根据图像的六个基本特征来判别云状。这六个特征是：结构形式、范围大小、边界形状、色调、暗影和纹路。其中五个基本特征（除去暗影外）也可应用于红外云图。

1. 结构形式

结构形式，是指不同明暗程度物像点的分布式样，这些物像点的分布式样可以是有组织的，也可以是散乱的，即表现出一定的结构形式。

在卫星云图上云系的分布式样即结构形式有带状、涡旋状、细胞状和波状等。由云的结构形式能帮助我们识别云的种类和了解形成云的物理过程。例如冬季洋面上的细胞状云系是冷空气从陆地到达洋面后变性引起的，云系以积状云为主，表现为细胞状，从而可以把它与海洋区别开来。又如台风、气旋云系具有涡旋结构，锋面、急流则表现为云带。附图 27 是北大西洋地区的 IR 图，图中显示了 A、B、N 三个涡旋及其相联的云带和细胞状结构云系。

2. 范围大小

云图照片上物像的大小直接表明物像的尺度。例如，根据云图上云区的范围大小，可以识别是一个云的单体还是一个云团，或者是一大片云。云图上云系的尺度是与天气系统一致的。如对应锋面和急流的云系可以长达几千 km，台风云系约为几百 km，而洋面上的细胞状云系只有几十 km。

3. 边界形状

云图上的云和地表目标物都具有一定的形状，要区别图片上的物像是地表还是云，就应识别各种不同的云和物像的边界形状。云的边界形状因其形成原因而有一定规律，有的是直线的、有的是圆形的，有呈气旋性弯曲的，有呈反气旋性弯曲的。例如急流卷云的左界光滑，细胞状云系呈环状等。层云和雾的边界一般整齐光滑，边界的形状与地形走向相一致。

4. 色　调

色调也称亮度或灰度，它指的是卫星云图上物像的明暗程度。在可见光云图上，由于色调与太阳高度角和目标反照率有关，对云而言，色调与云的厚度、云中粒子性质和云面光滑程度有关。一般来说云的色调随云的厚度加大而变白。在云厚和照明条件相同的情况下，水滴组成的云比由冰晶组成的云要白；大而厚的积雨云在可见光云图上表现最白。在红外云图上，物像色调决定于其自身温度：温度越低，色调越白。在可见光云图中，薄的卷云几乎不能发现。因为在陆地或水面上空，比较薄的卷云反照率较低，因此薄的卷云覆盖地区和地表面之间的色调差异很小，不易识别。而在红外云图上，同样的卷云仍然表现很亮，完全可以把它和较暖的（即较黑的）陆地和水面区别开来。

5. 暗　影

暗影是指在一定的太阳高度角之下，高的目标物在低的目标物上的投影，所以暗影都出现在目标物的背光一侧，暗影可以出现在云区里或者云区的边界上，在云图上表现为一些细的暗线或者暗的斑点，一般云顶愈高，暗影愈宽，上午暗影区位于云区的西侧，下午暗影区位于云区的东侧。分析暗影可以帮助我们识别云的相对高低，在识别暗影时，要注意将暗影和云的裂缝相区别。

如附图 28 是一张可见光云图，图中 A 是夏季我国南方的积雨云，在积雨云西南侧 B 处有明显的暗影。附图 29 是四川盆地上空卷云的暗影。

在红外云图上不出现暗影，云的相对高低由色调决定：云顶愈高，色调愈白。

6. 纹　理

纹理是用来表示云顶表面光滑程度的一个判据。由于云的种类不同、云顶高度不同、厚度不同而造成云的表面不一。有的表现光滑，有的表现为多起伏的皱纹和斑点，有的表现为纤维状。如雾和层状云的纹理一般很光滑和均匀，表示为云顶较平，在云区内云层的厚度差异很小。如果云的纹理表现为皱纹或斑点，则表明云的表面多起伏，云顶高度不一，如积状云就具有这种特征。卷云区常出现的是纤维状的纹理。附图 30 是 2001 年 5 月 22 日 14：32 时的红外云图。图中，我国内蒙北部和太平洋上有大片卷云区，卷云中的纤维状纹理清晰可见，与高空风的走向一致。

往往综合识别云的六个判据来判别云状以及云的各种情况。

（二）云的识别

卫星云图上的云与地面观测的云有很多不同之处，最重要的一点是分辨率不同。如果地面观测到的云块小于卫星探测分辨率，在卫星云图上就不能辨认。目前，在卫星云图上可以识别以下几种云：卷状云、积雨云、中云、积云浓积云、低云和雾。

1. 卷状云（卷云、卷层云、密卷云、卷云砧）

卷状云主要由冰晶组成，透明度好，反照率低，因而在可见光云图上一般表现为浅灰色到白色不等，有时还可透过卷状云看到地面目标物。由于卷状云的温度比其他云都要低，所以在红外图上表现为白色，与地表、中低云之间形成明显的反差，因而卷状云在红外云图上表现最清楚。卷状云多带有纤维状纹理，见附图 30。

2. 积雨云

卫星云图上积雨云常常是几个雷暴单体集合而成的。在可见光云图及红外云图上都表现得很白亮，呈浓白色，云顶比较光滑，在积雨云的边界上常有纤维状的卷云砧；有时在积雨云区上空高空风速甚小（在 500 hPa 上风速小于 7 m/s），则没有卷云砧出现，积雨云表现为一个个近乎圆形的明亮孤立的单体；有时候在热带地区可见到一团团的积雨云合并成大片白色的卷云区。附图 31 显示了我国南方夜间的积雨云团群 A、B、C，由于高空风速小，其四周仅有一些短的卷云羽。附图 32 为青藏高原南侧高空风很大时的积雨云团，G、H、D 表现为上风边界整齐，下风方向 C 上出现卷云砧，云系色调越来越暗，积雨云母体处色调很白。

3. 中云（高层云和高积云）

在卫星云图上，由于高积云云块远小于卫星仪器的分辨率，所以无法将高层云和高积云区分开，只能将高层云和高积云统称为中云。中云在卫星云图上常表现为一大片，范围可达 2 万 ~ 20 万 km^2，云区的形式表现有涡旋状、带状、线状或逗点状。在可见光云图上与锋面气旋相联的中云色调很白，纹理均匀，呈一大片或带状，常伴随着雨层云，同时有降水出现。

在中纬度地区，中云的高度较高（4 ~ 6 km）。在可见光云图上也可出现暗影区，但不如卷云明显；如果中云下面没有低云，则其色调从灰色到白色不等。如果只有一层薄的中云，其色调表现为灰色。

中云区内常多斑点，这是由于云区内厚度不一或有对流造成的。由于中云大多数出现在卷云下面，所以一般不易把中云和卷云区别开来。只有在气旋或锋面边缘处或在破碎的孤立云区中，才能直接见到中云。

在红外云图上，中云一般表现为浅灰色，云区的边界不清楚。附图 33 即显示了与锋面气旋相联系的中云的情况。

4. 积云、浓积云

在卫星云图上看到的积云和浓积云实际上是积云群，常表现为云线、云带或细胞状结构（见附图 34）。云区边界清楚，但形状不整齐。其纹理表现为多皱纹、多起伏和不均匀。附图 35 是台湾岛上的积云和浓积云的可见光云图。在可见光云图上的纹理不均匀是由于积云内部高度不一、厚度参差、云的形状不规则以及有暗影等原因造成的。在红外云图上的纹理不均匀则是由于云区内对流云顶高度不一而使云顶温度不一致引起的，对流较强的浓积云云顶较冷、色调较白；对流较弱的积云云顶较暖、色调较暗，由此造成暗淡相间的纹理。晴天积云的色调，由于和地表的色调差异很小，因而不容易识别，只是表现为比地表色调稍淡一些的模糊区域。

5. 低云（层积云、层云和雾、雨层云）

（1）层积云。由于层积云是在大气的乱流混合中形成的，所以在可见光云图上表现为多起伏的球状云区，并常是一大片或成带状，且在洋面上呈球状的闭合细胞状云系。附图 36 是太平洋上出现的闭合细胞状云系，A 处云系表现为中间白亮，向四周变暗的球状。层积云的范围可以相差很大，大体上与地面风速为弱风到中度风区域相一致。在冷锋后由于高云很少，层积云的结构很明显，在大陆上由于层积云的反照率较低以及层积云往往是断裂、稀疏分布的，所以表现为灰色。在洋面上，由于水汽丰富，层积云一般密蔽天空，云顶也较均匀，故常呈白色，与中云的色调相似。

在红外云图上，由于层积云高度比较低，云顶温度较高，色调表现为浅灰到深灰色。

（2）层云和雾。由于卫星观测无法判断云底是否到达地面，所以云图上不能将层云和雾区别开，层云和雾的特征在云图上是类似的。

在可见光云图上，层云和雾表现为一片光滑均匀的云区，其色调从白色到灰色，这主要决定于云的稠密程度和太阳的高度角。如果层云与雾很厚（超过 300 m），则色调呈白色。层云和雾区的边界很清楚，常和地形（例如海岸线、山脉、河谷）走向一致。层云和雾的这种特性是识别它的主要依据之一。附图 37（a）、（b）分别为上下午的 VIS 云图。在上午云图中，黄海雾区伸至陆地，到下午，云图中陆地上的雾消散，海雾西界与海岸线相一致。

由于层云和雾的云顶高度很低，云层厚度很薄，所以一般看不到暗影。在红外云图上，层云和雾表现为灰色，纹理均匀；在夜间，近地面若有逆温层存在，层云或雾区的温度反而比四周无云区地面温度要高，因而云（雾）区的色调反而比四周无云区地表面显得更黑，这种现象在红外云图上称为"黑层云"或"黑雾"。

冬季，冷空气灌入四川盆地，常常形成厚的层云和雾，持续几天不散，在可见光云图上表现为色调很白、纹理均匀的云区，边界光滑清楚，形状和四川盆地相似（见附图 38）。而在红外云图上，层云和雾表现为灰色。

（3）雨层云。在可见光云图上，雨层云的色调从白到灰白不等，当太阳高度角较低时，可以在雨层云中出现纹线。一般说来，雨层云出现在锋面云带中，另外，在热带季风云系中也可以见到。

在红外云图上，雨层云表现为均匀的浅灰色。

第二节　卫星云图上天气系统的分析

一、天气尺度云系

我们在卫星云图上识别出不同种类的云以后，接着就要分析各类云的大范围分布。卫星云图上范围在 500 ~ 5 000 km 的云系称为天气尺度云系。各种大范围云系的分布表现为与某些天气系统和大气物理过程有关的特征性云型。因此，通过对天气尺度云系分布的分析，便能从云图上识别各类天气系统，并判断其发展情况，这对天气分析和航线天气预报有极大的帮助。

1. 带状云系

带状云系是指一条大体上连续的云带，它具有明显的长轴，长与宽之比至少为 4 : 1。如果云系的长与宽之比小于 4 : 1，则称该云系为云区。若带状云系的宽度大于一个纬距称做云带，宽度小于一个纬距的称为云线。

带状云系大多数为多层云系，云的种类可以是卷状云，也可以是积状云或层状云。一般锋面、急流、热带辐合带等都表现为带状云系。

云线在卫星云图上有积云线和卷云线两种。积云线由积云、浓积云组成，在可见光云图上表现清楚。低压后部的冷气团中常见到积云线，这些积云线的走向指示了低空风的方向；在高空急流里也常能见到一条条的卷云线，卷云线在红外云图上清楚，它指示了高空风的方向。

2. 涡旋云系

在卫星云图上，涡旋云系是指一条或数条云带或云线以螺旋形式旋向一个共同的中心。这类云系一般和大气中的气旋性涡旋相联系，识别这种云系可以确定大气中一些重要的低压中心的位置，并判断气旋性扰动发展的阶段。发展完好的温带气旋、成熟的台风等，螺旋结构表现很明显。附图 39 是一个成熟的台风，其涡旋云系近于圆形。有时云系只表现为一片近乎圆形的密蔽云区，螺旋状的云带并不明显，这种云区也称涡旋云系，如西南涡云系等。附图 40 是一个发展完好的东北低压，主要云带围绕气旋中心旋转一圈以上，螺旋结构十分清楚。

3. 逗点云系

逗点云系是涡旋云系的一种，云系形状像标点符号中的逗号，常出现在西风带高空槽前部，由中高云组成，色调很白。发展完好的逗点云系，在地面常有低压系统相对应。附图 41 就是一张逗点云系的红外云图。

4. 细胞状云系

细胞状云系主要出现在湖面和洋面上。在冬季，当冷锋移到洋面时，锋后的冷空气由于受暖洋面的加热作用，气层很不稳定，引起强烈对流，造成大片的积云区，这种由大片的积云组成的云系就称为细胞状云系。每个细胞直径大约有 40 ~ 80 km，由于它的尺度较大，一般不能在地面上观测到。凡是出现细胞状云系的地区，风速垂直切变都较小，如果风的垂直切变较大，细胞状云系也就被破坏了。

细胞状云系可分为两大类：未闭合的细胞状云系和闭合的细胞状云系。

（1）未闭合的细胞状云系，是指每个细胞中心部分是晴空少云区，而在边缘上是云区，细胞形状表现为指环形或"U"字形。这类细胞状云系主要是由浓积云或积雨云组成，因此常形成在气温和海水温度差异较大、对流比较强的地区。附图 42 是在北大西洋上出现的未闭合细胞状云系的可见光云图。

（2）闭合的细胞状云系中，每个细胞中心是云区，而在细胞的边缘上却是无云或者少云区。这类细胞状云系主要由层积云组成。形成这种云时，海水与空气之间的温度差异较小，对流比较弱，见附图 36 所示。

细胞状云系与地面、高空的流场有一定的关系。一般情况下，未闭合细胞状云系出现在低空气流呈气旋性弯曲的地区，即地面气压场上低压后部等压线表现为气旋性弯曲的地区。闭合细胞状云系出现在低空气流呈反气旋性弯曲的地区，即地面气压场上高压东南部等压线表现为反气旋性弯曲的地区。

细胞状云系一般出现在洋面上，在中纬度地区，强寒潮冷锋之后，以及夏季青藏高原上也可以见到。

5. 波状云系

在卫星云图上，有时可以看到排列整齐，有波纹状结构的云系，称为波状云系。它有以下两种：

（1）山脉背风坡后由重力波造成的云系。山脉背风坡上空产生的波状云和山脉的走向一致，平行排列。附图43是欧洲山区上空的山地波中的波状云系，图中 G 处是山脉，O 处是背风波云，云条平行排列与山脉走向一致。

（2）高空急流区中的横向波动云系。高空急流里的波状云系以卷云线的形式出现，高空急流里的波状卷云线的方向与急流轴正交，并使急流云系的边界表现成锯齿形。附图 44 是 GOES 卫星的可见光云图，显示了直气流中的横向云带和扇贝状卷云，虚线包围的范围为中或强的湍流区。

二、重要天气系统的云图特征

（一）锋面云系的特征

在卫星云图上，锋面往往表现为带状云系，称为锋面云带。锋面云带往往有数千公里长，其宽度差异很大，窄的只有 2～3 个纬距，宽的可达 8 个纬距。锋面云带常常由多层云系组成，最上一层是卷状云，下面是中云或低云。

（1）冷锋。根据云图上的表现，冷锋可分为活跃的冷锋和不活跃的冷锋两类。

活跃的冷锋表现为与涡旋云系相联系的一条宽的、连续的、完整的云带，色调较白，平均宽度在三个纬距以上，长度有数千公里，离涡旋中心愈远，冷锋云带越来越窄；云带边界清楚，呈明显的气旋性弯曲。高空风大体上平行于活跃的冷锋，云带为多层云系（以层状云为主），常伴有降水。不活跃的冷锋云带窄而不完整，出现断裂，云带以低空积云、层积云为主，中、高云甚少，高空风大体上垂直于锋。附图45就清楚地显示了这两种冷锋的云系。在 500 hPa 槽线以东是活跃的冷锋云系，槽线以西一段冷锋是不活跃的冷锋。

如果冷锋云带前界光滑，锋线就在云带的前界；如果冷锋云带后界光滑，锋线就在云带的后界。附图46是我国南方的冷锋云系，云带后界光滑，因此锋线就定在云带的后界。

（2）暖锋。暖锋云带的主要特征是短而宽，一般只有几百千米长，宽约 300～500 km，云区呈反气旋性弯曲，并向冷空气一侧凸起。附图47是出现在我国南方的暖锋云系的一个例子。夏季，云区里还可能有积雨云。

（3）静止锋。静止锋云带与冷暖锋云带不同，它一般不呈气旋性或反旋性弯曲。高空风大体平行于锋，而且云带很宽，分布不均匀，边界不规则；有时，静止锋南界常伸出一条条枝状云线。静止锋云系在冬季以层状云为主，夏季云系内多积状云。附图48是我国南方冬季出现的静止锋云系，云区范围很宽，色调白亮而均匀。

（4）锢囚锋。锢囚锋云带表现为一条宽约 300 km、且有较亮的气旋式螺旋的云带，其中心即地面气压中心。螺旋云带的后部边界一般很清楚，其后面常常是一条无云或少云带；螺旋云带的前部边界比较不清楚而且参差不齐。在红外云图上，愈近螺旋的中心色调逐渐变暗，因为螺旋中心的云最低。附图49是一个具有冷暖锋结构的锢囚气旋，锢囚锋定在云带后界附近。

（二）锋面气旋云系的特征

具有冷暖锋结构的气旋称锋面气旋（frontal cyclone）， 其在卫星云图上的演变表现为五个阶段，如图 9.4 所示。

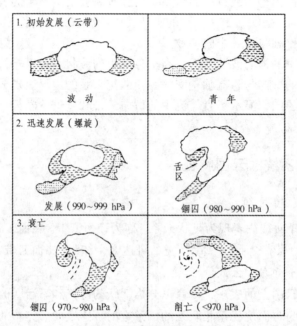

图 9.4 锋面气旋发展阶段

1. 波动阶段

① 锋面云带变宽；② 云区向冷气团一侧凸起；③ 云区的色调变白，中高云增多和顶部卷云呈现反气旋弯曲。在波动阶段，云区没有涡旋结构，地面图上也没有环流出现，但在卫星云图上已可确定其发生。

2. 发展阶段

① 锋面云带隆起的部分愈来愈明显；② 锋面云带向北凸起的中高云区后部边界开始向云区里面凹，这种向云区内凹的黑色无云区称做"干舌"，表示干冷空气从气旋的后部侵入云区；③ 在凹的地方出现一些不连续的断裂云系。 这一阶段是锋面气旋波发展最强烈的时期，暖锋云系最明显，冷锋开始形成。

3. 锢囚阶段

① 气旋云区后部干舌愈来愈明显；② 表现出螺旋结构；③ 锢囚锋云带伸向气旋中心，并且在冷锋后面的冷气团内出现一条条围绕气旋中心弯曲的云线。

4. 成熟阶段

① 螺旋云系最典型，有时云带可绕气旋中心旋转一周以上；② 干舌伸至气旋中心，表明水汽供应已被切断；③ 涡旋中心与地面和 500 hPa 低压中心重合，表明气旋不再发展了。

5. 消散阶段

① 螺旋云带断裂，云系不完整；② 云区内高云甚少，主要为中低云，云区中出现无云

区，有时出现孤立的对流云小单体；冷锋云带与螺旋云区分开，表明水汽来源已切断，气旋中心处是一些中低云系。

附图 50 显示了锋面气旋的发展阶段，图（a）是波动阶段，云系 A 向北明显凸起，在其下方 B、C 处，存有若干小逗点云系和对流云系。图（b）是发展阶段，云系 A 进一步向北凸起，由于冷空气从云系后部侵入，使云系开始向云内凹。图（c）为锢囚阶段，气旋云系后面的干舌更加明显，云系表现出螺旋结构。图（d）为成熟消亡阶段，图中，主要云带围绕气旋中心旋转一圈以上，干舌伸到气旋中心，表明水汽来源已切断，气旋中心处是一些中低云系。

（三）西南低涡

西南低涡在云图上常表现为结构稠密、色调白亮、近于圆形的孤立云团，有时还可见到涡旋结构的云系。

（四）高空急流云系

在卫星云图上，高空急流云系的特征有：

（1）急流卷云区位于急流轴南侧（北半球），其左界清楚且与急流轴平行。

（2）在急流呈反气旋弯曲的地方云系稠密，在急流呈气旋性弯曲的地方云系稀薄或消失，所以急流云系主要位于急流呈反气旋弯曲的地方。

（3）在可见光云图上，急流云系左界有明显的暗影，而且暗影呈反气旋弯曲的线状。

附图 51 是一条十分典型的副热带急流云系，整个云系由卷云组成，并略呈气旋性弯曲，急流的强风带轴线就位于云系的左侧。

附图 52 是中纬度地区出现的盾状急流云系的云图。这种急流云系的范围十分宽广，且成反气旋弯曲的盾状，云区的左界光滑，与急流轴相平行，这种卷云常常可以在高空槽前部的锋区中看到。

当高空急流附近水汽条件不充分时，在高空急流区就没有大片卷云，只表现为一条条狭长的卷云线，这种卷云线大体上与风向相平行，并处于急流轴的南侧。由于这种卷云线是断裂的，所以不容易确定急流轴的位置。但根据卷云线可以推断高空风的方向：卷云线愈狭长，边界愈光滑，说明风速越大。

在高空急流云系中，时常可见到与急流轴相垂直的波状云线，使得急流轴的左界呈现锯齿形，这种云系称横向波动云系。附图 53 中，有一条条相互平行且与急流轴垂直的横向波动云线，左边是一片急流卷云线。飞机探测表明，在横向波动云线中的乱流，比表面光滑的盾状卷云区或带状卷云区中强得多，所以飞机在这种云区中常常会遇到严重的颠簸。当有横向波动出现时，风速都很强，一般大于 40 m/s。这种横向波动云线是风的水平切变的结果。由于水平切变，使得卷云线在云区内离开急流轴，最远的一些云线末端朝上风方向旋转。

（五）槽线云系

中纬度西风带中，南北振幅很大的深槽云系，表现为南北幅度很大的云带，槽线即在云带后界附近。例如，附图 54 即是一深槽云系，这种槽移动速度较慢。

中纬度地带的浅槽云系出现于平直西风急流中，由于槽的南北幅度小，云系的范围也小。小槽云系可以表现为带状、涡旋状和盾状等，其移动速度较快，如附图 55 所示。

（六）热带云团

热带云团是在卫星云图上发现的新天气系统，许多热带系统都与云团有关，它占据热带地区面积的 20%，热带能量的垂直输送主要是由热带云团实现的。

云团由许多积雨云单体组成，其顶部的卷云连线成一片，在云图上表现为白而密实的云区，其直径为 100~1 000 km。附图 56 中，A、B、C、D 即是由积雨云组成的热带云团。云团内充满上升气流，强上升气流的平均速度达到 10 m/s，在夏季热带洋面上，云团的活动十分频繁，面积越大的云团生命越长，有时还会发展成台风。

（七）热带辐合带云系（ITCZ）

热带辐合带表现为一条由一系列活跃的对流云团组成的近于东西走向的连续云带，其宽度达五个纬距以上，东西长达千余千米。有时云带很窄，只表现为断裂的一团团尺度较小的云团，在云团内有时还叠加一个或几个涡旋云系，如附图 56 所示。

（八）台风云系

台风在卫星云图上表现为有组织的涡旋状云型，因此是最容易识别的一种天气系统。从水平云系分析可以看出，台风中心为一眼区，围绕眼区是连续密蔽云区，在密蔽云区的外面是台风螺旋云带。附图 39 是 1998 年影响我国的第 6 号台风的 IR 云图，从图中可以看出，台风眼区周围是较小的密蔽云区，其外围有螺旋云带环绕。

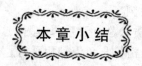

本章小结

1. 卫星云图是气象卫星在高空探测的云和地面情况的图像资料，它能反映出大范围地区的天气状况，为天气分析和预报提供有力的依据。在航空天气的预报中，卫星云图用来帮助分析各种天气系统、航站天气和航线天气。

2. 从气象卫星采用的轨道来看，可分为两大类：近极地太阳同步轨道气象卫星和地球同步轨道气象卫星。气象卫星通过携带的电视照相仪和扫描辐射仪分别在可见光波段和红外波段感应地球和大气的光辐射，获得两种云图，即可见光云图和红外云图。

3. 卫星是在高空远距离探测，从云图上只能识别出卷状云、积雨云、中云、积云浓积云和低云，它们有不同的边界形状、色调、暗影和纹理。从云区的结构形式和范围大小可识别出锋面、气旋高空急流等。卫星云图的分析对天气预报和航线天气分析都有重要意义。

4. 在卫星云图上不但要识别出不同种类的云，还要分析各类云的大范围分布。各种大范围云系的分布表现为与某些天气系统和大气物理过程有关的特征性云型。通过对天气尺度云系分布的分析，便能从云图上识别各类天气系统，并判断其发展情况，这对天气分析和航线天气预报有极大的帮助。

5. 通过对天气尺度云系分布的分析，便能从云图上识别各类天气系统，并判断其发展情况。在卫星云图上，锋面往往表现成带状，称为锋面云带；温带气旋云系在初期表现为稠密的密蔽云区，而在后期则具有明显的螺旋结构；根据卫星云图上卷云区的分布及其特征还可以定出急流轴的位置。

思 考 题

1. 什么是近极地太阳同步轨道气象卫星,采用这种轨道卫星有什么优缺点?

2. 什么是地球同步轨道气象卫星?采用这种轨道卫星有什么优缺点?

3. 什么是可见光云图?影响可见光云图上辐射强弱的因素有哪些?

4. 可见光云图有什么特点?

5. 红外云图有什么特点?

6. 为什么在红外云图上不容易识别低云?

7. 薄的卷云在两种云图上有什么不同?

8. 在卫星云图上怎样识别积雨云?

9. 在卫星云图上如何区别云和高山积雪?

10. 在卫星云图上,水面与陆面有什么区别?

11. 在卫星云图上,层状云和积状云的纹理有什么不同?

12. 积云,浓积云与积雨云在卫星云图上有什么区别?

13. 雨层云在两种云图上的表现有什么不同?

14. 在卫星云图上,怎样识别层云和雾?

15. 强烈的雷暴系统和不强烈的雷暴系统在两种云图上有什么不同?

16. 在卫星云图上锋面云系有什么特点?

17. 西南低涡在云图上的表现怎样?

18. 在卫星云图上,高空急流云系有什么特征?

19. 在出现横向波动云系的航线上飞行,会碰上哪些影响飞行的天气?

20. 闭合的细胞状云系和未闭合的细胞状云系各由什么样的云构成?

第十章 气象雷达

雷达，是英文词组 Radio detection and ranging 的缩写"Radar"的音译，意为无线电探测与测距，也就是用无线电的方法发现空间目标并测定其位置。天气雷达的工作波长为 3～5 cm，仅对较大的降水粒子有效，这一点同卫星云图形成鲜明的对照。卫星观测所用的波长比天气雷达所用的波长小得多，对非常小的云粒子很敏感，因此雷达和卫星两种图像相互补充，为天气分析和预报提供详细的资料。利用气象雷达不但可以测出降水区域的分布，而且可以测出机场附近及航线上的雷暴、湍流与冰雹，使管制人员能够引导飞机安全地飞过这些区域，这对保障飞行安全有重要的意义。目前，气象雷达已成为探测云雨等天气最有效和最基本的装备之一。本章主要介绍气象雷达的探测原理、各种回波的识别以及雷达图像的分析。

第一节 气象雷达对目标的探测

一、雷达探测的基本知识

（一）雷达探测的原理

雷达是以向空间发射电磁波，并检测来自目标的回波的方式来判断目标是否存在以及目标的空间位置。

雷达的工作原理如图 10.1 所示，从图中可以看出，雷达主要由天线、收发开关、发射机、接收机、显示器和图像处理系统六个部分组成。其工作过程是，发射机产生的高频大功率电磁波脉冲，通过天线定向发射出去，在以光速传播的过程中，遇到雨滴、冰粒、云滴等气象目标时，便对照射的电磁波产生散射和吸收。目标散射的能量也是一种电磁波，它分布在目标周围的各个方向上。在这些散射波中，我们感兴趣的仅仅是处在雷达接收机方向上的散射波，这种散射波称为后向散射波，也常常称它为目标的回波。目标的回波以光波的速度沿着和发射波相反的方向传播到雷达的接收天线，并送到接收机。从功率的角度上讲，回波信号仅仅是散射能量中很小的一部分，它比发射信号的能量要小得多。对于如此微弱的回波信号，人们无法直接地去认识其中的信息，

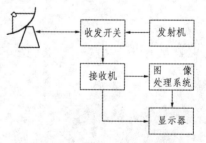

图 10.1 雷达工作示意图

必须经过接收机中各级放大器和信号变换电路以后，把它放大到 100 万倍以上，才可以为人们识别。因此雷达接收机的任务是对回波信号进行放大和变换，以满足雷达显示器正常工作时的要求，在荧光屏上显示出气象目标回波图像。图像处理系统的计算机，可对气象回波信

号进行数字处理，在彩色监视器荧光屏上显示出以彩色表示的不同强度的回波图像，以及地理标志和探测时间，有关雷达参数等数据。

应当指出，常规雷达系统只有一个天线，它既是发射天线，又是接收天线，它具有发射电磁波和接收回波信号的双重作用。天线的发射或接收作用的分工问题是由收发开关电路来解决的。天线收发开关电路的作用是，当发射机工作时，天线收发开关电路把发射机和天线之间的电路接通，使发射机输出的信号送往天线，并向空间辐射电磁波。在这同时，把接收机与天线之间的电路切断，保证了接收机工作的安全可靠。在另一种情况下，当接收机工作时（这时发射机不工作），天线收发开关把接收机与天线之间的电路接通，同时切断发射机与天线之间的电路，从而保证回波信号只进入接收机而不进入发射机。

（二）气象雷达的种类

用于进行气象探测的雷达叫气象雷达，根据其用途的不同可以分为四类：

1. 天气雷达

天气雷达（又称测雨雷达）主要用于探测降水的发生、发展和移动，并以此来跟踪降水系统。天气雷达的工作波长为 3 ~ 5 cm，它能探测 200 ~ 400 km 范围内的降水和积雨云等目标，测定其垂直和水平分布、强度、移动方向、速度和发展演变趋势，发现和跟踪天气图上不易反映出来的中小尺度系统。因此，天气雷达是短时或短期天气预报和航空气象保障工作的一种有力工具。

2. 测云雷达

测云雷达主要用以探测未形成降水的云层高度、厚度以及云中物理特性。测云雷达和测雨雷达工作原理相似，它利用云滴对电磁波的散射作用，来测定云底、云顶高度和云的层次。由于云滴直径很小，所以测云雷达选用比较短的波长，但云滴和雨滴之间并没有一个明显的界限，据探测实践，测雨雷达也能探测到一些云滴较大、浓度较高的云。

3. 多普勒气象雷达

多普勒气象雷达是利用多普勒效应来测量云和降水粒子相对于雷达径向运动速度的气象雷达。它除具有一般天气雷达的功能外，还可以测出各高度上的风向、风速、垂直气流速度、湍流和强的风切变、云雨滴谱等，特别是在监测雷暴、冰雹、下击暴流、龙卷等航空危险天气方面十分有效。

4. 机载气象雷达

机载气象雷达是供飞行人员在飞行中探测航线上的积雨云、雷暴等危险天气的雷达。它也是一种天气雷达，它能有效探测的仅仅是那些含有大小水滴的"湿性"气象目标。屏幕采用彩色平面位置显示，气象目标回波在显示器上以多种色彩显示。

（三）天气雷达对气象目标的探测

雷达是通过目标对雷达波的反射来测探目标并进而确定目标的位置及其他性质的。金属物体之所以能反射电磁波，是由于金属具有良好的导电性。金属中的自由电子在外界电磁场作用下所产生的感应电流，形成了对入射电磁波的反射。由此可知，只要物体具有导电能力，就能对入射的电磁波产生一定程度的反射。这种情况与表面光滑的物体对入射光线的反射情况十分相似。

1. 对降水区的探测

水是一种导体。液态的水滴具有良好的导电性，因此，包含有较大雨滴的空中降雨区域，能够对天气雷达所辐射的电磁波产生一定程度的反射，形成降雨区的雷达回波。但降雨区的反射特性与金属有明显的差别，电磁波不能穿过金属向前传播，而对于空中的降雨区域来说，由于雨滴不能完全充满降雨空间，雨水的导电性也不如金属，加上气象雷达所发射的电磁波的波长很短，因而当雷达波由无雨区射向降雨区时，除了会在雨区界面处反射一部分入射波能量外，雷达波仍可继续穿入整个降雨区域从而产生不断的反射。不仅如此，雷达波在穿透整个雨区而射向位于该雨区后面的其他气象目标时，也同样会使这些较远的气象目标产生各自的雷达回波。毫无疑问，雷达波的这种穿透能力正是我们所需要的。它使气象雷达能够透过近距离目标的遮挡，而发现较远的气象目标。

对降雨区而言，雨滴的直径越大，则该雨区所产生的雷达回波就越强。湿雪和湿冰雹，由于表面有一层水膜，对入射的雷达波产生有效的反射，所以能形成很强的回波。干冰雹对雷达波的反射能力很差，雷达气象学的研究表明，干冰雹所产生的反射回波只相当于同样尺寸雨滴的五分之一左右。因此，颗粒较小的冰雹区域所产生的反射回波很弱，难于被雷达所检测。只有当干性冰雹的直径增大到雷达波长的十分之八左右时，才能被雷达正常检测。这对一般的气象雷达来说，意味着冰雹的直径已达到 2.5 cm（1 英寸）左右。

人们常用"dBZ"来表示反射率因子的大小。dBZ 可用来估算降雨和降雪强度及预测诸如冰雹、大风等灾害性天气出现的可能性。一般地说，它的值越大降雨、降雪可能性越大，强度也越强，当它的值大于或等于 40 dBZ 时，出现雷雨天气的可能性较大，当它的值在 45 dBZ 或以上时，出现暴雨、冰雹、大风等强对流天气的可能性较大。

2. 对湍流的探测

天气雷达是通过与湍流夹杂在一起的水滴反射雷达波时的多普勒效应而检测湍流的。被湍流所夹带的水滴在反射雷达波时，由于其急速多变的运动特点，与一般降雨区所产生的反射回波是明显不同的，天气雷达正是根据这一特性来检测湍流的。

综上所述，猛烈的暴雨区域，与之相伴随的夹带雨滴的中度以上的湍流区域、表面包裹着水层的冰雹以及直径较大的干冰雹，均可产生较强的雷达回波。直径较小的干冰雹对雷达电波的反射很微弱，因而不能有效地被雷达检测；与此相似，干的雪花也不能产生有效的回波，只有潮湿的较大雪晶，才可能产生较弱的回波；此外，天气雷达也不能直接探测晴空湍流区。

一般的云、雾中虽含有大量的微细水珠，但因其直径过于微小，也不能在天气雷达上产生回波，因而不能被有效检测。

降雨区、冰雹等气象目标所产生的雷达回波的强弱情况如图 10.2 所示。

（四）雷达的显示

1. 目标距离的测定

气象目标距雷达的直线距离（L），是由电磁波的传播速度（C）和雷达发射脉冲与回波脉冲之间的时间间隔（Δt）确定的。即

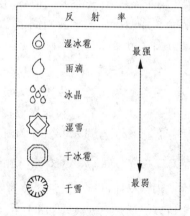

图 10.2　不同气象目标的反射特性

$$L = \frac{1}{2} C \Delta t$$

若时间以微秒为单位，$C = 3 \times 100\,000$ km/s，则得

$$L = 0.15\,\Delta t\,（\text{km}）$$

2. 目标方位角和仰角的测定

气象目标方位角和仰角的测定，是依靠天线的方向性来实现的。雷达天线将发射脉冲的能量集中在一个窄波速范围内向某一方向发射，只有当天线对准目标时，雷达才能接收到沿同一方向返回的回波脉冲信号，这时雷达天线的方位角和仰角，就是目标相对于雷达的方位角和仰角。

3. 雷达显示

雷达显示器的作用是把目标的回波信号显示在荧光屏上，直接测定目标的大小、位置、强度和性质等。天气雷达常用的显示方式有：

（1）平面位置显示（plan positions indicate（PPI））。电子束从屏幕的中心向外作等速的径向扫描，可在荧光屏上显示出雷达站周围气象目标的分布。

（2）距离高度显示（range-height indicate（RHI）），用来显示气象目标回波的垂直分布。

由于雷达技术的发展，现代气象雷达已都采用彩色显示，根据目标对雷达波的反射率，将不同强度的回波分为若干色调，如我国普遍使用的714系列天气雷达将反射率因数从0到75 dBZ*分为从深蓝色到深红色共15种颜色。

（五）影响雷达探测的主要因素

1. 回波涨落现象

粒子之间的距离比粒子本身的尺度大得多，所以可以认为它们彼此之间没有相互作用，是互相独立、无规则分布的粒子。它们所散射的电磁波具有完全不规则的位相。更重要的是云滴、雨滴之间存在着大量的、复杂的随机运动，因而各个粒子产生的回波有时相互加强，有时相互抵消，使得合成的回波呈现涨落现象。这种涨落在距离显示器上表现得十分明显，而在平显和高显上，会使回波的边缘变得有些模糊。

2. 距离对回波的影响

由于气象目标的回波功率随距离的增加而减小，并且雷达只能显示回波功率大于某一定值的回波信号，所以同一气象目标在不同的距离时，在荧光屏上的回波亮度、尺度等也将发生改变。当目标移近时，回波亮度增强、尺度变大，好似发展加强了；当目标远离时，回波亮度减弱、尺度缩小，好似减弱消散了。

对一条回波带或一个回波群来说，随着距离远近的不同，其内部回波排列的紧密程度也不同。回波带（或群）远时，只有少数强回波的强中心才能显示出来，荧光屏上回波稀少，带（或群）的特征不明显；在距离近时，较弱的回波也都能显示出来，排成排列紧密的回波带（或群）。

3. 衰减对回波的影响

电磁波能量沿传播路径减弱的现象，称为衰减。造成衰减的物理原因，是因为当电磁波

---

* dBZ 国标为 dB

投射到气体分子或云、雨粒子时，一部分能量被散射，另一部分能量被吸收而转变为热能或其他形式的能量，从而使电磁波减弱。由于衰减，使回波的范围缩小，形状发生失真，回波强度减弱，回波强中心的位置更靠近雷达站，同时也使雷达的探测能力下降。

一般而言，3 cm 波长的雷达由于降水时电磁波的衰减较强，当雷达处在大范围降水区中心时，雷达的探测能力将受到严重的削弱。而 10 cm 波长的雷达，由于降水时电磁波的衰减较弱，处在大范围降水区中心仍然具有较强的探测能力。

4. 地球球面和大气折射对雷达回波的影响

由于地球表面是球面，因此雷达的探测距离将受到限制，如图 10.3 所示，雷达探测不到第三块回波。

又由于大气折射指数分布的不均匀性，会使转播的电磁波发生折射现象，使其传播路径发生弯曲，根据弯曲的具体情况，大气折射分为五种情况，如图 10.4 所示。

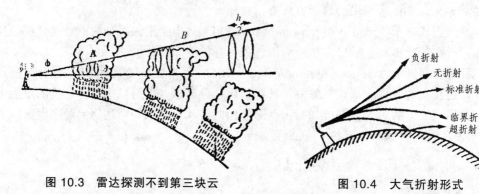

图 10.3　雷达探测不到第三块云　　　　图 10.4　大气折射形式

在盛夏大陆的中午，大气温度递减率有可能大于干绝热递减率，从而发生负折射现象，此时雷达探测的回波范围将明显减少。而在雨后晴朗的夜间，由于地面辐射，容易形成上干下湿的逆温层，有可能发生超折射现象，使雷达显示器上的地物回波显著增多增强。在这两种折射情况下，雷达的测高都会产生较大误差。一般大气的折射近似于标准折射，由于标准折射的探测高度是随距离增大而增加的，所以雷达图像的高度显示是一条上升的曲线。

二、雷达回波的识别

（一）气象回波和非气象回波

我们知道，云和降水能散射回电磁波；山地、建筑物、飞机、舰船、海浪也能反射回相当强的电磁波；飞鸟、昆虫也能反射或散射回一定的电磁波；这些电磁波均可能被雷达接收机所接收，并在雷达显示器上显示出来。此外，由于晴空大气的某些性质，以及雷达本身性能等原因，也会在雷达荧光屏上出现一些气象回波和虚假回波。因此，在雷达探测中，荧光屏上出现的回波是多种多样的，大致可分为气象回波和非气象回波两类。

非气象回波的形成主要是地物、飞机等非气象目标对电磁波的反射，以及由于雷达的性能而引起的虚假回波。但在这类回波中，有些回波的出现也与气象条件有关，如海浪回波的强弱就与海上大风强度有关。根据晴天接收到的回波图制作地物杂波图，在以后的雨日观测时可去掉杂波区的测值，然后利用周围区域的资料来内插。

气象回波是大气中云、降水中的各种水汽凝结物对电磁波的后向散射和大气中温、压、湿等气象要素剧烈变化而引起的。在雷达探测中，人们主要关心的是气象回波的识别、分析和研究，以期取得有关未来天气演变的信息，本节主要讨论气象回波。

（二）降水回波

1. 层（波）状云降水回波特征

在平显（PPI）上，层（波）状云降水回波的范围较大，显绿色，呈比较均匀的片状，边缘发毛，破碎模糊，见书末附图 57。若在大范围的弱降水中含有强雨中心时，则形成片絮状回波，中间有黄色或红色。

在高显（RHI）上，层状云降水回波高度不高，顶高一般约 5～6 km，随地区和季节有所不同。回波顶比较平坦，没有明显的对流单体突起，见书末附图 58。

当对层状云连续性降水进行铅直扫描探测时，在 RHI 上会出现一条平展而且比较强的回波带，色调为黄色或红色。它的高度通常在零度等温线以下几百米的地方，称为零度层亮带，有时也称为融化带。零度层亮带是层状云连续降水的一个重要特征，它反映了在层状云降水中存在着明显的冰水转换区，即亮带上面的降水粒子以冰晶为主，通过亮带后全部转化为水滴。在冰晶或雪花掉到 0 ℃ 层以下融化成水滴的过程中，表面常先融化并形成有一定厚度的水膜，使其散射电磁波的能力大大增强，因而在雷达屏幕上出现一个亮带。在冰晶或雪花完全融化后，由于表面张力的作用，迅速变成球形水滴，降落速度也增加，从而使得单位体积内降水粒子数目变少，导致总的散射能力减小，于是亮带以下的回波减弱。

2. 对流云降水回波特征

在平显上，对流云降水回波呈块状、尺度较小，从几千米到几十千米，内部结构密实，边缘清晰，黄色和红色的区域呈块状或点状分散在蓝色和绿色的区域中，见书末附图 59。

在高显上，对流云降水回波呈柱状，底部及地，顶部较高（见书末附图 60），在彩色图上，中心是黄色和红色。一些强烈发展的单体，回波顶常呈现为砧状或花菜状。还有一些强烈发展的对流云在发展成熟阶段降水还未落到地面前，常呈纺锤状，中间为明亮的红色。对流云降水回波一般发展得都比较高，多数在 6～7 km，但随地区、季节和天气系统的不同差异会很大，最高可达 20 km 左右。

3. 雹云回波特征

由于雹云的云体庞大高耸，云内含水量较大，因此在雷达显示器上表现为强度很大，边缘格外分明的块状回波。在平显上，雹云回波远离雷达一侧（或上升气流流入一侧），有时出现呈"U"形的无回波缺口；强对流回波的一侧，有时伸出强度较大、边缘轮廓分明，但尺度较小的指状回波或钩状回波，它通常位于云体回波移动方向的右侧或右后侧（见书末附图 61）。

在高显上，通常雹云回波柱粗大、高耸、陡直，顶部呈花菜状或砧状。在雹云内部上升气流的部位，呈现弱回波穹窿。

4. 混合性降水——絮状回波

混合性降水的回波常表现为层状云降水回波和积状云降水回波的混合，它往往与高空低槽、低涡、切变线和地面静止锋等天气形势相联系，回波外形像棉絮状。

在平显上，它的回波表现范围较大，回波边缘呈现支离破碎状，没有明显的边界，回波中夹有一个结实的团块，为黄色和红色，有时呈片状，有时呈带状或块状（见书末附图62）。在高显上，回波特征是高低起伏，高峰常达到雷阵雨的高度，而较低的平坦部分一般只有连续性降水的高度，有时出现零度层亮带。

絮状回波常是出现连阴雨天气的征兆，这种回波出现时，降水时间长，累积雨量大，有时可达到暴雨的程度。

5. 其他类型降水回波

（1）雪的回波。由于冰晶和雪片对微波的散射能力比水滴小得多，对微波的衰减作用也较小，因此雪的回波通常比连续性降水回波弱。在PPI上，雪的回波与连续性降水回波有着许多类似的特征。例如回波分布均匀，丝缕状结构明显，边缘模糊不清，没有确定的边界等。但是雪的回波的水平范围比连续性降水回波的大，强度要弱。在RHI上，雪回波的顶部高度较低，一般只有 3～4 km，较强的回波区在 2 km 以下。由于这个原因，雷达往往探测不到远处的雪。

（2）冻雨回波。冻雨回波就像春季的层状云降水回波，结构较均匀，且呈丝条状，有的地方还有一些小的块状，回波较强，其顶高约 6～7 km。

（3）沙暴中的降水回波。当沙暴天气伴有微量降水时，在雷达荧光屏上就会有回波出现。在PPI上的回波特征为具有混乱的蜂窝状结构。这样的结构反映出大气极不稳定，上升、下沉气流特别紊乱。回波中的空洞地区说明该处有着强烈的上升运动，带起沙尘造成沙暴，而回波区则是下沉气流造成的微弱降水区。

（三）非降水回波

1. 云的回波

已经产生降水的云，在雷达荧光屏上由于云体的回波和降水回波联结在一起，从回波上无法加以区别，只能根据回波所在的高度来判断哪是云的回波。

对于一些还未形成降水的云，由于云体内云滴的粒子比较小，含水量也少，一般的测雨雷达不容易观测到，只有用波长很短的雷达或超高灵敏度的雷达才能探测到。

云回波的主要特征是强度弱、底部不及地。不同类型的云，其回波又各有特点：

① 层（波）状云在平显上的回波是薄膜状或小片状，强度很弱，边缘不整齐。在高显上，顶部平坦，底部不及地，其厚度和强度随距离增大而减小，有时还可以观测到雨幡的回波（见书末附图63）。

② 对流云的回波在平显上呈分散、孤立的小块状，尺度很小。在高显上，初始回波顶常位于空中 5 km 左右，呈两头尖的米粒状或上大下小的倒梨状（见书末附图64），强回波位于回波顶附近。对流云回波发展甚快，在条件适合时，很短时间内就会出现阵雨或雷雨。

2. 雾的回波

雾滴和云滴一样粒子较小，回波很弱，只有用波长较短、灵敏度很高的雷达才能观测到。同时，由于雾的高度较低，而且在雷达附近的地物回波往往比较多且强度大，因而不易将雾的回波区分开来。只有范围较大，高度较高的平流雾，雷达才能观测到它的回波。在PPI上，雾的回波呈均匀弥散状，犹如一层薄纱罩在荧光屏的某一部分上。在RHI上，雾的回波高度很低，顶高只有 1 km 左右。

三、雷达图上的雨带分析

单部雷达只能显示出某一地区的降水情况，而雷达网图像却可以显示出降水区的分布，从而进行天气系统分析。由于不同的反射率又可反映出不同的降水强度（mm/h），所以在进行天气系统分析时，根据雨强又可将雷达图像的色调分为几种，表10.1是英国的一种分法，可供参考。

表 10.1　雷达图上雨强与色调的划分

雨强/（mm/h）	0.3~1	1~4	4~8	8~16	16~32	>32
颜　　　色	深蓝色	绿色	黄色	粉红色	红　色	浅蓝色

1. 暖锋雨带

暖锋降水形成在地面锋线之前的中空和高空，雨带具有带状结构，宽约100 km，与地面锋线平行。这些雨带通常随时间缓慢向前移动。由于雨带经常被高层卷云所覆盖，因此在卫星云图上很难看到类似的结构。降雨形成在地面锋面之前的中空和高空，雨带具有带状结构，与地面锋线平行。

2. 冷锋雨带

冷锋附近的雨带要么非常窄，要么非常宽。窄的大体上来说是连续的雨带，它对应着地面冷锋的位置，并且在地面产生突发性强降雨。从它的外形出发，人们把它叫做"线状对流"。雨带形成于相对低的低层（3 km以下），当这种对流发展得非常强烈时，就会产生雷暴甚至龙卷。

较宽的雨带，可能是几条雨带并存，并沿活跃的冷锋分布或是位于其后部。雨带被小雨区所包围，在低层有连续性小雨，降水形成于中层，当地面冷锋过境时有较大的雨，不会因地形而受到强烈的改变。有时雨带中有明显的空白，这是由于山丘对雷达波束的屏蔽作用而造成的，即使是雷达网也不能完全克服山区的屏蔽作用。

3. 对流云降水带

（1）零散阵雨。雨区随机分布，没有一定的组织性，降水分布的范围较宽，没有明显的边界，是在大气不稳定时的对流中或波状云中出现的降水。

（2）阵雨线。雨区并不是随机分布的，有一定的组织性，应考虑到天气系统的动力因素或是地形的影响。就临近预报来说，只要风在一个方向上连续地吹，阵雨线的走向就不会有明显变化。因此在现存阵雨线附近就可以经受到持续性降水，但同时其两边仅仅一小段距离处，就会是暂时无雨的艳阳天。

（3）雷暴区。与零散阵雨相比，雷达图像中的雷暴区大多了。这些雷暴区是由对流单体群组成的，在雷达网的图像分辨率条件下，雷暴尺度表现为10~15 km。这种雷暴活动的特点是降水强度较大，雷达可以相当连续地跟踪其运动的全过程。

（4）强风暴。与飑线相连的强风暴对应着一条强降水线，这时几个雷暴排成一排，降水区连在一起，强回波形成一个个分离的红色区域，主要的雨区有15~20 km²。在少数几个地方有低层强回波沿雷达径向方向拉长，形成辉斑回波，表明可能有冰雹出现。

有的强雷暴形成明显的螺旋状回波。强降水的弯曲云墙部分地环绕着一个直径约3 km

至 4 km 的区域。这种回波型，即由一个大雷暴发展为这种类型的"钩状"回波及相对应的非常强的降水区，强烈地预示着有可能暴发龙卷风。与形成暴雨的螺旋云带有同等重要意义的是螺旋云带间夹杂着无雨晴空区，它预示着与最强烈雷暴相对应的垂直运动和动力发展机制。

第二节　机载气象雷达

机载气象雷达是一种天气雷达，现代飞机上的气象雷达均为彩色气象雷达。它可以用来探测航路上的雷雨、湍流、冰雹等恶劣天气区域，飞行员根据气象雷达所提供的平面位置显示图像，可及时操纵飞机沿安全的路径避绕各种危险区域。

一、机载气象雷达的特点

与地面的天气雷达相比，机载气象雷达有如下一些特性：

（1）机载气象雷达的体积小、重量轻，它不像普通雷达那样由六个部分组成，而只有四个部件：收发组、天线组、显示器和控制盒。有的飞机上设备更加简单，只由三个基本组件及波导组成，不设置单独的控制盒，系统的控制元件装置在显示器的面板上。小型飞机和直升机轻便灵活，载重量小，通常装备只有两组件的小型气象雷达，该系统由天线-收发机组件和显示-控制器组件组成。美国 NARCO 无线电公司生产的 KWX-56 型两组件彩色气象雷的总重量只有 8.3 kg。

（2）机载气象雷达探测的是航路前方及左右扇形区域内的天气，并能显示出气象目标的平面分布图像及它们相对于飞机的方位。目前，机载气象雷达所能探测的范围通常可达 320 n mile（即 592 km）。由于采用先进的数字技术，使气象回波图像的重显率达到 50 次/秒以上，使空勤人员在明亮的座舱里也能清楚地观测前方航路上的气象状况。

（3）彩色气象雷达用象征性的颜色来表示降雨率不同的区域，如书末附图 65 所示。大雨区的图像为红色，以表示该区域有一定的危险性；中雨区的图像为黄色，这是人们常用来提醒注意的颜色；小雨区用绿色图像来表示，其意为安全；微雨或无雨区在荧光屏上则为黑色——荧光屏上的该区域不产生辉亮图像；与降雨区相伴的湍流区用醒目的紫色（或品红色、绛红色）来表示，以提醒飞行员注意避绕，如附图 66 所示。

（4）机载气象雷达除了可以探测航路上的危险气象区域外，还可用于观察飞机前下方的地形、发现航路上的突立山峰等障碍物，以及用作雷达导航信标等。

二、机载气象雷达的基本工作方式

雷达的工作方式是指雷达处于何种工作状态之下。彩色气象雷达的种类很多，工作方式也不完全相同，综合起来有以下几种基本工作方式。

1. 准备（STBY）方式

这是雷达在开机以后所必须经历的一个过渡状态。按下 STBY 键，雷达的接收机即正常工作，但发射机处于加温准备状态，不产生射频发射信号，天线也不扫掠。准备状态约需持续 70 s。如果在开机后立即按下其他工作方式键中的一个而未选择准备方式，系统也会自动进入这一准备状态，不会马上进入所选择的工作方式。此时，显示器上会显示 WAIT（等待）字样。

2. 自检（TEST）方式

雷达的自检工作方式可以对雷达系统的性能状态进行快速的全面检查。按下雷达控制盒或显示器上的自检（TEST）方式键，即可完成这一检查。在地面或在空中，均可选用自检方式。

如果系统的性能正常，屏幕上会显示出规则的彩色自检图形。书末附图 67 为 P-90 雷达显示器上的彩色自检图形，在屏幕的左下角显示蓝色的 TEST 信息。屏幕上显示如图的绿-黄-红-黑-黄 5 圈同心彩色带，并在最外圈显示绿色的噪声带。噪声带是由接收机输出的噪声所形成的图像，因而可表明接收机的性能状况。如果接收机的灵敏度正常，则绿色的噪声点应填充噪声带上 85 ~ 95 n mile 的范围。

当通过性能自检发现系统存在故障时，雷达显示器上的自检图形即消失，同时显示所检查出的故障组件通告信息。

3. 气象（WX）方式

当按下 WX 键时，雷达工作于气象方式，这时，降雨率不同的区域在屏幕上用不同的色彩表示出来（见附图 65）。一般肉眼可见的云区是不产生雷达图像的，即机载气象雷达不能探测不降雨的云区。

4. 湍流（TURB）方式

比较先进的雷达如 WXR-700X 雷达具备湍流探测的功能，按压湍流（TURB）方式键，即可使雷达提供湍流情况，屏幕上将显示出湍流区的紫色（或品红色）图像，其他雨区的红、黄、绿色图像不显示。有的显示器上有气象与湍流方式的显示，其方式键为 WX/T。这时屏幕上除了显示有大、中、小降雨区的红、黄、绿色图像外，还用醒目的紫色图像显示出危险的湍流区域。

5. 轮廓（CYC）方式

雷达选择轮廓方式时的工作情况与气象方式基本相同，显示器上所提供的也是空中气象目标的平面分布图像。所不同的是这时屏幕上的红色图像将会按每秒一次的间隔闪烁——半秒显现半秒消失，所消失的红色图像区域呈现为一个黑洞，其作用相当于早期黑白气象雷达中的"轮廓"效应。此时黄色和绿色图像仍与气象方式一样稳定显示。采用这种红色图像闪烁方式的目的，是提醒飞行员注意那些较强的 3 级（红色）降雨区。

6. 地图（MAP）方式

机载气象雷达工作于地图（MAP）方式时，显示器上会用不同的颜色来显示出飞机前下方扇形区域中的地形。观察城市、山峰、河湖、海岸线等地形轮廓的彩色地图，可以帮助飞行员判明飞机当前的地理位置及飞机的实际航向。在缺少地面导航设备的荒凉地区，也可以利用气象雷达所提供的地图来进行导航。

三、机载气象雷达对目标的探测

机载气象雷达主要用于探测航路上的恶劣气象区域。空中的雷雨区、暴雨区、冰雹、湍流等恶劣天气区，就是机载气象雷达所要探测的目标。只有当雷达工作于地图方式时，其探测对象才是飞机前下方的地形。

（一）对气象目标的探测

1. 对降水区的探测

在气象雷达的特性一定和气象目标与飞机的距离相同的前提下，不同性质的气象目标所产生的回波强度决定于气象目标本身的性质，主要是气象目标所含水滴的直径、数量、下降速度、形态及气象区域的体积等。

在有降水的区域中，雨滴越多，直径越大，则该雨区所产生的雷达回波就越强。也就是说，降雨的强度越大，雷达回波就越强。在气象学中是用降雨率来定量描述降雨程度的，单位时间内的降雨量称为降雨率，降雨率实际上综合了雨滴直径、密度以及雨滴下降速度等因素。降雨率的常用单位为 mm/h 或英寸/小时。

气象雷达的一个基本任务，就是正确地显示出气象目标的回波强度，即降雨率的大小等级。前已说明，现代彩色气象雷达是用不同颜色来表示不同降雨率的气象目标的，表 10.2 就是一种五级彩色编码方案的图像颜色与降雨率及反射系数的对应关系，WXR-700X 等雷达即采用这种方案。

表 10.2　五级彩色方案

反射系数 等　级	图　像 颜　色	降 雨 率	
		（mm/h）	（英寸/小时）
Z_1	黑	<0.76	<0.03
Z_2	绿	0.76～3.81	0.03～0.15
Z_3	黄	3.81～12.7	0.15～0.5
Z_4	红	12.7～50.8	0.5～2.0
Z_5	紫	>50.8	>2.0
湍流	紫		

从上表中可以看出，降雨率小于 0.76 mm/h 的微雨区，由于反射率太小，在屏幕上不产生图像。小雨区为绿色，中雨区为黄色，大雨区为红色，暴雨和湍流区为紫色。不同降雨率的区域所产生的回波，在荧光屏上颜色鲜明，十分清晰。正是由于气象雷达能够及时准确地探测出前方的危险天气区域，才使得飞行员能顺利地避开。

2. 对湍流区的探测

从前面降雨区的图像上我们已经知道，暴雨区往往伴随着产生湍流。在实际观测中发现，最强烈的湍流通常存在于雷暴区的中等高度（20 000～30 000 英尺）范围内，但在雷暴雨区的上风方向和下风方向及雷暴云的顶部及其下方，均可能存在湍流。图 10.5 为典型的雷暴云、降雨区和湍流区的示意图。

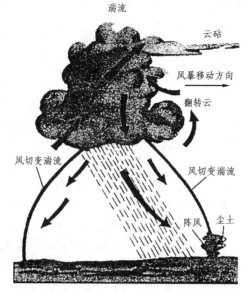

图 10.5　雷暴云、降雨区及湍流区

　　机载气象雷达对湍流的探测，主要探测湍流中的水滴对雷达波的反射，但这种反射与雨中的反射是不相同的。由于湍流中水滴急速多变的运动，会使反射的回波产生明显的多普勒效应，在雷达显示器上形成一个偏离雷达发射频率且频谱宽度较宽的多普勒频谱，它与一般的降水所产生的反射回波有很大不同。气象雷达正是通过这一特性来检测湍流的。

　　按照美国国家气象局的分类标准，将速度变化在 6～12 m/s 之间的湍流定义为中度湍流。机载气象雷达能显示中度以上的湍流，其检测门限为 5 m/s，即略低于中度湍流与轻度湍流的分界线。

　　前已说明，在 WXR-700X 及其他一些气象雷达中，湍流区域的图像是紫色的，也有用红色、品红色或白色图像来表示湍流区的。

3. 对冰雹区域的探测

　　冰雹所形成的回波强度，与冰雹表面的状态有极大的关系。在一定的条件下，例如，当下降的冰雹遇到较暖的上升气流时，就会在冰雹的表面形成一层薄薄的水膜。冰雹表面的水膜无疑会对入射的雷达波产生有效的反射，加之冰雹的直径通常较之雨滴要大，所以这种湿性冰雹所产生的雷达回波是很强的，在屏幕上形成红色信号。另一类冰雹是没有包裹水层的干冰雹，这类冰雹对雷达电波的反射能力很差，不容易被机载雷达所探测。

　　应该注意的一点是，冰雹只有下降到一定高度（例如 30 000 英尺以下）进入较暖的气流中时，其表面才可能开始融化，形成一层薄薄的水膜。当飞机在较高的高度层上飞行时，在天线俯仰旋钮置于 0° 的情况下，波束所照射到的巡航高度层中的干性冰雹区域一般不会形成很强的雷达回波。但若此时将天线略微下俯，如书末附图 68 所示，即可使波束照射到较低高度上已融化的冰雹及大雨区，在屏幕上产生强烈的红色图像。可见天线的俯仰调节对识别较高高度层上的冰雹区域的存在是很有帮助的。

　　另外，还可根据气象区域的外形轮廓来判断冰雹区域的存在。冰雹云降水回波往往有特殊的形状，书末附图 61 所示为四种很可能结合有冰雹的降雨区的图像：U 形、指形、钩形及外缘凹凸不平的图形。虽然这些区域位于强降雨区外沿的绿色区域，但却预示着冰雹区域的存在。

（二）机载气象雷达的地形识别

1. 气象雷达识别地形的基本原理

机载气象雷达是通过地面目标对雷达信号反射特性的差别来显示地形轮廓的。

大地表面的田野和山地、江河湖海的水面、城市的建筑物，都对雷达信号具有不同程度的反射能力，可以产生一定强度的回波信号。由于不同地物本身的性质、形状等方面的差异，它们所产生的回波信号的强度存在着一定程度的差别，会在彩色显示器上形成颜色不同的地貌图像。与气象目标一样，地貌图像的颜色也是象征性的：江、河、湖、海对雷达电波的反射能力较差，其图像用代表水面的绿色或青色表示；一般陆地的反射能力稍强，以黄色模仿大地的颜色；大型城市中的工矿企业及大型桥梁含有大量的金属结构，其反射能力较强，以红色或紫色图像来表示，由于丘陵、山地对电波的反射程度明显高于周围的平原，江、河、湖、海对电波的反射状况与陆地不同，因而可以显示出清晰的轮廓图形，如海岸线、河湖的轮廓、大型工业城市的轮廓线等。

当机载气象雷达工作于地图方式时，为了获得飞机前下方的地物反射回波，需将天线下俯一定的角度，以使天线所发射的雷达波束投射到大地表面，如图10.6所示。这是因为天线所发射的波速是较窄的圆锥形波束，飞机在水平方向飞行且高度较高时，如不下俯天线，则波束是不能射向地面的。

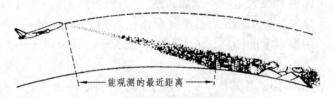

图10.6　下俯天线以获得地物回波

显而易见，显示距离越小，所应选用的天线下俯角越大；飞行高度增大时，天线下俯角也应相应增大。

2. 地物与水面回波图像的特点

平坦的大地所产生的回波很弱，一般不能形成显示图像；丘陵、山地由于具有起伏不平的反射表面，其回波能量明显高于平地，所以能够形成回波图像。大型工矿企业和具有高大钢筋混凝土建筑物的城市，回波图像比较鲜明，能够形成红色，甚至紫色的图像。

平静水面产生的回波很弱，往往不能形成明亮的图像。但当水域周围是山地、丘陵或粗糙的地面时，就能显示出水域的轮廓，例如河流、湖泊的轮廓或者海岸线。

海面及其他大面积水域的图像与风力和风向有关。平静的海面或者长浪像镜面一样反射入射电波的能量，因而不能提供良好的回波；而波涛汹涌的海面，则可对下风方向的入射电波产生较强的回波，从而形成明亮的图像，如书末附图69所示。

3. 发现航路上的山峰等空中障碍物

在飞机的离地高度较低时，或者在飞机下滑进近过程中，飞机前方的突立山峰也会被雷达波束照射到，如图10.7所示。被雷达波速照射到的山峰可在荧光屏上形成鲜明的图像，使飞行员及时觉察到。此外，在相邻高度层上飞行的大型飞机，一般也能形成目标回波。

图10.7 雷达波束照射到突立的山峰

气象雷达的这一特性，对在雾天、低云层等能见度差的情况下，或夜航的飞机以及在地形复杂的山区飞行和起降的飞机来说都具有重要的意义。

四、机载雷达的气象回避

在一些区域和雷雨季节，空中的气象状况是复杂多变的。雷暴可以很快地形成，其耗散也相当迅速。干性湍流等与雷暴及猛烈降雨相联系的危险区域，目前气象雷达还无法直接显示。雷暴区域中的闪电，会给穿越其间的飞机带来危险。温度的急剧多变，还可能造成飞机操纵面的结冰。利用气象雷达探测出各类恶劣的气象区域，就可以使飞行员尽早地选择合理的航线，回避一切有可能导致危险和激烈颠簸的区域。从这个意义上讲，气象雷达的功用是引导飞机回避恶劣的气象区域。

在利用气象雷达所提供的彩色图像回避各种恶劣气象区域时，应注意以下一些问题：

（1）将气象工作方式作为基本的工作方式，结合使用湍流方式。增益（信号通过放大器或天线后幅度增加的程度）旋钮通常应置于自动（AUTO）位，以保证雷达对不同强度目标的检测与定标。

（2）应回避一切在屏幕上显现为红色和紫色的区域，尽量使飞机与这些区域的距离保持在20 n mile以上，因为一些不夹带较多雨粒的湍流区域会存在于较大降雨区以外的地方。

（3）飞机不可进入雷暴云回波范围之内的无回波区。

（4）如果在两块雷暴云之间穿越时，两块雷暴云回波之间的距离不应小于40 n mile。

（5）在巡航高度较高时，应经常下俯天线以保持对低高度雷暴区的监视；在低高度飞行时，则应经常上仰天线，以避免误入高层雷暴区的下方。

利用气象雷达回避恶劣天气区域的具体方法在各种使用手册中均有详细的说明和规定，以上只是粗略地加以说明。

五、使用机载气象雷达的注意事项

1. 飞行中的注意事项

（1）机载气象雷达是一种天气雷达，它只能探测到含有水滴的气象目标，而不能有效地探测到干冰雹和干雪。一般的云、雾及晴空湍流也不能探测到，所以机载气象雷达不能保证避开所有危险天气区。

（2）气象雷达的基本功能是探测大面积的气象降雨区，它对山峰、相遇飞机的探测能力和所显示的相应图像及位置的准确程度，是不能满足地形回避和防撞要求的。因此，决不可把气象雷达的显示图像作为地形回避和空中防撞的依据。

（3）应避免因选用较短显示距离而使飞机进入所谓的盲谷区域。如书末附图 70 所示，当显示距离选择为 40 n mile 时，屏幕上显示位于 30～40 n mile 间的两个降雨区。由该图判断，飞机保持目前的航向飞行是安全的。然而，当将显示距离增大到 80 n mile 时，就可显示出另一个位于 60～80 n mile 间的更严重的降雨区，它恰好位于飞机目前的航路上。由此可见，如只选用较小的显示距离，很难保证有足够的时间和以较大的安全距离来避开已邻近的恶劣天气区。

（4）我们要清楚地知道，机载气象雷达是用来帮助飞行员避开危险气象区域的，而不是用来帮助穿过这些区域的。雷暴、湍流、冰雹区域会给飞机带来极大危害，即使有机载气象雷达，也不能飞进去。

2. 地面通电的注意事项

雷达在地面工作时，应采取预防措施，以防起火、伤害人体或烧坏接收机。

（1）在飞机或其附近正在进行加油或抽油时，不得使气象雷达处于发射工作方式，以免引燃汽油蒸发汽。在机坪上大量使用汽油清洗机件时，也应避免接通雷达电源。

（2）不应在机库中或在机头朝着近距离内的建筑物、大型金属反射面的情况下使气象雷达工作于发射方式，以免回波过强而损坏气象雷达接收机。

（3）地面检查时，应尽量使雷达工作于准备或自检方式。在需要雷达工作于发射方式时，应将天线上仰，尽量避免天线波束照射近处地面目标。

（4）在飞机前方 0°～120°，距离为 3 m 范围内，如果有人，不得接通雷达，以防有害辐射伤害人体。

各型飞机气象雷达的使用注意事项，在有关维护手册、使用手册中均有明确规定。使用人员、维修人员应当仔细阅读有关内容，严格按规定执行。

本章小结

1. 雷达是通过目标对电磁波的反射来探测目标并确定目标位置的。由于不同气象目标的反射能力不同，因此能被气象雷达探测出来。不同云中的降水回波在荧光屏上显示出不同的范围大小、边界形状和结构形式，利用降水粒子的多普勒效应还能探测出湍流区。

2. 机载彩色气象雷达是一种测雨雷达，它能探测的仅是含有水滴的"湿性"目标，并用不同的颜色来显示出不同强度的降水区域。至于干性降雪和冰雹、不伴随降雨的湍流及一般的云雾，由于其产生的雷达回波十分微弱，所以机载气象雷达不能有效探测。

3. 利用机载彩色气象雷达不仅能探测出航路前方的危险天气区，还能显示出飞机前下方的地形和空中障碍，但机载雷达并不能保证避开所有危险天气区，而且雷暴、湍流和冰雹区会给飞机带来极大危害，即使有机载气象雷达，飞机也不能飞进去。

思 考 题

1. 雷达探测的原理是什么?
2. 气象雷达为什么能够探测出气象目标?
3. 哪种云和降水不能被气象雷达有效地探测?
4. 层状云降水回波和对流云降水回波各有什么特点?
5. 雹云回波有什么特征?
6. 云和雾的回波各有什么特征?
7. 与地面天气雷达相比,机载气象雷达有何特性?
8. 机载气象雷达有哪几种基本工作方式?
9. 为什么说利用机载气象雷达并不能保证避开所有危险天气区?
10. 在雷达回波的边缘上飞,能否保证避开危险天气? 为什么?
11. 不同强度的降水在彩色气象雷达上是怎样显示的?
12. 怎样从屏幕上识别冰雹云?
13. 机载气象雷达怎样识别地形?
14. 利用机载气象雷达进行气象回避应注意些什么?
15. 为什么会出现气象"盲谷"? 应怎样避免?

第十一章 常用航空气象资料

作为飞行员和航务人员，除了了解航空气象基本理论，在飞行前也需要熟悉所有的气象资料，特别在仪表飞行条件或附近没有机场时更是如此。这些资料必须包括最新的天气报告和预报，这就需要能看懂各种天气图表，能了解和翻译各种天气报告和预报电报，并熟悉气象部门提供航空气象服务的程序及方式。

第一节 飞行气象图表

一、日常航空天气报告

机场气象台对地面天气定时观测资料的报告和发布就是日常航空天气报告（Surface Aviation Weather Reports），机场气象台每小时必须进行一次（有特殊要求时可以半小时一次）这种观测和报告。日常航空天气报告又称为天气实况报。

在安排飞行计划的时候，可以利用日常航空天气报告来估计目前的天气状况和确定天气预报的准确度，还可以查看最近的几次天气报告，以便了解天气变化的趋势。

日常的天气报告还可显示出目的地机场的天气是否大于目视飞行或仪表飞行的最低天气标准，若没有达到或根据预报在达到时天气仅有很小的变化，则目的地机场的天气不适合降落。在没有塔台指挥或飞行服务站时，日常航空天气报告更是重要，因为这可能就是这个地区最近的实际天气。

日常航空天气报告一般包括以下内容：站名、时间（世界时）、风向、风速、能见度/RVR（跑道视程）、天气现象、云、温度/露点、气压值及补充说明等。

（一）日常航空天气报告的填图格式

如图 11.1 所示，其中左边的气温、天气现象、能见度和露点的填写方法与地面天气图单站填图相应项完全相同，其余各项填写方法分别是：

（1）总云量。按八分制云量填写，天空不明则填"×"。

（2）风向、风速。风向按 360°或十六个方位用矢杆表示，风速用数码标出，单位为 m/s。

（3）气压。可用场压或海压（根据需要选择）的百帕整数表示。

（4）云量、云状、云高。云量用八分制，一般填累积云量；云状用简写符号；云高用数码，单位为 m，有几层填几层。

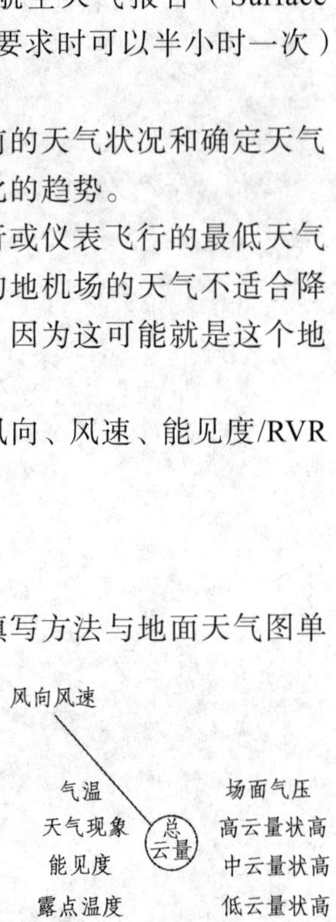

图 11.1 航空天气报告填图格式

图 11.2 是航空天气报告的实例。按填图格式和有关符号,可读出该站的天气:气温 28 ℃,观测前一小时内有雷暴,现在有间歇性小雨,能见度 10 km,露点温度 24 ℃,总云量 8/8;3 个淡积云,云高 300 m,4 个浓积云,云高 900 m,5 个高积云,云高 3 600 m,8 个卷层云,云高 6 800 m,气压(根据本场使用的情况确定是场压或海压)1006 hPa,地面风是南风(或 180°),风速 4m/s。

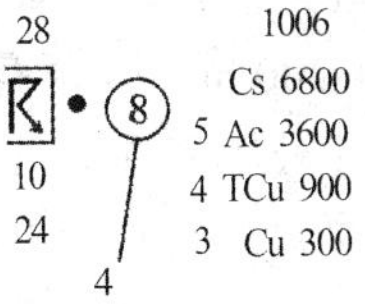

```
28              1006
R   •  ⑧     Cs 6800
10              5 Ac 3600
24              4 TCu 900
     4          3 Cu 300
```

图 11.2 航空天气报告实例

(二)日常航空天气报告图

1. 日常航空天气报告表

在实际应用中,常把各地的报告排列成表(见图 11.3),利用这种表,航空人员可以自行制定并用于了解本场飞行的天气情况,根据其演变规律判断短期内的天气变化趋势和对飞行的影响来指导飞行活动的安排。

时 间	04时	05时	06时	07时
广 汉 12月18日	2 8 ⑥ 992 6 Ac 1500 6 3 Sc 1000	3 8 ⑥ 994 5 Ac 1200 4 Sc 600	1 7 ⑧ 995 2 Ac 1000 6 5 Sc 400	○

图 11.3 航空天气报告实况表

2. 日常航空天气报告图

发给机组的日常航空天气报告常常以航线的形式进行,这种图上的气压可以根据当时当地情况使用场压或海压。气象台将沿航线各站同一时刻的天气实况填在图上,使飞行员能清楚地了解航线上和降落站的现在天气,而几张这样的实况图也可以看出天气演变的趋势,如图 11.4 所示。

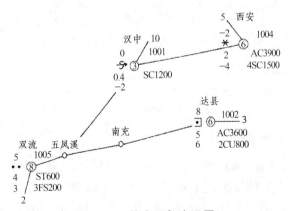

图 11.4 航空天气实况图

二、航空天气预报

(一)航路天气预报

航路天气预报(Route Weather Forecast)指的是对航路上天气的预报和预告,它的有效时效一般为预计飞行时间的前后 1 h,常常为国内中低空航线飞行提供。主要内容一般包括云、天气现象、飞机颠簸、飞机积冰、飞行高度上的风、气温等。

图表形式的航路预报具有直观明了的特点，它主要在有关航路上说明发生在航路上的一些天气现象，如图 11.5 所示，在广州—南昌航线上，有七个量的层积云和高积云，云底高度 1 200 m，云顶高 4 200 m，在云中飞行有轻颠，在航线的后半段局地有 3 个量的浓积云，还有云底高 900 m、顶高 8 000 m 的积雨云，并有中度颠簸。

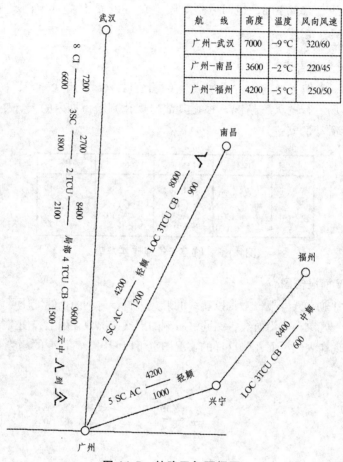

航　线	高度	温度	风向风速
广州—武汉	7000	−9℃	320/60
广州—南昌	3600	−2℃	220/45
广州—福州	4200	−5℃	250/50

图 11.5　航路天气预报图

（二）重要航空天气预报

　　重要航空天气预报（Significant Weather Forecast）就是对航路（区域）有重大影响的天气的预报，常以预报图和缩写明语形式的电码提供，一般有效时间为 24h。它一般分三种高度层提供，即飞行高度在 FL100（10 000 英尺）以下的低层，飞行高度 FL100（10 000 英尺）至 FL250（25 000英尺）的中层和飞行高度在 FL250（25 000 英尺）至 FL630（63 000 英尺）的高层。

1. 低层重要天气预报图

　　飞行高度在 FL100（10 000 英尺）以下的低层重要天气预报图，可标明锋面及其预期的移动（用箭头表示方向，用数值表示移速，单位 km/h 或 KT）。各种重要天气、降水和其他引起大范围能见度低于 5 000 m 的天气现象（能见度用数值单位为 m），及其所影响的区域和高度，均可在图中体现。

　　重要航空天气预报的主要内容如表 11.1 所列。

表 11.1　重要天气预告图中使用的重要天气和天气系统符号

重要天气和天气系统	符 号	重要天气和天气系统	符 号
热带气旋	♀	大范围的吹雪	✛
强飑线	∿∿	大范围的霾	∞
中度颠簸	∧	大范围的烟	∿
严重颠簸	⋀	山地状况不明	𝖬
轻度飞机积冰	Ψ	辐合线	←←←
中度飞机积冰	Ψ	热带辐合带	▥
严重飞机积冰	Ψ	冷锋	▲▲
严重沙或尘霾	S	暖锋	●●
大范围的沙（尘）暴	S	锢囚锋	▲●
大范围的强地面风	◇40	准静止锋	▲●
雹	△	急流	⤳ FL270 ─ FL360 →
山地波	○	对流层顶高点	H 400
冻雨	∿	对流层顶低点	270 L
大范围的雾	☰	对流层顶高度	380
大范围的轻雾	═	零度等温层高度	0°:100
阵雨	▽	海面状况	⚑10
毛毛雨	⦁	海面温度	⑩
雨	⫶⫶	火山喷发	☢
雪	✶	大气中的放射性物质*	☢

（1）（或称恶劣天气）和重要天气系统的种类和符号见表 11.1，图上用符号表示。

（2）与重要天气相伴的云，采用简语描述，云状用简写符号。

在重要天气预报图上，重要天气和云区范围用波状线围成，有些重要天气和云还标出下限高度和上限高度，有时还用简语加以说明，见表 11.2 所示。

表 11.2　重要天气预报常用简语

简 语	含 义	简 语	含 义	简 语	含 义
CLD	云	FRQ	频繁的	BKN	多云
OCNL	有时	SCT	疏散的	LAN	内陆
GRADU	逐渐地	LYR	呈层状	COT	在海岸
STNL	停滞	SLW	慢	MAR	在海上
ISOL	独立	INC	在内	VAL	在山谷地区
EMBD	隐藏	LOC	局地	CIT	邻近或在城市上空
ISLTD	有些地方	OVC	阴天	MON	在高地或山区上空

（3）低于 5 000 m 的地面能见度，用来为单位表示；若能见度大于 5 000 m，则用 km 为单位标出，也可以不标出。

（4）气压中心（H、L）及其预期的移动方向和速度。

（5）FL100 以下的°C 等温层的高度。

（6）海平面温度和海面状况。

（7）有关当地火山喷发及火山灰云的情报，如果可能，加上火山名和第一次喷发的时间，提醒用户参考有关区域发布的 SIGMET 电报。

重要天气预报图例如图 11.6 所示。

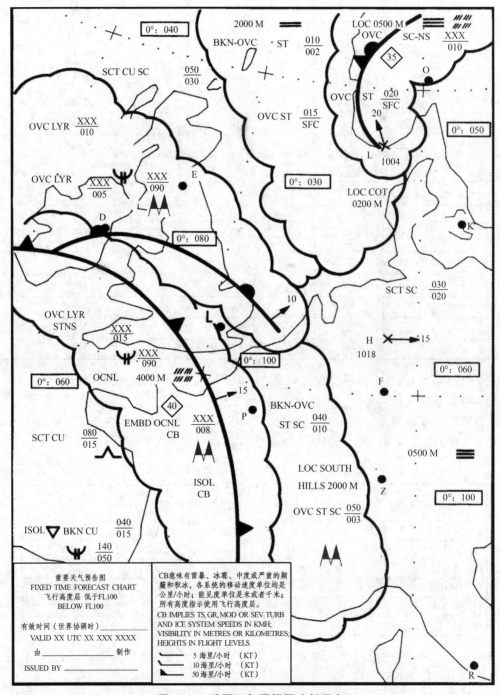

图 11.6　重要天气预报图（低层）

2. 中层重要天气预报图

（1）中层重要天气预报图的内容。在中层重要天气预报图上，主要的内容仍然是表 11.1 中的重要天气现象和表 11.2 中的天气系统与其他符号，与低层预报不同的是没有地面能见度、气压中心、0℃ 等温层高度、海平面温度和海面状况等内容，而增加了出现在中高空的飞行气象条件。这些天气有：① 晴空颠簸及其强度（晴空颠簸区用断线标出）；② 急流及出现高度和风速（用流线箭头表示）；③ 火山灰云（VA）。

需要注意的是，高空急流的风速表示与天气图上的有区别，这里一条短线代表 10 KT，而一个黑色的风三角代表 50 KT。

（2）中层重要天气预报实例如图 11.7 和图 11.8 所示。

3. 飞行高度在 FL250 至 FL630 的高层重要天气预报图

高层重要天气预报图中预报了中层的所有的天气现象，不同的是云只预报积雨云，另外还多一个对流层顶的高度资料。对流层顶高度用数字表示，单位为 100 ft。

高层重要天气预报如图 11.9、图 11.10 和图 11.11 所示。

（三）等压面预报图

等压面预报图是为高空飞行提供的一定区域内上的风向、风速和气温的预报，其有效时段为 24 h。

在等压面预报图上，等高线（或气流线）用黑细实线表示，风向、风速（或等风速线）用矢杆和矢羽表示，等温线用黑色虚线表示。目前，我国制作的多为 300 hPa 和 200 hPa 两种等压面预报图，300 hPa 等压面的高度约为 9 000 m，200 hPa 等压面的高度约为 12 000 m，如图 11.12 所示。在这种图中，可以看出气压系统的分布、温度的分布以及高空风的分布情况，并可确定出高空急流的位置。高空飞行中，参考相应的等压面预报图，航线上的气压系统、风向、风速及气温的分布就一目了然了。

（四）空中风和温度预报图

空中风和温度预报图提供的是选择的航站上空不同高度的风向、风速及温度，这些预报在作飞行计划时十分重要。

空中风和温度预报图的种类较多，有的图是在选定的网格点上直接用风矢杆表示风向和风速，并在其旁边注明温度值。在这种图上要注意的是风速的表示，一条短线为 10 KT，一面三角旗是 50 KT，而温度除前面标有"+"号外，均为负值，如表 11.3 和图 11.13 所示。

表 11.3 高空风和温度预告图上风速的标注方法

风　速	标　注
5 海里/小时（2.5 m/s）	
10 海里/小时（5 m/s）	
50 海里/小时（25 m/s）	

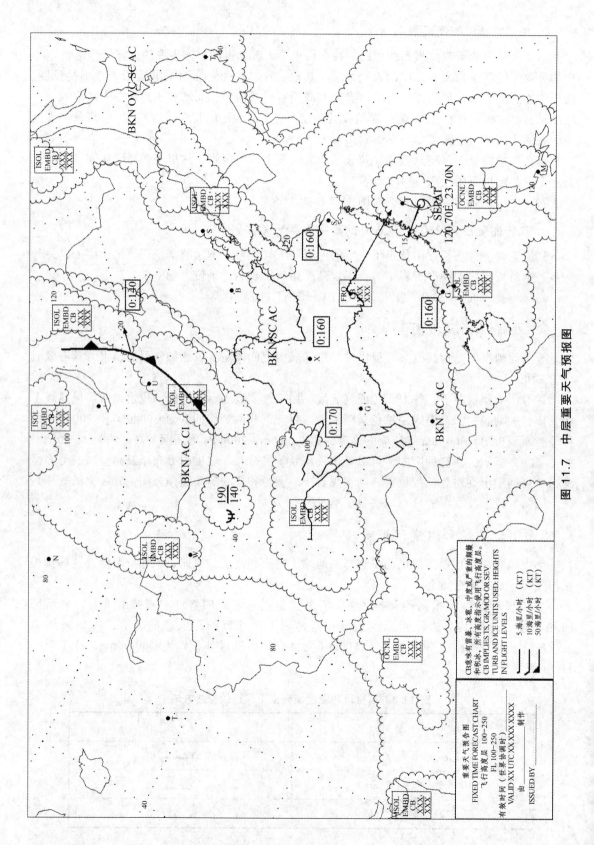

图 11.7 中层重要天气预报图

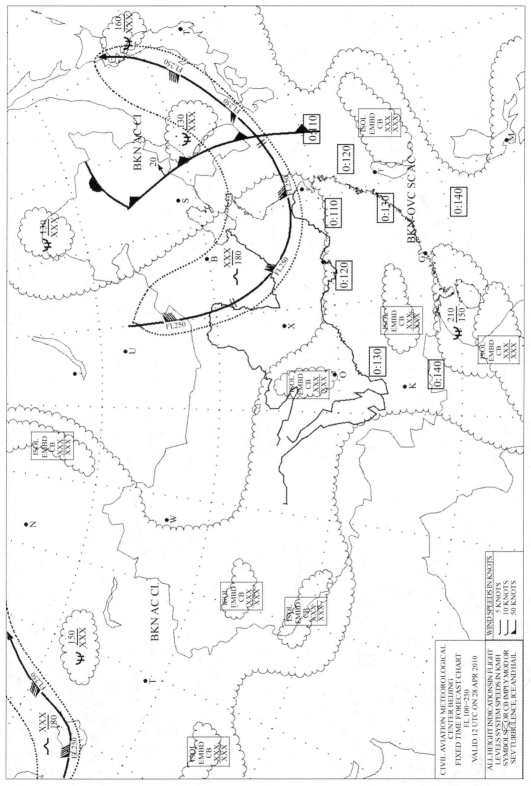

图 11.8　2010 年 4 月 28 日 06 时中国区域中层重要天气预报图

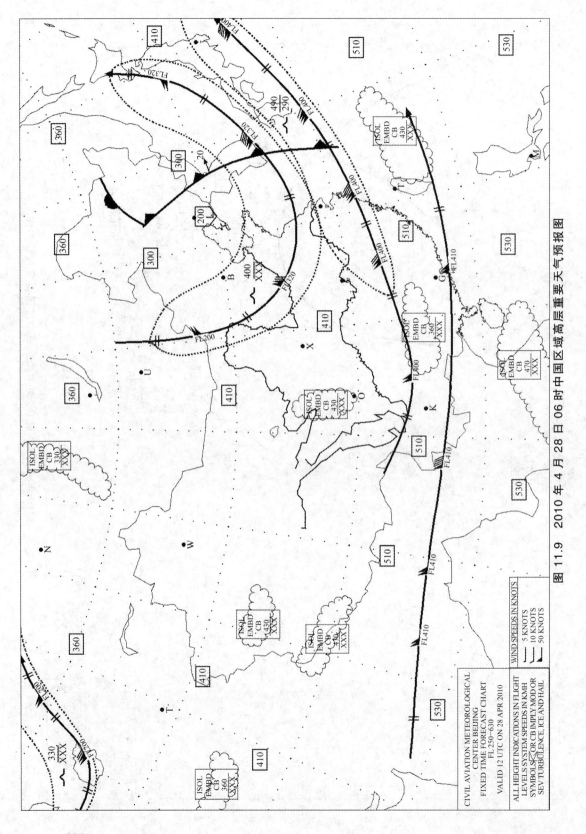

图 11.9 2010 年 4 月 28 日 06 时中国区域高层重要天气预报图

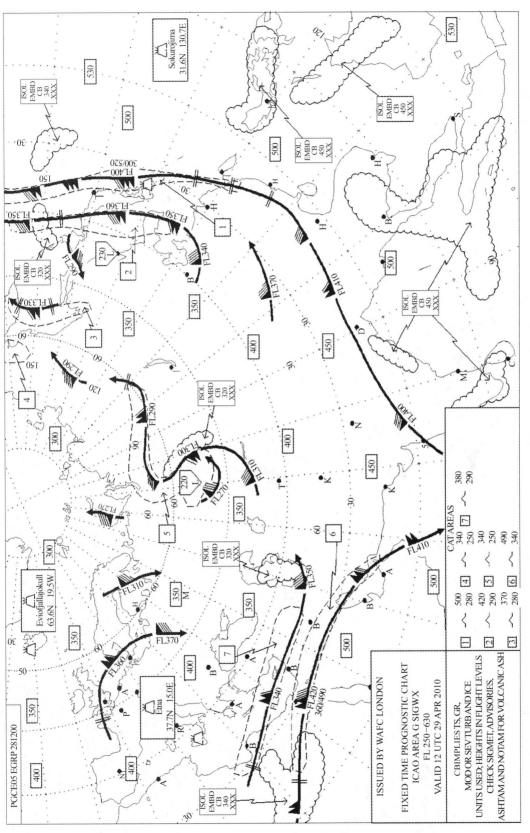

图 11.10 高层重要天气预报图

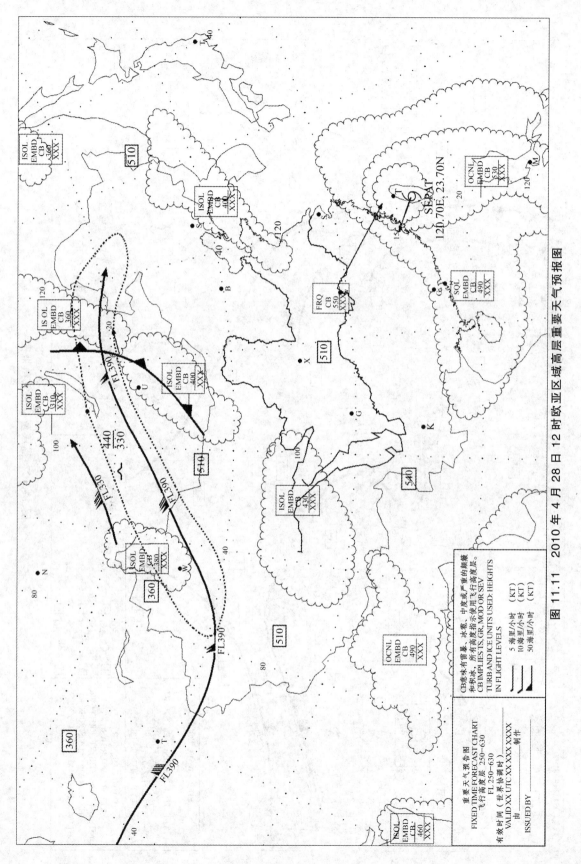

图 11.11　2010 年 4 月 28 日 12 时欧亚区域高层重要天气预报图

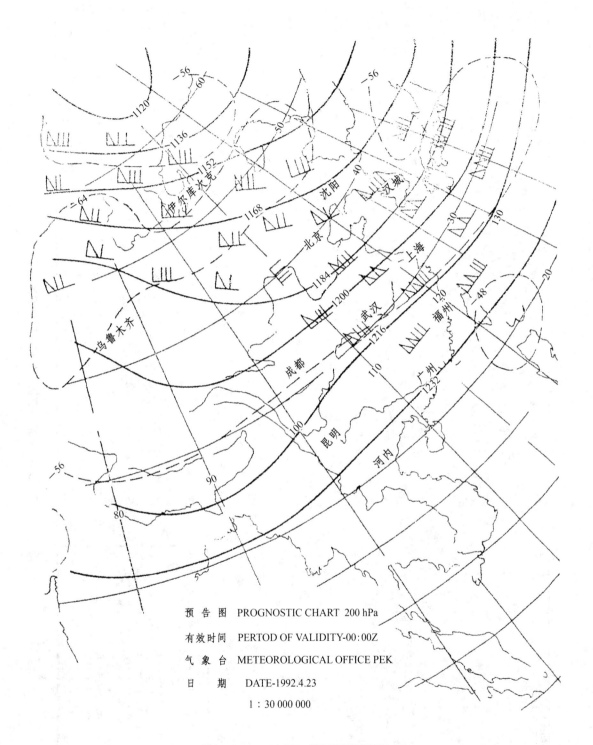

预 告 图　PROGNOSTIC CHART　200 hPa

有效时间　PERTOD OF VALIDITY-00∶00Z

气 象 台　METEOROLOGICAL OFFICE PEK

日　　期　DATE-1992.4.23

1∶30 000 000

图 11.12　200 hPa 等压面预报图

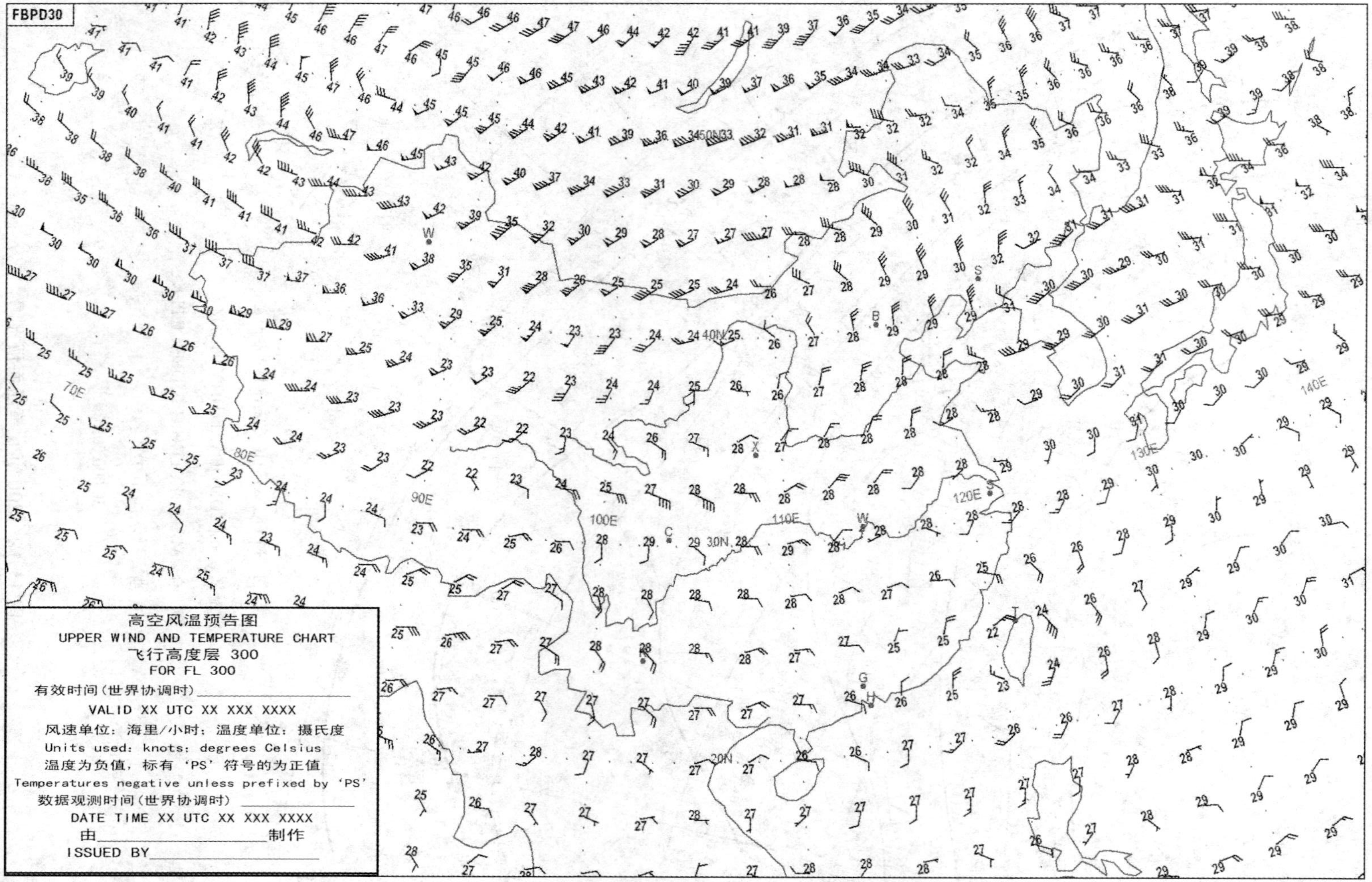
FBPD30
高空风温预告图
UPPER WIND AND TEMPERATURE CHART
飞行高度层 300
FOR FL 300
有效时间(世界协调时)
VALID XX UTC XX XXX XXXX
风速单位：海里/小时；温度单位：摄氏度
Units used: knots; degrees Celsius
温度为负值，标有 'PS' 符号的为正值
Temperatures negative unless prefixed by 'PS'
数据观测时间(世界协调时)
DATE TIME XX UTC XX XXX XXXX
由　　制作
ISSUED BY
70E
80E
90E
100E
110E
120E
130E
140E
20N
30N
40N
50N

图 11.13　标准等压面上的空中风和温度预报

另外一种是表格式的空中风和温度预报图，这种图可见图 11.14，图中方框及方框中的内容指示的是该方框所覆盖的纬线/经线交叉点上的几个高度层（以千英尺为单位）上的风向、风速（单位为真度和 KT）及温度（摄氏度）。如"05 090 15 – 03"表示的是：在 5 000 英尺高度，风是从 90°的方位吹来，风速 15 KT，温度是 – 3℃。从这样的一张图上也可获得某一区域的各个高度层上风和温度的预报情报。

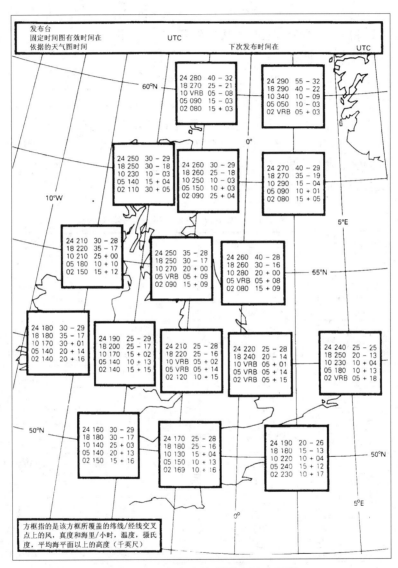

图 11.14　表格式空中风和温度预报

第二节　航空气象电报

航空气象电报的种类很多，本节只介绍比较常用的三种：日常航空天气报告（或特殊报告）电报、航站天气预报电报和航路（区域）天气预报电报。

一、报 头

电报分为报头和电文两大部分，各种电报都使用统一的报头。报头分为四段，其形式和说明如下：

1. 第一段：ZCZC TYM×××

ZCZC TYM 为关键字，一般不变，×××意指该机场本机所发电报的编号（流水号），如电码"ZCZC TYM025"意为该机场本机所发第 25 份电报。

2. 第二段：GG/DD 收报地址

该段电报指出欲将该报发往何处，GG 为关键字，意为普通报（电报级别为急报）；DD 为关键字，意为危险报（电报级别为加急报）。之后跟以八个字符为一组的收报地址，可以同时发几组。前四个字符为国内常用地名代码（见表 11.4），后四位说明发往什么部门，一般气象台用"YMYX"，国际民航气象资料地区收集中心用"YPYX"，发电台用"YFYX"，发调度室用"ZPZP、ZPZX 或 ZXZX"等。如：电码"GG ZUUUYMYX ZBAAYPYX"，意为"发往双流机场气象台和北京国际民航气象资料收集中心的普通报"。

表 11.4 国内常用四字地名代码

机场名	四字地名代码	机场名	四字地名代码
首都国际	ZBAA	南宁吴圩	ZGNN
天津张贵庄	ZBTJ	深圳	ZGSZ
太原武宿	ZBYN	珠海	ZGUH
呼和浩特白塔	ZBHH	沈阳桃仙	ZYTX
石家庄	ZBSJ	哈尔滨闫家岗	ZYHB
上海虹桥	ZSSS	兰州中川	ZLLL
厦门高崎	ZSAM	西安咸阳	ZLXY
南昌	ZSCN	银川	ZLIC
福州义序	ZSFZ	西宁	ZLXN
杭州笕桥	ZSHC	乌鲁木齐地窝铺	ZWWW
南京大较场	ZSNJ	昆明巫家坝	ZPPP
合肥骆岗	ZSOF	重庆江北	ZUCK
青岛流亭	ZSQD	拉萨贡嘎	ZULS
济南张贵庄	ZSJN	成都双流	ZUUU
广州白云	ZGGG	贵阳磊庄	ZUGY
长沙黄花	ZGHA	广汉	ZUGH
海口	ZGHK	武汉南湖	ZHHH
桂林奇峰岭	ZGKL	郑州东效	ZHCC

3. 第三段：YYGGgg 发报地址

YY、GG、gg 分别表示发报的日、时、分（世界时），世界时＝北京时－8。发报地址亦用八个字符，如："230855 ZUGHYMYX"表示"广汉机场气象台于23日08时55分（世界时）发出的电报"。

4. 第四段：TTAAKK　CCCC　YYGGgg　BBB

（1）TT 表示气象电报的类别，民航常用的气象报如表 11.5 所列。

表 11.5　民航常用的气象报

电码（TT）	电报类别	电码（TT）	电报类别
SA	机场例行天气报告	FR	航路天气预报
SP	机场特选天气报告	FA	区域天气预报
FC	机场天气预报（≤12 h）	WS	重要气象情报
FT	机场天气预报（>12 h）	UA	飞机空中报告

（2）AA 表示地理指示码，如"CI"表示中国；KK 指 AA 的各区编号，中国各区编号如表 11.6 所示。

表 11.6　中国各区编号

KK	指示范围
31	北京气象收集中心（第一部分）
32	北京气象收集中心（第二部分）
33	ZB—华北（四字地名代码前两位）
34	ZS—华东
35	ZG—华南
36	ZH—华中
37	ZU、ZP—西南
38	ZL—西北
39	ZY—东北
40	ZW—乌鲁木齐

（3）CCCC 表示地名代码，见表 11.4 所列；YY、GG、gg 表示统一规定的天气报告的日、时、分（世界时）。例如："SACI35 ZGGG 250100"表示"中国、华南区、广州、规定观测时间 25 日 00 时（世界时）"。

（4）BBB 表示方法有如下几种：① RRA（或 RRB、RRC…）第一份（第二份、第三份）延迟电报；② CCA（或 CCB、CCC…）第一份（第二份、第三份）更正电报；③ AAA（或 AAB、AAC…）第一份（第二份、第三份）订正电报。

注："更正"指由于发报时出错之后的修正，"订正"指由于预报出错之后的修正。

一般报头都由以上三部分组成，现举例如下：

ZCZC TYM001

GG ZUUUYMYX ZPPPYMYX ZGKLYMYX

230355　ZUGHYMYX

SACI37 ZUGH 230400

译文：第一份普通电报，收报地址为双流机场、昆明机场和桂林机场气象台，发报时间 23 日 03 时 55 分（世界时），发报地址为广汉机场气象台，日常航空天气报告，中国西南地区，广汉，规定观测时间 23 日 04 时。

二、机场例行天气报告和机场特殊天气报告

地面航空天气报告分为两种，即：机场例行天气报告和机场特殊天气报告。机场例行天气报告（SA）是每小时正点或半小时观测；特殊天气报告（SP）是不定时观测，它表示一种或几种天气因子有重大变化。

（一）电码格式

$$\left\{ \begin{array}{l} METAR \\ \text{或} \\ SPECI \end{array} \right. \quad CCCC\ YYGGggZ\ (AUTO)\ dddffGf_mf_mMPS\ d_nd_nd_nVd_xd_xd_x$$

$$\left\{ \begin{array}{l} VVVV \\ \text{或} \\ CAVOK \end{array} \right. \left\{ \begin{array}{l} RD_RD_R/V_RV_RV_RV_Ri \\ \text{或} \\ RD_RD_R/V_RV_RV_RV_RVV_RV_RV_RV_Ri \end{array} \right. \quad w'w' \left\{ \begin{array}{l} N_sN_sN_sh_sh_sh_s \\ \text{或} \\ VVh_sh_sh_s \\ \text{或} \\ SKC \\ \text{或} \\ NSC \end{array} \right.$$

$$T'T'/T_d'T_d' \quad QP_HP_HP_HP_H \quad REw'w' \left\{ \begin{array}{l} WS\ RWYD_RD_R \\ \text{或} \\ WS\ ALL\ RWY \end{array} \right.$$

$$\left\{ \begin{array}{l} (TTTTT\ TTGGgg\ dddffGf_mf_mMPS \\ \text{或} \\ NOSIG) \end{array} \right. \left\{ \begin{array}{l} VVVV \\ \text{或} \\ CAVOK \end{array} \right. \left\{ \begin{array}{l} w'w' \\ \text{或} \\ NSW \end{array} \right.$$

$$\left\{ \begin{array}{l} N_sN_sN_sh_sh_sh_s \\ \text{或} \\ VVh_sh_sh_s \\ \text{或} \\ SKC \\ \text{或} \\ NSC \end{array} \right.$$

（二）电码说明

1. 第一组　METAR 或 SPECI　报告名称组

METAR 是机场例行天气报告名称，SPECI 是机场特殊天气报告名称。METAR COR 表示机场例行天气报告的更正报。SPECI COR 是机场特殊天气报告的更正报。

2. 第二组　CCCC　地名代码组

一律使用国际民航组织规定的四字地名代码，见表 11.4 所列。

3. 第三组　（YYGGggZ）　时间组

"YYGGgg" 是观测时的日期、小时、分；"Z" 是世界时的指示码，如 "220800Z" 意为 22 日世界时 08 时正。

4. 第四组（AUTO）组

（1）由自动化观测系统自动生成的 METAR 和 SPECI 只应在机场的非运行时间内使用，这些报告应以 "AUTO" 标识。

（2）在自动发布的 METAR 和 SPECI 中，应按照 METAR 和 SPECI 有关的规定，分别报告地面风、跑道视程、气温、露点温度和气压。

（3）在自动发布的 METAR 和 SPECI 中，应按照 METAR 和 SPECI 有关的规定报告能见度。但是当能见度传感器的设置不能给出方向上的变化时，在能见度报告值的后面应加上 "NDV"。

（4）在自动发布的 METAR 和 SPECI 中，当自动化观测系统不能识别降水类型时，应使用 "UP"。

（5）在自动发布的 METAR 和 SPECI 中，应按照 METAR 和 SPECI 有关的规定报告云和垂直能见度。当自动观测系统不能观测云的类型时，每组云的类型应该用 "///" 代替，当自动化观测系统测得无云时，应使用 "NCD" 表示。

（6）在自动发布的 METAR 和 SPECI 中，应按照 METAR 和 SPECI 有关的规定报告补充情报。当自动化观测系统不能识别降水类型时，应使用 "REUP" 表示。

5. 第五组　$dddffGf_mf_m$ MPS　$d_nd_nd_nVd_xd_xd_x$　风向风速组

"dddff" 为观测前 10 min 内的平均风向（以 10 度为单位）和平均风速，"G" 为阵风指示码，无阵风时略去。"f_mf_m" 为大于平均风速 5 m/s 的阵风（维持 3 s 以上的平均值）。"MPS" 是单位（m/s）的英文简写，例如本组编报为 "34006G12MPS" 译为：风向 340°，风速 6 m/s，阵风 12 m/s；电码 "00000MPS" 表示静风（风速 < 0.5m/s）；电码 "P49MPS" 表示风速大于或等于 50 m/s。

VRB 表示：① 过去 10 min 内，平均风向变化大于或等于 60° 且小于 180°，平均风速 < 2 m/s。② 过去 10 min 内，平均风向变化大于或等于 180°。例如本组编报为："VRB01MPS"，表示风向不定，平均风速 1 m/s。

$d_nd_nd_nVd_xd_xd_x$ 表示：在观测前 10 min 内，如果风向变化大于或等于 60°，但小于 180°，并且平均风速大于等于 2 m/s，观测到的风向变化范围的两个边界值（顺时针方向）。例如：

"VRB04MPS 350V080"，表示风向变化不定，风速 4 m/s，风向在 350°～80°范围内变化。

6. 第六组　VVVV　能见度组

其中"VVVV"为能见度数值，一般指主导能见度，当主导能见度≥本场最低标准，而跑道能见度≤本场最低标准时，则用跑道能见度代替主导能见度编报。当水平能见度在各方向不同时，以最小能见度编报 VVVV 再加 D_v。D_v 表示最小能见度相对于气象台的方向，可用一个或两个字母表示，如 N、NW 等。当最小能见度＜1 500 m，而其他方向的能见度＞5 000 m 时，在 VVVVD_v 之后须再加编一组 $V_xV_xV_xV_xD_v$。$V_xV_xV_xV_x$ 表示最大能见度，D_v 表示其方向。

如本组编报为"0000"，表示能见度＜50 m；如本组编报为"9999"，表示能见度≥10 km。

7. 第七组　RD_rD_r/$V_rV_rV_rV_r$i　RD_rD_r/$V_rV_rV_rV_rVV_rV_rV_rV_r$i　跑道视程组

当主导能见度或者正在使用的一条或几条跑道的跑道视程小于 1 500 m 时才编报此组。

（1）RD_rD_r/。R 为跑道视程指示码，D_rD_r 为跑道的方位编号，平行跑道要附加 L、C、R 字母（分别表示左、中、右）加以区别。如"R12L/"指"12 号左跑道"。

（2）$V_rV_rV_rV_r$。观测前十分钟内的平均跑道视程，单位是 m。

（3）i。观测前 10 min 内，前、后 5 min 跑道视程的变化情况，在平均差值≥100 m 时用此电码。i 有以下几种情况：① "U"表示观测时跑道视程有明显上升趋势；② "D"表示观测时跑道视程有明显下降趋势；③ "N"表示观测时跑道视程没有明显变化。

当无法确定跑道视程的变化趋势时可省略不报。

（4）RD_rD_r/$V_rV_rV_rV_rVV_rV_rV_rV_r$i。当跑道视程有重大变化时（例行观测时间之前 10 min 内的某一分钟的平均极值与 10 min 的平均值估计变化大于 50 m 或大于平均值的 20%时）用此组电码，RD_rD_r 的意义与前同，V 为指示码。V 前后的 $V_rV_rV_rV_r$ 则分别编报观测前十分钟内跑道视程的某一分钟平均的极小值和某一分钟平均的极大值。i 的意义与前同，如"R27R/0800V1200D"表示 27 号右跑道跑道视程最小 800 m，最大 1 200 m，在观测时跑道视程有明显下降的趋势。

当跑道视程超过或小于所用观测仪器所能测得的最大值或最小值时必须加报"P"或"M"，其中"P"为超过指示码，"M"为小于指示码。如"R10/M0050"表示 10 号跑道的跑道视程小于 50 m，"R10/P2000"表示 10 号跑道的跑道视程大于 2000 m。

8. 第八组　CAVOK　好天气组

字码 CAVOK 可用来代替能见度组、天气现象组和云组，其条件是：

（1）能见度 10 km 或以上；

（2）1 500 m 以下无云，而且天空没有强对流云；

（3）无降水、雷暴、沙暴、吹雪等天气现象。

9. 第九组　W′W′　天气现象组

当观测时出现几种不同的天气现象时，可重复编报，W′W′可按表 11.7 编报（每组可由 2～9 个字符表示）。

表 11.7　重要的现在天气和预报天气

限定词		天气现象		
强度或接近机场程度	描述词	降水	视程障碍	其他
1	2	3	4	5
－ 轻微, 小	MI 浅的	DZ 毛毛雨	BR 轻雾	PO 尘/沙旋风（尘卷风）
	BC 散片状的	RA 雨	FG 雾	
中等强度（无限定词）	PR 部分的(覆盖部分机场)	SN 雪	FU 烟	SQ 飑
		SG 米雪	VA 火山灰	
＋ 强,大	DR 低吹的	IC 冰晶	DU 浮尘	FC 漏斗云（陆龙卷/水龙卷）
	BL 高吹的			
VC 在附近	SH 阵性的	PL 冰粒		SS 沙暴
	TS 雷暴	GR 冰雹	SA 沙	DS 尘暴
	FZ 冻的（过冷却的）	GS 小冰雹和/或霰	HZ 霾	

例如："BR"表示轻雾，"DZ"表示毛毛雨，"SHRA"表示中等阵雨，"+SHRA"表示有大阵雨，"VCFG"表示机场附近 8 ~ 16 km 以内（不含机场）有雾（不需区别是什么形式的雾）。

10. 第十组 $N_sN_sN_sh_sh_sh_s$（CC）或 $VVh_sh_sh_s$ 或 SKC 或 NSC 云组

本组可以编报若干组，按云底高度从低到高顺次编报。

"$N_sN_sN_s$"为云量，需用简语"FEW"（1 ~ 2 个八分量，少云），"SCT"（3 ~ 4 个八分量，疏云），"BKN"（5 ~ 7 个八分量，多云），"OVC"（8 个八分量，阴天）。

"$h_sh_sh_s$"为云底高，以 30 m 为单位编报（云高等于电码乘以 30 m）。

"CC"为云状，只需编报积雨云（Cb）和浓积云（TCu）的云状，但当积雨云和浓积云出现在同高度时，只需编报积雨云的云状。

"$VVh_sh_sh_s$"为垂直能见度，当天空被天气现象所遮蔽而模糊不清或不明但能提供垂直能见度的情况时，需用此组。"VV"为垂直能见度指示码，"$h_sh_sh_s$"为垂直能见度，编报标准与云底高相同。

"SKC"为碧空（Skyclear）。表示天空无云或不足 1 成云，且无积雨云，无浓积云。

"NSC"表示没有对飞行有影响的重要的云。

例如："SCT030"为疏云，云底高 900 m；"BKN010（Cb）"表示在 300 m 高度上有 5 ~ 7 个积雨云。

11. 第十一组 $T'T'/T_d'T_d'$ 温度/露点组

$T'T'$为气温，$T_d'T_d'$为露点，都表示为整数摄氏度。数字前加 M 表示温度在 0 ℃ 以下，如"05/M04"表示温度 5 ℃，露点 – 4 ℃。

12. 第十二组 $QP_hP_hP_hP_h$ 修正海平面气压组（QNH）

"Q"为修正海平面气压指示码，"$P_hP_hP_hP_h$"是以百帕整数为单位的气压数值，不足四位时第一位补零。

例如："Q0989"意为修正海平面气压 989 hPa。

当编报场面气压时用"QFE"作指示码。如"QFE0985"表示场面气压是 985 hPa。

在某些国家，修正海平面气压以英寸汞柱为单位，此时，该组以"A"为指示码，后面编报四位英寸汞柱数值，保留两位小数。如"A3027"表示修正海平面气压为30.27英寸汞柱。

13. 第十三组 REW′W′ 补充报告组

表示本次报告与上次报告之间发生的重要天气现象，可报三组近时天气。"RE"为指示码，"W′W′"的编报方法见表11.7所示，其重要天气现象见表11.8所列。

表 11.8 几种重要天气现象

1	冻雨（雨凇）
2	中或大的毛毛雨、雨或雪
3	中或大的冰粒（冰丸）、雹、小雹和（或）霰（雪丸）
4	中或大的高吹雪（包括雪暴）
5	沙暴或尘暴
6	雷 暴
7	龙卷云（陆龙卷或水龙卷）
8	火 山 灰

14. 第十四组 WS RWYD$_r$D$_r$或WS LDG RWYD$_r$D$_r$ 风切变组

本组表示起飞或着陆跑道有风切变（跑道与 500 m 之间），"WS TKOF RWY"为起飞跑道有风切变，"WS LDG RWY"为着陆跑道有风切变，"WS ALL RWY"为所有跑道的起飞或进近航道有风切变。"D$_r$D$_r$"为跑道编号，若有平行跑道，在 DrDr 之后用 R、L 或 C 分别表示右跑道、左跑道或中间跑道。

例如："WS TKOF RWY36"表示在 36 号跑道上起飞方向有风切变，"WS LDG RWY24L"表示在 24 号左跑道上着陆方向有风切变。

以下内容为附加的趋势型着陆预报。

15. 第十五组 TTTTT 或 NOSIG 天气变化趋势组

当前面各组中有一项或几项气象要素预计将发生明显变化时，"TTTTT"用"BECMG"或"TEMPO"编报。其中"BECMG"表示"天气将变为……"，"TEMPO"表示气象要素有"短时波动"。"BECMG"描述气象情况以规则或不规则的速度达到或经过特定值的预期变化，"BECMG"描述的变化时段应不超过 2 h。"TEMPO"描述气象情况达到或经过特定值的预期短暂波动，每次波动持续时间应不超过 1 h，并且波动所占时间应小于预期发生波动的预报时段的一半。对于预报有效时段少于 12 h 的预报，"TEMPO"描述的变化时段应不超过 4 h；对于预报有效时段为 12～24 h 的预报，"TEMPO"描述的变化时段应不超过 6 h。

若预计气象要素无显著变化，则用"NOSIG"表示。

16. 第十六组 TTGGgg 变化时间组

"GGgg"表示变化的时、分，用世界时。

"TT"可表示为"FM"、"TL"和"AT"，分别指变化开始时间、变化结束时间和在某一时刻出现。

"BECMG"与"FM"、"TL"或"AT"组合使用电码说明：

（1）若使用"FM"和"TL"及其时间组，表明当预报变化的开始和结束时间都在趋势预报时段之内；

（2）若只使用缩写"TL"及其时间组，表明当预报的变化从趋势预报时段的起始时间开始，但在趋势预报时段的终止时间之前结束，省略"FM"及其时间组；

（3）若只使用"FM"及其时间组，表明当预报的变化在趋势预报时段之内开始，而在趋势预报时段的终止时间结束时，省略"TL"及其时间组；

（4）若使用"AT"及其时间组，表明当预报的变化发生在趋势预报时段内的某一具体时刻；

（5）若只使用变化指示码"BECMG"，"FM"、"TL"或"AT"和与之结合的时间组都省略时，表明当预报变化的起、止时间与趋势预报时段的起、止时间相同，或预报变化的起、止时间都在趋势预报时段内，但具体时间不能确定。

"TEMPO"与"FM"或"TL"组合使用电码说明：

（1）若使用"FM"和"TL"及其时间组，表明当预报气象情况短暂波动的开始和结束时间都发生在趋势预报时段之内；

（2）若只使用"TL"及其时间组，表明当预报的短暂波动从趋势预报时段的起始时间开始，但在趋势预报时段的终止时间之前结束，省略"FM"及其时间组；

（3）若只使用"FM"及其时间组，表明当预报的短暂波动在趋势预报时段之内开始，而在趋势预报时段的终止时间结束，省略"TL"及其时间组；

（4）若单独使用变化指示码"TEMPO"，"FM"、"TL"及其时间组都省略时，表明当预报短暂波动的起、止时间与趋势预报时段的起、止时间相同。

电码"FM0000、AT0000和TL2400"表示所预报的变化发生在世界协调时（UTC）的午夜。

如："BECMG FM 0215"意为02点15分天气将变为……，"TEMPO 1014"意为天气在10：00至14：00时之间有短时变化……

17. 第十七组 变化的气象要素组

后面几项分别为风向组、风速组、能见度组、天气现象组和云组，它们的出现表示前面所报的天气有变化，它们的编报方法和前面相应组的编报方法相同，其中"NSW"表示无重要天气现象。

（三）机场例行天气报告举例

1. ZCZC TYM025

GG ZUUUYMYX

070758 ZUGHYMYX

SACI37 ZUGH 070800

METAR ZUGH 070800Z 03003MPS 5000 SCT030 BKN070 OVC090 20/18 Q1005

翻译如下：

（报头）电报编号25，普通报，收报地址双流机场气象台，发报时间7日07时58分（世界时），发报地点广汉机场气象台。机场例行天气报告，中国，西南地区，广汉，规定观测时间7日08时00分。

（电文）机场例行报，广汉，7 日 08 时 00 分，地面风向 30°，风速 3 m/s，能见度 5 km，疏云，云高 900 m，多云，云高 2 100 m，阴天，云高 2 700 m，气温 20 ℃，露点 18 ℃，QNH = 1 005 hPa。

2. METAR ZPPP 200000Z 00000MPS 3000 BR FEW023 SCT040 12/11 Q1024 NOSIG

译文：20 日 0000 世界时，昆明机场的例行报告；静风；能见度 3000 m；轻雾；云底高 700 m，少云；云底高 1 200 m，疏云；气温 12 ℃；露点温度 11 ℃；修正海平面气压 1 024 hPa；未来 2 h 发展趋势：无重要变化。

3. METAR ZGGG 211100Z VBR02MPS 0700 R35/0600V0800U FG VV/// 24/21 Q1004 NOSIG

译文：21 日 1100 世界时，广州机场的例行报告；地面风向不定；风速 2 m/s；能见度 700 m；雾；代表 35 号跑道接地地带的跑道视程变化显著，1 min 平均极小值 600 m，1 min 平均极大值 800 m，同时跑道视程在前 10 min 有上升趋势；天空不明；气温 24 ℃；露点温度 21 ℃；修正海平面气压 1 004 hPa；未来 2 h 发展趋势：无重要变化。

4. METAR ZPPP 020600Z 19004MPS 4000 SHRA FEW010 SCT023TCU OVC036 12/11 Q1025 BECMG FM0700 9999 NSW

译文：2 日 06000 世界时，昆明机场例行报告；地面风向190度；风速 4 m/s；能见度 4 000 m；中度阵雨；云底高 300 m，少云；浓积云，云底高 700 m，疏云；云底高 1 100 m，阴天；气温 12 ℃；露点温度 11 ℃；修正海平面气压 1 025 hPa；未来 2 h 发展趋势：从世界时 0700 点到 0800 点渐变为能见度大于等于 10 km；重要天气现象结束。

5. METAR ZPPP 082200Z 09004MPS 6000 −TSRA SCT023CB OVC040 17/15 Q1018 BECMG AT2330 9999 NSW SCT023 BKN040 NOSIG

译文：8 日 2200 世界时，昆明机场例行报告；地面风向 90 度；风速 4 m/s；能见度 6 000 m；雷暴伴弱降水；积雨云云底高 700 m，疏云；云底高 1 200 m，阴天；气温 17 ℃；露点温度 15 ℃；修正海平面气压 1 018 hPa；未来两小时发展趋势：世界时 2330 能见度变为大于等于 10 km；重要天气现象结束；疏云云底高 700 m；多云云底高 1200 m。

（四）机场特殊报告

机场特殊报告是指在两次正点观测之间，当某一对飞行有较大影响的天气现象出现（终止或消失）时而进行的报告（Special Aviation Weather Reports）。当某一天气要素变坏伴随另一气象要素好转（例如云高降低而能见度好转）时只须发一份 SPECI 报告。

SPECI 报的电码格式与 METAR 相同，只是 SPECI 代替了 METAR 作为特殊报告的起头。由于特选报主要是针对恶劣天气编报的，为了突出重点，METAR 中无关的项可以省略，因此它简单明确。相关的各项编报方法和 METAR 中与之相对应的项相同。

例 1 （报头略）

SPECI ZUGH 220615Z TSRA SCT040（Cb）

译文：特殊报告，广汉，观测时间 22 日 06 时 15 分，有中雷雨，3~4 个量的积雨云，云底高 1 200 m。

例 2 SPECI ZHHH 060315Z 09002MPS 1800 BR SKC 06/01 Q1027 NOSIG

译文：6 日 0315 世界协调时，武汉机场的特殊报告：地面风向 90 度，风速 2 m/s；能见度 1.8 km；轻雾；碧空；气温 6 ℃，露点温度 1 ℃；修正海平面气压 1 027 hPa；未来 2 h 发展趋势：无重要变化。

三、机场天气（航站）预报电报

机场天气预报是为目视飞行提供的基本天气报告，也是仪表飞行必不可少的。你可以根据机场天气预报中所预报的云高、能见度和风来选择最佳进场着陆方向；也必须根据机场天气预报来确定是否需要一个备降机场，如果需要，还要看备降机场预报的天气是否适合降落。

机场预报的有效时段应不小于 9 h，不大于 24 h。有效时段小于 12 h 的机场预报应每 3 h 发布一次；有效时段为 12 ~ 24 h 的机场预报应每 6 h 发布一次。

（一）电码形式

$$TAF \quad CCCC \quad YYGGggZ \quad Y_1Y_1G_1G_1G_2G_2 \quad dddffGf_mf_mMPS$$

$$\begin{Bmatrix} VVVV \\ 或 \\ CAVOK \end{Bmatrix} \begin{Bmatrix} w'w' \\ 或 \\ NSW \end{Bmatrix} \begin{Bmatrix} N_SN_SN_Sh_Sh_Sh_S \text{ 或} \\ VVh_Sh_Sh_S \text{ 或} \\ SKC \text{ 或} \\ NSC \end{Bmatrix} PROBC_2C_2 \quad GGG_eG_e$$

$$\begin{Bmatrix} TTTTT \ GGG_eG_e \\ 或 \\ TTGGgg \end{Bmatrix} (TXT_FT_F/G_FG_FZ \ TNT_FT_F/G_FG_FZ)$$

（二）电码说明

1. 第一组　TAF　电报名称

机场预报电报用 TAF 起头，意为机场天气预报（Terminal Aviation Forecast）。

"TAF AMD（预报错）"表示机场预报的修订报；"TAF COR（发报错）"表示机场预报的更正报；"TAF AMD CNL"表示机场预报取消报。

2. 第二组　CCCC　地名代码组

一律使用国际民航组织规定的四字地名代码，见表 11.4。

3. 第三组　（YYGGggZ）　时间组

发报的日、时、分（UTC）。"Z"为世界时的指示码（Zulu）

4. 第四组　YYG₁G₁G₂G₂　预报有效时间

YY 为日期，"G_1G_1"为预报有效的开始时间，"G_2G_2"为预报有效的结束时间。

5. 第五组　dddffGf_mf_m MPS　预报的风

编报方法与 METAR 报中的风组相同。电码"00000MPS"表示静风（预报的风速小于 1 m/s）。

6. 第六组 CAVOK 好天气组

CAVOK 的用法与 METAR 报中相同。

7. 第七组 VVVV 预报的能见度

编报方法与 METAR 报中的能见度组相同。

8. 第八组 W′W′或 NSW 重要天气现象（预报值）

编报方法见表 11.7，当预计重要天气现象结束时，编报"NSW"。

9. 第九组 $N_sN_sN_sh_sh_sh_s$（CC）或 $VVh_sh_sh_s$ 或 SKC 或 NSC 预报云组

编报方法与 METAR 报中相同，碧空时报"SKC"，无重要的云时编报"NSC"。

10. 第十组 $PROBC_2C_2$ GGG_eG_e 概率组

预计气象要素出现另一数值的概率和时间，"PROB"为概率指示码，"C_2C_2"为概率，只用 30%或 40%表示，如概率小于 30%，则认为不适宜用 PROB 组报；当概率超过 50%或以上时，视情况可用"BECMG"、"TEMPO"或"FM"表示。"GGG_eG_e"表示变化的起止时间，如："1500 PROB40 1214 0800 FG"表示"能见度 1 500 m，12 点到 14 点之间有 40%的概率出现能见度 800 m 和大雾"，又如"PROB30 TEMPO 1517"表示"15 点到 17 点之间，有 30%的概率，短时出现……"。

11. $\left\{ \begin{array}{l} TTTTT\ GGG_eG_e \\ 或 \\ TTGGgg \end{array} \right.$ 气象要素变化组

表示预报的有效时段（G_1G_1 至 G_2G_2）内，当预计部分或全部要素在某一中间时刻 GGgg 或在 GG 至 G_eG_e 时段内发生变化。如果 G_eG_e 编报为 24，表示预报时段终止于午夜。

若时间指示组 TTGGgg 编报为 FMGGgg 形式（从 GGgg 开始），表示一份预报中某个独立部分开始时间 GGgg。若使用 FMGGgg 组时，该组之前的预报状况将全部由 FMGGgg 组之后的预报状况所取代。

变化组 TTTTT GGG_eG_e 为 BECMG GGG_eG_e 形式，用来描述预报的气象状况在 GG 至 G_eG_e 时段内的某个时间预期以规则或不规则的速度发生变化。GG 至 G_eG_e 时段一般不得超过 2 h，最多不超过 4 h。变化组之后是预报有变化的所有要素。如变化组之后没有描述某一要素，则表示在 G_1G_1 至 GG 时段内对该要素的描述在 GG 之后继续有效。

变化组 TTTTT GGG_eG_e 为 TEMPO GGG_eG_e 形式，用来描述对预报的气象状况频繁的或偶尔的短暂波动，并且每次波动不得超过一小时，其累计所占时间不超过 GGG_eG_e 时段的一半。

12. 第十二组 （TXT_FT_F / G_FG_FZ TNT_FT_F / G_FG_FZ） 预报气温组

"T"为气温指示码，"T_FT_F"为预报的气温单位摄氏度，若为负值前面加"M"；"G_FG_F"为预计出现该气温的时间（UTC），"Z"为 UTC 指示码。简语 TX 是预报时段内的最高气温指示码，TN 是预报时段内的最低气温指示码。

如电码"TX25/06Z TN15/23Z"为"预计最高气温 0700 世界时为 25 摄氏度，最低气温 2300 世界时 15 摄氏度。

（三）电码举例

1. TAF ZBAA 130430Z 130615 31007MPS 8000 SHRA FEW005 FEW010CB SCT018 BKN025 TEMPO 1014 4000 +SHRA PROB30 TEMPO 1315 TSRA SCT005 BKN010CB

译文：北京首都机场的机场天气（航站）预报，发报时间 13 日 04:30（UTC），预报有效时间为 13 日 06:00（UTC）至 15:00（UTC）。地面风向 310°，风速 7 m/s，能见度 8 000 m，中阵雨，有 1/8～2/8 量的云，云底高度 150 m，1/8～2/8 量的积雨云，云底高度为 300 m，3/8～4/8 量的云，云底高度为 540 m，5/8～7/8 量的云，云底高度 750 m。预计在 10:00（UTC）至 14:00（UTC）之间有短暂变化，能见度变为 4 000 m，大阵雨。在 13:00（UTC）至 15:00（UTC）之间，有 30%概率出现中等强度的雷雨，3/8～4/8 量的云，云底高度 150 m，5/8～7/8 量的积雨云，云底高度 300 m。

2. TAF ZUUU 050340 050606 35003MPS 5000 BR SCT030 TX20/07Z TN12/23Z

译文：成都机场 5 日发布的有效时间 5 日世界时 0600 到 6 日 0600 点的 TAF 报，风向 350°，风速 3 m/s，能见度 5 000 m，轻雾，云量疏云，云底高 900 m，最高气温 0700 世界时为 20 ℃，最低气温 2300 世界时 12 ℃。

3. TAF COR ZUUU 250550Z 250615 03003MPS 3500 BR SCT030 OVC080 TEMPO 0610 -TSRA SCT033CB SCT033 OVC070

译文：成都机场 25 日 0450 世界时发布的有效时间是 25 日世界时 0600 时到 1500 的 TAF 更正报（发报错），地面风向 30°，风速是 3 m/s，能见度是 3 500 m，轻雾，云量疏云，云底高 900 m，云量阴天，云底高 2 400 m；从 0600 世界时至 1000 世界时发生短时变化：雷暴伴弱降水，积雨云，云量疏云，云底高 1 000 m，云量疏云，云底高 1 000 m，云量阴天，云底高 2 100 m。

4. TAF AMD ZGGG 042100Z 042106 08004MPS 6000 SCT040 SCT100

译文：广州机场在 4 日 2100 世界时发布有效时间为 4 日世界时 2100 到 5 日的 0600 点的 TAF 修订报（预报错），地面风向 80°，风速是 4 m/s，能见度 6 000 m，云量疏云，云底高 1 200 m，云底高 3 000 m。

5. TAF AMD ZSSS 242100Z 242106 CNL

译文：上海机场在 24 号 2100 世界时发布的 TAF 修订报（预报错），取消先前发布的有效时间为世界时 24 日 2100 点至 25 日 0600 点的 TAF 报。

四、航路天气预报电报

（一）ROFOR 电码格式

（1）第一段：

ROFOR	（YYGGggZ）	Y_1Y_1 $G_1G_1G_2G_2$	KMH
航路预报	发报日时分	预报起止时间	风速单位

CCCC	（$QL_aL_aL_oL_o$）	CCCC	$0i_2ZZZ$	（VVVV）
起点站名	附加点组	终点站名	航段指示组	能见度

（$W_1W_1W_1$）	$N_sN_sN_sh_sh_sh_s$	$7h_th_th_fh_fh_f$	（$6I_ch_ih_ih_it_L$）
天气现象	云量和云高	云顶和 0 ℃ 层高度	积冰组

$(5Bh_Bh_Bh_Bt_L)$ $(4h_xh_xh_xT_hT_h$ $d_hd_hf_hf_hf_h)$ $(2h'_ph'_pT_pT_p)$
颠簸组 　某高度气温 　风向风速 对流层顶高度和气温
（2）第二段： 　　（11111 $QL_aL_aL_oL_o$ $h_jh_jf_jf_jf_j)$
　　高空急流 　急流轴位置 急流轴高度和风速
（3）第三段： 　　（22222 $h'_mh'_mf_mf_mf_m$ $(d_md_mVV))$
　　风组指示码 某高度最大风速 风向和垂直风切变
（4）第四段： $9i_3nnn$
　　补充现象组

（二）电码说明

各组名称上面已说明，翻译方法大多数与机场天气预报相同，现重点说明如下几点：

1. 附加点组 $QL_aL_aL_oL_o$

在国内，在起点站和终点站间如果需要选一个或几个附加点，一般多用站名代号表示，在国际上可用"$QL_aL_aL_oL_o$"表示，"Q"表示地球八分象限，见表 11.10 所列。"$L_aL_aL_oL_o$"分别表示纬度和经度整度数，并略去百位数。如附加点为"24017"表示该点在"北纬 40°，东经 117°"。

表 11.10 地球八分象限

电　码	北半球经度	电　码	南半球经度
0	0°～90°W	5	0°～90°W
1	90°～180°W	6	90°～180°W
2	180°～90°E	7	180°W～90°E
3	90°～0°E	8	90°E～0°E

2. 航段指示组 $0i_2ZZZ$

本组用在航路各段或各点预报的开头，编报含义见表 11.11 所示，如"03ZBAA"表示"直到北京"。其中出现的"Q"的含义可见上一组说明。

表 11.11 航段指示组电码含义

$0i_2ZZZ$	含　义
00000	直至转折点（第一个附加点）为止
$01QL_aL_a$	至纬度 L_aL_a
$02Q_lL_o$	至经度 L_oL_o
03CCCC	至 CCCC 站
04nnn	至距前一地点的 nnn km 处
05QZZ	至气象 ZZ 编号地区的 5°带
$06QL_aL_a$	在纬度 L_aL_a 处
$07QL_oL_o$	在经度 L_oL_o 处
09nnn	在距前一地点的 nnn km 处

3. 天气现象组 （ $W'_1W'_1W'_1$ ）

当预报有表 11.12 中任何一种现象时可按表中电码编报。

表 11.12　航路天气现象电码

电　码	111 或 TS	222 或 TRS	333 或 LSQ	444 或 HAIL	555 或 MTW	666 或 SAND	777 或 DUST	888 或 FZR
天　气	雷　暴	热带气旋	强飑线	冰　雹	明显的地形波	大面积沙　暴	大面积尘　暴	冻　雨

4. 云组和 7 字组　$N_sN_sN_sh_sh_sh_s$　　$7h_fh_fh_fh_fh_f$

云的预报与航站报相同，7 为云顶高度指示码，$h_fh_fh_f$ 为 0 ℃ 层高。对每一层云，必须成对地使用云组和 7 字组，航线上的云顶高度采用海拔高度。若预报了两个云组但只预报了一个 0 ℃ 层高，则第二个 7 字组应编报为 "$7h_fh_fh_f///$"，表示 0 ℃ 层高度同前。若只预报了一个云组，但预报了两个 0 ℃ 层高，则第二个 7 字组应编报为 "$7///h_fh_fh_f$"，表示云顶高度不详。

5. 第五组　（ $6I_ch_ih_ih_it_L$ ）积冰组

"6" 为积冰指示码，"$h_ih_ih_i$" 为积冰层底的高度（=电码×30m）；"t_L" 为积冰层的厚度（ =电码×300 m）；"I_c" 为积冰类型，编报方法见表 11.9 所示。如 "621002" 为 "在 3 000 m 高度上有厚度为 600 m 的云中轻度积冰"。

表 11.9　积冰类型和颠簸类型

类型电码	积　冰　类　型	颠　簸　类　型
0	无积冰	无颠簸
1	轻度积冰	轻度颠簸
2	云中轻度积冰	晴空不频繁中度颠簸
3	降水中轻度积冰	晴空频繁中度颠簸
4	中度积冰	云中不频繁中度颠簸
5	云中中度积冰	云中频繁中度颠簸
6	降水中中度积冰	晴空不频繁强烈颠簸
7	严重积冰	晴空频繁强烈颠簸
8	云中严重积冰	云中不频繁强烈颠簸
9	降水中严重积冰	云中频繁强烈颠簸

6. 第六组　（ $5Bh_Bh_Bh_Bt_L$ ）颠簸组

5 为颠簸指示码，$h_Bh_Bh_B$ 为颠簸层底高度（=电码×30m），t_L 为颠簸层厚度（ = 电码×300 m），B 为颠簸类型，编报方法参见表 11.9。如：532002 为 "在 6 000 m 高度上有厚度为 600 m 的晴空中颠、不频繁"。

7. 气温和风组　（ $4h_xh_xh_xT_hT_h$　　$d_hd_hf_hf_hf_h$ ）

4 为指示码，$h_xh_xh_x$ 表示某高度（ =电码×30 m）。T_hT_h 表示该高度的气温，d_hd_h 表示该高度的风向（ =电码×10 度），$f_hf_hf_h$ 表示风速，单位在前面已注明，我国一般采用 km/h（ KMH）。

8. 对流层顶组　$2h'_ph'_pT_pT_p$

2 为指示码，$h'_ph'_p$ 表示对流层顶高度（＝电码×300 m），T_pT_p 表示对流层顶气温。

9. 第二段和第三段补充说明

急流轴高度等于电码×300 m，最大风速高度也等于电码×300 m（或 1 000 英尺），风向等于电码×10°，垂直风切变"VV"的单位是（km/h）/300 m。

10. 第四段　$9i_3nnn$

该组用来表示预报内容的补充说明或变化，其内容见表 11.13 所列。

表 11.13　$9i_3nnn$ 的电码含义

$9i_3nnn$	补充内容或含义
$91P_2P_2P_2$	预报的最低海平面气压
$92FtL_aL_a$	锋面的类型和纬度的位置
$93FtL_oL_o$	锋面的类型和经度的位置
94FtGG	锋面的类型和过境时间
951//	沿航线渐变
$952L_aL_a$	沿航线在北纬 L_aL_a 变化
$953L_aL_a$	沿航线在南纬 L_aL_a 变化
$954L_oL_o$	沿航线在东经 L_oL_o 变化
$955L_oL_o$	沿航线在西经 L_oL_o 变化
96GGGp	从 GG 时开始变化，持续 Gp 时
97GGGp	从 GG 时短时波动，持续 Gp 时
$9999C_2$	变化概率是 C_2（10% 为单位）
99GGGp	$999C_2$ 变化的开始和持续时间

91、92、93 和 94 组都放在 ROFOR 电报有关部分的末尾，而 96 和 97 组后没有描述某一要素时，则表示前面对该要素的预报仍然有效，96 组后所描述要素情况在 G_p 时段结束后仍然有效，直至第 2 个变化组出现时方止。$9999C_2$ 组与 $99GGG_p$ 一起使用，之后即为预报要素的另一数值。

表 11.13 中锋面类型 F_t 的编报可见表 11.14 所示。

表 11.14　锋面类型及电码

电码	含义	电码	含义
0	地面静止锋	5	地面以上冷锋
1	地面以上静止锋	6	锢囚锋
2	地面暖锋	7	不稳定线
3	地面以上暖锋	8	热带锋
4	地面冷锋	9	辐合线

（三）举例（报头略）

1. ROFOR 222308 KMH ZYDD ZBAA SCT100 7150/// 4100M02 31030 4110M05 32040

译文：预报有效时间为 22 日 23:00（UTC）到 23 日 08:00（UTC），丹东机场到北京首都机场的航路预报，有 3/8 ~ 4/8 量的云，云底高度 3 000 m，云顶高为 4 500 m，3 000 m 高度气温为 - 2 ℃，风向 310°，风速 30 km/h，3 300 m 高度气温为 - 5 ℃，风向 320°，风速 40 km/h。

2. ROFOR 180010 KMH ZBAA 23518 ZSSS 01235 SCT030（Cb）7300210 BKN230 7240/// 541208　420001　18090 03ZSSS SCT026 7050220 96062 BKN050 7120/// 418005 21060

译文：航路天气预报，有效时间 18 号 00 时到 10 时（UTC），风速使用单位为 km/h，航线：北京过 35 °N 118°E 至上海；北京到 35°N 航段上，有 3 ~ 4 个积雨云，云底高 900 m，顶高 9 000 m，0 ℃ 层高度 6 300 m，5 ~ 7 个云量，云底高 6 900 m，云顶高 7 200 m，0 ℃ 层高度不明；云中度颠簸，不频繁，颠簸层底高 3 600 m，厚 2 400 m；在 6 000 m 高度上气温为 1 ℃，风向 180°，风速 90 km/h。从 35 °N 至上海航段，有 3 ~ 4 个量的云，底高为 780 m，云顶高 1 500 m，0 ℃ 层高度 6 600 m；从 06 时至 08 时，将变化为多云，云底高 1 500 m，云顶高 3 600 m，0 ℃ 层高度同前；5 400 m 高度上气温为 5 ℃，风向 210°，风速 60 km/h。

五、航空区域天气预报

航空区域天气预报（Area Weather Forecasts）是指对某一区域的天气预报和预告，一般为中低空航线提供。主要内容包括：云、天气现象、飞机颠簸、飞机积冰、飞行高度上的风、气温等。它常以 ARFOR 电码和缩写明语形式的电码及图表给出。这里仅介绍 ARFOR 电码形式的航空区域预报，其他两种将在后一章介绍。

（一）ARFOR 电码格式

（1）第一段：　ARFOR　　　（YYGGggZ）　$Y_1Y_1G_1G_1G_2G_2$　　KMH　　　AAAAA
　　　　　　　区域预报　　预报的日时分　　起止时间　　风速单位　　区域

　　　　　　（VVVV）　　　（$W_1W_1W_1$）　　$N_sN_sN_sh_sh_sh_s$ 或 $VVh_sh_sh_s$ 或 SKC 或 NSC
　　　　　　　能见度　　　天气现象　　　　　云及天空状况组

　　　　　　$7h_th_th_th_fh_fh_f$　　　　　$6I_ch_ih_ih_it_L$　　　　　$5Bh_Bh_Bh_Bt_L$
　　　　　云顶及 0 ℃ 线高度　　　积冰组　　　　　　颠簸组

　　　　　（$4h_xh_xh_xT_hT_h$　　　$d_hd_hf_hf_hf_h$）　　　（$2h'_ph'_pT_pT_p$）
　　　　　某高度气温　　　某高度风向风速　　对流层顶高度及气温

（2）第二段：　　　（11111　　　$Q_LL_aL_aL_oL_o$　　　$h'_jh'_jf_jf_jf_j$）
　　　　　　　　　高空急流　　　急流轴位置　　　急流轴高度和风速

（3）第三段：　　　（22222　　　$h'_mh'_mf_mf_mf_m$　　　（d_md_mvv）
　　　　　　　　　风组指示码　　某高度最大风速　　风向和垂直风切变

（4）第四段：　　　$9i_3nnn$
　　　　　　　　　补充现象组

（二）电码说明

（1）以上各组编译方法和航路预报 ROFOR 中相关组相同。

（2）AAAAA 为区域组，一般可用简明语，如可用纬度/经度表示。

（三）举例（报头略）

ARFOR 152409 KMH N40E90 N40E100 N25E100 N25E90 BKN060 7120140 OVC120 7180/// 621602 51//// 4160M04 24065 =

译文：区域天气预报，预报有效时间 15 号 24 时到 16 号 09 时（UTC），单位为 km/h，预报的区域为北纬 40°东经 90°，到北纬 40°东经 100°，到北纬 25°东经 100°，到北纬 25°东经 90°。多云，云底高 1 800 m，云顶高 3 600 m，零度层高度为 4 200 m，阴天，云底高 3 600 m，云顶高 5 400 m，零度层高度同前，云中轻度积冰，积冰层底高 4 800 m，厚 600 m，有轻度颠簸，高度和厚度不明，4 800 m 高度上气温为 -4℃，风向 240°，风速 65 km/h。

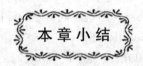

本章小结

本章是气象知识的综合应用部分，它的重要性就在于它的实用性，飞行人员必须具备能翻译和分析各种航空气象资料的能力，将理论与实际相联系，才能做到安全愉快的飞行。为此，必须掌握本章以下内容。

1. 日常航空天气报告和特殊报告提供了指定航空站的地面观测资料，内容包括与飞行关系密切的能见度、云、地面风以及影响飞行的重要天气现象，是飞行人员了解有关航站的飞行气象条件的最重要的资料。

2. 航站天气预报是对某一特定机场未来天气状况的预计，它能提供目的机场和备降机场的未来天气的大概状况，航路天气预报提供了航线上的云和颠簸、积冰及雷暴等影响飞行的天气分布，对航线上和降落站天气有清楚地了解，是保障飞行安全的基础。

3. 区域天气预报中最重要的是重要天气预报图，它能提供飞行区域内的天气形势如锋面情况、飑线和热带气旋等天气系统的存在和分布，以及地面能见度和低云的情况，对中低空飞行和目视飞行来说具有重要意义。同时它又提供了高空急流、高空雷暴和对流层顶的资料，因此对高空飞行来说也十分重要。飞行人员要熟记各种恶劣天气和重要天气系统的符号，在飞行中做到心中有数，趋利避害，确保飞行安全。

4. 要了解高空风和气温的分布，最好是参考空中等压面图和高空风和温度预报图，这对了解航线上的温度变化、气压变化十分方便，而且可分析出高空急流的分布，这对提高航空公司的经济效益十分重要。

思 考 题

1. 翻译图 11.3 的航空天气报告，并判断天气的变化趋势。

2. 在什么情况下机场气象台将发布特殊航空天气报告？

3. 航站天气预报的内容有哪些？其有效时间如何？

4. 见图 11.5，说明广州—武汉航路上的天气情况。

5. 航路天气预报和区域天气预报在报告方式上有何异同点？

6. 低层重要天气预报图的主要内容有哪些?

7. 翻译下列日常报电报,并说明影响飞行的天气。

（1） METAR ZBAA 130100Z 02005MPS CAVOK 27/08 Q1003 NOSIG =

（2） METAR ZBAA 212300Z VRB01MPS 0400　R01/0300　FG　SKC　05/04　Q1005　=

（3） METAR ZBAA 220000Z 00000MPS 0300　R03/0200　FG VV008 02/02　Q1004　=

8. 翻译下列特殊报告,并说明影响飞行的天气。

（1） SPECI ZGGG 010130Z 0500 FG =

（2） SPECI　ZLXN　210645Z　27004G10MPS　FZDZ　=

（3） SPECI　ZWWW　140315Z　28014G20MPS　0300　BLSN　=

9. 翻译下列航站天气预报电报,并说明影响飞行的天气。

（1） TAF　ZUGH　0211　VRB01MPS　0800　FG　BKN090　T15/05Z　FM05 18002MPS　2000　BR　SCT008　620603　FM07　4000　NSW　BKN020　=

（2） TAF　ZUGH　0615　20008G13MPS　3000　TSRA　BKN040（CB）　T35/08Z　562003 BECMG　0810　36002MPS　5000　SHRA　SCT010　OVC050　=

（3） TAF　ZBAA　220400Z　0615　29020G30KMH　TM06/12Z　CAVOK　=

（4） TAF　ZSFZ　130312　VRB02MPS　9999　FEW033　SCT120　BKN250　BECMG 0405 14004MPS TEMPO　0712　15005MPS　3500　TSRA　BKN033　SCT030（CB）=

10. 翻译下列航路天气预报电报,并说明影响飞行的天气。

（1） ROFOR　0615　KMH　ZUUU　23816　ZBAA　01238　SCT060（CB）　7230140 BKN080　7200///　631503　521202　03ZBAA　SCT120 7260180　562004　4280M16　27070　=

（2） ROFOR　2207　KMH　ZUUU　ZUCK　BKN060　7120140　OVC130　7180/// 631402　4160M04　24065　=

（3） ROFOR　0412　KMH　ZUUU　ZGGG　BKN060　7120160　SCT130　7200/// 651503 4300M06　32080　=

（4） ROFOR　122210　KMH　ZUUU　ZUBD SCT220 7280///　52////　4320M36 28065 =

（5） ROFOR　2207　KMH　ZLLL　ZLSN　BKN070　7120140　OVC130　7180/// 621602　51////　4160M04　24065　=

11. 翻译下列区域天气预报电报,并说明影响飞行的天气。

（1） ARFOR　0009　KMH　N41E91　N41E101　N25E101　N25E91　BKN070　7130140 OVC130 7180/// 631602 51////　4160M02 24065 =

（2） ARFOR　0413　KMH　N26E90 N26E105　N32E105　N32E90　FEW030　7060120 SCT110　7220///　661102　4180M02　21050　=

（3） ARFOR　1221　KMH　N35E85　N35E100　N25E100　N25E85　BKN070 7110140 OVC130　7180///　543201　4160M06　30080　=

（4）ARFOR　0918　KMH　N36E90　N36E105　N28E105　N28E90　MTW　BKN040 （CB）　7340180　FEW140　7230///　631402　4250M08　28050 =

第十二章 缩写明语形式的气象资料

除了电码形式的报告和预报之外，在《飞行员通告》上发布的航空气象报告如重要气象情报、飞机报告和机场警报等，通常用简明语言的缩写方式发布，在不同国家它们的形式可能不完全一致，但基本内容是相同的。此外，在世界上有些地区的航空信息网，如《欧洲气象业务电信网》上，一些报告和预报也采用缩写明语的形式。"缩写明语"是指一种应用国际民航组织批准的简语，给航空人员一种直接明了意义的语言和辅助的自明性数字值，如果没有合适的国际民航组织批准的简语，则采用航空上通用意义的其他词语。缩写明语形式的天气报告直观易懂、不解自明。本章将在国内气象服务的基础上，介绍几种缩写明语形式的天气报告和预报。

第一节 航空天气报告

航空天气报告的种类较多，除有日常航空天气报告和特殊天气报告外，当发现有火山活动时，还要发布火山活动的报告。另外，飞机在空中观测到有危及飞行安全的现象时，还要进行空中报告。

一、日常航空天气报告

在缩写明语形式的日常航空天气报告中，报告的项目及顺序与 METAR 形式的日常报相同，只是各项的表示方法不完全一样。

（一）报告格式

报告名称	站名	报告时间	地面风向风速	能见度/跑道视程	
（1）	（2）	（3）	（4）	（5）	（6）

现在天气	云	气温和露点	气压	补充信息
（7）	（8）	（9）	（10）	（11）

（二）报告说明

1. 第一组 报告名称

"MET REPORT"为日常航空天气报告的开头。

2. 第二组 站名

四字站名代码报告方法参见表 12.1 及国内地名代码表 11.4。

表 12.1　部分国际常用地名及代码

地　名	四字代码	地　名	四字代码	地　名	四字代码
东京	RJAA	伦敦	EGKK	乌兰巴托	ZMUB
名古屋	RJNN	华沙	EPWA	中国香港	VHHH
大阪	RJOO	斯德哥尔摩	ESSA	新加坡	WSSS
汉城	RKSS	柏林	ETBS	莫斯科	UUEE
中国台北	RCTP	开罗	HECA	伊尔库茨克	UIII
马尼拉	RPMM	洛杉矶	KIAX	阿拉木图	UAAA
墨尔本	AMML	纽约	KLGA	彼得格勒	ULLL
悉尼	ASSS	西雅图	KSEA	新西伯利亚	UNNN
温歌华	CYVR	旧金山	KSFO	伊斯坦布尔	LTBA
布鲁塞尔	EBBR	巴黎	LFPG	贝尔格兰德	LYBE
法兰克福	EDDF	罗马	LIRF	布加勒斯特	LROP
维也纳	LOWA	德黑兰	OIII	科威特	OKBK
伊斯兰堡	OPRN	巴格达	OPBS	檀香山	PHNL
平壤	ZKPY	孟买	VABB	仰光	VBRR
加尔各答	VECC	科伦坡	VCBI	达卡	VGZR
加德满都	VNKT	曼谷	VTBD	吉隆坡	WMKK

3. 第三组　报告时间

报告时间的日、时、分，采用统一的时界时（UTC），如"211658Z"为 21 日世界时 16 时 58 分（UTC）。

4. 第四组　地面风向风速

本组给出风向、风速（2 min 的观测的平均值）及其重大变化，风向用整 10 度的数值报告，风向的后面紧接风速，中间用斜线分开，风速单位采用 KMH 或 KT。如电码"180/40KT"意为"风向180°风速 40 KT"。

（1）若风向不定，用"VRB"表示。当报告风向变化时，风向变化的两个极端方向以度数报出。如本组编为"VRB BTN 350 AND 050"，表示"风向不定，风向在 350°到 50°之间"。

（2）当风速变化较大时，则给出风速的最大值和最小值。如本组编报为"MAX50 MNM 10"，意为"最大风速 50 km/h，最小风速 10 km/h"。

（3）电码"CALM"表示"静稳"，其风速小于 1 KT（约为 2km/h）。

（3）电码"ABV49MPS"表示风速大于等于 50 m/s。

5. 第五组　能见度组

在缩写明语报告中明确说明了能见度的单位，如"VIS 3 500 m"表示"能见度 3500 m"。

（1）电码"VIS 10KM"表示能见度大于等于 10 km，但天空状况不适合 CAVOK。

（2）当能见度在各个方向不一致时，则报告最低能见度，并注明相对于气象台的方向。如本组编报为"VIS 1200M TO S"，表示"南方能见度 1 200 m"。

（3）当最低能见度小于 1 500 m，而另一方向能见度又大于 5 000 m 时，则分别报告出不同能见度的方向。如本组编报为"VIS 1200M TO S 6000M TO W"，意为"南方能见度 1 200 m，西方能见度 6 000 m"。

6. 第六组　跑道视程

跑道视程用"RVR"表示，如"RWY26 RVR 400M"表示"26 号跑道的跑道视程 400 m"。

（1）跑道视程前的 ABV 表示跑道视程大于所显示出来的数值（即所使用系统的探测范围），如"RVR　ABV　1200M"意为"跑道视程大于 1 200 m"；跑道视程前的 BLW 表示跑道视程小于所显示出来的数值，如"RVR BLW 50M"表示"跑道视程低于 50 m"。

（2）当跑道视程是在沿跑道不止一个位置上观测到时，则先报出代表接地带"TDZ"的位置，随后是中点"MID"和跑道头"END"的位置。如本组编报为"RVR RWY16 TDZ 600M　MID 500M END 400M"，表示"跑道视程 16 号跑道的接地带 600 m，中点 500 m，停止端 400 m"。

（3）有时用"U"和"D"表示观测前 10 min 内跑道视程明显的"上升"和"下降"趋势。如"RWY12 RVR 200M/U"表示"12 号跑道的跑道视程是 200 m，在 10 min 内呈上升趋头"。当 10 min 内没有明显的变化时，用"N"表示。但要注意这里的变化趋势并不是预报，而是 10 min 内的观察结果。

（4）有时用"RWY26 RVR MNM 700M　MAX　1200M"来表示"26 号跑道视程最小 700 m，最大 1 200 m"。

7. 第七组　现在天气

（1）缩写明语报告中，应用表 12.2 中的现在天气简语，必要时加一个合适的特征或强度或接近机场的说明，以便对现在天气有一个完整的描述。如"HVY　TSRA"（强雷雨），或"VCFG"（机场附近有雾），"HVY DZ FG"（大的毛毛雨和雾）等。

表 12.2　重要的现在天气和预报天气

限　定　词		天　气　现　象					
强度和特点		描　述　词		降　水		视程障碍	恶劣天气
FBL	小（轻）的	MI	浅的	DZ 毛毛雨	BR 轻雾	PO 发展完好的沙
MOD	中等的	BC	散片的	RA 雨	FG 雾	卷或尘卷
HVY	严重的	PR	部分的	SN 雪	FU 烟幕	SQ 飑
VC	机场附近	DR	风吹起（低）	SG 米雪	VA 火山灰	FC 漏斗云
	（不含机场）	BL	风吹起（高）	IC 冰针	DU 浮尘	（龙卷）
		SH	阵性的	PE 冰粒	SA 扬沙	DS 尘暴
		TS	雷暴	GR 冰雹	HZ 霾	SS 沙暴
		FZ	过冷却的	GS 霰		

（2）天气现象最多报告三种，当有几种不同类型的降水时则合在一起报告。如"HVY TSRA SN"意为"强雷暴伴雨夹雪"，"FBLSN RA FG"表示"小雨雪伴雾"。

8. 第八组　云

云量用四个简语描述，"FEW"（少云，1～2 个八分量），"SCT"（疏云，3～4 个八分量），"BKN"（多云，5～7 个八分量），"OVC"（阴天，云量 8）。

（1）"SKC"表示"碧空"。

（2）当天空不明时报告垂直能见度，如"VER VIS300"表示"垂直能见度 300 m"。

（3）当观测到机场上空及其附近有积雨云或浓积云时，应说明云状。

（4）描述云底状况时采用三个简语，"RAG"表示"破碎"，"DIF"表示"散乱"，"FLUC"表示"有起伏"。

9. 第九组　气温和露点

气温以"T"表示，露点以"DP"表示，数值前面附加的"MS"表示 0 ℃ 以下的温度。如"T2DPMS3"表示温度为 + 2 ℃，露点温度为 – 3 ℃。

10. 第十组　气压

在缩写明语报告中，"QNH"表示修正海压；"QFE"表示场面气压，这些气压值用于不同情况下高度表的拨正值。

11. 第十一组　补充信息

"补充信息"组是用于对低空风切变或对飞行有重要影响的最近天气的警示，注意它并不是警报，而仅表示在上一次日常报观测后出现了这种天气。

补充信息主要反映那些在进近和爬升区域中出现雷暴、颠簸、风切变、积冰等情况，如果可能，还应注明这些天气现象的垂直范围和运动的方向及速度。

如："SURFACE WIND 320/20 KMH WIND AT 60M 360/50KMH IN APCH"。

表示：地面风 320°，风速 20 km/h，在进近地带 60 m 上空的风是 360°，风速 50 km/h。

又如："MOD TURB AND ICE INC IN CLIMB OUT"

表示：在爬升区域云中有中度颠簸和积冰。

（三）举　例

1. MET REPORT ZGGG 150700Z 120/25KMH VIS 1000M HVY SHRA BKN（CB）1200M OVC1800M T26DP22 QNH0991 ＝

译文：日常航空天气报告，广州，观测时间 15 日世界时 7 时正。风向 120°，风速 25 km/h；能见度 1 000 m，大阵雨；5 ~ 7 个积雨云，云底高 1 200 m，1 800 m 高度阴天；气温 26 ℃，露点温度 22 ℃，修正海压 991 hPa。

2. MET REPORT ZUGH 171500Z 160/10KMH VIS 800M RWY02 RVR 600M/D FG DZ BKN300M T08DP07 QNH1010 BECMG TL1600 VIS 1200M BR ＝

译文：日常航空天气报告，广汉，观测时间 17 日世界时 15 时正。风向 160°，风速 10 km/h；能见度 800 m，跑道视程 02 号跑道 600 m 且在下降；有雾和毛毛雨；多云，云底高 300 m；气温 8 ℃，露点温度 7 ℃，修正海压 1 010 hPa。天气将会变化，到 16 时，能见度为 1 200 m，有轻雾。

二、特殊报告

如果在下一份日常报发出之前天气变坏，应立即发一份选定的特殊天气报告，简称为特殊报告。

特殊报告的格式与日常报相同，其主要区别是：

（1）"SPECIAL"为特殊报告的开头。

（2）由于特殊报告只针对影响飞行的重要天气，因此内容简单，重点突出。

（3）特殊报告发布时前面的日常报自动取消，因此飞行员要随时注意时间的变化，以便取得最新信息。

特殊报告举例如下：

1. SPECIAL ZGGG 151618Z 360/30KMH MAX40 MNM15 HVY TS BKN（CB）1200M ＝

译文：特殊报告，广州，观测时间 15 日世界时 16 时 18 分；风向 360°，风速 30 km/h，最大风速 40 km/h，最小风速 15 km/h；强雷暴，5~7 个积雨云，云底高 1 200 m。

2. SPECIAL ZWWW 212335Z VIS 200M HVY SN BKN500 OVC1500M ＝

译文：特殊报告，乌鲁木齐，观测时间 21 日世界时 23 时 35 分；能见度 200 m；大雪，多云，云底高 500 m，满天云，云高 1 500 m。

三、火山活动报告

火山活动报告的内容包括喷发前的火山活动、火山喷发和火山灰云的情况，报告的顺序和内容如下：

（1）报告名称　火山活动报告：VOLCANIC ACTIVITY REPORT；

（2）站名标志　用地名代号或站名（四字代码）；

（3）报告日期/时间；

（4）火山位置和火山名称（如果知道）；

（5）事件的简单描述，如火山活动强度、发生喷发和喷发的时间，在此区域的火山灰云，以及灰云运动的方向和高度。

举例：VOLCANIC ACTIVITY REPORT YUSB 231500 MT TROJEEN VOLCANO
　　　N 5605　W12652　ERUPTED　231445　LARGE　ASH CLOUD　EXTENDING
　　　TO　APPROX 30000　FEET MOVING SW ＝

译文：火山活动报告，YUSB 气象站发布，时间 23 日世界时 15 时正，位于北纬 56 度 05 分西经 126 度 52 分的 TROJEEN 火山，于 23 日世界时 14 时 45 分喷发，观测到大块灰云扩散到大约 30000 英尺高度，并向西南方向移动。

四、飞机报告

飞行员报告通常称为飞机报告（Aircraft　Report），这是一种极有价值的信息来源，它们提供了积冰区域、飞机颠簸和风速的详细报告，其他的飞机可以作为参考；同时，它也可用于对气象台的观测和预报进行修正。在资料缺乏的地区，飞行员的空中报告极为重要，即使信息不是最新的，它也可以引起联想或使人对天气作大概估计。

（一）飞机报告的种类

根据民航组织规定，飞行员必须进行以下四种观测和报告，即：例行报告、特殊报告、在爬升和进近中的报告、特别要求的报告。

1. 例行报告

例行报告是在固定航班的气象服务报告点上定时进行的报告，它由飞行飞机中的自动报告系统产生，或由飞行员报告。

（1）必须进行例行观测和报告的地点是：① 空中服务程序要求的例行位置报告的地点；② 最接近 1 h 飞行时间间隔的分段距离上。

（2）在下列情况时，飞行员不必进行例行观测，即：① 飞行时间是 2 h 或少于 2 h；② 飞机在距下一个准备着陆点相当于不到 1 h 飞行时间的距离；③ 飞行航线的海拔高度低于 1 500 m（5 000 英尺）。

2. 特殊报告

特殊报告是指对特殊天气现象的报告，它不受时间和距离的限制，当飞行员遇到下面几种情况时，无论何时都必须进行报告。

（1）严重颠簸和严重积冰；

（2）跨音速或超音速的飞行中遇到中度颠簸、雹或积雨云。

（3）遇到符合"重要气象情报"规定的其他天气现象，这些天气现象可能影响飞行安全或影响其他飞机的操作效率。

（4）观测到喷发前的火山活动或火山喷发，观测到或遇到火山灰云。

3. 离场爬升和进近中的报告

在离场爬升或进近着陆阶段，遇到事先没有报告的气象情报，而机长认为这些气象情报可能影响其他飞机的飞行安全时，必须对这些气象情况进行观测和报告。如当报告或预报在飞行离场爬升阶段或进近阶段中有（无）风切变，但航空器没有（有）遇到时，机长应尽快向空中交通服务单位报告。

4. 特别要求的报告

除以上情况以外，飞行员有时还必须进行一些其他的观测和报告，如：

（1）如果为飞行提供气象报告的气象台要求特殊的资料时；

（2）根据气象部门和航务部门之间的协议要求的观测。

（二）飞机报告的形式和内容

应用得最多的飞机报告是例行报告和特殊报告，它们主要采用缩写明语的方式发布，其格式不是很严格，一般形式和内容如下。

1. 报告形式

第一段（位置资料）　　航空器标志（1）　　位置（2）　　时间（3）
飞行高度层或海拔高度（4）　　　　　　下一个飞越位置及时间（5）
随后的重要地点（6）
第二段（飞行资料）　　预计到达时间　　续航时间
第三段（气象资料）　　气温（7）　　风向风速（8）　　颠簸情况（9）
航空器积冰情况（10）　　补充信息（11）

2. 编报方法

在报头中，飞机报告的报名为"UA"，由于第二段在实际报告中用得较少，这里不作介绍，其余各组说明如下。

（1）航空器标志。用航空公司代码（参见表 12.3）后跟航班号，如 AFR946 表示"法航946 航班"。

表 12.3　部分航空公司三字代码

航空公司名称	三码	航空公司名称	三码
法国航空公司	AFR	中国国际航空公司	CCA
芬兰航空公司	FIN	全日本航空公司	ANA
意大利航空公司	AZA	美国西北航空公司	NWA
英国航空公司	BAW	蒙古航空公司	MGL
文莱皇家航空公司	RBA	奥地利航空公司	AUA
加拿大国际航空公司	CDN	韩国亚洲航空公司	AAR
埃塞俄比亚航空公司	ETH	巴基斯坦国际航空公司	PIA
美国长青国际航空公司	EIA	菲律宾航空公司	PAL
印度尼西亚鹰航空公司	GIA	澳洲航空公司	QFA
乌兹别克斯坦航空公司	UZB	尼泊尔王家航空公司	RNA
新加坡胜安航空公司	MMP	港龙航空公司	HDA

（2）位置。可用经纬度或四字地名代码。如"N3000　E14310"表示"北纬 30°，东经 143°10′"，"EDDF"表示"法兰克福"。

（3）时间，用世界时。如"0746"为"世界时 7 点 46 分"。

（4）飞行高度层或海拔高度，用"FL"后跟高度层数值（单位 100 英尺）。如"FL310"表示飞行高度层 31 000 英尺。

（5）下一个飞越位置及时间。位置编报方法同（2），时间用世界时。如"4225N 12015E 0800"表示"北纬 42°25′，东经 120°15′，飞越时间 08 时"。

（6）随后的重要地点，编报方法同（2），如"ZSSS（上海）"。

（7）气温，以整摄氏度编报，负值前用"MS"。如"MS31"表示"气温 – 31℃"。

（8）风向风速，风向用整度数表示，风速以 km/h 的整数表示。如"220/100"表示"风向 220°，风速 100 km/h"。

（9）颠簸情况，可用"FBL TURB"轻颠，"MOD TURB"中度颠簸和"SEV TURB"强烈颠簸进行编报。

（10）飞机积冰，可用"FBL MOD 和 SEV"后加"ICE"进行编报，分别表示"轻度、中度和严重积冰"。

（11）补充信息，可用"WKN、NC 和 INTSF"等分别表示"减弱、无变化和增强"（或者用方位描述移动情况，如"MOVING N"表示"向北移动"）。

3. 报告举例

例 1　UACI36 ZHHH 100210（报头）

　　　　CCA103 ZHHH 0150 FL330 MS40 260/160 MOD CAT =

译文：（报头略），中国国际航空公司 103 航班 0150UTC 过武汉，飞行高度层 33 000 英尺，温度 – 40 ℃，风向 260°，风速 160 km/h，有中度晴空颠簸。

例2 AFR024 N4230 E14500 0803 FL390 MS12 250/130 SEV CAT ＝

译文：法国航空公司 024 航班，0803 世界时过北纬 42°30′，东经 145°，飞行高度层 39 000 英尺，气温 – 12°，风向 250°风速 130 km/h，严重晴空颠簸。

（三）飞机观测的火山活动报告

火山活动报告实际上也属于特殊报告，但因其报告内容和对火山喷发及火山灰云的描述已有固定格式，因此作简单介绍。

1. 报告内容

第一段　　航空器标志　　　　位置　　　　时间　　　飞行高度层或海拔高度
　　　　　　（1）　　　　　　（2）　　　　（3）　　　　　（4）
　　　　　观测到的火山活动　　气温　　风向风速　　　　补充资料
　　　　　　（5）　　　　　　（6）　　　（7）　　　　　　（8）

第二段　　观测或遇到的火山灰云的情况说明

2. 编报方法说明

火山活动报告的编报方法与特殊飞机报告相似，其中第一段（位置资料）与特殊飞机报告完全相同，不同的是第二段主要叙述火山灰云的活动情况。如"LARGE ASH CLOUD EXTENDING TO APPROX 30000 FEET"，其意思简单明确，即是"大块火山灰云扩散到大约 30 000 英尺高空"，几乎完全是普通的英语翻译。

3. 举　例

AFR028 N4223 E14720 0400 FL250 MT TROJEEN VOLCANO ERUPTED MS45 260/160 LARGE ASH CLOUD EXTENDING TO APPROX 35000 FEET MOVING SW ＝

译文：法航 028 航班，北纬 42°23′，东经 147°20′，世界时 04 时，飞行高度层 25 000 ft，观测到"TROJEEN"火山喷发，该高度层上气温 – 45°C，风向 260°，风速 160 km/h，大量的火山灰云扩散到大约 35 000 ft，并向西南方向移动。

（四）编制飞机报告

前面讲的都是如何翻译飞机空中报告，但飞行员必须要学会自己编制飞机空中报告，才能在遇到影响飞行的恶劣天气或火山活动时，将信息及时准确地报告给气象部门和空中交通管制人员。

报告的内容和格式在前面已有叙述，只是这里要求将具体内容编成电码，力求做到准确无误。下面作一些练习。

例1　中国国际航空公司 628 航班，在世界时 20 时 30 分，过北纬 35°，东经 110°35′，飞行高度 34 000 ft，观测到严重的山地波，飞机强烈颠簸，并有孤立的积雨云。

该高度气温 – 29°C，风向 260°，风速 65 km/h，积雨云向东北方移动。

电码：CCA628 2030UTC 3500N11035E FL340 MS29 260/65 OBS SEV MTW SEV TURB ISOL CB MOVING NE ＝

例2　中国国际航空公司 835 航班，世界时 16 时 00 分，过北纬 41°，东经 12°，飞行高度 35 000 英尺，观测到维苏威（VISUWE）火山喷发。该高度气温 – 32°C，风向 200°，风速 75 km/h。大量火山灰云扩散到大约 48 000 ft 高空并向东南移动。

电码：CCA835 1600UTC 41N12E FL350 MS32 200/75 OBS MT VISUWE VOLCANO ERUPTED LARGE ASH CLOUD EXTENDING TO APPROX 48000FEET MOVING SE =

第二节 航空天气预报

我们在前面的章节中已经学习过电码形式的航空天气预报，本节介绍缩写明语形式的航站天气预报、航路天气预报和区域天气预报。

一、航站天气预报

航站天气预报又称为终点机场（天气）预报（Terminal Aerodrome Forecast），它有几种，每一种都有不同的有效期，因此用途也不同。最常见的是 9 h 的航站预报，适用于在 4 h 之内的短距离飞行；24 h 的航站预报适用于飞行时间超过 4 h 的长途飞行。航站天气预报每 6 h 发布一次，并能提前 1 h 获得，每一份新的航站预报发布之后前面的相同类型和有效期的航站预报自动取消。

（一）电报格式

| 电报类型 | 地名代码 | （发报的日时分） | 有效时间 | 风向风速 | 能见度 |
| （1） | （2） | （3） | （4） | （5） | （6） |

| 天气现象 | 云的状况 | 预报的气温和出现的时间 | 积冰情况 |
| （7） | （8） | （9） | （10） |

| 颠簸情况 | 出现另一种天气的概率 | 天气变化起止时间 | 变化趋势描述 |
| （11） | （12） | （1） | （14） |

（二）电码说明

1. 电报类型

航站预报用 FCST 编报（Forecast）。

2. 地名代码

与 TAF 形式的电报编译方式相同，如"ZUGH（广汉）"。

3. 发报的日时分

与 TAF 形式的电报编译方式相同，如"162030Z"意为"16 日世界时 20 时 30 分"。

4. 有效时间

与 TAF 形式的电报编译方法相同，如"1603/12"表示"有效时间为 16 日 03 时到 12 时"。

5. 风向风速

风向用 360°方位编报，风速以 KMH 或 KT 编报，风向和风速之间用"/"分开。如

"250/25 KT（风向250°，风速25 KT）"，当出现阵风时可用"MAX"后跟风速编报，如"MAX40（阵风40 KT）"。

6. 能见度

用"VIS"跟带单位的数值表示，如"VIS 400M"表示"能见度400 m"。

7. 天气现象

编报方法与TAF形式的电报相同，无重要天气时用"NSW"。

8. 云

与TAF形式的电码编报方法相同，只是云高不用除以30 m；若天空不明时其垂直能见度用"VER"开头，后跟能见度，如"VER 90M"意为"垂直能见度90 m"。

9. 预报的气温和出现时间

在"T"后跟气温，负值用"M"表示，然后报告该气温出现的时间，中间用"/"分开。如"TM02/08Z"表示"世界时08时气温将是 – 2°C"。

10. 积冰情况

可用"FBL ICE"、"MOD ICE"和"SEV ICE"表示"轻度积冰"、"中度积冰"、"严重积冰"。用"FL"后跟以100英尺或除以30 m为单位的积冰底和顶部高度，中间用"TO"，如"MOD ICE INC FL30 TO FL40"表示"云中中度积冰，积冰层底高3000英尺，顶高4 000英尺"。

11. 颠簸情况

可用"FBL TURB"、"MOD TURB"和"SEV TURB"表示"轻微、中度和强烈颠簸"。出现高度编报方法与积冰相同，如"FBL TURB FL50 TO FL70"表示"轻度颠簸，底高为5 000英尺，顶高7 000英尺"。

12. 出现另一天气的概率

与TAF形式的电报编译方法相同，如"PROB30"表示"有30%的概率"。

13. 天气变化起止时间

如"08/10"表示"从08时到10时"。

14. 变化趋势

可用"BECMG"、"TEMPO"、"FM"、"AT"、"TL"，其含义与TAF电报中相同。如"BECMG 06/08"表示"从06时到08点变化"。

（三）举 例

FCST ZBAA 160400Z 1606/15 130/18KMH VIS 9KM BKN600M BECMG 06/08
SCT CB450M BKN 900M TEMPO 08/12 170/25KMH MAX40 VIS 10000M MOD
TSRA SCT CB 300M BKN1200M T26/11Z MOD·TURB FM12 150/15KMH VIS
10000M NSW BKN 3000M =

译文：16日04点世界时发布的首都机场航站预报，有效日期从16日06：00世界时到

15：00 世界时；地面风向 130°，风速 18 km/h，能见度 9 km；多云，云高 600 m，06：00 世界时与 08 时之间变化成 3~4 个积雨云，云高 450 m，多云，云高 900 m，08：00 世界时与 12 时之间，短时地面风 170°，风速 25 km/h，最大阵风 40 km/h；能见度 10 000 m，中度雷雨；疏云，积雨云，云高 300 m，多云，云高 1 200 m。在世界时 11 时，温度是 26 ℃，有中度颠簸。从 12：00 世界时起地面风向 150°，风速 15 km/h，能见度 10 km 或以上；无重要天气，多云，云高 3 000 m。

二、航路天气预报

航路天气预报（Route Forecasts）提供了航路上可能碰到的天气状况，以便飞行员选择恰当的航线和确保飞行安全，这里介绍缩写明语形式的航路预报，它与 ROFOR 形式的电报格式内容都相同，只是描述的方式不同，缩写明语形式的航路预报更加简明易懂。

（一）电码格式

（1）第一段　　电码类型　　　发报日时分　　　预报有效时间　　　风速单位
　　　　　　　　（1）　　　　　（2）　　　　　　（3）　　　　　　（4）

　　　　　　　起点站　　　附加点　　　终点站　　　航段指示　　　能见度
　　　　　　　（5）　　　　（6）　　　（7）　　　（8）　　　　（9）

　　　　　　　天气现象　　云量和云高　　云顶和 0 ℃ 高度　　飞机积冰
　　　　　　　（10）　　　　（11）　　　　（12）　　　　　　（13）

　　　　　　　飞机颠簸　　某高度气温　风向风速　　对流层顶高度和气温
　　　　　　　（14）　　　　（15）　　　　　　　　　（16）

（2）第二段　　高空急流　　急流轴位置　　急流轴高度和风速
　　　　　　　　　　　　　　　　　（17）

（3）第三段　　风组指示码　某高度最大风速　风向和垂直风切变
　　　　　　　　　　　　　　　　（18）

（4）第四段　　补充信息
　　　　　　　　（19）

（二）电码说明

1．第一段

（1）航路天气预报的名称为 "ROUTE FCST"。

（2）发报的日时分用世界时表示。

（3）预报的有效时间如 "2602/08" 表示 "有效时间 26 日 02 时到 08 时"。

（4）风速单位可用 "KMH" 或 "KT"，说明后面出现有关风速时的单位。

（5）、（7）代表起点站和终点，用四字地名代码。

（6）附加点组可用经纬度表示。如 "N23E124" 表示 "北纬 23°，东经 124°"。

（8）航段指示编报方法见表 12.4 所示。

表 12.4　航段指示电码含义

缩写明语	举　例	含　义
TLLL$_a$L$_a$	TL N2321	至北纬 23.21°
TLL$_o$L$_o$	TL E14725	至东经 147.25°
TLCCC	TL ZUCK	至重庆
FMnnn	FM240KM	距前一地点 240 km
Tonnn	TO240KM	距后一地点 240 km
ATL$_a$L$_a$	AT2321N	在北纬 23.21°
ATL$_o$L$_o$	AT14725E	在东经 147.25°

（9）能见度，用"VIS"后跟以"M"或"KM"为单位的能见度。

（10）天气现象。当预报有表 12.5 中所示的任何一种天气现象时，可用表中所示编报，同时可用"FBL、MOD 和 HVY（轻度、中等强和严重的）"来表示强度。

表 12.5　天气现象及简语

简语	TS	TRS	LSQ	HAIL	MTW	SAND	DUST	FZR
天　气	雷暴	热带气旋	强飑线	冰雹	明显的地形波	大面积沙暴	大面积尘暴	冻雨

（11）云量和云高，与 FCST 报中相应项相同，本组可反复使用。

（12）云顶和 0 ℃ 高度，该组一般和第 11 组同时出现，对 11 组进行补充，其中云顶描述的是上一组中所出现的云的顶部高。用"TOPS"后跟除以 100 英尺或 30 m 的高度值。如"TOPS FL100"表示"云顶高为 10 000 英尺"，用"0　DEG　FL×××"表示 0 ℃ 层高度，如"0　DEG　FL200"表示"0 ℃ 层高度为 20 000 英尺"。

（13）、（14）的编报方法和"FCST"报中相同。

（15）某高度的气温、风向、风速。高度值用"FL"后跟除以 100 英尺或 30m 后的高度值，气温、风向、风速的编报方法和"FCST"报中相应项相同：如"FL200 MS40 230/45KT"表示"20 000 英尺高度上气温为 - 40 ℃，风向 230°，风速 45 海里/小时"。

（16）对流层顶高度和气温用"TROPOPAUSE　FL×××　MS　××"表示。如"TROPOPAUSE　FL360 MS 60"表示"对流层顶高度为 36 000 英尺，气温为 - 60 ℃"。

2．第二段

（17）高空急流的描述。急流轴位置用轴上各点经纬度表示，高度用"FL×××"表示，风速单位用"KT"或"KMH"表示。如"UPPER JET：N43E120 N42E130 N42E140 65KT"表示"高空急流：轴位于北纬 43°东经 120°到北纬 42°，东经 130°到北纬 42°，东经 140°一线，风速为 65 KT"。

3．第三段

（18）风组指示码。某高度最大风速风向和垂直风切变可表示为"UPPER　WIND：FL×××　MAX×××　×××　DEG VER WIND SHEAR　××　KMH/KM"。如："UPPER WIND：

FL250 MAX80 250 DEG VER WIND SHEAR 20KMH/KM"表示："高空风：在 25 000 英尺高度上，最大风速为 80 km/h，风向 250°，垂直风切变为 20（km/h）/km"。

4. 第四段

（19）补充信息，编报方法可见表 12.6。

表 12.6　补充现象组的含义

缩 写 明 语		含　　义
FORECAST QNH×××		预报的最低海平面气压，如 "FORECAST QNH1002"
COLD FRONT WARM FRONT	后接××N 或××S	锋面的类型和纬度的位置，如 "COLD FRONT 40N"
OCCLUDED FRONT STNL FRONT	后接×××E 或×××W	锋面的类型和经度的位置，如 "STNL FRONT 135W"
	后接××××UTC	锋面的类型和过境时间，如 "OCCLUDED FRONT 1100UTC"
EBCMG		沿航线渐变（不加时间）
FML$_a$L$_a$N		沿航线在北纬 L$_a$L$_a$ 变化，如 "FM35N"
FML$_a$L$_a$S		沿航线在南纬 L$_a$L$_a$ 变化，如 "FM20S"
FML$_o$L$_o$E		沿航线在东经 L$_o$L$_o$ 变化，如 "FM135E"
FML$_o$L$_o$W		沿航线在西经 L$_o$L$_o$ 变化，如 "FM20W"
FMGG 或 BECMG GGG$_e$G$_e$		从 GG 时开始变化到 G$_e$G$_e$ 时
TEMPO GGG$_e$G$_e$		从 GG 时开始波动到 G$_e$G$_e$ 时
PROBXX（30 或 40）		变化概率是 30%或 40%
PROBXX 后加起止时间		变化开始和持续时间

（三）航路天气预报举例

例 1　ROUTE FCST 220800 2208/14 KMH ZBAA N35E110 ZGGG TL35N　VIS3 000M MTW　OVC 1 000M　TOPS FL 2000 DEG FL150 TL ZGGG VIS 6 000M TS BKN 2000M TOPS FL 2000 DEG FL150　MOD ICE INC FL100 TO FL200 FL200 MS12 230/45

TROPOPAUSE：　FL300 MS45

UPPER　JET：43N120E 42N130E 42N140E 65

UPPER WIND：FL200 MAX40 230 DEG VER WIND SHEAR 20KMH/KM

译文： 航路预报，预报时间为 22 日 08 时，有效时间为 22 时 08 时到 14 时，风速单位为 km/h，起点站首都机场，转折点为北纬 35°东经 110°，终点站广州白云机场，北京到北纬 35°，能见度 3 000 m，有山岳波，阴天，云底高 1 000 m，云顶高 6 000 m，0 ℃层高度 4 500 m，直到广州，能见度 6 000 m，有雷暴。多云，云底 2 000 m，顶高 6 000 m，0 ℃层高 4 500 m，有中强度积冰，积冰层底高 3 000 m，顶高 6 000 m，在 6 000 m 高度上，气温为 – 12 ℃，风向 230°，风速 45 km/h。

对流层顶：高度为 9 000 m，温度为 – 45 ℃。

高空急流：急流轴位于北纬 43°东经 120°，到北纬 42°东经 130°到北纬 42°东经 140°，风速 65 km/h。

高空风：6 000 m 高度最大风速 40 km/h，风向 230°，垂直风切变 20（km/h）/km。

例 2 ROUTE FCST 2200/10 KMH ZBAA N35E118 ZSSS TLN35 SCTCb 900M TOPS FL300 BKN 6900M TOPS FL240 0 DEG FL210 MOD TURB INC FL120 TO FL200 FL200 MS01 180/90KMH TL ZSSS SCT780M TOPS FL050 0 DEG FL220 06/08 BKN 1500M TOPS FL120 FL180 05 210/60 =

TROPOPAUSE: FL360 MS48

UPPER JET: N38E112 N40E118 N42E124 65

UPPER WIND: FL300 MAX80 270 DEG VER WIND SHEAR 15KMH/KM

译文：航路预报，预报有效时间：22 日 0 时到 10 时，风速单位为 km/h，航线：北京过 35°N，118°E 至上海，北京至北纬 35°航段有少量积雨云，云底高 900 m，顶高 9 000 m，多云，云底高 6 900 m，顶高 7 200 m，0 ℃ 线高度 6 300 m，云中中度颠簸，颠簸层底高 3 600 m，顶高 6 000 m，高度 6 000 m，气温为 –1℃，风向 180°，风速 90 km/h，从北纬 35°至上海航段，有少量底高 780 m 和顶高 1 500 m 的云，0 ℃ 线高度 6 600 m，从 06 点至 08 点后将变为多云，云底高 1 500 m，顶高 3 600 m，5 400 m 高度气温为 5℃，风向 210°，风速 60 km/h。

对流层顶：高度为 11 000 m，温度为 – 48 ℃。

高空急流：急流轴位于北纬 38°东经 112°，到北纬 40°东经 118°到北纬 42°东经 124°，风速 65 km/h。

高空风：9 000 m 高度最大风速 80 km/h，风向 270°，垂直风切变 15（km/h）/km。

三、区域天气预报

区域天气预报（Area Forecasts）指的是各个国家的区域预报中心对一个或几个地区的天气预报，它被用来判定沿航线的天气，也是没有航站天气预报机场的天气信息的主要来源，它是唯一能对某一地区的锋面移动、颠簸和积冰情况提供有用参考的一种预报。区域天气预报分为三种，即：低空飞行区域预报、飞行高度在 FL100 到 FL250 之间的重要天气预报和飞行高度在 FL250 以上的重要天气预报。由于低空区域预报应用较少，且一般制作成 GAMET 的形式，我们将在后面介绍。现在介绍上面两层区域天气预报。

（一）高度在 FL100 至 FL250 的重要天气预报

重要天气预报（Significant Weather Forecast）是指对特定区域（或航路）有重大影响的航空天气预报。它通常被绘制成图表和以电码的形式给出，这两种形式应表现出一致的内容。下面介绍 FL100 到 FL250 的缩写明语形式的重要天气预报。

1．电报格式

报头	电报形式	梗概	重要天气现象和与之结合的云	颠簸	积冰	火山喷发
（1）	（2）	（3）	（4）	（5）	（6）	（7）

2. 内容说明

（1）报头。为世界气象组织规定缩写的报头，与第二节中日常报的报头相似。

如"FACI37 ZUUU 121200"，表示"区域天气预报，中国，西南地区，双流机场，12日12时UTC发布"。有时也可在报头后加"AMD"表示修订的区域预报，如"FACI34 ZSSS151000 AMD"。

（2）电报形式。内容是此电报应用的垂直范围、有效时间、预报电报涉及的区域。预报区域用纬度、经度表示，主要地理特征用以上几种合成的参数来说明。用同样的方式来说明哪些部分因缺少数据而不能给予重要天气预报。

如本部分电报为：

AREA FCST FL100 TO FL250 VALID 110000 FOR AREA N55W88 N40E42 N33E13 N27W59 N55W88

表示：区域预报，飞行高度层为10 000英尺到25 000英尺，有效期到11日00点；所作的预报是关于北纬55°西经88°，北纬40°东经42°，北纬33°东经13°，北纬27°西经59°，北纬55°西经88°这个区域的。

（3）梗概 SYNOPSIS，包括重要天气特征的描述，如热带气旋、锋面系统和界限分明的辐合带的地面位置，它们的预报位置、运动速度和方向，必要时标明其强度的变化。

如 SYNOPSIS. WARM FRONT 42N84W 43N79W 39N62W MOV NE 10KT INTSF

意为：梗概，一条暖锋位于北纬42°西经84°，至北纬43°西经79°，至北纬39°西经62°一线，以10 KT速度向东北方向移动，强度加强。

（4）重要天气现象和与之结合的云（SIGWX AND ASSOCIATED CLD）。本组内容如下：

① 如（2）组所述说明区域；

② 除积雨云以外，云量以术语SCT（疏云），BKN（多云），OVC（阴天）给定；

③ 积雨云云量的说明如下：

ISOL EMBD CB	个别的隐嵌的积雨云；
ISOL CB IN HAZE	隐嵌在霾里的个别积雨云；
OCNL EMBD CB	完全分离的隐嵌积雨云；
OCNL CB IN HAZE	隐嵌在霾里的完全分离的积雨云；
FRQ CB	很少分离或不分离（成片的）的积雨云。

④ EMBD 说明积雨云包含在几层云层中，以飞行高度层（FL）给出重要天气现象与之结合的云底高和顶高；

⑤ 若预报没有重要天气现象要加术语"SIGWX NIL"。

如 SIGWX AND ASSOCIATED CLD. FRQ CB N48W80 N46W65 N41W65
N45W79 N48W80 INTSF

表示：重要天气和与之相伴的云，很少分离或不分离（成片的）积雨云，出现在北纬48°西经80°，北纬46°西经65°，北纬41°西经65°，北纬45°西经79°，北纬48°西经80°范围内，强度增强。

（5）颠簸（TURB）。本组内容如下：

① 预期有不与积雨云相结合的中度或严重的颠簸；

② 如（2）组所述说明区域；

③ 以飞行高度层"FL"给出颠簸出现的底高和顶高。

如 TURB. MOD CAT BASE FL240 N47W41 N53W40 N56W28 N50W32 N47W41 表示：颠簸情况，中度晴空颠簸，出现的底高为 24 000 英尺（范围略）。

（6）积冰（ICE）。本组内容如下：

① 预期有中度的或严重的且不与积雨云相结合的积冰，包括预报区域内的积冰、冻的降水；

② 按（2）组所述说明区域；

③ 以飞行高度层"FL"给出积冰的底高和顶高。如 ICE. MOD ICE INC FL100 TO FL130 N55W03N 49W08 N43W00 N44E10 表示：积冰情况，中度积冰，底高 10 000 英尺，顶高 13 000 英尺（范围略）。

（7）火山喷发，包括位置和时间，如可能给出正在产生对飞行有重要影响的灰云的火山喷发的资料，并给用户一个提示，这些参考资料将编成重要气象情报向有关地区发布。

如 251045Z MT TROJEEN VOLCANO N5605 W12652 ERUPTED

表示：位于北纬 56°5′，西经 126°52′的 TROJEEN 火山于 25 日世界时 10 时 45 分喷发。

3. 电报举例

（1）FAPN16 KWBC 101200

　　　AREA　FCST　FL100 TO FL250 VALID 110000 FOR AREA N37E135 N48W108 N28W130 N28E158 N37E135

　　　SYNOPSIS：COLD FRONT N45W179　N33W179　MOV E 20KT COLD FRONT N43W152 N44W140 N35W131 N29W134 MOV NE 15KT INTSF

　　　SIGWX　NIL

　　　ICE：MOD ICE INC FL100 TO FL180 42 N140W 46N145W 47N138W 42N140W =

译文： 区域天气预报，PN16 区，KWBC 站，预报时间 10 日 12 时；

区域预报，飞行高度层为 FL100 到 FL250，有效期直到 11 号 00 点（UTC）；所作的预报是为北纬 37°东经 135°，到北纬 48°西经 108°，到北纬 28°西经 130°，到北纬 28°东经 158°，到北纬 37°东经 135°这个区域。

梗概：在北纬 45°，西经 169°到北纬 33°，西经 179°一线有一条冷锋以 20 KT 的速度向东移动；在北纬 43°西经 152°，到北纬 44°西经 140°，至北纬 35°西经 131°到北纬 29°西经 134°；有一条冷锋以 15 KT 的速度向东北方向移动，强度增强。

没有重要天气。

积冰：在北纬 42°西经 140°，北纬 46°西经 145°，北纬 47°西经 138°，北纬 42°西经 140°，这个区域的飞行高度层 FL100 到 FL180 有中等强度的积冰。

（2）FANT14 KWBC 101200

　　　AREA　FCST　FL100 TO FL250 VALID 110000 FOR AREA N55W88 N50E42 N33E13 N27W59 N55W88

　　　SYNOPSIS：WARM　FRONT　N42W84　N43W79 N39W62 MOV NE 30KT OCCLUDED FRONT N63W40 N60W25 N50W29 MOV E 35KT INTSF

　　　SIGWX AND ASSOCIATED CLD. ISOL EMBD CB N44E20 N55E30 N46E34 N44E24 N44E20

　　　TURB：MOD CAT BASE FL240 N47W41 N53W40 N56W28 N50W32 N47W41 MOD CAT BASE FL250 N62W30 N67W13 N63W08 N61W20 N62W30

ICE: MOD ICE INC FL100 TO FL130 N55W03 N49W08 N44E10

N50E14 N55E03 =

译文：区域天气预报，NT14 区，KWBC 站，预报时间 14 号世界时 12 时；

区域预报，飞行高度层在 FL100 到 FL250，有效时间直到 15 号 00 时（UTC），所作的预报是为北纬 55°西经 88°，到北纬 50°东经 42°，到北纬 33°东经 13°，到北纬 27°西经 59°，到北纬 55°西经 88°这个区域。

梗概：在北纬 42°西经 84°，到北纬 43°西经 79°，北纬 39°西经 62°一线有一条暖锋以 30 KT 的速度向东北方向移动；在北纬 63°西经 40°，北纬 60°西经 25°，北纬 50°西经 29°一线有一条锢囚锋以 35 KT 的速度向东移动，强度加强。

重要天气和与之相伴随的云：在区域北纬 44°东经 20°，北纬 55°东经 30°，北纬 44°东经 24°，北纬 44°东经 20°范围内有个别隐嵌的积雨云。

颠簸：在北纬 47°西经 41°，北纬 53°西经 40°，北纬 56°西经 28°，北纬 50°西经 32°，北纬 47°，西经 41°这个区域内，有底部高度为 FL240 的中等强度的晴空颠簸；在北纬 62°，西经 30°，北纬 47°，西经 13°，北纬 63°，西经 8°，北纬 61°，西经 20°这个区域，有底部高度为 FL250 的中等强度的晴空颠簸。

积冰：在北纬 55°西经 3°，北纬 49°西经 8°，北纬 44°东经 10°，北纬 50°东经 14°，北纬 55°东经 3°这个区域，在高度 FL100 到 FL130 之间有中等强度的积冰。

（二）高度在 FL250 以上的重要天气预报

1. 电报格式

报头	电报形式	梗概	重要天气现象	颠簸	火山喷发
（1）	（2）	（3）	（4）	（5）	（6）

2. 内容说明

从上面的电报格式可以看出，高度在 FL250 以上的重要天气预报与高度在 FL100 至 FL250 的重要天气预报的格式是相似的，不同的地方是少了一个积冰组，这是由于高空飞行积冰不再是严重危害。第四组与重要天气相伴的云省略了，而将积雨云本身作为一种重要天气现象。其余各组的说明与高度在 FL100 至 FL250 的重要天气预报的说明完全一样，这里不再重复。

3. 电报举例

（1）FAPN26 KWBC 151200

AREA FCST FL250 TO FL450 VALID 160000 FOR AREA N37E135 N48W130

N28W158 N37E135

SYNOPSIS: COLD FRONT N45W179 N33W179 MOV E 20KT.COLD FRONT

N43E152 N44W140 N35W131 N29W134 MOV NE 15KT INTSF

SIGWX NIL

TURB: MOD CAT FL260 TO FL340 N36E140 N36E150 N34E141 N36E140

MOD CAT FL280 TO FL380 N41W133 N45W125 N42W117 N40W120 N41W133

译文：区域天气预报，PN26 区，KWBC 站，预报时间 15 日 12 时；

区域预报，飞行高度层为 FL250 到 FL450，有效期直到 16 号 00 点（UTC）；所作的预报是为北纬 37°东经 135°，到北纬 48°西经 130°，到北纬 28°西经 158°，到北纬 37°东经 135°这个区域。

梗概：在北纬 45°西经 179°，到北纬 33°西经 179°一线有一条冷锋以 20 KT 的速度向东移动；在北纬 43°东经 152°，到北纬 44°西经 140°，到北纬 35°西经 131°，到北纬 29°西经 134°一线有一条冷锋以 15 KT 的速度向东北方向移动，强度增强。

没有重要天气。

颠簸：在从北纬 36°东经 140°，到北纬 36°东经 150°，到北纬 34°东经 141°，到北纬 36°东经 140°区域内的飞行高度 FL260 到 FL340 范围有中等强度的晴空颠簸。在从北纬 41°西经 133°，到北纬 45°西经 125°，到北纬 42°西经 117°，到北纬 40°西经 120°，到北纬 41°西经 133°区域内的飞行高度 FL280 到 FL380 范围有中等强度的晴空颠簸。

（2）FANT10 KWBC 101200

AREA FCST FL250 TO FL600 VALID 110000 FOR AREA N55W88 N50E42

N33E13 N27W59 N55W88.

SYNOPSIS: WARM FRONT N42W84 N43W79 N39W62 MOV NE 30KT. OCCLUDED

FRONT N63W40 N60W25 N50W29 MOV E 35KT COLD FRONT N50W29 N40W43

31N60W MOV SE 10KT INTSF.

SIGWX OCNL EMBD CB TOPS FL340 N55E20 N55E30 N46E34 N44E24 N55E20

TURB: MOD CAT FL250 TO FL340 N46W41 N53W40 N56W28 N50W32 N46W41.

SEV CAT FL250 TO FL350 N62W30 N67W13 N63W08 N61W20 N62W30.

译文：区域天气预报，NT10 地区，KWBC 站，预报时间 10 日 12 时；

区域预报，飞行高度层为 FL250 到 FL600，有效时间直到 11 日 00 时，预报区域：从北纬 55°西经 88°，到北纬 50°东经 42°，到北纬 33°东经 13°，到北纬 27°西经 59°，到北纬 55°西经 88°。

梗概：在北纬 42°西经 84°，到北纬 43°西经 79°，到北纬 39°西经 62°一线有一条暖锋，以 30 KT 的速度向东北方向移动；在北纬 63°西经 40°，到北纬 60°西经 25°，到北纬 50°西经 29°一线有一条锢囚锋，以 35 KT 的速度向东移动；在北纬 50°西经 29°，到北纬 40°西经 43°，到北纬 31°西经 60°一线有一条冷锋，以 10 KT 的速度向东南方向移动，强度在增强。

重要天气现象：在区域北纬 55°东经 20°，到北纬 55°东经 30°，到北纬 46°东经 34°，到北纬 44°东经 24°，到北纬 55°东经 20°范围内有完全分离的隐嵌的积雨云；顶部高达飞行高度层 34 000 英尺。

颠簸：在从北纬 46°西经 41°，到北纬 53°西经 40°，到北纬 56°西经 28°，到北纬 50°西经 32°，到北纬 46°西经 41°区域内的飞行高度 FL250 到 FL340 范围有中等强度的晴空颠簸。在从北纬 62°西经 30°，到北纬 67°西经 13°，到北纬 63°西经 08°，到北纬 61°西经 20°，到北纬 62°西经 30°区域内的飞行高度 FL250 到 FL350 范围有严重的晴空颠簸。

四、航行通告上的气象情报

天气预报不一定是很准确的，而天气在较短时间内还会发生迅速变化，所以在飞行中要不断更新天气资料，作为继续飞行的基础。为飞行中的机组提供重要气象情报往往采用航行通告的方式，航行通告是用来通知飞行员有可能遇到危害飞行的天气，这些天气也许在起飞前未进行预报。航行通告中比较重要的报告是重要气象情报和机组气象情报。

（一）重要气象情报（SIGMET）

重要气象情报发布的是除对流之外能给飞行造成危害的天气，它适合于各个飞行高度层上的飞机，常用缩写明语作出其发生和（或）预期发生的简要说明。

1. 重要气象情报的内容

重要气象情报的电文内容如表 12.7 所示。

表 12.7　重要气象情报报告内容

在亚音速巡航高度上	OBSC TS	模糊不清的雷暴
	EMBD TS	隐藏的雷暴
	FRQ TS	频繁的雷暴
	LSQ TS	飑线
	OBSC TS HVYGR	模糊并带有强冰雹的雷暴
	EMBD TS HVYGR	隐藏并带有强冰雹的雷暴
	FRQ TS HVYGR	频繁并带有强冰雹的雷暴
	LSQ TS HVYGR	带有强雹的飑线
	TC（＋名称）	热带气旋(10 min 内平均地面风速达到或超过 63 km/h(34 KT))
	SEV TURB	严重颠簸
	SEV ICE	严重积冰
	FZRA（SEV ICE）	冻雨引起的严重积冰
	SEV MTW	严重的山地波
	HVY DS	强尘暴
	HVY SS	强沙暴
	VA（＋火山名称）	火山灰
在跨音速和超音速巡航高度上	MOD TURB	中度颠簸
	SEV TURB	严重颠簸
	ISOL CB	孤立的积雨云
	OCNL CB	分离的积雨云
	FRQ CB	成片无隙的积雨云
	GR	雹
	VA（＋火山名称）	火山灰

2. 电报格式及说明

（1）第一组，服务于重要气象情报涉及的飞行情报区或管制区域服务的空中交通服务单位的地名代码，如 ZBAA、ZSSS 等。

（2）第二组，电报指示码和序号。为亚音速飞机提供重要气象情报必须用"SIGMET"标明，为超音速飞机在跨音速和超音速飞行阶段提供的重要气象情报必须用"SIGMET SST"标明，如"SIGMET 5"即为亚音速飞机提供的第 5 号重要气象情报。

（3）第三组，有效时间组，用世界时表明的有效时间，如"VALID 221215/221600"表示："有效时间 22 号 12 时 15 分到 16 时"。

（4）第四组，始发电报的气象监视台的地名代号，后面紧随连字号 "–" 将报头与电文分开，电文写在下一行，如 "ZUUU –"。

（5）第五组，重要气象情报为之发布的飞行情报区或管制区的名称。

（6）第六组，重要天气现象和现象的描述（见表 12.7），如 "FRQ TS"。

（7）第七组，说明以上重要天气现象是观测到的（OBS）还是预报的（FCST），以及出现的时间（用世界时）。

（8）第八组，重要天气现象出现的位置（可用纬度和经度表示，也可用国际上熟知的位置或地理特征）和高度层（用 "FL"）表示，如 "FCST TOPS FL390 S OF 54 DEG N" 表示"预报云顶高度为飞行高度层 39 000 英尺，北纬 54°以南"或 "ZHHH AT FL250" 表示"在武汉上空，飞行高度层 25 000 英尺"。

（9）第九组，移动情况或预期移动情况，单位用 km/h 或 KT。如 "MOV E 40KMH" 表示"向东以 40 km/h 的速度移动"。

（10）第十组，强度变化情况。用缩写 "INTSF"（加强）"WKN"（减弱）或 "NC"（无变化）表示。

（11）第十一组，（转下一行）提供上述第三组项规定的有效时期以外的火山灰云轨迹和热带气旋中心的位置和展望（电码 OTLK，即：Outlook）。

3. 举 例

例 1　ZBPE SIGMET 2 VALID 221230/221600 ZBAA–

ZBPE BEIJING FIR OBSC TS OBS AT 1210Z NW OF ZBAA TOP FL250 MOV E 40 KMH WKN

译文：北京飞行情报区气象监视台（ZBAA）发布的有关北京飞行情报区（ZBPE）22 日第 2 份重要气象情报，报文有效时段自 22 日 12:30 （UTC）至 16:00 （UTC）。

在北京飞行情报区，于 12:10（UTC）观测到模糊不清的雷暴，位于北京首都机场西北方向，雷暴顶高为飞行高度层 250，以 40 km/h 的速度向东移动，强度减弱。

例 2　YUCC SIGMET 3 VALID 251600/252200 YUDO-

YUCC AMSWELL FIR TC GLORIA OBS AT 1600Z N2706 W07306 CB TOP FL500 WI 150 NM OF CENTRE MOV NW 10KT NC FCST 2200Z TC CENTER N2740 W07345

译文：Donlon 国际机场气象监视台（YUDO）为 AMSWELL 飞行情报区（以 Amswell 区域管制中心的代码 YUCC 标识）发布的 25 日第 3 份重要气象情报，报文有效时段自 25 日 16:00（UTC）到 22:00（UTC）。

在 AMSWELL 飞行情报区，于 16:00（UTC）观测到热带气旋 GLORIA 位于北纬 27 度 06 分，西经 73 度 06 分，在中心 150 海里范围之内，积雨云顶高为飞行高度层 500，向西北移动，移速 10 knik/h，强度不变。预报 22:00（UTC）时，气旋中心位于北纬 27 度 04 分，西经 73 度 45 分。

例 3　YUDD SIGMET 2 VALID 211100/211700 YUSO-

YUDD SHANLON FIR/UIR VA ERUPTION MT ASHVAL LOC E S1500 E07348 VA CLD OBS AT 1100Z FL310/45O APRX 220KM BY 35KM S1500 E07348 - S1530

E07642 MOV ESE 65KMH FCST 1700Z VA CLD APRX S1506 E07500 - S1518 E08112 - S1712 E08330 - S1824 E07836

译文： Shanlon 国际机场*气象监视台（YUSO）为 SHANLON 飞行情报区（以 Shanlon 区域管制中心/高空飞行情报区的代码 YUDD 标识）发布的 21 日第 2 份重要气象情报，报文有效时段自 21 日 11:00（UTC）到 17:00（UTC）。

在 Shanlon 飞行情报区/高空飞行情报区，ASHVAL 火山喷发，火山位于南纬 15°00′、东经 73°48′。11:00（UTC）观测到火山灰云位于飞行高度层 310 至 450 之间，范围大约为长 220 km，宽 35 km，南纬 15°00′、东经 73°48′至南纬 15°30′、东经 76°42′；向东南偏东方向移动，移速 65 km/h。预计 21 日 17:00（UTC），火山灰云大约位于南纬 15°06′、东经 75°00′至南纬 15°18′、东经 81°12′至南纬 17°12′、东经 83°30′至南纬 18 度 24′、东经 78°36′范围内。

例 4 YUDD SIGMET 3 VALID 101345 / 101600 YUSO-

YUDD SHANLON FIR/UIR CNL SIGMET 2 101200/101600

译文： 气象监视台（YUSO）为 SHANLON 飞行情报区/高空飞行情报区（以 Shanlon 区域管制中心的代码 YUDD 标识）发布的 10 日第 3 份重要气象情报，报文有效时段自 10 日 13:45（UTC）到 16:00（UTC）。

SHANLON 飞行情报区/高空飞行情报区的第 2 份重要气象情报（有效时段 101200 至 101600）取消。

（二）低空区域预报（GAMET）

根据飞行高度层 100 以下的空中交通密度情况，有时需要为这种飞行发布低空区域预报（Low Level Area Forecasts），低空区域预报是区域预报中心发布的覆盖地面和飞行高度层 100 之间（在山区提高到高度 FL150）的区域天气预报。

缩写明语形式的低空区域天气预报采用 GAMET 的形式，GAMET 意为低空区域预报。低空区域预报每 6 h 发布一次，有效时间为 6 h，在不晚于有效时间开始前 1 h 发送到有关气象台。下面介绍报告的格式和内容。

1. 电报格式

电报形式	区域名称	地面风	地面能见度	重要天气	云	积冰
（1）	（2）	（3）	（4）	（5）	（6）	（7）

颠簸	山地波	有效的 SIGMET 信息
（8）	（9）	（10）

2. 内容说明

（1）电报形式的内容包括：

① 地名代码,低空区域预报发往的飞行情报区或管制区域服务的空中交通服务单位的地名代码，例如 "ZSSS"、"YECC"（为虚构地名）等。

② 信息识别符 "GAMET" 和序号；

③ 有效日期、时间；

④ 始发电报的气象监视台的地名代码,后面用连字符 "–" 将报头和报文分开。如 "SUUU –"、"YUDO –"（为虚构地点）等。

（2）区域名称。另起一行，低空飞行区域预报为之发布的飞行情报区或分区的名字，如"ZBAA FIR"、"AMSWELL FIR/2"等。

（3）地面风。大范围的平均风速超过 60 km/h（30KT）的地面风，如"SFC WSPD 10/12 65KMH"表示"地面风：10 时到 12 时为 65 km/h"。

（4）地面能见度。大范围地区低于 5 000 m 的地面能见度，如"SFC VIS:06/08 N OF 51 DEG N 3000M"表示"地面能见度在 06 时到 08 时之间，在北纬 51°以北为 3 000 m"。

（5）重要天气，包括：① 雷暴；② 严重的沙尘暴（已经发布的 SIGMET 报包含的天气现象除外）；③ 山地遮蔽。

如"SIGWX:11/12 ISOL TS"表示"重要天气，11 点到 12 点之间有孤立的雷暴"，"MT OBSC：MT PASSES　S OF 45 DEG N OBSC"表示"山地遮蔽：在北纬 45°以南的山脉模糊不清"。

（6）云。大范围区域的低云或阴天，云底高小于 300 m（1 000 英尺）和（或）有不带雷暴的任何云量的积雨云。如"CLD:06/09 BKN 600F N OF 51 DEG N"表示"云况:06 点到 09 点，北纬 51°以北为多云，云底高 600 ft"。

（7）积冰（对流云中发生的积冰和已经发布的 SIGMET 报中包含的严重积冰除外）。例如"ICE:MOD FL050/080（中度积冰，底高 5 000 ft，顶高 8 000 ft）"。

（8）颠簸（对流云中发生的颠簸和已经发布的 SIGMET 报中包含的严重颠簸除外）。如"TURB:MOD ABV FL90"表示"中度颠簸，高度在 9 000 ft 以上"。

（9）山地波（已经发布的 SIGMET 报中包含严重山地波除外）。如"MTW:MOD ABV FL080 E OF 63 DEG N"表示"中等强度的山地波，出现在 8 000 ft 以上，北纬 63°以东"。

（10）有效的 SIGMET 信息。说明适合于该飞行情报区的 SIGMET 信息是有效的。如"SIGMET APPLICABLE：2，4"表示"SIGMET 电报 2 和 4 适用于该飞行情报区的有效时段内"。

注：从（3）到（10）的每一条可包括在 GAMET 区域预报中，某条中危险天气现象预期不会发生或已经被 SIGMET 情报所包含时就从区域预报中取消该条。当没有出现危及低空飞行的天气现象并且没有合适的 SIGMET 报时，"HAZARDOUS WX NIL"将代替从（3）到（10）所有条款，表示没有重要天气。当包括在 GAMET 区域预报中的危及低空飞行安全的天气现象预期不会发生或不再预报时，就要发一份 GAMET AMD 报，订正的内容仅限于有关的天气要素。

3. 电报举例

例 1　YUCC GAMET VALID 220600/221200 YUDO −
　　　AMSWELL FIR/2
　　　SFC WSPD: 10/12 65KMH
　　　SFC VIS: 06/08 N OF N51 3000M
　　　SIGWX: 11/12 ISOL TS
　　　CLD: 06/09 OVC 800FT N OF N51
　　　ICE: MOD FL050/080
　　　TURB: MOD ABV FL090

SIGMETS APPLICABLE:3，5

译文：YUCC 飞行情报区（或管制区域）空中交通服务单位，由 YUDO 气象监视台发布的低空区域预报，有效时间从 22 日 06:00 到 12:00（UTC），。

有关 AMSWELL 飞行情报区的第二分区的低空飞行区域预报，地面风速：在 10:00 到 12:00（UTC）之间为 65 km/h；地面能见度在 06:00 时到 08:00（UTC）在北纬 51°以北是 3000m；重要天气现象在 11:00 时到 12:00 时（UTC）之间有孤立的不带电的雷暴；云况：在 06:00 到 09:00（UTC）北纬 51°以北阴天，云高 8 000 ft；颠簸：在 9 000 ft 以上中度颠簸，积冰：从 5 000～8 000 ft 为中度积冰；SIGMET 电报 3 和 5 适用于该有效时段和有关分区。

例2 ZBPE GAMET VALID 220600/221200 ZBAA－

ZBPE BEIJING FIR BLW FL100

SECN Ⅰ

SFC WSPD:10/12 65KMH

SFC VIS: 06/08 3000M BR N OF N40

SIGWX: 11/12 ISOL TS

SIG CLD: 06/09 OVC 240/330 M AGL N OF N40 10/12 ISOL TCU 360/2400 M AGL

ICE：MOD FL050/080

TURB：MOD ABV FL090

SIGMET APPLICABLE：3，5

SECN Ⅱ

PSYS：06 L 1004 HPA N40 E110 MOV NE 25KMH WKN

WIND/T: 600 M 270/70KMH PS03 1500 M 250/80KMH MS02 3000 M 240/85KMH MS11

CLD：BKN SC 750/2400 M AGL

FZLVL：900 M AGL

MNM QNH：1004 HPA

SEA：NIL

VA：NIL

译文：由北京飞行情报区气象监视台（ZBAA）为北京飞行情报区（ZBPE）的飞行高度层 3 000 m 以下发布的低空飞行区域预报；预报有效时间从 22 日 06:00(UTC)到 12:00(UTC)；

第一部分：

地面风速：在 10:00（UTC）到 12:00（UTC）之间为 65 km/h。

地面能见度：在 06:00（UTC）到 08:00（UTC）之间，北纬 40°以北，3 000 m，轻雾。

重要天气现象：在 11:00（UTC）到 12:00（UTC）之间，孤立的不带电的雷暴。

重要云况：在 06:00（UTC）到 09:00（UTC）之间，北纬 40°以北，阴天，云底高度距地面 240 m，顶高 330 m。10:00（UTC）到 12:00（UTC）之间，有孤立的浓积云，云底高度高于地面 360 m，顶高 2 400 m。

积冰：在飞行高度层 050 到 080 之间中度积冰。

颠簸：在飞行高度层 090 以上中度颠簸。

SIGMET 电报：第 3 份和第 5 份适用于该有效时段。

第二部分：

现在天气系统：在 06:00（UTC），在北纬 40°东经 110°有一个 1 004 hPa 的低压中心，以 25 km/h 的速度向东北方向移动，强度在减弱。

高空风和温度：距地面 600 m，风向为 270°，风速 70 km/h，温度为 3 ℃；距地面 1 500 m，风向为 250°，风速为 80 km/h，温度为 – 2 ℃；距地面 3 000 m，风向为 240°，风速为 85 km/h，温度为 – 11 ℃。

云况：多云，层积云，云底高距地面 750 m，顶高为 2 400 m。

零度层高度：距地面 900 m。

最低 QNH：1 004 hPa。

海平面温度和海洋状况：没有。

火山灰：没有。

（三）低空气象情报

低空气象情报（AIRMET）是以简写明语的形式提供的有关对地面上的航空器（包括停场航空器、机场设施及机场服务）和在起降阶段的航空器有严重影响的气象情况的简要情报，它扼要地描述有关的发生和（或）预期发生的特殊天气现象。这些天气现象在 SIGMET 中发布的低空飞行区域中不被包括，但会影响低空飞行的安全，并在时间尺度上发展。低空重要气象情报（AIRMET）的有效时间不超过 6 h。

1. 低空重要气象情报的报告内容

低空重要气象情报所涉及的内容一般是发生在低于 FL100（在山区低于 450 m）巡航高度点，如表 12.8 中的某种天气现象。

表 12.8　AIRMET 的报告内容

要　素　含　义	简　写　明　语
大范围地面风速大于 17m/s	SFC WSPD（加风速和单位）
大范围的、下降小于 5 000 m 的地面能见度	SFC VIS（加能见度和单位）
孤立的不带冰雹的雷暴	ISOL TS
分离的不带冰雹的雷暴	OCNL TS
孤立的带冰雹的雷暴	ISOL TSGR
分离的带冰雹的雷暴	OCNL TSGR
山地状况不明	MT OBSC
距地面小于 300 m（1 000 英尺）的多云	BKN CLD（加云底高度和单位）
距地面小于 300 m（1 000 英尺）的阴天	OVC CLD（加云底高度和单位）
不带雷暴的孤立积雨云	ISOL CB
不带雷暴的分离的积雨云	OCNL CB
不带雷暴的频繁积云雨	FRQ CB
中度积冰（对流性云中的积冰除外）	MOD ICE
中度颠簸（对流性云中的颠簸除外）	MOD TURB
中度的山地波	MOD MTW

2. AIRMET 的报告格式

（1）第一组，低空气象情报发往的飞行情报区的空中交通服务部门的地名代码，例如"YUCC"。

（2）第二组，信息标示符和序号，如"AIRMET2"（第 2 号低空气象情报）。

（3）第三组，有效时间段，用世界时。如"VALID 221215/221600"。

（4）第四组，最初发布信息的气象监视台的地名代码，之后用"–"将报文内容分开，如"YUDO –"。

（5）第五组，（转下一行）低空气象情报为之发布的飞行情报区或分区的名字，如"AMSWELL FIR/2"。

（6）第六组，引起发布 AIRMET 的天气现象及天气描述，如"MOD MTW"。

（7）第七组，说明是观测到的（OBS）或是预报的（FCST），以及观测的时间。

（8）第八组，位置（用经纬度表示或国际通用的位置或地理特征）和高度。如：OBS 48.0 DEG N 10.0 DEG E AT FL080（观测到的在北纬 48.0°，东经 10.0°，2 400 m 的高度上）。

（9）第九组，用罗盘八方位和速度（km/h 或 KT）表示移动或预期移动的方向和移速或静止，如："STNR（静止）"。

（10）第十组，强度改变时，使用"INTSF"、"WKN"和"NC"说明"加强"、"减弱"和"不变"。

3. 举例

例 1

YUDD AIRMET 1 VALID 151520/151800 YUSO-

YUDD SHANLON FIR ISOL TS OBS N OF S50 TOP ABV FL100 STNR WKN

译文：气象监视台（YUSO）为 SHANLON 飞行情报区（以 Shanlon 区域管制中心的代码 YUDD 标识）发布的 15 日第 1 份 AIRMET 报，报文有效时段自 15 日 15：20（UTC）到 18：00（UTC）。

在 SHANLON 飞行情报区，观测到孤立的雷暴，位置在南纬 50°以北，顶高在飞行高度层 100 以上，预计稳定少动，强度减弱。

例 2

ZBPE AIRMET 2 VALID 221215/221615 ZBAA –

ZBPE BEIJING FIR MOD MTW OBS AT 1205Z N42E110 FL080 STNR NC

译文：北京飞行情报区气象监视台（ZBAA）发布的有关北京飞行情报区（ZBPE）22 日第 2 份低空气象情报，报文的有效时段自 22 日 12:15（UTC）到 16:15（UTC）。

北京飞行情报区，于 12:05（UTC）观测到中度的山地波，位置在北纬 42°东经 110°，高度在飞行高度层 080，山地波静止少动，预计强度没有变化。

例 3

YUDD AIRMET 2 VALID 151650/151800 YUSO-

YUDD SHANLON FIR CNL AIRMET 1 151520/151800

译文：气象监视台（YUSO）为 SHANLON 飞行情报区（以 Shanlon 区域管制中心的代

码 YUDD 标识）发布的 15 日第 2 份 AIRMET 报，报文有效时段自 15 日 16：50（UTC）到 18：00（UTC）。

SHANLON 飞行情报区的第 1 份 AIRMET 情报（有效时间 151520 至 151800）取消。

五、机场警报和风切变警报

1. 机场警报

机场警报（Aerodrome Warnings）是机场气象台发布的那些对地面上的航空器（包括停场航空器和机场设施）有重大影响的简要气象情报。它是属于区域天气预报（FA）中的一部分，一般采用明语形式提供。当机场发生或预期将要发生下述中的一种或几种天气现象时，就需要发布机场警报：① 热带气旋；② 沙暴；③ 雷暴；④ 尘暴；⑤ 雹；⑥ 扬沙或尘；⑦ 雪；⑧ 强地面风和阵风；⑨ 冻雨；⑩ 飑；⑪ 白霜或雾凇；⑫ 霜。

例如：SLC H FA 191140 VALID UNTIL 191800

　　　　AERODROME WRNG ISOL TSGR STRONG WIND HVY DS

译文：区域天气预报，盐湖城（Salt Lack City）机场危险天气（H 即 Hazards），预报时间 19 日 11:40 时（UTC）。有效时间直到 19 日 18:00 时。机场警报，有带冰雹的孤立的积雨云，地面强风，强的尘暴。

2. 风切变警报

风切变警报（Wind Shear Warnings）是机场气象台观测到或预期将出现风切变时发布的一种简明气象情报。低空风切变能危害跑道及其上空 500 m（1 600 英尺）之间的进近航道上、起飞航道上或盘旋进近期间的航空器的安全，还能危害在跑道上处于着陆滑跑或起飞滑跑阶段的航空器。

风切变警报应用简明语制作，在编制风切变警报时应注意：

（1）进近区域的风切变应报告出空中风向、风速和地面风向、风速；

（2）如飞行员或地面风切变探测遥感设备探测到有微下击暴流（MBST 即 Microburst）时，风切变警报应该包括微下击暴流的位置；

（3）当用飞机空中报告编制风切变警报时，报告中应包括飞机机型。

3. 举例

（1）ZBAA H FA 121030 VALID UNTIL 121200

　　　　AERODROME WRNG FZRA SN STRONG WIND

译文：区域天气预报，首都机场危险天气，预报时间 12 日 10:30 时（UTC）。预报有效时间直到 12 日 12:00 时。

机场警报，有冻雨夹雪，地面强风。

（2）WS WRNG SURFACE WIND 320/20 KMH WIND AT 60M 360/50KMH IN APCH =

译文：风切变警报，地面风 320°，20 km/h，进近区域 60 m 高度上的风为 320°，20 km/h。

（3）WS WRNG MBST APCH RWY26 =

译文：风切变警报，26 号跑道进近区域有微下击暴流。

（4）WS　WRNG B707 REPORTED MOD WS IN APCH RWY34 AT 1510 =

译文：风切变警报，波音 707 报告，15:10 世界时在 34 号跑道的进近区域有中度风切变。

第三节 飞行气象图表

航空气象服务部门除了提供文字电码形式的气象情报外，还常常给飞行机组提供表格式或简图形式的报告和预报。在国内飞行气象服务一章中已介绍过一些图表，现仅介绍表格形式的航站和航路预报以及天气描述图和雷达综述图。

一、表格形式的航站预报

航站预报又称为机场预报，它能简要说明机场在特定时期预期的天气情况。

1. 航站预报的格式

航站预报必须包括地面风、能见度、天气现象和云，以及在此期间预期这些要素的一个或几个重要变化。表格形式的航站预报的格式如下：

机场名称	有效时间	天气变化情况	地面风
（1）	（2）	（3）	（4）
地面能见度	重要天气	云量云状	附注
（5）	（6）	（7）	（8）

2. 内容说明

（1）机场名称。直接写出地名，如"双流机场"、"CAIRO"机场等。

（2）有效时间。说明有效期的起始时间和终止时间，如"03～15"表示从03:00时到15时的12小时预报，"06～06"表示从06时到第二天06时的24 h预报等，有效期为9 h以下的航站预报每3 h发布一次，有效期为12 h以上的航站预报每6 h发布一次。

（3）天气变化情况。表示气象要素的一个或几个重要变化以及变化的时间，变化类型分为"BECMG"和"TEMPO"，可与FM TL AT结合起来描述；另外还用"PROB"表示某种气象要素值出现的概率，而概率有30%和40%两种。

（4）地面风。预报出平均风速和最大风速，单位为km/h，"VRB"表示风向不定。

（5）地面能见度。预报机场的主导能见度，若能见度在不同方向有变化时，应报出最小能见度。

（6）重要天气。预报的重要天气包括：① 冻降水；② 雷暴（伴雨、冰丸、雹、小雹和（或）雪丸、雪或这几种的组合）；③ 中或大雨、雪、冰丸、雹、小雹和（或）雪丸、雨夹雪；④ 飑；⑤ 低吹尘、沙或雪；⑥ 漏斗云（陆龙卷或水龙卷）；⑦ 高吹尘、沙或雪（包括雪暴）；⑧ 其他引起能见度重大变化的现象；⑨ 尘暴；⑩ 沙暴。

同时给出这些天气现象开始、终止或强度变化的时间，"NSW"表示无重要天气。

（7）云。云的预报与日常报电码相同，一般预报出最低层的云及其上面的云，云底高度单位是米，积雨云要报出云状，"NSC"表示没有重要的云。

（8）附注。说明此表格形式的航站预报是何种有效期内的TAF报或修订的TAF报上的摘录。

3. 实 例

表格形式的航站预报见表12.9所列。

表 12.9　表格式航站天气预报

机场名称	有效时期	天气变化类型和时间	地面风平均方向（真度）平均风速最大风速	地面能见度（最小值）	重要天气	云		附注
						最低层的云量、云底高和云状（如是 CB）	较高层的云量、云底高和云状（如是 CB）	
MOMBASA	06～06	TEMPO 09～12	150/15 km/h VRB/20 km/h MAX30 km/h	10 km 200 m	HVY SHRA	SCT 1500 SCT 1000 CB	BKN 1500	
NAIROBI	03～15	PROB 40 TEMPO 03～05 BECMG 05～06	060/05 km/h VRB/03 km/h 060/10 km/h	2 000 m 500 m 10 km	FG NSW	OVC 0200 SCT 1500		EXTRACTED FORM TAF　00－24
KHARTOUM	12～18	PROB 30 TEMPO 12～15	030/05 km/h 030/20 km/h	10 km 100 m	MOD BLSA	SCT 2500		EXTRACTED FORM TAF　06－06
CAIRO	06～06		060/10 km/h		C A V O K			
ROME	12～06	FM14 FM18	270/10 km/h 270/10 km/h 330/15 km/h	2 000 m 5 000 m 10 km	HVY DZRA MOD RA NSW	BKN 500 BKN 1200 BKN 2500	OVC 1500 OVC 2000	TAF 06－06 AMENDED

发布台＿＿＿＿＿＿　气象台＿＿＿＿＿＿　日期＿＿＿＿＿＿　时间＿＿＿＿＿＿（世界时）
机场标高上空的高度

表 12.9 给出了 MOMBASA NA1ROB1、KHARTOUM、CAIRO 和 ROME 几个机场在一定时间内的天气类型和时间、地面平均风、能见度、重要天气、云和一些必要的补充说明。如 MOMBASA 机场，有效时间为 24 h（06～06UTC），地面风方向 150°，平均风速为 15 km/h，09～12 点（UTC），短时波动，风向变化不定，风速 20 km/h。最大风速 30 km/h，能见度 10 km，最小 200 m，有大阵雨，1 500 m 少云，1 000 m 有少量 CB 云，1 500 m 多云。

二、航路预报的表格形式

航路预报简要说明了航路上的高空风、温度、重要天气及其相关的云、0℃ 等温线高度等，在前面我们已经学习过 ROFOR 格式的航路预报电报，这里仅介绍与 ROFOR 电报比较一致的表格式的航路预报。

（一）航路预报的格式

航线情况	有效时间	天气形势特征	航段	高空风及温度
（1）	（2）	（3）	（4）	（5）

重要天气和相关的云	0℃ 等温线高度	对流层顶高度	急流	补充情况
（6）	（7）	（8）	（9）	（10）

（二）内容说明

（1）航线情况。说明航线的起点站和终点站，以及中间经过的地名。

（2）有效时间。标明起飞时段和到达时段，从中可以看出此预报的有效期。如"起飞时间在 10:00 到 12:00 之间，到达时间在 13:00 到 16:00 之间"。

（3）气象形势特征。简要说明航线经过的天气系统，出现的位置和时间，以及移动的速度和方向。

（4）航段。在不同航段上天气不一样时，要说明具体的航段，可用地名或经纬度表示。

（5）高空风及温度。高度用飞行高度层表示，风向用真度，风速用 km/h 或 KT 表示；温

度用 °C，数字前的 M 表示温度为负数。

（6）重要天气和相关的云。航线上的重要天气指是否有颠簸、积冰或雷暴，只有与重要天气相结合的云才标出，同时要预报出用飞行高度层表示的云底高和云顶高。

（7）0 °C 等温线高度。0 °C 等温线高度用飞行高度层表示。

（8）对流层顶高度。对流层顶的高度用飞行高度层表示。

（9）急流。急流要标出用经纬度表示的急流轴位置，急流轴的高度和风速。

（10）补充情况。用来表示预报内容的补充说明或变化。

（三）实　例

表格形式的航路预报见表 12.10 和表 12.11 所列。

表 12.10　表格式航路天气预报

日期					高度（英尺）
航路　　　　从		Biggin Hill	到	Amsterdam　　　经	Airways
有效时期　起飞时间在 　　　　　到达时间在		15：00 17：00	到 到	17：00 21：00	之间 之间
气象形势特征 ACTIVE COLD FRONT FROM HUMBER TO CHANNEL ISIESAT 1000 UTC MOVING EAST AT 20KNOTS TO LIE NORTH/SOUTH ACROSS TRACK ABOUT 40MILES WEST OF AMSTERMDAM BY 1900 UTC					
航段		LONDON	02°E		AMSTERDAM
高空风（真度和 KT） 温度 （°C）	10 000 英尺 5 000 英尺 2 000 英尺	280/30　MS12 290/25　MS03 290/20　PS 03			250/45　MS 09 240/35　00 230/30　PS 06
云		SCT CU　$\dfrac{18\,000}{1500}$ BKN SC　$\dfrac{10\,000}{2\,500}$ BKNAC LYR　$\dfrac{18\,000}{12\,000}$			ISOL EMBD CB　$\dfrac{30\,000}{1\,000}$ BKN ST　$\dfrac{800}{500}$ OVC SC AS LYR　$\dfrac{24\,000}{2\,000}$
能见度		1 500M IN SHOWERS			5 000M IN RAIN AND 1 000M IN THUNDERSTORMS
重要天气		OCNL RAIN SHOWERS MODERATE OCNL SEVERE ICING　$\dfrac{10\,000}{3\,500}$ MODERATE TURBULENCEIN CU　$\dfrac{18\,000}{1\,500}$			MODERATE/HEAVY RAIN ISOLTHUNDERSTORMS MODERATE OCNL SEVERE ICING　$\dfrac{13\,000}{5\,000}$ MODERATE OCNL SEVERE TURBULENCEIN CB AND FRONTAL ZONE　$\dfrac{30\,000}{1\,000}$
0 °C 等温线高度		3 500			5 000
最低海平面气压预报		1 008			1 004
补充情报					

发布台　　　　在　　　1400　　　UTC on　　　20　　由　　　预报员

注：1. 正值和负值分别用前缀"PS"（正）和"MS"（负）来表示。
　　2. 当在预报中，一个要素给出单一数值时，这个数值应理解为：代表该要素在预报期间最可能的平均值阈。

略语：SKC——碧空　　SCT——3/8 ~ 4/8　　BKN——5/8 ~ 7/8　　OVC——8/8　　　LYR——层
　　　LOC——局地　　ISOL——孤立的　　OCNL——偶然的　　FRQ——经常的　　EMBD——隐嵌的

表 12.11　表格式航路天气预报

日期								高度用百英尺气压海拔高度
航线	从	Biggin Hill		到	Amsterdam		经	Airways
有效时期	起飞时间在		15：00	到		17：00		之间
	到达时间在		17：00	到		21：00		之间

气象形势特征
ACTIVE COLD FRONT FROM HUMBER TO CHANNEL ISIESAT 1000 UTC MOVING EAST AT 20KNOTS TO LIE NORTH/SOUTH ACROSS TRACK ABOUT 40MILES WEST OF AMSTERMDAM BY 1900 UTC

航段	LONDON		02°E		AMSTERDAM
高空风（真度和 KT）	FL300	250/50	MS52	230/65	MS50
温度（℃）	FL240	260/40	MS40	240/60	MS36
	FL180	270/35	MS26	240/50	MS24
	FL100	280/30	MS12	250/45	MS 09
重要天气和相关的云		MODERATE TURBULENCE IN SCT CU $\frac{180}{015}$		MODERATE TO SEVERE ICING AND TURBULENCE IN ISOL EMBD CB $\frac{300}{010}$	
℃ 等温线高度		035		050	
*对流层顶高度		－		－	
*急流					
补充情报		－		－	

发布台　　　　在　　　1400　　　UTC on　　　20　　由　　预报员

注：1. 气压海拔高度是相应于气压 1013.2 hPa 的基准高度层以上，标准大气内某一高度层的，以英尺表示的高度。
　　2. 正值和负值分别用前缀"PS"（正）或"MS"（负）来表示。
　　3. 只有与重要天气相关的云才标出。当预期出现时，在相应的机场预报中要标出航站区域内的低层云和雾，
　　4. 当在预报中，一个要素给出单一数值时，这个数值应理解为：代表该要素在预报内最可能的平均值阈。

略语：SKC——0/8　　SCT——1/7 ~ 4/8　　BKN——5/8 ~ 7/8　　OVC——8/8　　LYR——NFC
　　　LOC——局地　ISOL——独立的　OCNL——偶然的　FRQ——经常的　EMBD——隐嵌的

三、天气描述图

天气描述图可以看成是地面天气图的简略形式，它采用简化的台站模式，用图形方式来描述目视飞行天气、临界目视飞行天气和仪表飞行天气条件。当你作飞行计划时，天气描述图为确定总的天气条件提供了极大的帮助。标绘在这个图上的资料来自地面航空天气报告，与地面天气图不同的是它没有气压形式和风的资料。锋的符号和地面天气图中使用的符号一样。天气描述图最明显和有用的特征是仅扫视一下图面就能立即确定不利天气区。

（一）天气描述图的单站格式和内容

1. 天气描述图的单站格式

天气描述图的内容较少，所以填图格式比较简单。如图 12.1 所示，其中站圈内为总云量，左边是能见度和天气现象，下面是云底高度。

能见度	天气现象	○
		云底高度

图 12.1　天气描述图填图格式

2. 内容说明

（1）总云量。天气描述图上的总云量符号与地面天气图的符号一致。

（2）能见度。在天气描述图上，当能见度大于 6 ft 时不填写出来，若能见度为 6 ft 或更小时，则在站圈的左边用英里表示出来。

（3）天气现象。天气描述图上天气现象的符号采用地面天气图的符号。

（4）云底高。站圈下面的数字是那个站的云底高度，单位是 100 ft（与日常航空天气报告电报上的电码数相同）。

3. 阅读举例

图 12.2 为单站实况。

根据以上说明，图 12.2 翻译如下：

总云量 10，能见度为 1/4 英里，天气现象是间歇性小雪，云底高度为 500 英尺。

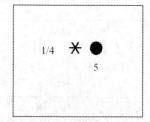

图 12.2　单站实况

（二）天气描述图的分析

1. 锋　线

在天气描述图上最重要的分析内容是锋线，它采用与地面天气图相同的符号。

2. 飞行天气区

天气描述图不像地面天气图上那样分析降水天气区或风沙天气区，而是按能见度和云底高度将天气分为仪表飞行天气区（IFR）、临界目视飞行天气区（MVFR）和目视飞行天气区（VFR）三种。其分析如下：

（1）仪表飞行天气条件区域用闭合的阴影区表示，其天气是云低高小于 1 000 英尺（AGL）和（或）能见度小于 3 英里。可以参考仪表飞行天气区各站的内容来判定形成仪表飞行天气的原因。

（2）临界目视飞行规则用没有阴影的闭合区表示，其天气为云低高 1 000 ~ 3 000 ft（AGL）和（或）能见度为 3 ~ 5 mi。

（3）在未闭合的地区，云低高大于 3 000 ft（AGL），能见度大于 5 mi。

（三）天气描述图举例

图 12.3 的天气描述图中左边有一条静止锋，中间有一段是暖锋，右边是一条冷锋。在图中左上部是大片仪表飞行天气条件区域，表明这里能见度小于 3 mi，云底高度低于 1 000 ft，不能进行目视飞行。

图中站例显示出天空朦胧，云低高 400 ft，天气是连续性中雨，能见度为 1 mi。这里云量符号用"×"表示整个天空不明，当天空不明时总有一个云低高度和它对应，它实际是表示垂直能见度。当天空部分朦胧时也用同样的符号，若朦胧现象之上没有云则没有云低高度，若朦胧现象之上有云，则标出最低云层的云底高。有时必须看一下日常航空天气报告才能区别所告诉的高度是天空部分朦胧时的云底高还是天空被全部遮蔽时的垂直能见度。当云量很少或云较分散而没有朦胧现象时，这时云高表示最低云层的云底高，而且标出形成视程障碍的原因。在此例中，观测时有连续性中雨。

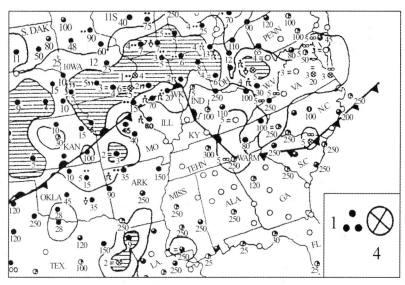

图 12.3　天气描述图

四、雷达综述图

雷达综述图提供的是能被特殊的天气雷达系统探测到的一定形式的天气现象的图形描述。这种系统主要探测云内或从云中下落的降水粒子，因此雷达显示器上可表现出降水区、单个的雷暴单体、雷暴单体的廓线和雷暴活动区，根据雷达观测由计算机绘出雷达综述图。

1. 雷达综述图的主要内容

（1）雷达回波区用黑色实线表示。

（2）恶劣天气监视区用虚线围起来的范围表示，表示该区域内有强烈雷暴或龙卷。

（3）与降水区有关的回波的顶高和底高用数字表示，横线上面为顶高，下面为底高，单位为 100 ft（30 m）。

（4）回波强度用等高线的形式绘出，雷达图形上强度的 6 个等级合并为三条周线。

① 第一周线代表 1~2 级回波，即弱和中度回波（轻到中等降水）；

② 第二周线表示 3~4 级回波，即较强和强回波（较大和大量降水）；

③ 第三周线表示 5~6 级回波，即很强和极强回波（强烈和极强降水）。

（5）雷达回波移动方向用箭头表示，若是雷暴单体，其移动速度用箭头前的数字表示，单位为 KT。而回波线或回波区的移动速度用矢羽表示，一条短线为 10 KT，半条短线为 5 KT。

（6）其余说明见图 12.4。

雷达综述图上常出现回波线，如线状区内回波达到 8/10，则在线的两端标上"SLD"。勾状回波（HOOK）可能与陆龙卷有关，在线形回波中，回波的前方有向前凸出的部分是飑线，它能产生强烈的阵风。灵敏度时间控制（STC）是一种雷达技术特征，它能使附近的回波减弱而增强远处回波的接收力，但这可能使一些回波变得模糊或改变回波间的相对强度。

符 号	说 明	符 号	说 明
	1~2级回波，强度为弱到中等	$\frac{240}{80}$	回波顶高24 000英尺（MSL），回波底高8 000英尺（MSL）
	3~4级回波（第二周线），强度为较强到强	+	强度增大或新回波
	5~6级回波（第三周线），强度为很强到极强	−	强度减小
	虚线表示恶劣天气区	SLD	实心回波，覆盖达8/10
	回波区	LEWP	线状回波
	回波线	HOOK	钩状回波
	雷暴单体向东移动，移速为20 KT	HAIL	冰雹
		WS999	强烈雷暴监视区
	回波线或回波区向东移动，移速为20 KT（1条短线10 KT）	WT999	龙卷监视区
		NE	无回波
		NA	无法观测
		OM	设备维修
		STC	灵敏度时间控制

图 12.4　雷达综述图上出现的部分符号及其含义

2. 雷达综述图实例

图 12.5 的上部有一个恶劣天气监视区，方框的右上方有记号"WS473"，这里字母"WS"表明这个区域是强烈雷暴监视区，数字 473 表示这是今年发布的第 473 号恶劣天气监视报告。图中右下部方框中表示一个降水区，符号"TRW+"表示雷暴和阵雨正在发展，强度正在增加。第二周线表示强或极强回波，上方的"230"表示这个区域内单独的雷暴顶高为 23 000 ft（MSL），从数字到回波区中的线标出了雷暴单体的位置。箭头表示回波区域向东北移动，速度为 18 KT。

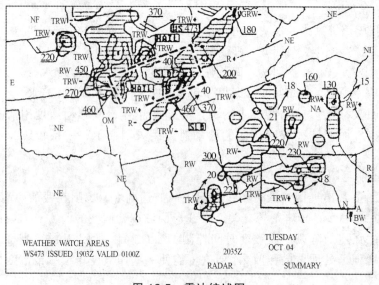

图 12.5　雷达综述图

需要注意的是并不能保证无回波区就是晴天，这是因为雷达只能探测到冻结的或液态的降水，它不能探测到所有的云。例如，雾就不能探测出来，实际的云顶可能高于或低于回波所指示的高度。

尽管雷达综述图是一种极有价值的资料，但它还是有一定的局限性，要知道它仅是在有效期内存在的观测事实。把雷达综述图与天气描述图对照起来看，就能得出云和降水的三维形象。然而由于雷暴发展迅速，因此还要随时寻求新的资料以便得到最新的实际和预报的天气条件。

本章小结

1. "缩写明语"形式的天气报告和预报直观易懂、不解自明。本章中介绍的日常报、特殊报、航站报等内容与以前学过的电码形式的电报相同，不同的仅是表示方法。缩写明语形式的电报更容易翻译，在《航行通告》上发布的重要气象情报、机组气象情报、飞机报告和机场警报等，一般采用简明语言的缩写方式发布。

2. 会编制飞机空中报告对飞行员来说十分重要，飞机空中报告是一种极有价值的信息来源，它们提供了积冰区域、飞机颠簸和风速的详细报告；同时，它也可用于对气象台的观测和预报进行修正。在资料缺乏的地区，飞行员的空中报告极为重要，将重要天气及时准确地报告给空中交通管制部门和气象台，对保障其他飞机的安全有十分重要的意义。

3. 低空区域预报如即"GAMET"，提供了地面到飞行高度层 FL100 之间的重要天气，包括地面大风区、低能见度区、雷暴、飞机颠簸、积冰和山地背风波等重要天气，对保障低空飞行和专业飞行十分重要。

4. 各种报告和电报的翻译，不一定要死记它的格式，重要的是它的天气和一些简略词语的含义。如 WS 表示风切变，MBST 表示下击暴流，NSW 表示无重要天气现象，OBSC 表示模糊不清等。本章后面有大量的习题，通过看讲义上的实例，再多做练习，电报的翻译是不成问题的。

5. 天气描述图和雷达综述图提供了一定区域内的锋面形势、仪表或目视飞行天气区的分布，和雷暴及其强度与降水情况的分布情况。这两种图形都比较简略，它们的优点是一眼就能看清天气的大概形势，而仔细分析又能知道每一个地区的天气。

思 考 题

1. 火山活动报告的主要内容有哪些？

2. 飞机空中报告分为几种？其报告的内容有哪些？

3. 什么叫重要气象情报？什么叫机组气象情报？它们之间有什么区别？

4. 机场警报和风切变警报的主要内容有哪些？

5. 如何应用表格式的航站和航路预报图表？

6. 如何应用天气描述图和雷达概要图？

7. 翻译下面日常航空天气报告电报。

（1）MET REPORT ZUCK 190600Z 320/30KMH MAX40 MNM20 VIS 1800M SA BKN2400M T05DPMS04 QNH1005 =

（2）MET REPORT ZSNJ 171500Z 160/10KMH VIS 800M RWY01 RVR 600M/U FG DZ BKN300M T08DP07 QNH1010 BECMG TL1600 VIS 1200M BR =

（3）MET REPORT ZUUU 281800Z 120/5KMH VIS 1000M FLB DZ VCFG SCT200M OVC1200M T06DP05 QNH998 =

8. 翻译下面特殊报告电报。

（1）SPECIAL ZGGG 151618Z 360/30KMH MAX40 MNM15 HVY TS BKN（CB）1200M =

（2）SPECIAL ZUUU 180115Z VIS 500M TEMPO TL 0200 VIS 800M FG BECMG 0200 VIS 1500M BR =

（3）SPECIAL ZSSS 230040Z VIS 250M HVY DZ FG VER VIS 200M =

9. 翻译下面火山活动报告。

（1）VOLCANIC ACTIVITY REPORT YUSB 221500 MT TROJEEN VOLCANO N5705 W12651 ERUPTED 221335 LARGE ASH CLOUD EXTENDING TO APPROX 25000 FEET MOVING SE =

（2）VOLCANIC ACTIVITY REPORT ZBAA 061520 MT VISUWE VOLCANO N4030 E01145 ERUPTED 061518 SOME ASH CLOUD EXTENDING TO APPROX 28000 FEET MOVING E SLOW =

（3）VOLCANIC ACTIVITY REPORT ZSSS 122015 MT IRIRES VOLCANO S6045 E17530 ERUPTED 121800 LARGE ASH CLOUD EXTENDING TO APPROX 30000 FEET MOVING SW FAST =

10. 翻译下面飞机空中报告。

（1）AFR024 N4223 E14729 0803 FL390 MS52 250/130 SEV ICE =

（2）CCA103 ZBAA 0318 FL300 MS39 220/80 MOD ICE INTSF =

（3）CCA108 ZHHH 0950 FL300 MS35 280/110 MOD CAT NC =

11. 翻译下面航站天气预报。

（1）FCST ZBAA 170000Z 1706/24 120/17KMH VIS8KM BKN500M BECMG 06/08 SCT CB 350M TEMPO 08/12 170/18KMH MAX40 VIS800M MOD TSRA SCT CB 200M FM11 NSW FEW 2500M =

（2）FCST ZSSS 122300Z 1300/13 CALM VIS 1000M BR SCT3000M FM02 VIS 600M FG T12/08Z TEMPO 04/06 VIS 800M FM 06 VIS 2000M BR =

（3）FCST ZSSS 212000Z 2121/08 160/10KMH VIS 800M FBL DZ FG BKN600M TM06/05Z MOD ICE INC FL020 TO FL060 BECMG 02/04 VIS 400M MOD DZ OVC400M =

12. 翻译下面航路天气预报电报。

（1）ROUTE FCST 230600Z 2308/12 KMH ZBAA N35E110 ZGGG TL N35
VIS 2500M MTW OVC1000M TOPS FL200 0 DEG FL120 TL
ZGGG VIS 5000M TS BKN1200M TOPS FL300 0 DEG FL160
HVY ICE
INC FL100 TO FL150 FL200 MS26 240/65KMH
UPPER JET: N43E120 N42E130 105KMH =

（2）ROUTE FCST 080200Z 0802/13 KMH ZBAA N42E102 ZWWW TL
102E SCT（TCU）1500M TOPS FL250 0 DEG FL100 TL ZWWW VIS
800M SAND BKN3900M TOPS FL150 0 DEG FL90 HVY TURB
FL200 TO FL280 FL250 MS20 290/100KMH
UPPER JET: 42N98E 40N106E 130KMH =

13. 翻译下面低空区域预报。

YUCC GAMET VALID 230600/231200 YUDO－

AMSWELL FIR/2

SFC WSPD：11/12 70KMH

SFC VIS：06/08 S OF N52 3000M

SIGWX：10/12 ISOL TS

CLD：07/09 BKN 700FT N OF N50

ICE：MOD FL060/080

TURB：MOD ABV FL080

SIGMETS APPLICABLE：4，5

14. 翻译下面区域天气预报。

FAPN16 KWBC 101300

AREA FCST FL100 TO FL250 VALID 110000 FOR AREA N37E136 N49W107
N27W12 N7E150 N36E134

SYNOPSIS： COLD FRONT N44W180 N30W180 MOV E 20KT COLD
FRONT N42W150 N40W143 W34W130 N29W130 MOV NE 25KT INTSF
SIGWX NIL

ICE： MOD ICE INC FL100 TO FL150 N40W143 N47W140 N47W135 N40W140

15. 翻译下面重要气象情报。

（1）ZSSS SIGMET8 VALID 120800/122000 ZSSS——
ZSSS SHANGHAI FIR TC 99NO.4 OBS 32.5N 128.6E AT 0600UTC FRQ
TS TOPS TO FL350 E OF 160NM CENTRE MOV NW 18KT NC =

（2）ZUGH SIGMET5 VALID 100830/101000 ZUUU——
ZUGH GUANGHAN FIR EMBD TS TOPS FL350 SEV ICE FCST AT
FL200 N 32 E 105 NC =

（3）YUDO SIGMET3 VALID 111200/11600 YUSO——
YUDO SHANLON FIR/UIR FCST TS FCST TOPS FL400 N OF N54 MOVE =

16. 翻译下面低空重要气象情报。

（1）ZGHK   AIRMET12   VALID   181400/181630   ZGGG——

ZGHK   HAIKOU   FIR   FRQ   TS   SEV   ICE   OBS   AT   1350   N20 E110

AT   FL230   MOV   E   INTSF   =

（2）ZUGH   AIRMET5   VALID   201530/201700   ZUUU——

ZUGH   GUANGHAN   FIR   ISOL   TS   MOD   ICE   OBS   AT   1520   N33   E107

AT   FL120   NC   =

17. 翻译下面风切变警报。

（1）WS   WRNG   MBST   APCH   RWY27   =

（2）WS   WRNG   SURFACE WIND 320/20KMH   WIND   AT   60M 360/50KMH   IN
APCH   =

（3）WS   WRNG   SURFACE WIND 360/10KMH   WIND AT 100M   050/40KMH   IN
APCH   =

（4）WS   WRNG   B-737   REPORTED   MOD   WS   N   APCH   RWY04   AT   0815   =

18. 编制飞机空中报告。

（1）法国航空公司 206 航班，08：20UTC 过北纬25°，西经80°，飞行高度30 000 ft，气温 −40°C，风向260°，风速160 km/h，有轻度晴空颠簸。

（2）法国航空公司 414 航班，在世界时 18:15 时，过南纬8°，东经118°，飞行高度25 000 ft，观测到坦博拉（TEMBOLA）火山喷发。该高度气温 −35 °C，风向340°，风速50 km/h，有中度晴空颠簸。大量火山灰云扩散到大约 38 000 ft，并向南方移动。

（3）中国国际航空公司 352 航班，在世界时 14 时 15 分，过北纬 15°，东经 120°飞行，高度 33 000 ft。该高度气温 −26 °C，风向185°，风速 90 km/h，观测到带冰雹的积雨云，中等强度的山地波。

第十三章　航空气象资料的分析和应用

第一节　飞行计划对天气的考虑

一、航空气象资料的提供

在飞行之前以及在飞行之中，机组都可以用不同的方式获取一定的天气信息，这些信息对飞行来说是相当重要的，本节将介绍几种获取气象信息的方式和重要天气信息。

（一）飞行前的天气查询

飞行前，机长可以去机场气象服务室，从计算机终端上查看天气信息，进行天气咨询和要求气象员讲解天气。从中可以获得沿飞行航线、预定着陆机场、备降机场和其他有关机场的现时和预期的最新天气情报，也可要求解释和阐明飞行文件中所包括的情报。

1. 计算机查询

与航空气象服务系统相连的计算机终端，可提供的资料分为图表资料和电码资料两大部分。

（1）图表资料分三个部分，即：雷达资料图、航空天气图、卫星云图。

① 雷达资料图主要是由测雨雷达观测的强对流天气资料，包括雷达综述图、降水分布图，其内容为积雨云和降水区的范围、顶高、底高及其移动方向和移动速度。

② 航空天气图有地面分析图、天气区分布图、危险天气预告图、12 小时高空风预报。

③ 同时提供世界范围的可见光云图和红外云图。卫星云图的资料可以进行动画显示，以便观测各种云系的发展变化情况。

（2）电码形式的气象情报，包括各机场的天气实况报（METAR 和 SPECI）、航站天气预报（TAF）、区域天气预报（FA）概要和目视飞行条件、区域危险天气预报和警报、飞行员天气报告、重要气象情报、重要对流天气预报、高空风和温度预报等。

电码形式的气象情报均可以打印。

2. 飞行前展示给机组成员的气象资料

为帮助飞行机组成员进行有关的飞行准备，在天气咨询和讲解过程中，气象预报员或天气讲解员还展示出下列最新的气象情报给机组。

（1）地面和高空天气图和天气预告图。

（2）天气实况图、METAR 或 SPECI 报，使机组了解起飞、待飞、经停及备降场的天气实况。

（3）SIGMET 和 AIRMET 情报，以及未被 SIGMET 覆盖的特殊空中报告。

（4）气象雷达观测资料和分析资料。通过雷达回波或分析结果便可发现危及飞行安全的天气现象的位置及移动情况。

（5）气象卫星云图或拼图和（或）云层分析。通过它便可以直观地看到航路上待飞、经停及备降场的云和天气系统的情况。

（二）飞行气象文件

气象服务部门将各种电码或图表形式的天气报告或预报组合成一份直观的飞行气象资料，并提供给机组，这就是机组得到的飞行气象文件。一份飞行气象文件应包括下列一些内容：

1. 飞行时间大于两小时的飞行气象文件应包括的信息

（1）航站预报；

（2）预期的重要航路天气现象，相关的对流层顶高度和急流；

（3）空中风和温度实况及预报；

（4）备降场和沿途备降场的天气实况和特殊预报；

（5）相当于航路上头两小时飞行时间的 SIGMET 情报、特殊空中报告，以及火山灰云和热带气旋的 SIGMET 情报；

（6）为低空飞行提供的 AIRMET 情报。

2. 飞行时间小于两小时（含两小时）的飞行气象文件应包括的信息

（1）航站预报；

（2）天气实况、特殊预报、SIGMET 情报和合适的特殊空中报告；

（3）空中风和温度的实况及预报；

（4）预期航路上的重要天气现象和有关的对流层顶高度和急流；

（5）为低空飞行提供的 AIRMET 情报。

（三）气象情报的 VOLMET 广播

供飞行中机组使用的气象情报，常通过 VOLMET 广播获取气象信息。VOLMET 广播是机场气象台的一种对空气象广播，它主要是为飞行中的机组成员提供的。目前我国有些地方（如北京、广州）已配备了这种系统。

1. VOLMET 广播的内容

VOLMET 广播的主要内容有：日常航空天气报告和特殊预报，航站预报和着陆预报、SIGMET 和 AIRMET 情报和风切变警报、高空风和高空温度的情报及飞机空中报告等。

2. VOLMET 广播的方式

VOLMET 广播通常采用甚高频以中英文两种形式广播，其频率分别有 3 285 kHz、8 849 kHz、5 673 kHz、4 358 kHz。广播的时间为每天北京时 08：00 时开始，到 24：00 时结束，每个时次的广播形式和广播地点可见表 13.1 所列。

表 13.1　首都机场 VOLMET 广播的时间、形式及地点

广播时间	广播形式	广播地点
15～20 min	英文	北京、天津、上海、太原、大连、沈阳
20～25 min	中文	北京、天津、上海、太原、大连、沈阳、呼和浩特
25～30 min	中文	青岛、杭州、南京、郑州、 洛阳、西安、兰州
45～50 min	英文	北京、天津、上海、太原、大连、沈阳
50～55 min	中文	北京、天津、上海、太原、大连、沈阳、呼和浩特

VOLMET 广播的方法是用中文和英文将 METAR、SPECI 或 TAF（ADM TAF）进行广播。如：

METAR　ZBAA　222300Z　24006MPS　0600　R21/1000U　FG　DZ　SCT010
OVC020　17/16 Q1018 =

中文广播为："日常航空天气报告，北京首都机场，观测时间 22 日 23 时（UTC）；地面风向 240°，风速 6 m/s；能见度 600 m，21 号跑道视程为 1 000 m，有上升趋势；现在天气有雾、毛毛雨，疏云云高 300 m，600 m 高度上满天云；气温 17°C，露点 16°C，修正海平面气压 1 018 hPa。

总之，飞行机组可以通过飞行前气象员的讲解、气象台展示的资料、飞行气象文件以及在飞行中收听 VOLMET 广播来获取相应的气象信息，以达到安全飞行的目的。

二、飞行计划对天气的考虑

（一）对气象要素的考虑

在气象要素中，要考虑的最重要因素是风、温度、湿度和能见度，这些将决定你的飞行时间、你的准确航线和为你计算飞机的飞行性能提供数据，以及决定是否需要备降机场。

1. 风

由风引起的飞行限制有多种理由：为了飞行安全、防止飞机损坏、保证最佳飞行性能等。你需要考虑风向和目的跑道方向间的关系，考虑平均风速和任何报告过的阵风，它超过平均风速 5 m/s 或更大；此外任何大于 60°以上的风向变化都要引起注意，风对飞行的影响不能被过分强调，但在起飞和着陆过程中却十分重要。让我们看一种典型的情况。

如在 14 号跑道上近进，风向西北吹去，风速为 12m/s，跑道视程和风在这时都不错，但对你的飞机来说已在它们的限度值附近。飞机被允许着陆，但一定要注意最大顺风值是 15 m/s，所以如果风在增大，14 号跑道就不能使用了。

一种可能的选择是绕道进场沿 32 号跑道着陆，但是改变航线并获得着陆许可的时间内，能见度可能进一步变差。

现在看看相反的情况——静风条件，这里有另外一种危险：如果在之前有一架较大的飞机并有较小的风扰乱气流，那有可能遇到尾涡湍流。空中交通管制人员常常注意间隙时间，但也需要做好颠簸的准备。

起飞和着陆过程中的风切变是飞行的大敌，必须特别注意有阵风或风的变化的天气报告。风切变常和一些显著的气象特征相联系，像强风、雷暴和明显的逆温层，所以它常是可以预

料的。离场的飞机可以通过日常航空天气报告获得风切变警报，进近的飞机可通过自动终端信息服务系统，或在紧急的情况下通过空中交通管制部门获得风切变警报。现代化的大型飞机在起飞和着陆阶段能接收到视频和声频的风切变警报。

2. 温度和空气湿度

飞机的飞行性能受到温度的严重影响，例如地面低温能提高飞机性能，但也可能带来积冰的危险。在另一个极端，高的地面温度和较高的相对湿度能降低飞行性能。温度的微不足道变化（甚至在两次报告之间的 1 h 内），也能严重地改变实际天气条件，这可能对起飞和着陆的计算非常重要。

当温度在冰点附近，必须随时警惕，因为低温对飞行的许多方面都有影响。让我们来看一个例子：清晨，微风和碧空——又一个美好活跃的冬日，但是不要大意，还是看一看温度！如果地面上有冰，记住飞机也可能会蒙上一层冰，检查机翼前沿、表面和空速管。你也许还会感到发动机的启动和操纵也有问题，晴朗寒冷的天气可能在柏油道面上也有一层冰，飞机滑行时如履薄冰则不易操纵。

冻雨也是一个问题。必须避免明冰的聚集，因为它会严重影响飞机的性能。当温度在 0℃以下附近时能形成明冰，而雨水正从上面的逆温层落下，在着陆的第五边上，条件可能正好适合明冰的形成。另外，如果飞机在停机坪上停留一宿，飞机机体将变得非常冷。在早晨，雨滴将在机身上黏附得十分牢固。在飞行中，如果你从冷的气层中下降到雨或低的云层中，也会出现同样的现象。

湿跑道也是很危险的，它影响起飞和着陆能力。如果你看到"+RA"，应立即想到它对飞机的性能有什么影响。一个特别的问题是跑道积水会带来水上滑行的可能。

最好是记住：刹车效率越低，侧风风速极限就越小。例如在干跑道上能承受 15 m/s 的侧风，当积冰和刹车效率降低时，将使侧风风速极限减小到 3 m/s。

跑道上已经有一些湿雪，如果温度在 0 ℃ 附近，你应意识到这样可能转化为雪水，这样的条件将影响你起飞和着陆的距离，并且可能碰到滑水现象。

3. 能见度

在寒冬季节，能见度可能是一个主要的问题，有很多因素可使能见度减小：雨、雪以及雾。在小雨中能见度可能很好，但是在大雨中，能见度可降低到几百米。另外的危险是随着能见度的降低可能出现视力错觉，例如雪使物体间的对比度变小，使距离变得模糊，航线被遮蔽。

对能见度的另一个考虑是气温露点差的估计。温度和露点差越小，湿度越大，在这种情况下更容易遇到雾。飞行员必须学会用温度露点差来估计遇到雾的可能。如果是在目视条件下飞行，必须想到能见度和云底高度的限制，落下的或吹起的雪可能突然造成能见度和云底低于你的最低飞行气象条件。

（二）飞行气象图表

在不同的机场获得的实际气象文件有较大的不同：有的办公室可能给一个完整的相关信息袋，包括航路天气预报图、高空风和温度预报图和重要天气预报图，并注明了相应的航线，可以在气象室看到天气图和卫星云图，但其他办公室可能只提供了重要天气图和高空风图。

所有这些图表主要用于飞行的准备、起飞和巡航阶段。

1. 天气图

在飞行准备阶段，需要熟悉预定航线上的天气概况。

（1）地面天气图。在地面天气图上，可以看出航线经过的天气系统，是否有高低压系统和锋面，还可看出航线上有什么天气区，特别要注意的是雷暴区，从单站天气和云的情况可以大致分析出航线上的天气和云的分布。

（2）空中等压面图。在空中等压面图、高空风和温度预报图上，可以看出沿航线的温度和风的分布，长途飞行时往往要参考 300 hPa 以上的图形。在这些图上，所有风矢量在 30 m/s 以上的都被认为是急流。在空中等压面图上还可看出航线是否穿过了槽线或切变线，如果有这些天气系统，飞行中可能会碰到颠簸，高空图上的等高线密集区就是高空急流区，而等温线密集区就是锋区。

2. 航空天气预告图

（1）航路天气预报图。航路天气预报图给出了航线上的云、特殊天气、温度和风，我们可以分析出飞机是在云上、云下还是云层中飞行；可以看出航线上是顺风还是逆风，有左侧风还是右侧风；可以看出航线上是否有雷暴、颠簸或积冰等恶劣天气，以便心中有数，做好准备。

（2）重要天气预报图。让我们仔细看看重要天气预告图，所有这些图显示了典型飞行高度层上某一范围内的重要天气，类似于这样的图适用于机场飞行范围内的所有区域。在重要天气图上，能看出用飞行高度层表示的 0 ℃ 层的高度和对流层顶高度，可以识别出不止一层云，显示云底和云顶高度的数值以飞行高度层给出，如果某个地方的飞行高度层数值高于或低于该图的范围，则用"×××"代替。如果在一片云区内估计有积雨云则标明是"隐嵌的"，它的出现频率用"孤立的"或"有时出现"来表示。

在重要天气预报图上最重要的信息是沿航线的恶劣天气，如除雷暴、颠簸和积冰之外还有山地波、飑线、冻雨等。用虚线围起来的区域是晴空颠簸区，长箭头表示急流轴，风三角给出了一定位置上的风速，也给出了急流所在的飞行高度层。在重要天气预报图上还能看出航线经过的重要天气系统和与之相伴的云的情况。

3. 卫星云图

卫星云图和气压图通常仅供参考，如没有展示出来，可以向气象台要求查看。

卫星云图能提供航线上最清楚的云的情况，可以看出航线上有什么云，是否有积雨云，是否会通过积云、浓积云区，如果要在云中飞行则要估计是否有飞机积冰的可能。卫星云图上可以分析出航线经过的各种云系，如锋面云系、温带气旋云系或赤道辐合带云系，与山脉平行的波状云系往往指示山地波的存在、飞行中会有的颠簸。长途飞行时一定要判断出沿航线是否有急流云系，在北半球它呈反气旋性弯曲并且北部边界清楚，急流轴位于云系的北部边界，急流中飞行通常有颠簸，如果急流云系中出现了横向波动云系，则可能有强烈颠簸。

卫星云图可以帮助分析积冰情况，在显示终端可以选择红外云图，然后选择"云顶温度"，则计算机鼠标所指之处的相关温度会立即显示出来，有的系统还可以分析出等温线，可以看出温度在 0 ℃ ~ − 20 ℃ 的云区范围，从而估计出积冰情况。

但要记住，即使卫星云图上没有任何云系，飞行中还是可能会遇到形成迅速的热雷暴或晴空颠簸，因为很多急流中是没有云的。

在即将结束一长途飞行时，可以从哪里获得有关着陆条件的信息？日常报每小时发布一次，前面的那份日常报现在可能没有用了。航站预报仅是一种预报——为了着陆需要实际天气，在最后进近阶段，自动终端信息服务和最新的日常报都极有价值。在大型运输机上日常报可通过机载打印机获得，但它不能代替和空中交通管制部门的直接联系。

我们已经学习了各种各样的天气报告及如何进行翻译的，但要记住，一个理论上的报告不可能完全代替意识，不要仅仅依赖于所读到的信息，必须学会将理论用于实践，同时要用经验和直觉。气象条件能影响飞行的许多方面，作为一名飞行员，你必须十分留意现场情况和可能的变化，重要的是要记住：不要对天气作假设，如果对天气有疑问，及时找气象人员咨询。

第二节　航空气象保障

一、气象资料的观测

原始的气象资料来自于观测结果。气象资料的观测手段较多，在航空服务上基本可归结为四类，即：气象台对地面和空中的常规观测、卫星观测、雷达观测和航空器的空中报告。

1. 气象台的常规观测

在所有的飞行活动期间内，必须密切地、不间断地监视机场的实际天气情况。一般固定每小时进行一次整点的例行观测，如经地区航行协议确定，也可每半小时观测一次。在两次例行观测时间间隔内，当天气情况发生重大变化时，还要进行特殊观测和报告。

观测一般采用仪器和目测方式进行，所得数据预报员用于气象预报，飞行员和其他有关人员用于判断起飞、降落和航路飞行的天气条件。

观测的内容主要包括：地面风、云、气温/露点、气压、能见度/RVR（跑道视程）、天气现象及其他气象要素（如风切变等），观测结果以 METAR 或 SPECI 的电码形式进行报告。

2. 卫星观测

对于更好地监测锋、台风云团、雷暴活动或大面积雾等的移动和演变情况，卫星观测具有不可替代的作用。气象卫星的观测结果以卫星云图等形式传送到地面，利用这种云图可以识别各种云和天气系统，并通过几次连续的观测，可以知道各种云和天气系统的演变和移动情况，为预报天气提供重要的依据，也是飞行人员和其他有关人员判断飞行气象条件的有力工具。

3. 雷达观测

天气雷达观测可以确定降水回波，尤其是那些与锋面系统、雪、阵雨、雷暴、积雨云和热带风暴相伴随的回波的位置和轨迹。利用这种资料可以及早发现并发布航空安全警报，尤其是机场附近地区重要天气现象的警报。

4. 飞机报告

飞行中的飞机发出的天气报告是高空资料的重要来源，它给出了高空风、温度、颠簸、积冰等情报，以及其他对飞行很重要的情报。尤其在地对空无线电探测受到限制，甚至没有的地方更有价值。

在所有主要的航线上，例行飞机报告一般按照规定的空中交通报告格式（AIREP）发送，报告点约为飞行时间间隔 1 小时的位置点。但是，根据区域航空协议，在高密度空中交通的航路和（或）在有天气网的地区，飞机可免于报告，在遇到可能影响飞行安全或效益的现象时，要进行特殊观测和报告。

近年来，自动化系统如飞机—卫星资料中转已有所发展，在一些长途飞行的飞机上，可从飞机惯性导航系统自动读出风、温度和飞机的位置，该资料由同步卫星收集并转发给选定的地面站，这些地面站把资料转换成标准的飞机报告电码，继续通过全球通信系统传送出去。

二、气象资料的制作和发布

天气服务完全依赖一个高效率的全球资料收集系统。为了能了解我们所获得的信息是如何收集和处理的，我们必须知道一些气象机构是怎样组织的和每一个机构的作用。

世界气象组织（WMO）是联合国的一个特别机构，它为天气观测和报告提供标准和方案。国际民航组织（ICAO）确保天气观测和报告的这些标准与民航的需要相适应，这些国际上公认的天气观测和预报的标准由各个国家机构审阅，国家机构还发布地方性的规则和指导，这些国家机构也负责人员训练。在中国，国家机构是民航总局（CAAC）；在美国，国家机构是联邦航空管理局（FAA）；另外，在欧洲是联合航空管理局（JAA）等。

世界天气监视网（WWW）由世界气象组织运作，它通过计算机网络将数以千计的报告站联系在一起。信息来源于无线电探空仪、气象卫星、飞机、（海洋）天气观测船和地面传感站。有数千个气象站遍布世界各地，它们进行常规观测，并将结果传递给各自的区域中心。世界区域预报中心有两个，分别位于美国华盛顿和欧洲布拉克内尔。它们有同样的功能，并互相提供资料。它们负责预报高空风和温度，并将其传送给各国的区域预报中心。

高空资料由无线电探空仪获得，在世界时的中午和午夜，全球天气监视网上的数百个气象站的无线电探空仪同时升空。这样观测得到的数据叫做"temps"（陆地测站高空压、温、湿、风报告），进入世界区域预报中心的资料有几个高度层，它可以在计算机中建立一个风、温度和湿度的垂直廓线，这些资料是所有预报的基础。在探空资料（temps）被接收后 5 h 内，高空风和温度图便产生了，它和一般天气资料一起被传送到区域天气预报中心。

地面资料的观测包括能见度、现在和过去天气现象、气压等，这些资料每小时一次来自气象局的数千个天气站。其他如商务船、（海洋）天气观测船和自愿者操纵的独立气象站以每小时一次或每三小时一次的间隔观测和传递资料。每隔一定时间的观测所获得资料叫做"梗概"（synopsis），所有的最新天气资料输入计算机，用这些资料和数据库中已知的参数，作出一级预报。计算机初次运行的输出由人工检查，这样每天两次的全球预报就产生了。

尽管通过格点可以相当简单地对高空天气资料进行分类，但是其他的气象要素诸如雷暴、锋面和降水却不能用这种方法来分类。这项工作就转交给了区域预报中心。

各国的区域预报中心收集所有的由国际网络输入的天气信息，并为在其负责的地区内的气象台准备天气图。它们也提供当地的信息到网络上，例如特殊的天气现象。每个区域预报中心接收网格点资料，并每 6 h 发布一次显示高空风、温度和对流层顶高度的高空图。

当然，区域预报中心（RFC）不仅仅提供航空天气信息，他们也给商业用户提供服务。例如航海、媒介机构和农业企业，同时他们也是那个国家气象资料的主要来源。

这条链上的最后一环是机场气象台。大多数航空站有一个气象室，为飞行员提供天气信息服务，发布各种各样的报告和预报，接收所有来自区域中心的资料，并为飞行员制作天气简报。天气简报的信息是基于从区域中心和其他机场所接收的资料，再根据当地报告和预报的天气条件进行补充修正。定时获得的卫星云图也应用于天气分析，有三种云图：红外云图、可见光云图和水汽图。机场气象台为本机场的所有飞行提供服务。这里发布地方天气警报，例如风切变和逆温层。

有很多图表被制作出来，它每隔一定时间由区域中心传送过来，这些图表使你能得到整个区域天气条件的概况，特别是能够了解到锋面系统的移动。气象监视台独立地监视在飞行情报区内出现的天气条件，并发布重要气象情报警告。

任何机场所提供的资料都要精益求精以满足本地飞行的需要。另外，气象台发布的报告和预报的种类及次数，都符合国际民航组织和国家机构的规定。

气象台有义务为飞行员展示他们所接收的或制作的资料，并在必要时为机组提供帮助。

在小型机场，气象台有责任为飞行员作现场指导，但在主要的机场，大量的飞行使得只有飞行员自己讲解天气才能行得通。无论用什么方法，都要依靠对气象学的深刻理解去翻译信息，并且要知道你的飞行需要何种报告。

一些信息来源于电话录音，特别是目视飞行员能用这种方法了解低空的天气信息，例如自动终端信息服务（Atis）和专用航空预报（Gafor）。

许多在地面获得的资料在飞行中也可以得到，在每次起飞前，都应作好充分的准备。起飞后，你可以通过"飞行中气象服务"去检验目的地的天气，并要注意恶劣天气警报。

有关这些信息的内容和怎样获得它们的详细资料在飞行指南中可以查到。

为你的飞行收集所需要的全部信息并对天气形势有一个清楚的概念是你的责任。气象台提供资料，但是你必须能正确理解。如果需要更多的信息，应告诉气象台值班人员。最后，如果天气状况看起来有问题，根据飞机和经验，飞不飞由飞行员决定，而不是由大量的书面天气资料来做这种决定。

飞行气象资料的采集、制作和发布是一个连续统一的整体，飞行气象服务通过这一过程而得以实现，图 13.1 表明了飞行气象服务的全过程。

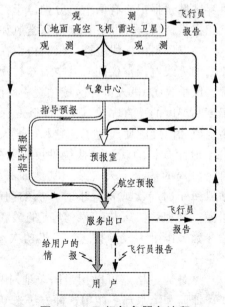

图 13.1 飞行气象服务流程

本章小结

1. 飞行计划实际上就是在现在和预报的天气条件下怎样飞行的计划，即使是定期航标，在不同的天气条件下飞行计划也可能有很大不同。根据所获得的气象资料做飞行计划，是对航空气象理论的综合应用。首先要对获得的飞行气象资料有充分的理解，而且要了解气象要素对飞行的影响，知道天气形势演变的规律。同时，在飞行中也要随时对所出现的天气作出判断，根据飞机的性能，做出正确的选择。

2. 气象资料的采集、制作和发布是一项世界性的工作。在世界气象组织的统一运作下，各种观测系统在协调地工作，及时采集气象资料；由世界区域中心作出一级预报，各国的区域预报中心再据此作出天气图；各地气象台收集区域中心的资料，制作和发布各种简报和预报，机场气象台还负责为机组提供气象服务。但飞行人员一定要能理解、分析和应用所获得的气象资料。特别是在飞行中，及时获得气象资料，根据自己的气象知识进行正确的分析和判断，采取恰当的措施，才能保障飞行安全。

思 考 题

1. 什么叫 VOLMET 广播、广播的内容主要有哪些？
2. 在做飞行计划时，怎样考虑气象要素的影响？
3. 怎样利用卫星云图估计航线上的天气状况？
4. 航空气象资料是怎样探测的？
5. 机场气象台的任务是什么？

附录 VOLMET 广播英文字库

一、开始语

（Beijing）Meteorological Information For Aircraft In Flight （北京）飞行气象情报

二、日常报及特殊报用语

1. 报头

METAR——Met Report

SPECI——Special Report

2. 时间

2400Z——too fow-er ze-ro ze-ro zulu

0030Z——ze-ro ze-ro tree ze-ro zulu

0100Z——ze-ro wun ze-ro ze-ro zulu

……

2300Z——too tree ze-ro ze-ro zulu

2330Z——too tree tree ze-ro ze-ro zulu

3. 地名

ZBAA——Beijing	ZBYN——Taiyuan
ZBTJ——Tianjin	ZBHH——Hohhot
ZYTL——Dalian	ZYTX——Shenyang
ZYHB——Haibin	ZSSS——shanghai
ZSHC——Hangzhou	ZSNJ——Nanjing
ZSOF——Hefei	ZSNB——Ningbo
ZSQD——Qindao	ZLXY——Xian
ZLLL——Lanzhou	ZHLY——Luoyang
ZHCC——Zhenzhou	ZWWW——Urumqi
ZGSZ——Shenzhen	ZGOW——Shantou
ZSAM——Xiamen	ZSFZ——Fuzhou
ZSWZ——Wenzhou	ZGGG——Guangzhou
ZGKL——Kuilin	ZGHK——Haikou
ZGNN——Nanning	ZSCN——Nanchang
ZGSY——Sanya	VMMG——Aomen/MACAU
ZGSA——Changsha	ZHHH——Wuhan
ZUUU——Chengdu	ZPPP——Kunming

ZUCK——Chongqing   ZUGY——Guiyang

ZYCC——Changchun   ZBSJ——Shijiazhuang

ZSTN——Jinan   ZLIC——Yinchuan

VHHH——HongKong   RCTP——Taibei

RCKH——Gaoxiong

4. 平均风

风向 360——tree six ze-ro degrees

      010——ze-ro wun ze-ro degrees

      020——ze-ro too ze-ro degrees

      ……

      340——tree fow-er ze-ro degrees

      350——tree fife ze-ro degrees

阵风标志符   G——gust

风速 01——ze-ro wun   02——ze-ro too

      ……

      10——wun ze-ro   11——wun wun

      ……

      49——fow-er nin-er   50——fife ze-ro

单位   MPS——meters per second

      KT——knots

      KMH——kilometers per hour

5. 风向变化

$d_nd_nd_nVd_xd_xd_x$

读作   Wind direction change from $d_nd_nd_n$ to $d_xd_xd_x$

备用词   SFC WND——surface wind

        WD——win direction

        WS——wind speed

        VRB——variable

6. 能见度

0000——visibility less than fife ze-ro meters

0050——visibility fife ze-ro meters

0100——visibility wun hundred meters

0150——visibility wun fife ze-ro   meters

……

0500——visibility fife hundred meters

0600——visibility six hundred meters

……

5000——visibility fife thousand meters

9000——visibility nin-er thousand meters

9999——visibility more than ten kilometers

方向　　　N——north　　　　NE——north-east

　　　　　E——east　　　　　SE——south-ease

　　　　　S——south　　　　SW——south-west

　　　　　W——west　　　　NW——south-west

最大能见度　　$V_xV_xV_xV_x$　读作　maximum visibility $V_xV_xV_xV_x$

CAVOK——kav:kei

备用词：　　　大于——more than　　小于——less than

7. 跑道视程

$RD_RD_R/V_RV_RV_RV_Ri$

"R"　——R—V—R

DRDR 跑道标号：　　01——runway ze-ro wun

02——runway ze-ro too

……

36——runway tree six

D_RD_RL——D_RD_R lima　　　D_RD_RR——D_RD_R romeo

D_RD_RC——D_RD_R charlie

i（跑道视程变化趋势）

明显上升　U——Up ward

不　　变　N——No distinct tendency

明显下降　D——Down ward

$RD_RD_R/V_RV_RV_RV_RVV_RV_RV_RV_Ri$ 与上面不同的是在前四个 V_R 前加读 minimum，在后四个 V_R 前加读 maximum 即可。

当出现 $RD_RD_R/PV_RV_RV_RV_R$ 或 $RD_RD_R/MV_RV_RV_RV_R$ 时，P 读 more than，M 读 less than。

8. 天气现象

（1）强度和地点

"－"——soft　　　"＋"——heavy

VC——vicinity of the aerodrome

（2）描述

MI——shallow　　　　　BC——butches

DR——low drifting　　　BL——blowing

SH——showers　　　　　TS——thunderstorm

FZ——freezing

（3）降水

DZ——drizzle　　　　　RA——rain

SN——snow　　　　　　SG——snow grains

IC——ice prism　　　　PE——ice pellets

GR——hall　　　　　　GS——soft hall

（4）视程障碍

BR——mist FG——fog

FU——smoke VA——volcanic ash

DU——dust SA——sand

HZ——haze

（5）其他

PO——dust devile SQ——squall

FC——funnel cloud tornado SS——sandstorm

DS——dust storm

9. 云

云量 SCT——scattered BKN——broken

OVC——overcast FEW——few

垂直能见度 VV——vertical visibility

碧空 SKC——sky clear

NsNsNs///（云底低于测站）——cloud base low than station

VV///（无垂直能见度）——nil vertical visibility

CB——cumulonimbus TCU——towering cumulus

10. 温度和露点

$T'T'/T_d'T_d'$

$T'T'$——temperature + 英文数码

$T_d'T_d'$——dew point+英文数码

$MT'T'$——temperature minus+英文数码

$MT_d'T_d'$——dew point minus+英文数码

°C——centigrade degrees

°F——Fahrenheit degrees

11. 海压

$QP_HP_HP_HP_H$ 或 $AP_HP_HP_HP_H$

Q 或 A——Q—N—H $P_HP_HP_HP_H$——英文数码

12. 补充报告

REW'W'

RE——recent report

13. 风切变

WS TKOF RWYDRDR 或 WS LDG RWYDRDR

WS——wind shear TKOF——take off

LDG——landing RWY——runway

14. 趋势预报

TTTTT 或 NOSIG

BECMG——becoming TEMPO——temporary

NOSIG——No significant change

15. 变化时间

TTGGgg

FM——from   TL——till

AT——at

16. 其他

NSW——nil significant weather

NSC——nil significant cloud

三、预报用语

1. TAF——forecast

2. TAF AMD——ammended forecast

3. 时段用 Between G_1G_1 ze-ro ze-ro and G_2G_2 ze-ro ze-ro

4. TT_FT_F/G_FG_FZ 组

Temperature T_FT_F degrees centigrade at G_FG_F ze-ro ze-ro zulu

5. $6IcHiHiHit_L$ 组

6Ic：   61——light icing   62——light icing

         63——light icing   64——moderate icing

         65——moderate icing   66——moderate icing

         67——severe icing   68——severe icing

         69——severe icing

HiHiHi：   Above HiHiHi × 30 meters

T_L：   0——up to cloud top

1—9——thickness t_L × 300 meters

6. $5BH_BH_BH_Bt_L$ 组

5B： 51——light turbulences   52——moderate turbulences

       53——moderate turbulences   54,55——moderate turbulences

       56,57,58,59——severe turbulences

7. $PROBC_2C_2$ GGGeGe 组

PROB——probability

GGGeGe——between GG ze-ro ze-ro and GeGe ze-ro ze-ro

四、结束语

Broadcast is Over, Thank You!

参 考 资 料

[1] 空军司令部. 航空气象学[M]. 北京：蓝天出版社，1989.

[2] 陆瀛洲. 高空高速飞行气象条件[M]. 北京：气象出版社，1994.

[3] 蔡成仁. 彩色气象雷达[M]. 北京：国防工业出版社，1992.

[4] 张培昌等. 雷达气象学[M]. 北京：气象出版社，1988.

[5] 陈廷良. 现代运输机航空气象学[M]. 北京：气象出版社，1992.

[6] 杨国祥. 中小尺度天气学[M]. 北京：气象出版社，1983.

[7] 〔美〕TT·藤田. 下击暴流[M]. 北京：气象出版社，1981.

[8] 朱乾根等. 天气学原理和方法[M]. 北京：气象出版社，1979.

[9] 〔日〕伊藤博. 航空气象学[M]. 北京：科学出版社，1981.

[10] 高圣民等. 预报训练手册[R]. 北京：中国民航北京训练中心，1992.

[11] 中国民用航空局. 民航地面气象观测规范[R]. 北京：中国民用航空局，1991.

[12] 高国际等. 气候学[M]. 北京：气象出版社，1988.

[13] 盛承禹. 世界气候[M]. 北京：气象出版社，1988.

[14] 张象诚. 季风[M]. 北京：气象出版社，1984.

[15] 中国人民解放军空军司令部. 航空气象云图. 北京：中国人民解放军空军，1973.

[16] 徐秋华等. 西南气候[M]. 北京：气象出版社，1991.

[17] C·S·拉梅奇. 季风气象学[M]. 北京：科学出版社，1978.

[18] 林之光. 中国气候[M]. 北京：气象出版社，1987.

[19] 赵树海. 航空气象学[M]. 北京：气象出版社，1994.

[20] Private Pilot Maneuvers, Teppesem sanderson, Inc, 1988.

[21] Tom Morrison. Weather for the New Pilot[M]. Iowa state University Press,1991.

[22] U.S. Department of Transportation. Federal Aviation Administration[S]. Pilot's Handbook of Aeronautical Knowledge, 1983.

[23] P.K.Rao 等. 气象卫星——系统、资料及其在环境中的应用[M]. 北京：气象出版社，1984.

[24] 中国民航总局空中交通管理局. 机场报告和预报电码使用手册. 北京：1997.

[25] 〔英〕M.J.巴德等. 卫星与雷达图像在天气预报中的应用[M]. 北京：科学出版社，1998.

[26] 中国民航总局空中交通管理局. 天气预告图制作规范（试行）. 北京：1999.

[27] 章澄昌. 飞行气象学[M]. 北京：气象出版社，2000.

[28] 中国民航总局空中交通管理局. 航空气象简明应用手册. 北京：中国民航总局空中交通管理局，2001.

[29] 国际民航组织. 国际航空气象服务：国际民用航空公约附件三[R]. 北京：国际民航组织，2004.

[30]　陈渭民. 卫星气象学[M]. 北京：气象出版社，2003.

[31]　张培昌等. 雷达气象学[M]. 北京：气象出版社，2005.

[32]　Stanley Q.Kidder, Thomas H.Vonder Haar. Satellite Meteorology（an introduction）[M]. Academic Press, 1995.

[33]　Terry T. Lankford. Radar & Satellite Weather Interpretation For Pilots. McGraw-Hill, 2002

[34]　Eric D. Conway and the maryland space grant consortium. An Introduction to Satellite Image Interpretation[M]. The Johns Hopkins University Press, 1997.

[35]　Aviation Weather For Pilots and Flight Operations Personnel. Department of Transportation Federal Aviation Administration Flight Standard Service and Department of Commerce National Oceanic and Atmospheric Administration National Weather Service[M]. ASA Publications, 1975.

附 图

附图1 淡积云

这是发展中的淡积云，云底平整，略有淡影。上部几块云云顶呈圆弧形凸起，远处几块较扁平。

附图2 浓积云

个体高大的浓积云，轮廓清晰，呈灰白色，垂直发展旺盛，如奇峰耸立。云顶圆弧形重叠明显，很像花椰菜。

附图3 秃积雨云

图中是发展旺盛的浓积云演变而成的秃积雨云，云顶已开始冻结，圆弧形重叠，轮廓模糊。

附图4　砧积雨云

　　图中的鬃积雨云是由秃积云发展而成的。云顶有明显的白色毛丝般的纤维结构，由于云上部有稳定层阻挡，云顶已扩展成砧状。

附图5　积雨云底

　　强烈发展的积雨云，云底成滚轴状，中心黑暗区正在下暴雨。

附图6　碎积云

　　这是冬季出现的碎积云，形状多变，边缘破碎，轮廓很不完整，靠左边的一块碎积云正逐渐向淡积云发展。

附图7 透光层积云

这是一种比较典型的透光层积云，云层由大而松散的云块组成，排列成行。云块稍厚，底部呈暗灰色。边缘较薄而明亮，云隙之间露出蓝天。

附图8 蔽光层积云

形态典型的蔽光层积云，由几乎平行的大云条组成，犹如起伏的长浪，胜似大海的滚滚波涛。云层很低而且很厚，布满全天，任何部位都能遮蔽太阳，因此云底显得十分灰暗。

附图9 积云性层积云

积云性层积云从积云（积雨云）演变过来后，在衍展过程中各部分也是不平衡的，所以形状各异、厚薄不均，差别很大。

附图10　堡状层积云

图中远处有三条云底平整、顶部突起有许多小云塔、类似城堡的堡状层积云，上部是透光层积云分散在天空。

附图11　层云

云底高度只有几十米，遮蔽了前方的山顶。云下能见度很差，右前方的房屋还很看清，左边景物逐渐模糊，直至完全不能分辨。

附图12　碎层云

此图为阿佤山上的碎层云，云底很低，云片很薄，均呈白色，顶部也很破碎。当时碎层云正沿着层层梯田上升，到中午前后全部消散。

附图13　雨层云

　　典型的雨层云。当时正在下雨，能见度已经变坏，1000米远处的景物已经模糊。

附图14　碎雨云

　　图的背景是布满全天的蔽光高层云，云体均匀成层，呈灰色。当时测站正在下雨，雨滴蒸发形成碎雨云，云块破碎飘游不定，不断消散和生成，呈深灰色。

附图15　透光高层云

　　这是形态比较典型的透光高层云。云层比较均匀，呈蓝灰色，隔着云层可以清楚的看到太阳的光点，但轮廓模糊，像隔了一层毛玻璃。

附图16　透光高积云

　　云层由近似平行的云条组成，云条之间露出蓝天。云底像大海的滚滚波涛，似乎广阔无边。

附图17　荚状高积云

　　云体中间厚边缘薄，云体中间呈暗灰色，边缘呈白色，轮廓分明，呈豆荚或椭圆形，孤立分散在天空。

附图18　絮状高积云

　　云块大小不一，边缘破碎，很像小块的碎积云，但出现的高度较高。天边还有浓积云和砧状积雨云，说明大气处于不稳定状态，有利于积雨云的发展。

附图19　密卷云

　　云片洁白光亮，中部较厚，边缘有卷曲纤细的云丝，纵横交错，分布相当杂乱，是由高空很强的乱流造成的。

附图20　卷层云

　　呈均匀幕状，看不出纤维结构，晕圈非常明显。由于云层很薄，几乎不减弱阳光，如无晕圈，容易误认为无云。

附图21　卷积云

　　云块小而洁白，排列成行，云块之间显露蓝天。左上方和右下方的卷积云都与密卷云相连。

航空气象（第二版）

HANGKONG QIXIANG

 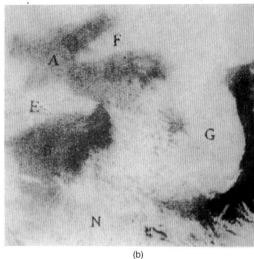

(a)　　　　　　　(b)

附图22　红外云图上地表色调的季节差异

　　图(a)中，辽东半岛、山东半岛、朝鲜半岛因白天太阳加热使地面温度升高，因而呈现灰暗的色调，毗邻的渤海、黄海呈现灰白色；在图(b)中，由于冬季陆地冷却，温度低于海面，海陆色调正好与图(a)中的相反。在K处是卷云区。

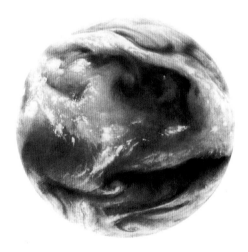

附图23　水汽图

　　这是 1988年 2月 9日
11：55(UTC)Meteosat卫星
的水汽图，图像中大尺度
流型特别引人注目。

附图24　横断山脉积雪

　　右图显示了横断山脉
的积雪，树枝状黑线是山
谷，其走向与该地的河流
方向一致。

附图25 可见光云图上的地表特征

左图是1998年2月9日12：00（UTC）的可见光云图，图中D是撒哈拉沙漠，N是尼罗河沿岸带状耕作区，V为非洲热带雨林，G是太阳耀斑。

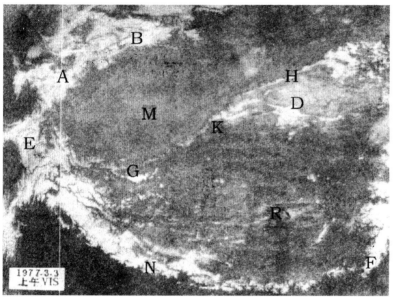

附图26 青藏高原地表特征

左图是我国青藏高原地表的可见光云图，图中A－B为天山积雪，M处是塔里木盆地，E为帕米尔高原积雪，G－K为昆仑山积雪，N－F为喜马拉雅山脉积雪，D为柴达木盆地，R处是高原上的湖泊。

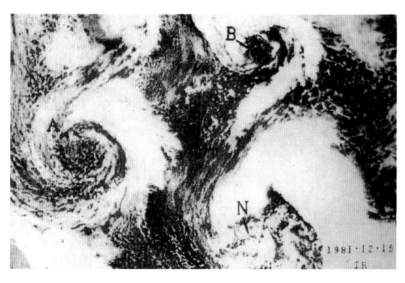

附图27 涡旋和细胞状结构云系

这是北大西洋地区的IR云图，图中显示了A、B、N三个涡旋及其相联的云带和细胞状结构云系。

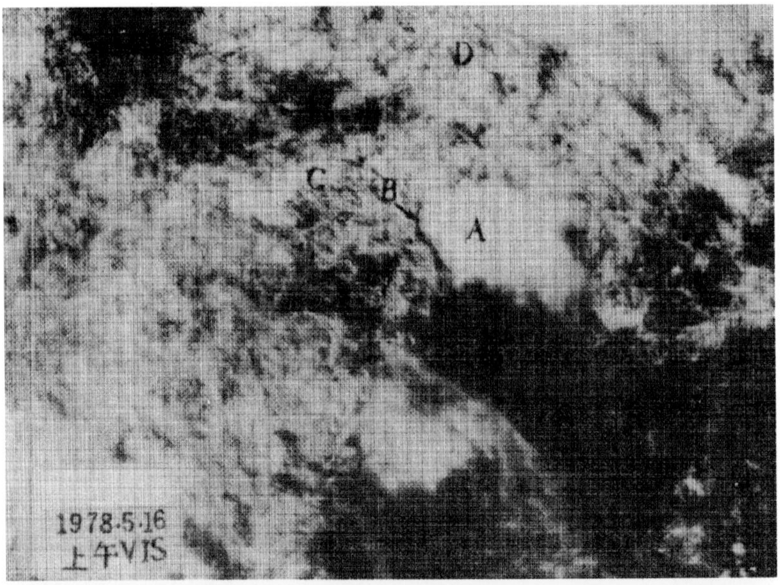

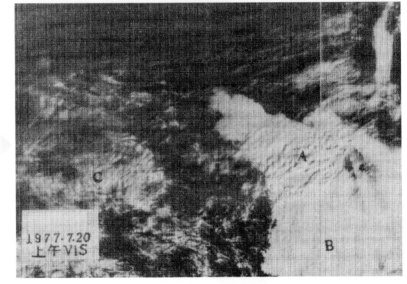

附图28　积雨云的暗影

图中A是夏季我国南方的积雨云，在积雨云西南侧B处具有明显的暗影；D处的云单体尺度小，云顶高，也具有暗影；C处的云系暗影不明显，主要为积云和浓积云。

附图29　四川盆地上卷云的暗影

在右图中，B是大片均匀的中低云区，在可见光云图上色调明亮，A为云区B上空的卷云，这片卷云在B云区上投有明显的暗影；云区C在云图上纹理不均匀，说明云顶高度不一。

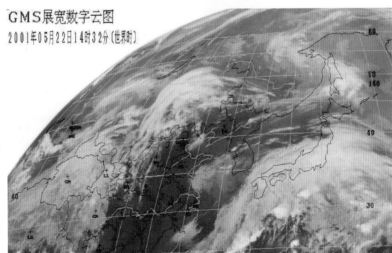

附图30　纤维状卷云

2001年5月22日14:32时的红外云图。图中，我国内蒙北部和太平洋上有大片卷云区，卷云中的纤维状纹理清晰可见，与高空风的走向一致。

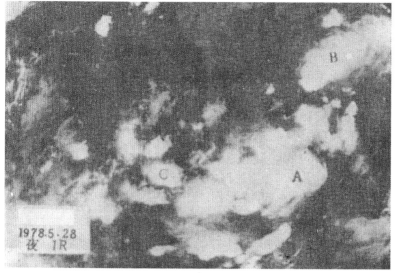

图31 积雨云团

左图显示了我国南方夜间的积雨云团群A、B、C，其四周仅有一些短的卷云羽，表明该处高空风较小。

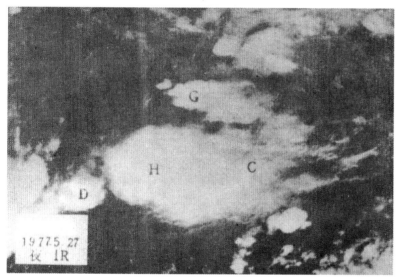

附图32 高空风大时的积雨云

这是一张红外云图，图片显示了青藏高原南侧高空风很大时的积雨云，G、H、D表现为上风边界整齐，下风方向C上出现卷云砧，云系色调越来越暗，积雨云母体处色调很白。

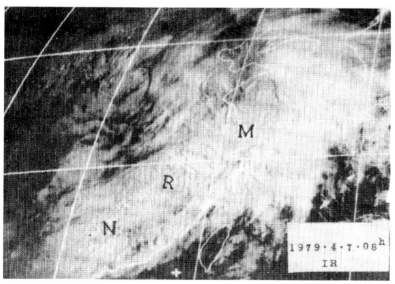

附图33 与锋面气旋相联的中云区

左图为VIS，图中M-N是与气旋相联的中云区，R处表现为多起伏，说明该处云层厚薄不一，云中有对流，色调最白处与降水相联。

附图34 积云线和中尺度涡旋

右图中，K、B处为积云线，D处为未闭合细胞状云系，H处为涡旋状云系，E处为海冰。

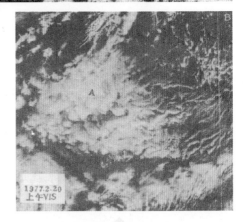

附图35 台湾岛上的积云浓积云

附图36 太平洋上的闭合细胞状云系

(a)

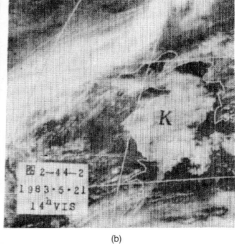

(b)

附图37 黄海雾区

图(a)、(b)分别为上下午的VIS云图，在上午云图中，黄海雾区(K)伸至陆地；在下午云图上，陆上雾消散，海雾西界与山东和苏北海岸线一致。

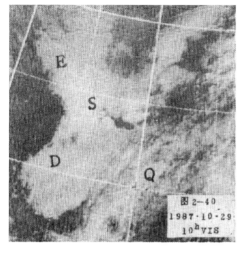

附图38　四川盆地雾区

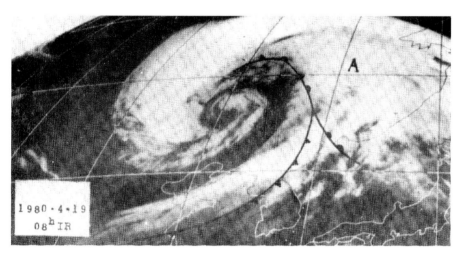

附图39　9806号台风的IR云图

附图40　东北低压云系

　　这是东北低压成熟时的IR云图，图中云系表现为围绕中心的涡旋状。

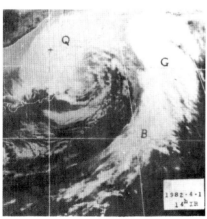

附图41　逗点云系

　　太平洋上出现的逗点云系，图中G-B是围绕低压旋转的云带，云带呈气旋性弯曲。

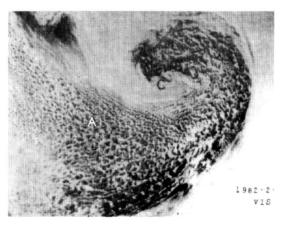

附图42　低压周围的细胞状云系

　　图中，C是气旋云系中心，A处是围绕这中心的大片未闭合细胞状云系。

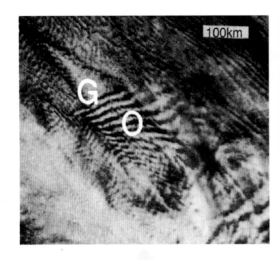

附图43　山地波中的波状云

山地波中的波状云系，图中G处是山脉，O处是背风波云，云条平行排列与山脉走向一致。

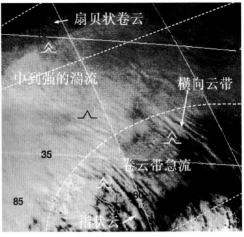

附图44　高空急流中的横向云带

GOES卫星的可见光云图，显示了直气流中的横向云带和扇贝状卷云，虚线包围的为中或强的湍流区。

**附图45　活跃的冷锋和
不活跃的冷锋**

图中在500hPa槽前，冷锋表现为完整连续的活跃冷锋云带，500hPa槽后为云系断裂，高空风与其近于垂直的不活跃冷锋云带。由于春季气温升高，锋后细胞状云系明显减少。

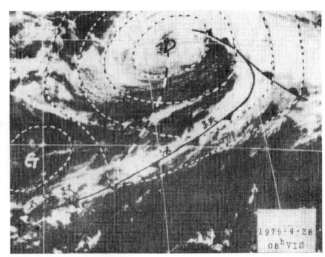

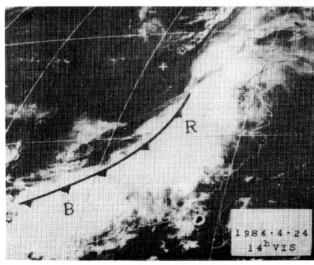

附图46　南方冷锋云系

附图46中，R-B是我国南方的冷锋云带，云带宽达4个纬距，左界整齐，且呈气旋性弯曲。

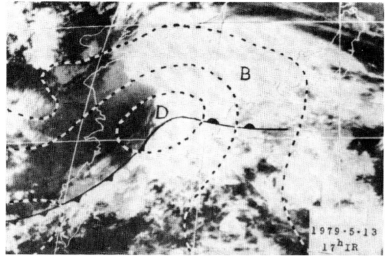

**附图47 发展气旋中的
暖锋云系**

在卫星云图上，暖锋
表现为一片向北凸起的卷
云覆盖云区，其长宽比很
小。左图中，B是气旋处
于发展阶段的暖锋云系。
云系呈反气旋弯曲，以卷
云为主，暖锋定在暖锋云
系下方的某个地方。

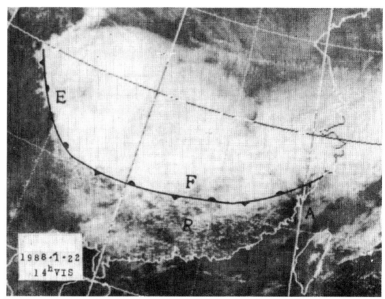

**附图48 冬季南方静止
锋云带**

图中，E-F是我国南方
的静止锋云系，云系白亮而
均匀，在锋前暖区(R)内为
纹理不均匀的积云浓积云，
A处是锋前洋面层状云。

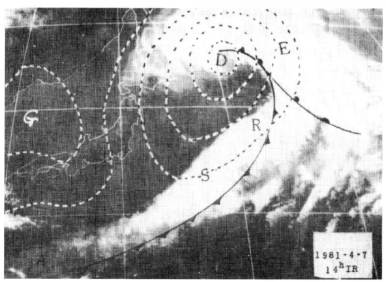

附图49 锢囚锋云系

锢囚锋云系表现为一
条从暖区顶端出发，按螺
旋形状旋向气旋中心的云
带，图中显示了具有冷暖
锋结构的锢囚气旋，E为
锢囚锋云带，锢囚锋定在
云带后界附近，其后表现
有明显的、宽的干舌。

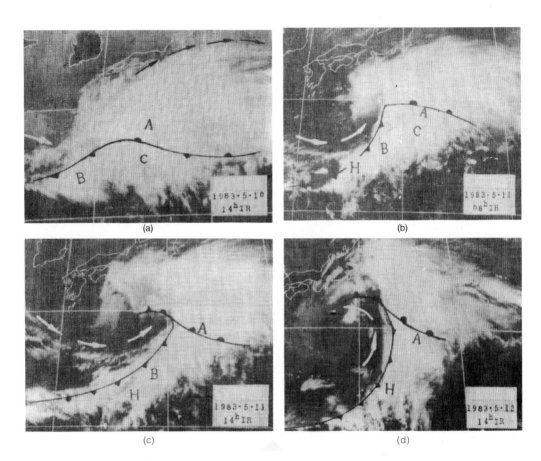

附图50　锋面气旋发展阶段

图(a)是波动阶段，云系A向北凸起，在其下方B、C处，有若干对流云系。图(b)是发展阶段，云系A进一步向北凸起，由于冷空气从云系后部侵入，使云系开始向云内凹。图(c)为锢囚阶段，云系表现出螺旋结构。图(d)为成熟消亡阶段，主要云带围绕气旋中心旋转一圈以上，气旋中心处是一些中低云系。

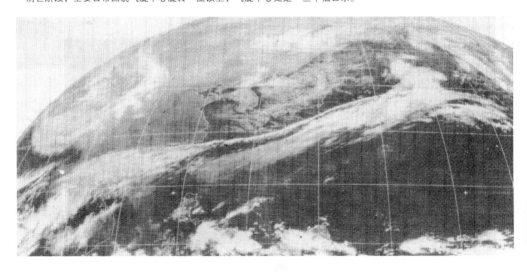

附图51　副热带急流云系

这是一条十分典型的副热带急流云系。整个云系由卷云组成，北部边界十分清晰，并略呈反气旋性弯曲，急流的强风带轴线就位于云系的边界处。云系西端位于孟加拉湾南支槽前，经长江口南，穿过日本南部海域抵达北太平洋中部，全长1万多km。

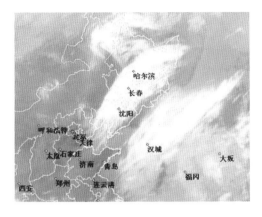

附图52　宽广的盾状卷云区

图中上部白亮的云区是一片盾状卷云区，其左界整齐光滑，与急流轴平行。

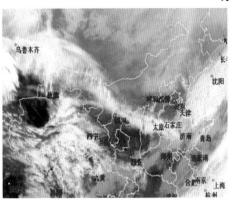

附图53　高空急流中的横向波动云系

图中有一条条相互平行且与急流轴垂直的横向波动云线，左边是一片急流卷云线。

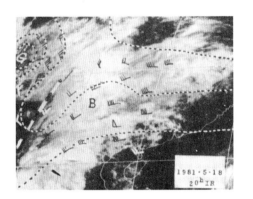

附图54　片状卷云的南支槽云系

图中B处为青藏高原东南方的南支槽云系，表现为成片的卷云区，槽线位于云区的后界处。

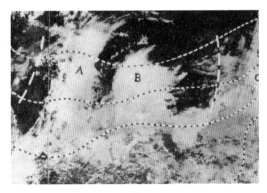

附图55　平直气流中的浅槽云系

图中A、B、C是平直气流中的浅槽云系，每一片云系与一浅槽对应。

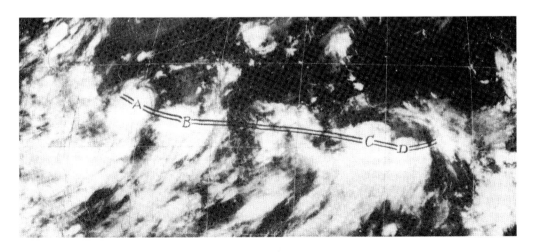

附图56　热带云团和热带辐合带云系

这是热带辐合带云系的IR云图，从上图中可以看到，一条浅灰到白色的西南季风云带向辐合带中汇流，辐合带上自西至东排列着A、B、C、D四个密实而白亮的云团。

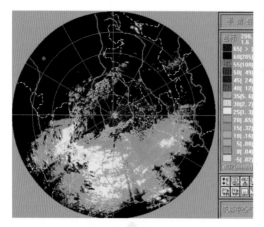

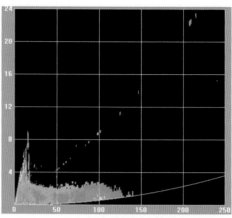

附图57　CTL天气雷达上层状云降水的PPI图像　　附图58　CTL天气雷达上层状云降水的RHI图像

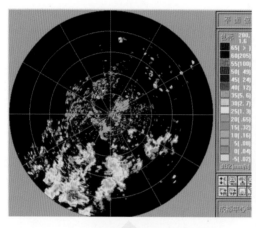

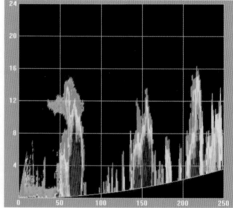

附图59　CTL天气雷达上对流云降水的PPI图像　　附图60　CTL天气雷达上对流云降水的RHI图像

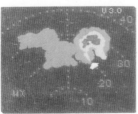

Finger

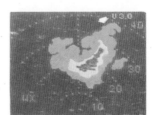

Hook

Scalloped Edge

U-Shaped

附图61　冰雹云回波的特殊形状

机载气象雷达上所显示的指状、钩状、扇形边缘和U形缺口

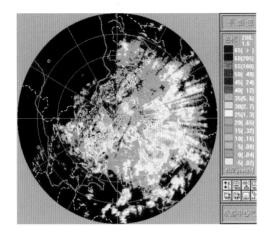

附图62　混合型降水的絮状回波

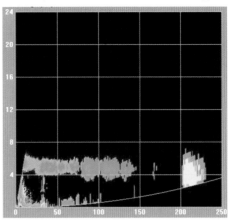

附图63　层（波）状云回波的RHI图像

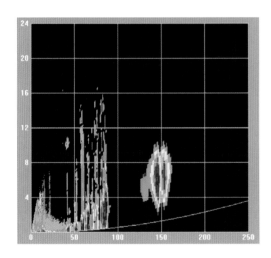

附图64　对流云回波的RHI图像

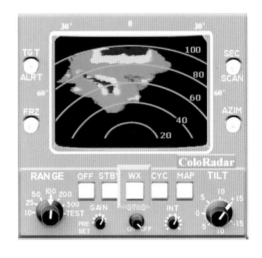

附图65　机载气象雷达的工作方式及显示

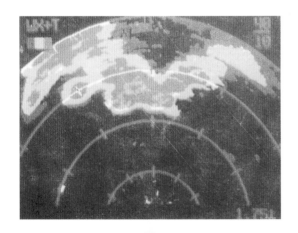

附图66　不同降水区和湍流区

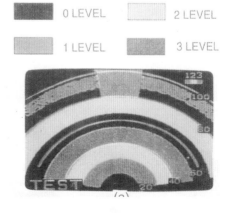

附图67　P-90雷达显示的TEST图像

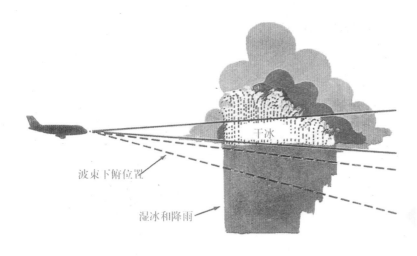

波束下俯位置

湿冰和降雨

附图68　使天线下俯以识别冰雹

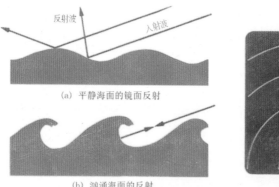

反射波　入射波

（a）平静海面的镜面反射

（b）汹涌海面的反射

附图69　海面回波

顺风

（c）海面回波图象

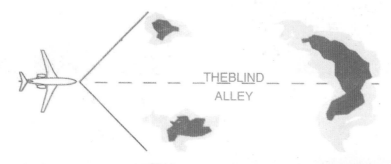

THEBLIND
ALLEY

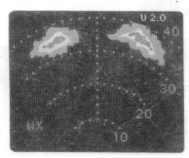

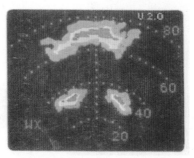

附图70　气象盲谷示意图